Linux 錦囊妙計 第二版
基礎操作 x 系統與網路管理

SECOND EDITION
Linux Cookbook
Essential Skills for Linux Users and System and Network Administrators

Carla Schroder 著

林班侯 譯

O'REILLY®

目錄

前言

回溯過往，時值 2004 年，當時我還在撰寫《*Linux Cookbook*》第一版，而本書當年面世時銷路不錯，我也得到許多讀者的讚許與鼓勵，有些人至今仍是我的摯友。

對於 Linux 這種題材來說，一本 17 年前的書幾乎已經算是古書了。Linux 在 2004 年時只有 14 歲，只能算是一套還在蹣跚學步的作業系統。即便如此，它當時已然大受歡迎，並廣泛運用在各種場合，幾乎什麼角色都能勝任，從小巧的嵌入式裝置、到大型主機與超級電腦，它都無所不在。Linux 的迅速成長，有一部份要歸功於它是一套源於 Unix 的免費複製品，而 Unix 是當下最為成熟而強大的所有作業系統。而促成 Linux 飛速成長並為人們採納的另一個主要因素，則是它幾乎不受障礙限制。任何人都可以下載並進行測試，任何人不論是想使用它、還是想對內容做出貢獻，它的原始程式碼對所有人都開放。

在當時，這套系統可說是先有功能再講究形式的最佳示範，就像我的汽車一樣。它跑得動、性能可靠，但外觀不怎麼樣，而且它需要很多調校才能運作順暢。在當時運作一套 Linux 系統，意味著你必須自己搞懂一狗票的指令、命令稿、還有設定檔，以及一堆調校的秘技。軟體管理、儲存管理、網路、音效、影像、核心管理、執行緒管理等等，都需要大量的手動作業，還有沒完沒了的鑽研。

但是 17 年後的今天，Linux 中的每一種重要的子系統，都有了長足的改動和進步。而現在，這些必須為了基礎管理而進行的手動動作，都已經變成我所謂的「現成可動的子系統」。運行一套 Linux 系統的各個面向，都已經簡化了好幾倍，如今我們只需專心思考 Linux 可以拿來搞什麼不得了的事，而不用再糾結於如何讓它動起來的枝微細節。

筆者很高興能在第二版的《*Linux Cookbook*》中大量說明這些已經簡化的部份，也希望大家能開心地學習這些優秀的新功能。

誰該閱讀本書

本書是為了那些已略有電腦基礎的人而寫的，但不一定要有 Linux 的相關經驗。筆者已經盡力讓 Linux 的初學者也能看懂書中的內容。你應該對若干網路基本概念有所認識，例如 IP 定址、乙太網路、WiFi、用戶端與伺服端等等。你應該也已經懂一點基本電腦硬體，也知道如何操作命令列。如果這些你都還懵懵懂懂，外界也還有很多資源可以讓你打好基礎；筆者不會在此多費唇舌說明已經有清楚文件介紹的技術細節。

本書所列的各種招數都需要動手實作。目的是要讓你一擊必中，不過就算一試不成也不必沮喪。一部通用型的 Linux 電腦是相當複雜的，其中奧妙之處甚多。所以請耐住性子、亦步亦趨、而且過程中儘量多閱讀吸收一些額外的知識。有時，答案就近在垂手可及之處。

每一套 Linux 都有內建的命令文件庫，稱為 *man pages*（這是「手冊」（manual pages）的縮寫）。舉例來說，*man 1 ls* 文件便是 *ls* 這個列舉目錄內容命令的說明文件。請按書中所示完整鍵入命令，就可以開啟正確的 man page 參閱。當然在網路上也能找到這類資訊。

為何撰寫本書

筆者一直都想寫一本像本書這樣的著作，只要是我覺得一本 Linux 工具書應該涵蓋的必要技巧，在本書中都一應俱全。如今 Linux 隨處可見，而不論你是在何處用到它，Linux 的本質是不變的，而必要的技巧也會一體適用。技術世界的進展是飛快的，不論你的出發點為何，希望大家都能透過本書打好充足的基礎。

這本錦囊妙計的格式非常適合用來教授基礎知識，因為它會展示如何解決特定日常生活中的問題，而且只提到需要完成工作所需的步驟，沒有冗長的說明文字。

本書概覽

本書並非制式的教科書，而教科書必須循序漸進。相反地，你可以從本書任何一處開始閱讀，試圖從中找出有用之處。

書中編排大致如下：

- 第一、二、三章涵蓋了 Linux 的安裝、開機啟動程式（bootloader）的管理、Linux 的停機與啟動、以及「我可以從哪裡拿到 Linux、如何讓它動起來」這類問題的解答。

- 第四章介紹如何以 systemd 管理服務，與以往必須學著使用大量命令稿、設定檔案及命令的老方法相比，這是一項重大的革新。

- 第五章教授如何管理使用者和群組，第六章則說明檔案和目錄的管理，第七章介紹備份與還原。這些都是系統運作與安全的基礎。

- 第八、九與十一章探討磁碟分割與檔案系統，這些是管理資料儲存的基礎。資料管理堪稱是運算中最重要的部份。

- 第十章可說是趣味盎然。本章著重於如何不用打開機殼也能找出關於電腦硬體詳盡資訊的技巧。現代的 PC 硬體會自行提供大量的資訊，而 Linux 也以含有附加資訊的資料庫來輔助這種自動報告功能。

- 第十二與十三章教授如何建立安全的遠端連線，第十四章介紹的則是了不起的 firewalld，這是一套動態防火牆，能夠輕易地處理各種繁瑣的場合，像是在不同的網路設定之間漫遊、以及管理多重網路介面等等。

- 第十五章說明 CUPS 的新功能，CUPS 是通用 Unix 列印系統（Common Unix Printing System）的縮寫，其中包括「無驅動程式」的列印方式，這對於行動裝置尤為有用，因為這樣一來，行動裝置就算不下載列印所需的大量軟體，也一樣可以連接至印表機。

- 第十六章說明如何以優秀的 Dnsmasq 掌控你自己的 LAN 名稱服務。Dnsmasq 不斷地支援新的協定，始終保持在最先進的狀態，但原有的命令和組態選項卻保持不變。它是一套一流的名稱伺服器，能天衣無縫地整合 DNS 和 DHCP，藉以集中管理 IP 定址、並公告網路服務。

- 第十七章介紹的是 chrony 和 timesyncd 這兩套新版的網路定時協定（Network Time Protocol, NTP）實作。它也包括了久經考驗的 *ntp* 伺服器與用戶端。

- 第十八章說明如何在 Raspberry Pi 上安裝 Linux，這是一種廣受愛用的廉價小型單板電腦，本章說明如何以它建立網際網路防火牆 / 閘道器。

- 第十九章教授如何利用 SystemRescue 來重設已經遺失的 Linux 和 Windows 密碼、修復無法開機的系統、從損壞的系統救出資料、以及如何將 SystemRescue 自製成更好用的工具。

- 第二十與二十一章教授基本的除錯，著重在尋找日誌檔案、偵測網路、以及如何偵測與監視硬體。

- 附錄包括若干用於管理軟體安裝及維護的參考用小抄。

本書編排慣例

本書採用下列各種字體來達到強調或區別的效果：

斜體字（*Italic*）

　　代表新名詞、網址 URL、電郵地址、檔案名稱、以及檔案屬性，有時也代表一些程式內的元素，像是 Linux 變數或函式名稱、資料庫、資料型別、環境變數、敘述、關鍵字等等。

定寬字（`Constant width`）

　　用於標示程式碼，或是標示某些命令選項。

定寬粗體字（**`Constant width bold`**）

　　標示命令或其他由使用者輸入的文字。

定寬斜體字（`Constant width italic`）

　　標示應根據使用者輸入值、或是依前後文先決定內容為何，再用來取代的文字。

　此圖示代表提示或建議。

　此圖示代表一般性說明。

　此圖示代表警告或應該注意。

使用範例程式

本書的目的就是要幫助各位完成份內的工作。一般來說，只要是書中所舉的範例程式碼，都可以在你的程式和文件當中引用。除非你要公開重現絕大部份的程式碼內容，否則毋須向我們提出引用許可。舉例來說，自行撰寫程式並借用本書的程式碼片段，並不需要許可。但販售或散佈內含 O'Reilly 出版書中範例的媒介，則需要許可。引用本書並引述範例程式碼來回答問題，並不需要許可；但是把本書中的大量程式碼納入自己的產品文件，則需要許可。

還有，我們很感激各位註明出處，但並非必要舉措。註明出處時，通常包括書名、作者、出版商、以及 ISBN。例如：「*Linux Cookbook, Second Edition by Carla Schroder* (O'Reilly). Copyright 2021 Carla Schroder, 978-1-492-08716-8」。

如果覺得自己使用程式範例的程度超出上述的許可合理範圍，歡迎與我們聯絡：*permissions@oreilly.com*。

鳴謝

筆者有幸得以撰寫本書。我的編輯 Jeff Bleiel 一如既往地提供支持並從旁襄助，同時貢獻了許多改進內容，並讓整個案子有條不紊。如果你以為養貓是件稀鬆平常的小事的話，不妨來試著當當看這個編輯，就知道有多少苦頭。

而我的實習助手 Kate Urness，在本書初成之前還是個 Linux 新手，但她卻因此機緣成為本書最理想的審稿者。她親手測試了書中的每一條錦囊妙計，也對每一招的正確性和清晰程度貢獻良多。我們一起喝了不知多少壺的咖啡、也都因本書樂在其中，這也算是我們的收穫。

技術編輯 Daniel Barrett 有一副利眼，同時也孜孜不倦地在字裡行間推敲，自然也是貢獻良多。要寫一本滿是各種系統命令的書不難，難在如何解釋其運作。每個作者若能有這樣一位技術編輯為伴，實屬萬幸。

另一位技術編輯 Jonathan Johnson 也是心細如髮，能找出旁人忽略之處，他提供了若干有如神技的命令大法，同時還不忘幽默以對，說老實話，我還真需要這份幽默。

責任編輯 Zan McQuade 提出了本書改版的點子。多年來一直有人絮叨著要讓《*Linux Cookbook*》一書改版，但只有 Zan 能讓這一切得以實現。

另外也要對我的髮妻 Terry 致上萬分謝意,她負責餵飽家裡的騾子、貓狗還有區區在下,在對我多方鼓勵的同時,還設法讓我不致離家出走,因為我失心瘋到同時還在寫另一本書。

圖 P-1　女爵壓在我腳上好讓我冷靜

圖 P-2　我們家的帥哥翹鬍子

特別要感謝家中的寶貝貓咪「女爵」（圖 P-1）、「翹鬍子」（圖 P-2）和「瘋狂麥斯」（圖 P-3），牠們都有在書中露臉。這群寶貝協助我寫書的方式，不外乎睡在鍵盤上、不讓我坐在書桌前的椅子上、還有弄出一大堆莫名其妙的破碎聲響。

圖 P-3　瘋狂麥斯恬然睡在一團雜亂中

## 第一章

安裝 Linux

Linux 新用戶的難關之一，就是安裝 Linux。Linux 其實是最容易安裝的電腦作業系統；只管把安裝磁片塞進電腦、回答幾個問題、然後就可以去喝杯咖啡，等它自己完事。在本章當中，各位會學到如何讓 Linux 自行完成安裝、如何以 Live CD（維基百科譯為「自生系統」，本書不取譯名而從原文）運行一套 Linux、如何在一台電腦上規劃多重開機環境，以便運行 Linux 的不同發行版（distribution）、還有如何以多重開機方式讓 Linux 與微軟 Windows 並存。

在 Linux 上做實驗

你需要犯錯的空間，因此只要有機會，請設法再弄一台電腦作為熟悉 Linux 之用。如果實在沒辦法，記得隨時備份你的資料。這樣便可以把弄壞的 Linux 安裝再還原回來，但資料卻可保持毫髮無傷。如果你設置了與 Windows 並存的雙重開機環境，請務必記得也要準備一份 Windows 的安裝與修復媒體。

大多數的 Linux 發行版都提供雙重功能的安裝映像檔：你既可以從一根 USB 隨身碟以等同於 live CD 的方式運行 Linux，也可以用它把 Linux 安裝到硬碟當中。一套 live CD 形式的 Linux，其優點是不會改變電腦中的任何內容——它只是開機、檢查硬體、然後以 live CD 開機並將其內容載入至主機系統的記憶體。有些版本的 Linux live CD，像是 Ubuntu，可以燒錄在光碟中、也可以寫到 USB 隨身碟裡，這樣一來你就有了一套可以帶著到處跑的 Linux，隨便放在哪台電腦上都可以運行。

所謂的多重開機（multiboot），意指在電腦上安裝一套以上的作業系統，然後你可以在開機時任意從選單中挑出想進入的系統。多重開機可以讓任何 Linux 系統並存，也可以接受任何免費版本的 Unix（像是 FreeBSD、NetBSD、OpenBSD 等等），甚至還可以讓 Linux

和微軟的 Windows 以多重開機方式並存。讓 Linux 和 Windows 以多重開機方式並存,是 Windows 使用者熟悉 Linux 的常見方式,也是同時需要在兩種環境中工作的使用者慣用的手段。

如果你要問的是蘋果電腦的 macOS 呢?那就抱歉了,在 Linux 和 macOS 中的雙重開機始終未臻成熟,不管是哪一種版本的 macOS 皆然。想要在同一台機器上同時運行兩者,替代方式之一就是用 Parallels 來運行 Linux,這是 macOS 上的虛擬機器宿主環境。

除了自行安裝 Linux,你也可以買一台已經預裝 Linux 的 PC。坊間有很多 Linux 好手都在販售搭載 Linux 的筆電、桌機、以及伺服器。System76、ZaReason、Linux Certified、Think Penguin、Entroware 和 Tuxedo Computers 都是 Linux 的專業廠商。像戴爾電腦便始終都在擴展其 Linux 產品線,而企業用 Linux 廠商,如 Red Hat、SUSE 和 Ubuntu,也都紛紛與硬體廠商結盟,包括戴爾、惠普、以及 IBM 等等。

然而了解 Linux 如何安裝,仍有其價值所在。此舉會將你引往一個充滿了實驗、自行配置、以及災後復原的世界。**在發行版本間來回轉換實驗**(*Distro-hopping*)從以前就是玩家們的愛好,你可以任意地下載和安裝各種發行版的 Linux。

即使安裝 Linux 只需寥寥幾個步驟,你仍然需要具備相當的知識,特別是當你需要調整安裝方式的時候,像是磁碟分割區的規劃、或是配置不同發行版的 Linux 之間的多重開機、甚至是搭配微軟 Windows。你需要知道如何進入系統的基本輸入輸出系統(Basic Input Output System, BIOS)、或是統一可延伸韌體介面(Unified Extensible Firmware Interface, UEFI)的設定畫面。你需要一條穩定的網際網路連線。所有的 Linux 發行版都可以免費下載,即使是 Red Hat、SUSE 和 Ubuntu 的商用企業發行版也不例外。下載的資料量小從幾個 megabytes 的超小型 Linux(例如 Tiny Core Linux,這是一套完整的作業系統,連同圖形介面的桌面,不過 12 MB),大到超過 10GB 的 SUSE Linux Enterprise Server 都有。大多數的 Linux 發行版都提供容量約 2 到 4GB 的安裝用映像檔,這正好可以燒錄到一片 DVD 或是小容量的 USB 隨身碟裡。

大多數的 Linux 發行版也提供網路安裝用的映像檔;例如 Debian 的映像檔就只有約莫 200MB。它會安裝足供開機的 Debian 系統內容,然後連上網際網路,接著再下載你需要的套件,而非下載整套的安裝映像檔。

下載而來的 Linux 發行版,一樣可以自由分享。

你也可以選擇購買內有 Linux 發行版的 DVD 或 USB 媒體。請自行造訪 Shop Linux Online(*https://shoplinuxonline.com*)和 Linux Disc Online(*https://linuxdisconline.com*),找出各家 Linux 發行版的實體安裝媒介。

從安裝用的媒體開機

你必須要從 USB 或 DVD 等安裝磁碟開機進入系統。也許事先還得先進入系統本身的 BIOS 或 UEFI 設定畫面，以便設定讓系統得以從可攜式媒體開機。有的系統還可以讓你在毋須進入 BIOS/UEFI 的情況下自行選擇其他開機裝置；以筆者的筆電為例，它的 UEFI 就會在啟動時顯示一個畫面，列出所有相關的按鍵功能：例如按下 F2 或 Delete 鍵便可進入設置畫面，而 F11 可以進入其他開機裝置選單之類。以戴爾的系統為例，按下 F12 就可以進入一次性的開機選單。每個選項都有獨特的功能，因此請檢視你的主機板手冊，看看如何操作。

你可能還需要到 UEFI 設定畫面中，將安全開機功能（Secure Boot）關閉，方可從可攜式媒體開機。像 Fedora、openSUSE 和 Ubuntu 都有自己獨特的按鍵功能，可以在安全開機功能啟用的情況下順利開機。而像 SystemRescue 這樣的 Linux 發行版（參閱第十九章）就不支援這種方式。

安全開機功能

安全開機功能是 UEFI 獨有的安全功能。一旦啟用安全開機，它就只能從內含特殊密鑰簽章的作業系統開機。目的主要是為了預防惡意程式碼奪走開機程式（bootloader）的控制權。

大部份的 Linux 發行版的安裝媒體都沒有密鑰簽章，因此安全開機功能勢必要先關閉，才能運行安裝媒體。

從何處下載 Linux

坊間的 Linux 發行版數以百計，要知道有哪些版本，最好的場所就是 DistroWatch.com （*https://distrowatch.com*），這是最完整的 Linux 發行版來源。DistroWatch 甚至還會發佈各種閱覽評比、詳盡資訊、以及相關新聞，還有廣受歡迎的前百大發行版。

最適合新手的 Linux 版本

Linux 提供很多好東西，有時多到有點累贅。本書當中的秘技皆以 openSUSE、Fedora Linux 和 Ubuntu Linux 測試過。這三種發行版都建置良好、廣受愛用、而且有完善的維護支援，它們正好代表三種不同的 Linux 家族（參閱附錄）。以筆者淺見，Ubuntu 最適合

Linux 新手入門，因為它的安裝程式最簡單、有清楚的文件說明，還有為數龐大的使用者社群作為奧援。

每一種 Linux 都各有特色：不同的軟體安裝工具、不同的預設值、不同的檔案位置…但是基本觀念都是類似的。你從任何特定發行版所學會的大部份內容，其實也可以適用於其他發行版。

硬體架構

專門撰寫 How-to 的作者們通常都認定使用者們一定是用 x86 硬體。但由於近年來 ARM 處理器的興起，x86 已經不再獨霸天下。Linux 支援大量的硬體架構，而隨後的招式 10.11 則會教授大家如何偵測自己的硬體架構。你不太可能不慎安裝到不符硬體架構的 Linux 版本，因為安裝程序會一開始就無法繼續，而錯誤訊息會清楚地告訴你是什麼緣故。

Linux 安裝用映像檔皆以 ISO 9660 格式封裝而成，因此副檔名通常都是 *.iso*，例如 *ubuntu-20.04.1-desktop-amd64.iso* 便是 x86-64 架構的機器專用，而 *ubuntu-20.04.1-live-server-arm64.iso* 則是適用於 ARM 機器的。iso 檔的內容，其實是經過壓縮處理的一整套檔案系統，再加上安裝程式。當你將這些內容複製到你要安裝的媒體中時，便會經過解壓縮，然後你就可以看到全部的檔案。

.iso 格式原本是為 CD 和 DVD 設計的。那時一片光碟就可以塞得下全套 Linux（更早之前，一張 3.5 吋的磁片就夠了！）。現今大部份的 Linux 發行版內容都已經大到塞不進一張 CD 了。因此 USB 隨身碟便取而代之，成為最適合安裝 Linux 的媒體，因為它們既便宜、又可以重複使用，讀取速度還比光學媒體快得多。

1.1　進入系統的 BIOS/UEFI 設置畫面

問題

你想先進入系統的 BIOS/UEFI 設定畫面。

解法

你需要在開機時按下正確的 F*n* 鍵，才能進入 BIOS/UEFI 設定畫面。像是戴爾、華碩和宏碁的系統，通常都使用 F2 鍵，而聯想採用的是 F1 鍵。不過有時也有例外；舉例來說，有的系統會改用 Delete 鍵，因此請先檢視你的機器所附的文件。有的系統會在開機畫面指示你該按下那些按鍵。不過在正確的時間按對按鍵則需要一點技巧，所以最好是在一按下電源鍵後，就立刻去按下特定的按鍵，而且要像你坐電梯時拼命按關門鍵、希望它快點關門那樣的按法（笑）。

每一種 UEFI 的外觀皆有所不同；以聯想為例，它的畫面便以亮色調為主，而且版面井井有序（圖 1-1）。

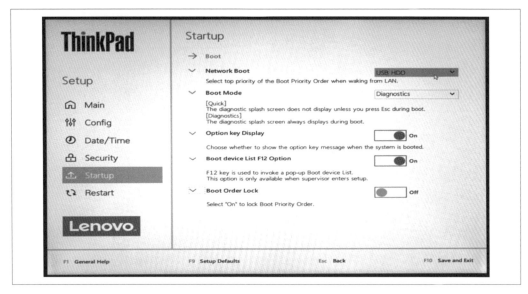

圖 1-1　聯想新型 ThinkPad 的 UEFI 畫面

而筆者測試用系統的 ASRock UEFI 就屬於暗色調，而且非常花俏（圖 1-2）。這種特別的主機板外觀主要是為遊戲玩家設計的，它有很多設定，像是 CPU 超頻、以及其他性能調校選項等等。下圖中便顯示了主機板瀏覽畫面；請將滑鼠游標移動到不同的標的物上，然後就會有相關的資訊顯現出來。

探討

當你的電腦開機時，最早出現在畫面上的內容就是來自 BIOS 或 UEFI 韌體，這兩者都儲存在電腦的主機板上。BIOS 從 1980 年代以來就存在，屬於較老派的系統。UEFI 則是較新版的替代品。UEFI 包含一切原本對於 BIOS 的支援。幾乎所有 2000 年中期以後生產的電腦，都內建 UEFI。

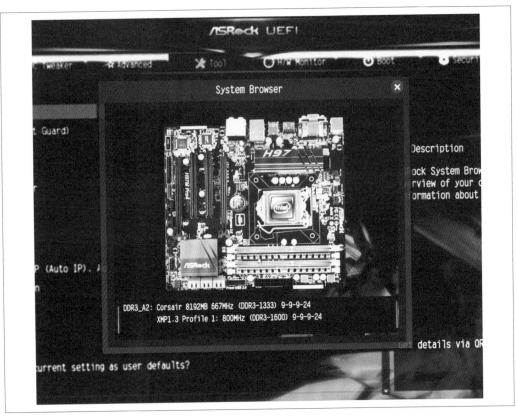

圖 1-2　ASRock 的 UEFI 甚至還做成主機板的外觀以便供人瀏覽的畫面

與傳統的 BIOS 相比，UEFI 的功能豐富許多，幾乎等同於一套小型的作業系統。UEFI 的設定畫面群控制了開機順序、開機裝置、安全選項、安全開機（Secure Boot）、超頻、顯示硬體健康狀態、網路、以及其他諸多功能。

參閱

- 主機板所附文件
- 統一可延伸韌體介面論壇（*https://uefi.org*）

1.2 下載一個安裝 Linux 用的映像檔

問題

你想找出一種 Linux 的安裝用映像檔，然後下載它。

解法

首先，你得下定決心要試用哪一種 Linux。如果你無所適從，筆者建議你試試 Ubuntu Linux（*https://ubuntu.com*）。Fedora Linux（*https://getfedora.org*）和 openSUSE Linux（*https://opensuse.org*）也是很適合新手的 Linux。

一旦你完成下載，請驗證下載內容是否完整無損。這一步至關緊要，因為它可以確保你取得的映像檔在下載過程中未曾受損、或是不曾經過變造。

每一種 Linux 的發行版，都會提供每一份下載映像檔獨有的密鑰簽章（signed keys）和校驗值（checksums）。Ubuntu 甚至還提供了如何複製貼上的指示。請開啟終端機畫面，並切換至下載而來的 Ubuntu 映像檔所在資料目錄，如果你取得的是 Ubuntu 21.04，請如此驗證安裝映像檔：

```
$ echo "fa95fb748b34d470a7cfa5e3c1c8fa1163e2dc340cd5a60f7ece9dc963ecdf88 \
*ubuntu-21.04-desktop-amd64.iso" | shasum -a 256 --check

ubuntu-21.04-desktop-amd64.iso: OK
```

但是如果你看到「shasum: WARNING: 1 computed checksum did NOT match」，那就代表你下載的內容出了毛病，前提是你複製而來的校驗值是正確的。最常見的起因，是你下載過程中出了些傳輸問題，導致映像檔受損，所以最簡單的因應方式，就是重新下載一次。

別家的 Linux 發行版的驗證方式也許略有差異，因此請照著各家的指示進行檢查。

探討

有個網站可以讓你鑽研數百種的 Linux 發行版，它就是 Distrowatch.com（*https://distrowatch.com*）。Distrowatch 所提供的關於 Linux 發行版的新聞和資訊，保證比你在它處所獲得的還要豐富得多。

參閱

- *man 1 sha256sum*^{譯註}
- Ubuntu Linux（*https://ubuntu.com*）
- Fedora Linux（*https://getfedora.org*）
- openSUSE Linux（*https://opensuse.org*）

1.3　用 UNetbootin 製作一支安裝 Linux 用的 USB 隨身碟

問題

你下載了一個安裝 Linux 用的 **.iso* 映像檔，然後你想把它寫進一支 USB 隨身碟，作為你自己的安裝媒體。你想用一種圖形介面操作的工具來完成這件事。

解法

不妨試試 UNetbootin（*https://oreil.ly/8CXp9*），全名是 Universal Netboot Installer。它可以在 Linux、macOS 和 Windows 上使用，因此你儘管去下載它，然後以前述任一種作業系統來建置 Linux 安裝磁碟。UNetbootin 會以你下載的 **.iso* 映像檔建置安裝用的 USB 磁碟，或者它也可以為你下載最新的 **.iso* 映像檔（參見圖 1-3）。

你可以選用任意容量的 USB 隨身碟來做這件事（當然容量至少得比你取得的 **.iso* 映像檔大。**.iso* 映像檔的內容會把整個隨身碟的內容都覆蓋掉，因此這支隨身碟不能移作它用，你必須把每一個 **.iso* 映像檔寫到另一支 USB 隨身碟裡（除非你已經不想繼續使用原本這一支隨身碟的內容了）。

UNetbootin 的網站提供了下載用的連結網址及使用說明。有些 Linux 發行版甚至主動提供 UNetbootin 套件，但是從 UNetbootin 官網下載是最簡單明瞭的，而且一定可以拿到最新版。

---

^{譯註} man 後面的這個數字 1，其實是 man 文件對於內文屬性的段落分類，而 1 代表的段落屬於可執行命令或是 shell 命令。

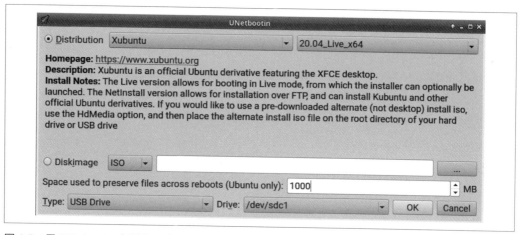

圖 1-3　用 UNetbootin 來製作一支可供開機的 Linux USB 隨身碟

探討

當然也有其他好用的圖形介面應用程式可供選擇，像是 USB Creator、ISO Image Writer、以及 GNOME Multi-Writer 等等，甚至可以同時將檔案複製到多個 USB 隨身碟當中。

一旦建立了你自己的安裝用 USB 隨身碟，就可以觀察其中的檔案。一個 *.iso 映像檔經過解壓縮後，就是一個完整的檔案系統，其中包括大量檔案和目錄，以 Ubuntu 為例：

```
$ ls -C1 /media/duchess/'Ubuntu 21.04.1 amd64'/
boot
casper
dists
EFI
install
isolinux
md5sum.txt
pics
pool
preseed
README.diskdefines
ubuntu
```

每一種 Linux 發行版都會以自己的方式配置安裝程式。以下是 Fedora 的安裝用檔案：

```
$ ls -C1 /media/duchess/Fedora-WS-Live-34-1-6/
EFI
images
isolinux
LiveOS
```

如果在一根 USB 隨身碟中還能附帶大量的 Linux 安裝說明文件，豈不甚妙？有些程式還真會這樣做。筆者最喜歡的就是 Ventoy（*https://ventoy.net*）。Ventoy 支援眾多的 Linux 發行版。它同時支援 Linux 和 Windows，因此你可以製作出一支含有 Linux 安裝程式，能以 live 方式運行 Linux，還能用來將 Linux 裝到硬碟裡的 USB 隨身碟。

參閱

- UNetbootin（*https://oreil.ly/8CXp9*）
- 第九章
- Ventoy（*https://ventoy.net*）

1.4　以 K3b 燒錄一張安裝 Linux 用的 DVD

問題

你想用某種圖形介面工具燒錄一張安裝 Linux 用的 DVD。

解法

請用 K3b（KDE Burn Baby Burn）來做這件事。K3b 是 Linux 上最好的圖形介面 CD/DVD 燒錄程式。

如果你不是在 Linux 系統上燒錄，那麼任一種可以把 ISO 9660 格式映像檔燒成光碟的 CD/DVD 燒錄程式都可以適用。只需在你選用的 CD/DVD 燒錄程式中找出類似「將既有映像檔燒錄成碟片」（burn an existing image to disk）的動作，就可以使用。

K3b 的畫面會像圖 1-4 所示。請點選「Burn Image」，並注意視窗底部左側帶出的「Write an ISO 9660...image to an optical disk」字樣（亦即會將 ISO 9660 映像檔寫成光碟的意思）。

下一個畫面（圖 1-5）中，從左上方的下拉式選單中挑出你要燒錄的 *.iso* 映像檔。然後在右上方的選單中點選「ISO 9660 filesystem image」。再到下方的 Settings 分頁勾選「Verify written data」（意為驗證寫入後的資料）。該選項會在映像檔寫入完畢後，計算出一個校驗值，再將其與原始 *.iso* 的映像檔互相比較。這一步十分要緊，因為若是校驗值不符，就代表你燒出來的不過是一片無用的「飛碟」。

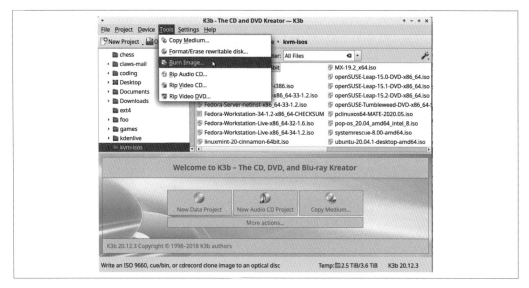

圖 1-4　以 K3b 製作安裝用的 DVD

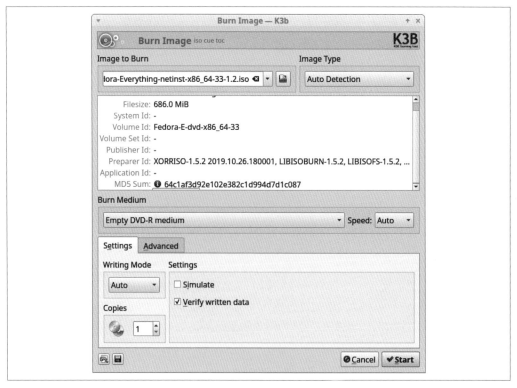

圖 1-5　設定燒錄方式

一旦光碟燒錄無誤，就會看到像圖 1-6 那樣顯示的成功訊息。如果有錯誤發生，這裡也會顯示有用的錯誤訊息，幫你了解問題何在。

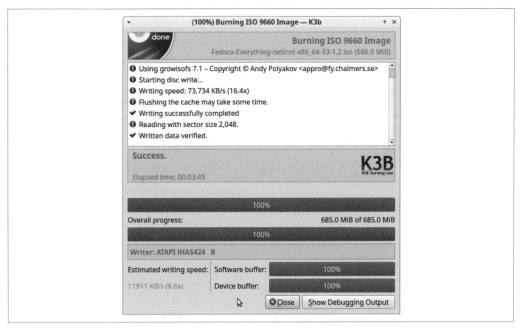

圖 1-6　燒錄成功！

探討

Brasero 和 XFBurn 也是 Linux 上絕佳的 CD/DVD 燒錄程式，其介面較 K3b 簡單，但仍具備豐富的功能。

技術圈子日新月異。不過數年前，我還在用光碟燒錄 CD 和 DVD。一旦 USB 隨身碟面世，這幾年我就再也沒燒錄過一片光碟，直到我重寫本章。

別沮喪，CD 和 DVD 並不過時，儘管電腦製造商早已在出貨時省掉內建 CD/DVD 光碟機，試圖淘汰光碟的使用。但這並不成問題，你還是買得到外接的 CD/DVD 光碟機。甚至還能買得到以 USB 匯流排供電的光碟機，如此一來就只需以 USB 纜線串接光碟機，連電源都省了。CD/DVD 空白光碟的品質仍然很穩定，因此如果你還是偏愛光學媒介，它依舊是可靠的選擇。

參閱

- K3b（*https://oreil.ly/MJmXF*）
- Brasero（*https://oreil.ly/a9Dxx*）

1.5 以 wodim 命令製作可開機的 CD/DVD

問題

你想以命令列工具來製作一片可開機的 CD/DVD。

解法

試試 *wodim* 命令。你的光碟機可能位於 */dev/cdrom*，而前者其實是通往 */dev/sr0* 的符號連結。請直接以符號連結操作，因為它才具備正確的權限設定：

```
$ ls -l /dev | grep cdr
lrwxrwxrwx  1 root root           3 Mar  7 12:38 cdrom -> sr0
lrwxrwxrwx  1 root root           3 Mar  7 12:38 cdrw -> sr0
crw-rw----+ 1 root cdrom    21,   2 Mar  7 08:34 sg2
brw-rw----+ 1 root cdrom    11,   0 Mar  7 12:57 sr0
```

然後就可以將安裝用映像檔寫進光碟：

```
$ wodim dev=/dev/cdrom -v ubuntu-21.04-desktop-amd64.iso
```

探討

在 ls –l 的示範中，我們看到了 *sg2* 和 *sr0* 等裝置。*sg2* 是某種字元裝置（character device），而 *sr0* 代表的是區塊裝置（block device）。字元裝置代表你可以透過原始核心驅動程式直接存取硬體裝置。區塊裝置則代表你必須藉由各種可以處理實體媒介讀寫的軟體程式，以緩衝的方式存取（buffered access）硬體。使用者一律都是透過核心的區塊裝置驅動程式來操作 DVD 及硬碟之類的儲存裝置的。你所擁有的原始與區塊核心模組，都列舉在 */boot/config-** 檔案中。

參閱

- *man 1 wodim*

1.6 以 dd 命令製作 Linux 安裝用的 USB 隨身碟

問題

你不想靠圖形介面工具，而是想從命令列製作安裝用的 USB 隨身碟。

解法

使用 *dd* 命令。任何一套 Linux 都會帶有 *dd* 這個命令，而且使用方式全都一樣。

首先請利用 *lsblk* 命令確認你的 USB 隨身碟裝置名稱（dev name），這樣才能把映像檔複製到正確的裝置當中。下例中以裝置名稱 */dev/sdb* 為例：

```
$ lsblk -o NAME,FSTYPE,LABEL,MOUNTPOINT

NAME    FSTYPE LABEL       MOUNTPOINT
sda
├─sda1 vfat                /boot/efi
├─sda2 xfs    osuse15-2    /boot
├─sda3 xfs                 /
├─sda4 xfs                 /home
└─sda5 swap                [SWAP]
sdb
└─sdb1 xfs    32gbusb
sr0
```

以下範例會建置出一支 USB 安裝隨身碟，並顯示建置過程：

```
$ sudo dd status=progress if=ubuntu-20.04.1-LTS-desktop-amd64.iso of=/dev/sdb
211509760 bytes (212 MB, 202 MiB) copied, 63 s, 3.4 MB/s
```

這得花上幾分鐘。完成之後可以看到以下訊息：

```
2782257664 bytes (2.8 GB, 2.6 GiB) copied, 484 s, 5.7 MB/s
5439488+0 records in
5439488+0 records out
2785017856 bytes (2.8 GB, 2.6 GiB) copied, 484.144 s, 5.8 MB/s
```

請將隨身碟拔下，再將它插回原位，迅速地驗證一下其中的檔案。圖 1-7 顯示的便是以檔案管理工具 Thunar 檢視 Ubuntu Linux 安裝檔案的畫面。

圖中的檔案都被放上鎖頭圖樣，這是因為 Ubuntu 安裝程式採用了 SquashFS 唯讀檔案系統。你可以看得到檔案，但不得刪除或編輯它們。

這時安裝用的 USB 隨身碟已經可以使用了。

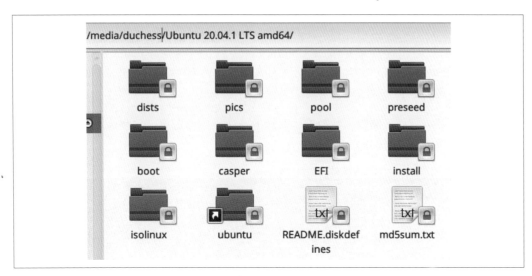

圖 1-7 以 Thunar 檢視 Ubuntu Linux 安裝檔案

探討

最最要緊的，就是要先辨識出正確的目標裝置，才能把安裝檔案複製進去。在上面 *lsblk* 範例中，只有兩個儲存裝置出現。尤其要注意 LABEL 這個欄位；通常你會為檔案系統加上標籤（labels）以便識別其用途（請參閱招式 9.2 及第十一章相關的檔案系統建置招式，學習如何設置檔案系統標籤）。

圖形介面的安裝媒體建置工具確實好用，但筆者偏愛 *dd* 命令，因為它既簡單又可靠。*dd* 一詞來自磁碟複製工具（Disk Duplicator）的縮寫。這是眾多 GNU 命令中行之有年的一個命令，屬於 GNU 的 *coreutils* 套件，始終都附在 Linux 當中。

參閱

- *man 1 dd*

1.7 嘗試簡單的 Ubuntu 安裝方式

問題

你想以簡單的方式安裝 Ubuntu。安裝用的媒體已經做好，你也知道如何開機進入安裝媒體。電腦上沒有要特別保留的內容，因此可以讓 Ubuntu 接管整顆硬碟。

解法

以下範例展示如何迅速輕鬆地安裝 Ubuntu Linux 21.04（別名 Hirsute Hippo）。所有的 Ubuntu 釋出版本皆帶有以形容詞加上動物名稱命名的別名，而且形容詞和動物名稱首字母一定一致、還要是前一版命名首字母的下一個字母。

請將媒體裝置插入電腦，開機，然後進入系統的一次性開機選單。請選擇以你的安裝用裝置開機，並繼續開機（圖 1-8）。

```
Use the ↑(Up) and ↓(Down) arrow keys to move the pointer to the desired boot device.
Press [Enter] to attempt the boot or ESC to Cancel. (* = Password Required)

Boot mode is set to: UEFI; Secure Boot: OFF

LEGACY BOOT:
     SAMSUNG SSD SM871 2.5 7mm
     ST1000DM003-1SB102
     P0: PLDS DVD+/-RW DH-16AES
UEFI BOOT:
     opensuse-secureboot
     Windows Boot Manager
     UEFI: ST1000DM003-1SB102
OTHER OPTIONS:
     BIOS Setup
     BIOS Flash Update
     Diagnostics
     Intel(R) Management Engine BIOS Extension (MEBx)
     Change Boot Mode Settings
```

圖 1-8　開機進入安裝用的 USB 隨身碟

所有的 UEFI 畫面都不甚相同

每家廠商設計的 UEFI 畫面外觀都不甚相同，甚至自家改版後的畫面也不見得一致。上圖係以戴爾的 UEFI 一次性開機畫面為例。

一旦出現 GRUB 選單，請點選預設選項（default option）。以 Ubuntu 21.04 來說，就是 *Ubuntu*，當然如果你什麼都沒選，它也會以預設選項繼續開機（圖 1-9）。

然後你會有「試用 Ubuntu」（Try Ubuntu）和「安裝 Ubuntu」（Install Ubuntu）兩個選項可用。不妨試試「試用 Ubuntu」，它會進入 live 版本（以開機媒體運作、不安裝），如果你選擇「安裝 Ubuntu」，就會進入安裝程式（圖 1-10）。兩者其實都可以使用，因為就算你進入了 live 版本，桌面上也會有一個大大的安裝鍵，讓你可以決定何時要安裝成永久版。

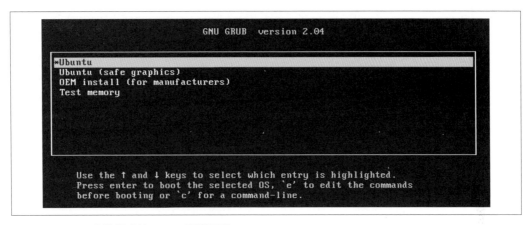

圖 1-9　Ubuntu 安裝程式的 GRUB 開機選單

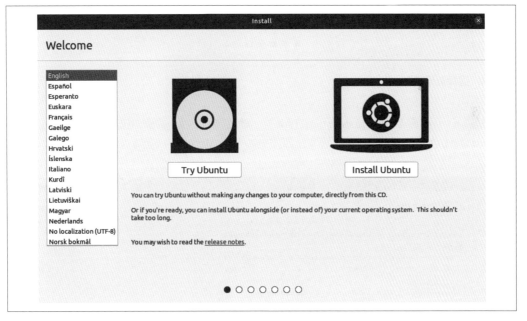

圖 1-10　挑選要進入 live 映像檔或是安裝程式

一旦你啟動安裝程式，它就會引領你進行幾個步驟。首先是語言和鍵盤配置。

然後，如果你的電腦上有無線網路介面卡，稍後還可以選擇是否要立即進行設定、或是等到裝完再說。

然後是設定你的安裝方式。在「更新和其他軟體」（Updates and other software）畫面中，
請選擇「普通安裝」（Normal installation）（圖 1-11）。

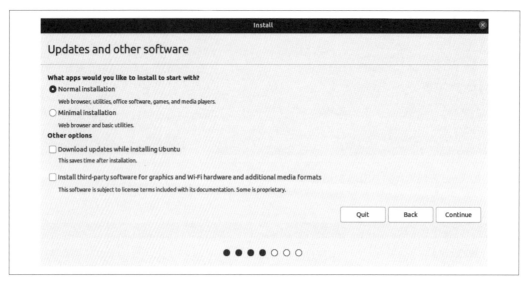

圖 1-11　選擇普通安裝

下一個畫面（安裝類型，Installation Type），請選擇「清除磁碟並安裝 Ubuntu」（Erase
disk and install Ubuntu），然後點選「立刻安裝」（Install Now）（圖 1-12）。

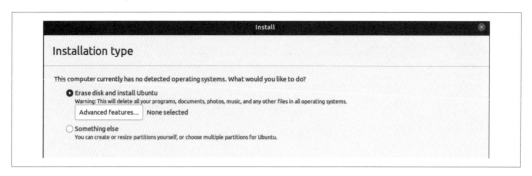

圖 1-12　選擇清除磁碟並安裝 Ubuntu

下一個畫面會問你「是否要將變更寫入磁碟中？」（Write the changes to disk?），請點選「繼續」（Continue）。這時會再出現幾個畫面：指定時區、設定使用者名稱、密碼和主機名稱，然後安裝就會繼續進行。從這裡開始你就沒有事要做了，只需坐等安裝完成、重啟電腦，並在看到拔除安裝媒體的提示時依令行事、按下 Enter 鍵即可。完成重啟後，你還需要完成幾個設定畫面，然後就可以把玩新安裝的 Ubuntu Linux 了。

探討

大多數的 Linux 發行版，其安裝程序都大同小異：開機進入安裝媒體，然後選擇預設的簡易安裝、或是選擇自訂安裝。有些還會在一開始就問完所有問題，像是使用者名稱和密碼之類；有些則會等到重新開機後才會叫你完成最終設定步驟。

Linux 安裝程式通常都具備倒退鍵，讓你回到前一個畫面作調整。你隨時都可以退出離開，只不過此舉可能會讓系統處於一個青黃不接、無法使用的狀態。但是這也無所謂；只管重新開機、從頭再完整安裝即可。

你可以儘管安心地愛在多少台機器上裝幾次都無所謂，完全不用管授權問題，不過需要註冊碼的企業用版本例外（像是 Red Hat、SUSE 或 Ubuntu 都另外提供企業付費支援）。

參閱

- Ubuntu 文件（*https://help.ubuntu.com*）

1.8　自訂分割區

問題

你想自行配置分割方式。

解法

在這個招式裡，我們要重來一次以上招式 1.7 示範的 Ubuntu 安裝，但這次我們要自行決定磁碟分割方式。

整顆硬碟都會被抹除

這一招會作出新的磁碟配置表，也就是磁碟中原有的內容都會被消除。

設置分割區的方式有很多種。表 1-1 顯示的就是筆者自己偏愛的 Linux 工作站分割區配置方式。

表 1-1　分割區配置示範

分割區名稱	檔案系統類型	掛載點
/dev/sda1	ext4	/boot
/dev/sda2	ext4	/
/dev/sda3	ext4	/home
/dev/sda4	ext4	/tmp
/dev/sda5	ext4	/var
/dev/sda6	swap	

當你進到「安裝類型」（Installation Type）畫面時，請改選「其他」（Something else）以便展開自訂安裝（圖 1-13）。

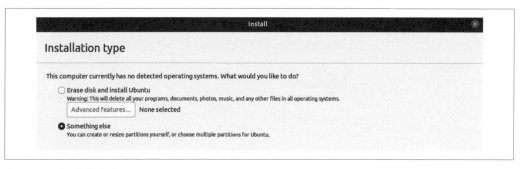

圖 1-13　選擇安裝方式

一旦進行到分割區設定畫面，請按下「新分割表」（New Partition Table）以便抹除整顆硬碟的原有內容。這時會看到圖 1-14 一般的光景。

要建立新的分割區，請點選「可用空間」（free space）這一行，然後點開加號「+」，以便新增分割區。指定容量、檔案系統類型以及掛載點。圖 1-15 建立的便是一個 500 MB 的 /boot 分割區。

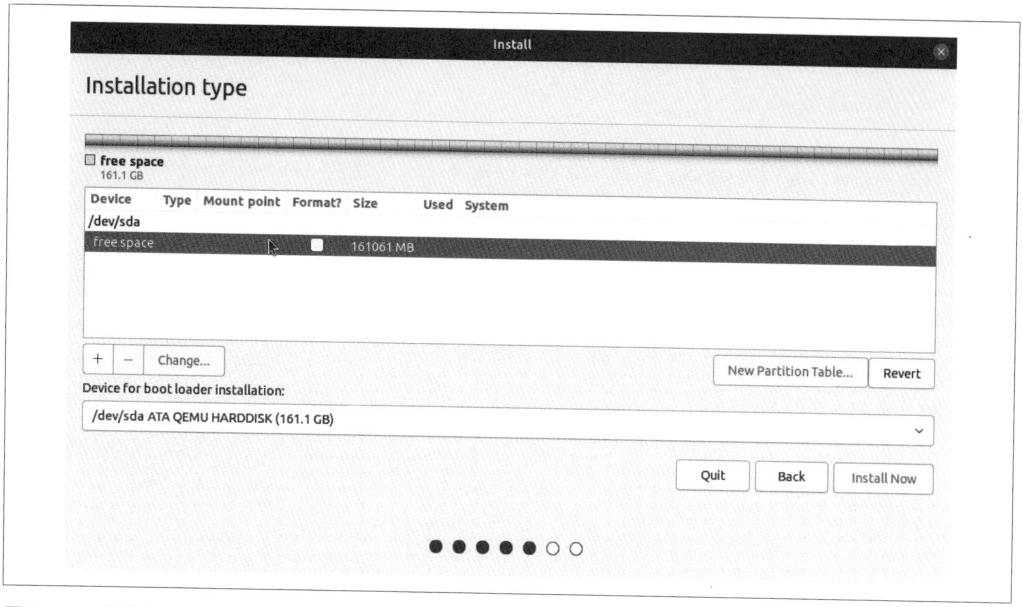

圖 1-14　建立新的分割表

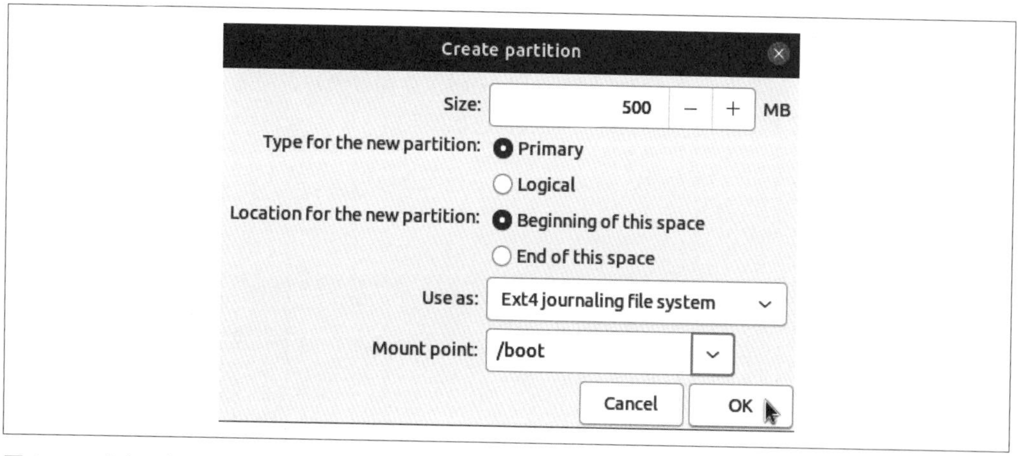

圖 1-15　建立一個開機用（boot）分割區

再度點選「可用空間」，也是點開加號「+」，然後重複以上動作，直到所有的分割區都建立為止。圖 1-16 顯示的便是成果：*/boot*、*/home*、*/var*、*/tmp*，以及 swap 檔案，都各安其所。

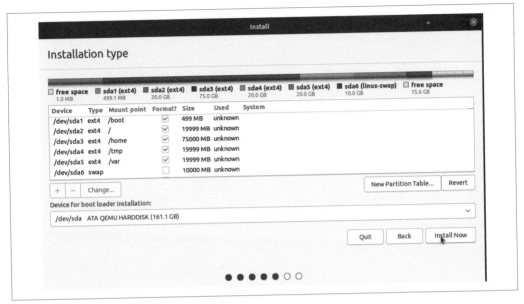

圖 1-16　分割區設定完畢，可以繼續安裝

選擇並格式化分割區

注意分割區畫面中「格式化？」（Format?）這個供人勾選的選項。所有的
新分割區都必須經過格式化，成為某種檔案系統。

探討

如果你是在虛擬機器上安裝，那麼各位看到的硬碟名稱就會是 *vda* 而非 *sda*。

這一招所引用的範例，所有的分割區均採用 Ext4 檔案系統。但你可以挑選自己偏好的檔
案系統；相關資訊可參閱第十一章。

磁碟分割區的概念，就像是擁有多顆個別實體硬碟一般。每一個分割區就像是獨立的硬碟
個體，而且分割區彼此可以採用不同的檔案系統。至於要採用何種檔案系統、以及分割區
要劃多大容量，都看你如何運用系統而定。如果你需要儲存大量的資料，那麼 */home* 就必
須多分一點空間。甚至應該放到獨立的硬碟上才是。

至於讓 */boot* 擁有自己的分割區，則是為了便於管理多重開機系統，因為這樣一來，開機用
檔案便與你安裝（或日後要移除）的作業系統分開放置了。500 MB 應該算是相當充裕。

至於將根分割區（/）獨立，則是為了便於還原、或是砍掉重練另一套 Linux。不論是何種發行版，30 GB 的根分割區都已綽綽有餘，除非你採用 Btrfs 檔案系統，那樣的話就必須至少留下 60 GB 的空間給根分割區，以便儲放快照。

至於將 */home* 自成一個分割區，則是為了將它與根檔案系統分開，如此一來就可以方便地更換安裝的 Linux、但不觸及 */home* 的內容。*/home* 也可以放到獨立硬碟當中。

/var 和 */tmp* 中都可能會充斥著失控的執行緒帶來的檔案。將它們放在自己獨有的分割區，將可避免干擾其他的檔案系統。以筆者自己為例，我通常各劃 20 GB 給它們，如果是忙碌的伺服器，可能要再劃大一點。

設定 swap 檔案時，將其設為與 RAM 容量相當、並自成一個分割區，就可以啟用磁碟暫停（suspend-to-disk）。

參閱

- 參閱招式 3.9 的「探討」段落，了解何謂暫停（suspend）和休眠（sleep）狀態
- 第八章
- 第九章

1.9　保存既有分割區

問題

你把 */home* 放在自己的分割區，而且想在安裝新版 Linux 時對其加以保留。

解法

在招式 1.7 和 1.8 當中，我們都是建立新的分割表，把原本既有的分割區一掃而空。但是當你有像是 */home* 或其他共用目錄這樣的分割區需要保留時，就不能建立新的分割表。相反地，你必須編輯現有的分割區。你可以把其他分割區刪掉，在空出的空間建立新分割區，同時繼續使用要保留的既有分割區。

在以下 Ubuntu 安裝程式的範例中，你要以 */dev/sda3* 作為個別的分割區、來掛載 */home*。請以滑鼠右鍵點選它，再點選「變更…」（Change…）。然後將掛載點設為 */home*，並小心確認別勾選「格式化？」（圖 1-17）。萬一你把它格式化了，或是改動了它的檔案系統類型，那該分割區中全部的資料就報銷了。

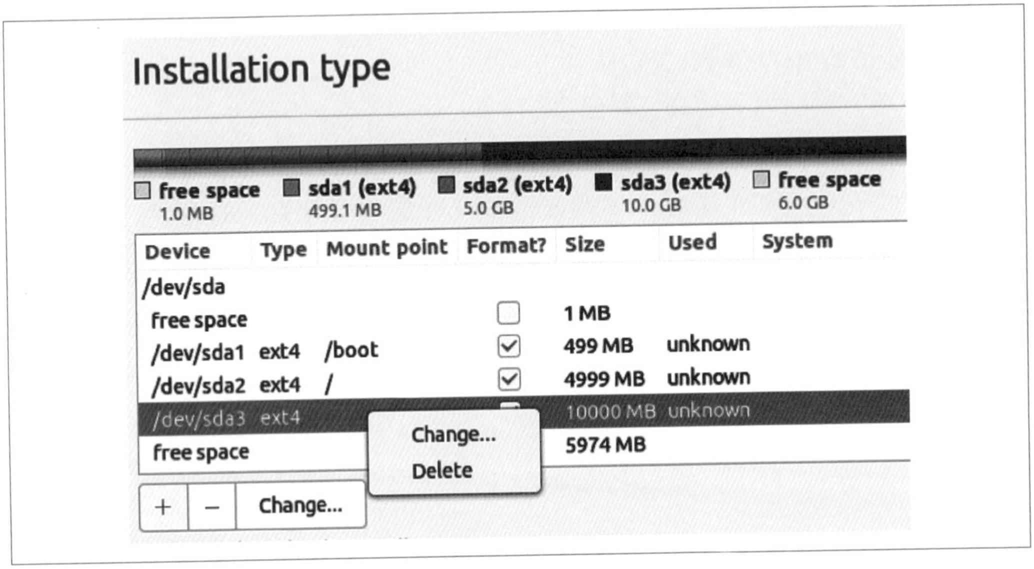

Installation type

Device	Type	Mount point	Format?	Size	Used	System
/dev/sda						
free space			☐	1 MB		
/dev/sda1	ext4	/boot	☑	499 MB	unknown	
/dev/sda2	ext4	/	☑	4999 MB	unknown	
/dev/sda3	ext4			10000 MB	unknown	
free space				5974 MB		

圖 1-17　保留 /dev/sda3 而非加以覆寫

探討

招式 1.8 的探討段落已經詳細說明如何自訂分割配置，也解釋了將檔案系統分別放在獨立分割區的好處何在。

參閱

- 第八章
- 第九章

1.10　自訂套件選擇

問題

你不想採用預設的套件安裝內容，而是想自己選擇要安裝哪些軟體。舉例說，你也許想設置一台開發用的工作站、一部網頁伺服器、一台中央備份伺服器、一台多媒體製作工作站、一台桌面排版工作站，或是選擇你自己的辦公室生產力應用程式。

解法

每一種 Linux 發行版的安裝選項管理方式都各有千秋。在這個招式中,各位會看到 openSUSE 和 Fedora Linux 兩種範例。openSUSE 支援以單一安裝映像檔安裝各種類型的系統,而 Fedora Linux 則是依系統類型訂做不同的安裝映像檔。

這兩種例子都是通用型 Linux 發行版的典型例子。

記住,你還是可以在安裝完畢後再新增或移除軟體。

openSUSE

openSUSE 的安裝程式支援以預設值進行簡易安裝、也兼具廣泛的自訂選項。它有兩個控制套件選擇的畫面。第一個畫面(圖 1-18)提供你可以選擇的系統角色,像是具備 KDE 或 GNOME 圖形環境的桌面系統、或是採用 IceWM 視窗管理程式的一般桌面系統、一套不需圖形環境的伺服器、或是一套同樣不需圖形環境的交易用伺服器。每種角色都有自己預訂的一系列套件。你可以選擇一種角色完成安裝,或是繼續挑選要安裝或移除的套件。

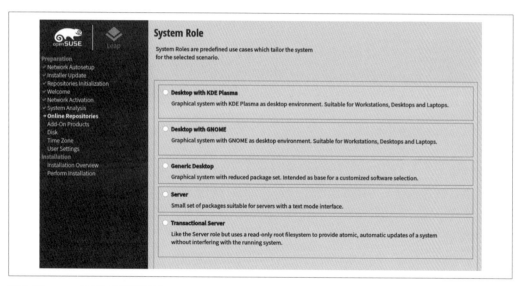

圖 1-18 openSUSE 的安裝角色

每個角色都是可以進一步微調的,就像下面一張圖所示(圖 1-19)。

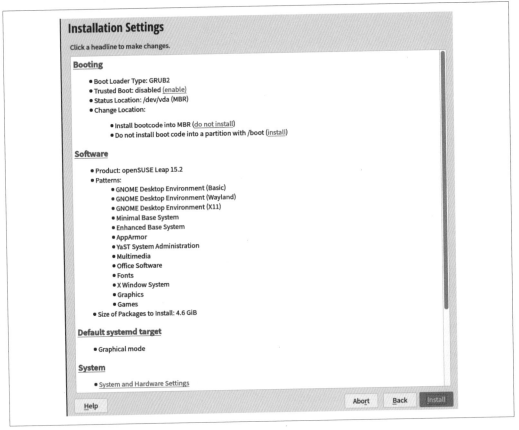

圖 1-19　openSUSE 的安裝設定

一旦選好角色、完成分割方式、時區、本地使用者等設定後，點選「軟體」（Software）以便開啟套件選擇畫面。這個畫面會顯示 open-SUSE 的諸多**模式**（*Pattern*）^{譯註}，亦即你只需單一命令即可安裝相關的套件群組。筆者偏愛 Xfce 桌面，因此我會在安裝過程中編輯這個選項（圖 1-20）。

這時請注意左下角的「詳細資訊」（Details）按鍵。點選它即可開啟一個具有多重頁面的畫面，便於你進一步微調套件選擇（圖 1-21）。你會在這個畫面看到大量的資訊：包括每種模式的個別套件、套件群組、下載儲存庫、安裝摘要、相依性、以及每個套件的資訊等等。使用右側視窗挑選或去除該種模式中的套件。安裝程式會自動解決套件相依性問題。

---

^{譯註} 譯者是按照 OpenSUSE 15.3 版（Leap）版本的安裝程式畫面，將 pattern 譯為「模式」。其實原意應該是指各種要安裝的子系統現況。這譯詞不怎麼樣，老實說譯成「樣式」可能還接近原意。

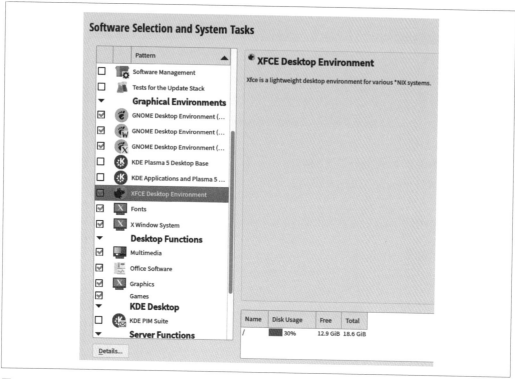

圖 1-20　openSUSE 軟體模式

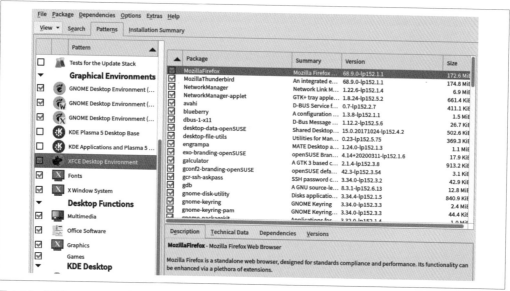

圖 1-21　選擇 openSUSE 個別的套件

一旦選好軟體，就會回到「安裝摘要」（Installation Summary）畫面，讓你可以繼續更改安裝設定。點選綠色的下一步（Next）按鍵，以便完成安裝。

Fedora Linux

Fedora Linux Workstation 和 Server 的安裝程式只會提供分割區選項，並不具備自訂套件功能。你可以從 Fedora 其他下載頁面（Fedora Alternative Downloads）取得約 600 MB 的網路安裝程式映像檔（*https://oreil.ly/JW9J8*）來進行自訂安裝。下載畫面上顯示的選擇雖是 Fedora Server，但它其實提供了完整的套件選項，可供安裝任何類型的 Fedora。在安裝摘要（Installation Summary）畫面就可以設定所有的安裝選項（圖 1-22）。

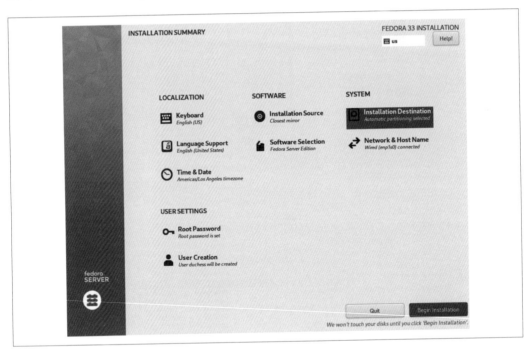

圖 1-22　Fedora Linux 網路安裝程式

請詳記安裝摘要畫面的所有安裝選項：選擇軟體、建立使用者、建立分割區、鍵盤與語言、時區、網路、以及主機名稱等等。點選「選擇軟體」（Software Selection）以便開啟你想要安裝套件的選擇畫面（圖 1-23）。

都選好後請按「完成」（Done）；這時你會回到安裝摘要畫面。安裝選項全都設定好後，請按「開始安裝」（Begin Installation），剩下的安裝過程就會自動完成。

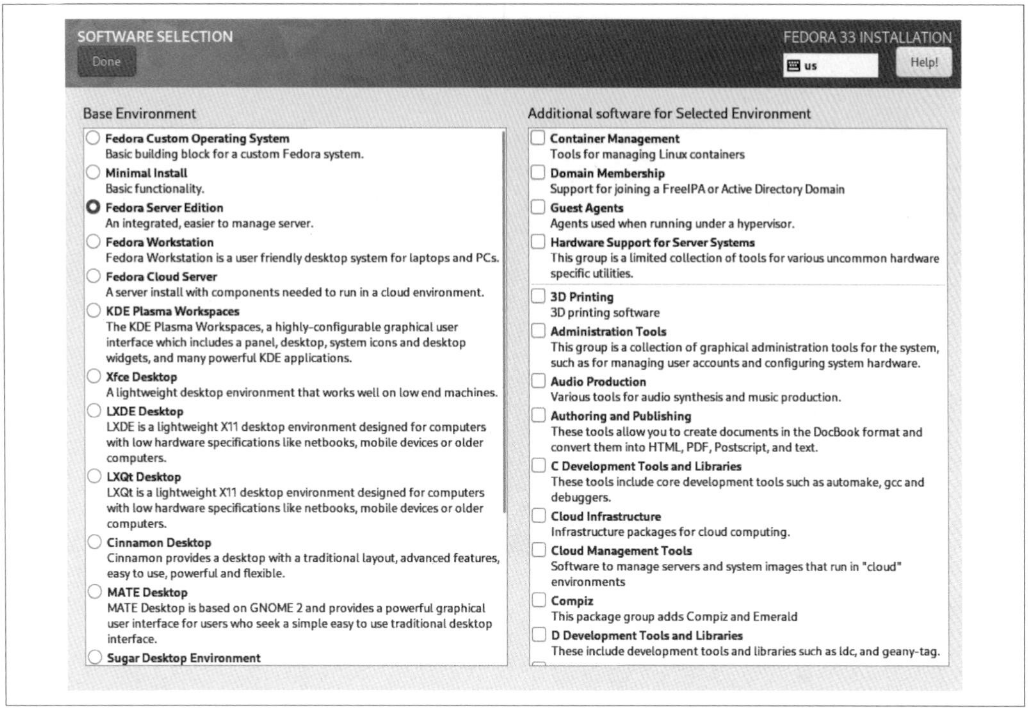

圖 1-23　Fedora Linux 套件選擇

探討

無論你試用的是何種 Linux，都請先閱讀它的文件和發行聲明。這裡通常會有很多重要的資訊，可以省下很多麻煩。此外也可參閱論壇、郵件列表或維基文件庫以便求助。

你也可以安裝各種喜愛的桌面環境，並在登入系統時選一種進入。選擇桌面的按鍵通常並不顯眼；舉例來說，Ubuntu 的預設登入畫面（圖 1-24）便將桌面選擇按鍵藏著不顯示，直到你鍵入使用者名稱它才會露臉。Xfce、Lxde、GNOME 和 KDE 都是十分受歡迎的圖形桌面環境。Ubuntu、openSUSE 和 Fedora 都是以 GNOME 為預設桌面。

參閱

- openSUSE 的文件（*https://oreil.ly/AupNr*）
- SUSE 的交易式更新（Transactional Updates, *https://oreil.ly/mTyuV*）

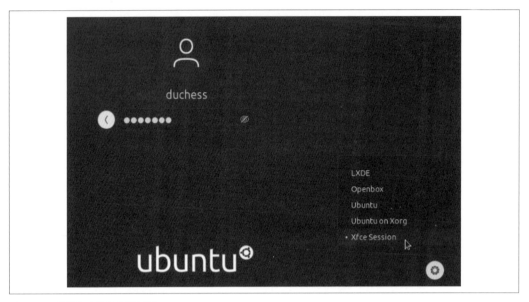

圖 1-24　挑選不同的圖形環境

1.11　多重開機進入各種 Linux 發行版

問題

你想在電腦上安裝一種以上的 Linux 發行版，並設成多重開機模式，以便可以從開機選單任意進入想開機的系統種類。

解法

不用擔心，只要硬碟塞得下，你想裝幾種 Linux 都可以。當然你得先裝好一種 Linux，而且它的 /boot 分割區必須獨立。然後步驟如下：

1. 首先要確認原先已安裝 Linux 的硬碟群，不論是內建還是外接，其剩餘空間還足夠裝得下另一版的 Linux。

2. 小心地記錄原本已安裝的 Linux 所使用的分割區，如此才不至於一不小心將你想保存的分割區覆蓋或刪除。

3. 將 /boot 分割區也掛載給即將安裝的新 Linux，切記不要將其格式化。

4. 以安裝媒體開機，然後設定新的安裝程序，以便用其餘的磁碟空間安裝 Linux。

安裝程式會自動找出已安裝的 Linux，並在開機選單中添加新安裝的 Linux。一旦完成安裝，就會看到像圖 1-25 的開機選單，其中已添加了新選項，可供開機進入 Linux Mint、或是原有的 Ubuntu。

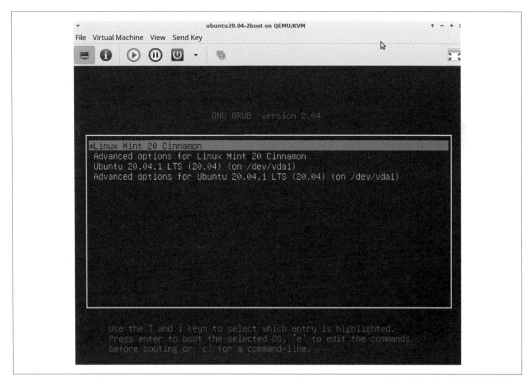

圖 1-25　新的開機選單，內有 Linux Mint 和 Ubuntu 可供選擇

探討

如果你還需要更多剩餘的硬碟空間，其實有辦法可以先安全地壓縮既有的分割區（參閱招式 9.7），然後才執行安裝程式。最安全的做法，是先將分割區卸載、再進行壓縮（shrink），因為有的檔案系統無法在掛載狀態下進行壓縮。若要以 SystemRescue 來壓縮分割區，請參閱招式 19.12。

大多數的 Linux 安裝程式都很精明，懂得分辨已安裝的 Linux，也會提供讓你保留原有安裝的選項。在圖 1-26 中，你就會看到 Linux Mint 的安裝程式會提供不同的安裝選項，看你是要用整顆硬碟來安裝 Linux Mint，還是要讓 Linux Mint 與 Ubuntu 並存。

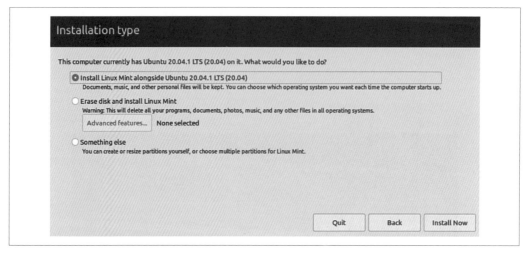

圖 1-26　將 Linux Mint 與 Ubuntu 平行安裝

參閱

- 招式 8.9
- 招式 9.7
- 招式 19.12
- 你的 Linux 發行版的安裝文件

1.12　與 Microsoft Windows 以雙重開機並存

問題

你想在自己的電腦上以雙重開機方式讓 Linux 和 Windows 並存。

解法

所謂讓 Linux 和 Windows 雙重開機，就是在一部電腦上同時安裝兩者，然後在啟動電腦時，你可以從開機選單挑選要使用的作業系統。

如果你什麼都還未安裝，最好是先安裝 Windows，然後再安裝 Linux。Windows 傾向於一手主導開機程式（bootloader），因此到後面再安裝 Linux，可以讓 Linux 掌控開機程式。

一如既往，你手邊一定要有一份最新的 Windows 系統備份、以及 Windows 復原媒體。

裝好 Windows 之後，再開始安裝 Linux。這套 Linux 要怎麼裝都可以：簡易式安裝、或是自訂分割區與套件選擇的安裝方式皆無不可。但是有一個與多重開機有關的重要選項要注意：

1. 如果你只有一顆硬碟，那麼「Device for boot loader installation」就必須得是 */dev/sda*。

2. 如果你的 Windows 裝在某一顆硬碟裡、然後 Linux 要裝在另一顆硬碟，那麼「Device for boot loader installation」就必須是安裝 Linux 的這顆硬碟。請注意你必須以 */dev/sda* 這樣的裝置名稱來指定，而非以 */dev/sda1* 這樣的分割區名稱來指定。

在圖 1-27 中有兩顆硬碟存在，Windows 位於 */dev/sda*、而 Linux 位於 */dev/sdb*。

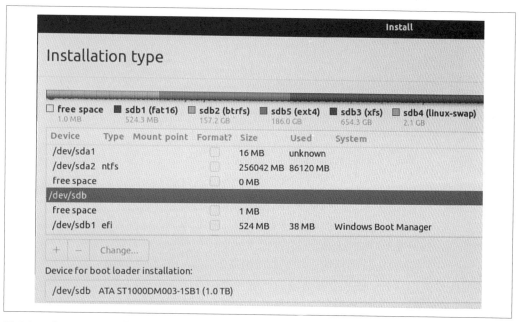

圖 1-27　在 Windows 以外再安裝 Ubuntu

安裝 Linux 時務必非常小心，要選對安裝位置，別把 Windows 蓋掉。在為 Linux 配置分割區時，可以盡情地像獨立安裝時那樣配置，只不過要小心你更動的分割區。

一旦分割區都配置完畢，你對於安裝的設定也都滿意，就可以繼續完成 Linux 的安裝。重新開機之後，你的 GRUB 選單便會同時有兩種系統的開機選項（圖 1-28）。

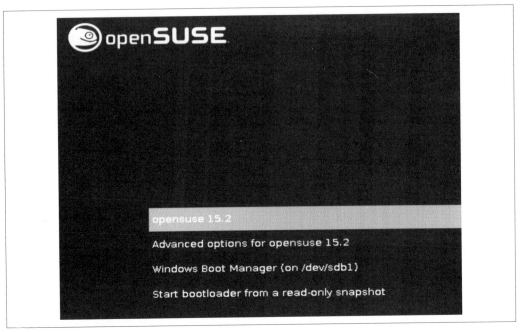

圖 1-28　GRUB 開機選單裡的 openSUSE 和 Windows

探討

只要硬碟空間充裕，你愛用多重開機管理幾套 Linux 和 Windows 系統都無所謂。

但其實還有其他方式可以同一台機器上同時運作 Linux 和 Windows。Windows 10 提供一套名為 Windows Subsystem for Linux 2（第 2 代 Windows 的 Linux 子系統，WSL 2），它以虛擬環境運行它支援的 Linux 發行版。如果你手邊有 Windows 的安裝媒體，也可以在 Linux 上用虛擬機器運行 Windows。虛擬機器的好處，是你可以真正地同時運行多種作業系統（而不是一次只能選一種開機進入），只不過此舉需要較強力的 CPU 和充足的記憶體。

VirtualBox 和 QEMU/KVM/Virtual Machine Manager 都是可以在 Linux 上運作的絕佳免費虛擬機器宿主環境。

參閱

- Windows 子系統 Linux 的文件（*https://oreil.ly/4cbnk*）
- VirtualBox（*https://oreil.ly/pI6J6*）

- KVM（*https://www.linux-kvm.org/page/Main_Page*）
- Virtual Machine Manager（*https://oreil.ly/5vj6m*）
- QEMU（*https://oreil.ly/VKBkf*）

1.13　找回 OEM 版 Windows 8 或 10 的產品金鑰

問題

你買了一台預裝 Windows 8 或 10 的電腦，但找不到產品金鑰。

解法

用 Linux 來代勞。請在同時裝有 Linux 和 Windows 的系統上（或是利用 SystemRescue），
用 Linux 執行以下命令：

```
$ sudo cat /sys/firmware/acpi/tables/MSDM
MSDMU
DELL CBX3
AMI
FAKEP-RODUC-TKEY1-22222-33333
```

最後一行便是金鑰。

如果你還能登入 Windows，也可用以下 Windows 命令取得產品金鑰：

```
C:\Users\Duchess> wmic path softwarelicensingservice get OA3xOriginalProductKey
OA3xOriginalProductKey
FAKEP-RODUC-TKEY1-22222-33333
```

探討

如果你手邊沒有復原用的媒體，Windows 10 還是可以免費下載的。只是你需要原有的 25
位數 OEM 產品金鑰，以便從頭安裝。

參閱

- 下載 Windows 10（*https://oreil.ly/rz157*）

1.14　在 Linux 上掛載你的 ISO 映像檔

問題

你已下載了一份 Linux 的 *.iso* 檔案，很好奇想要看看裡面的內容。當然你可以先把檔案燒錄成可開機的 DVD 或 USB 隨身碟、再檢視其中的檔案，但這樣實在麻煩，你想要直接解開檔案來看。

解法

Linux 具備一種虛擬裝置（pseudodevice），稱為 *loop* 裝置。它可以讓你像尋常檔案系統一般操作 *.iso* 映像檔。請依下列步驟將 *.iso* 映像檔掛載成為 loop 裝置。

首先在你的家目錄下建立一個掛載點，名稱自訂。下面以 *loopiso* 為例：

```
$ mkdir loopiso
```

將 *.iso* 掛載到這個新目錄。下例顯示的是一個 Fedora Linux 的安裝映像檔：

```
$ sudo mount -o loop Fedora-Workstation-Live-x86_64-34-1.2.iso loopiso
mount: /home/duchess/loopiso: WARNING: device write-protected, mounted read-only
```

請到檔案管理員中參閱掛載的光碟檔案系統內容（圖 1-29）。

圖 1-29　在 Fedora Linux 34 上掛載的 .iso 檔案

你也可以切換到掛載用的目錄中檢視檔案。但你無法編輯其中任何檔案，因為媒體是以唯讀模式掛載的。

看完後便可卸載：

```
$ sudo umount loopiso
```

探討

Loop 裝置會將一個一般檔案對應到一個虛擬分割區，然後你可以對這個檔案設置一個虛擬檔案系統。如果你想自己來，網路上有不少說明資訊（how-tos）可以參考。你可以從 *man 8 losetup* 先著手。

參閱

- *man 8 mount*
- *man 8 losetup*

## 第二章

管理開機程式 GRUB

所謂的**開機程式**（*bootloader*），係指可以在你開啟電源後，將作業系統載入電腦的某個軟體。GRUB（GRand Unified Bootloader 的簡寫）就是 Linux 上最常見的一款開機程式。

GRUB 支援多種有用的功能：包括在單一 PC 上啟動多重作業系統、live configuration 的編輯、可以自訂介面外觀、以及救援模式等等。在本章中，這些都會一一介紹。

GRUB 與 GRUB 2 的比較

坊間有兩大 GRUB 的主流版本，其一是較老舊的 GRUB，另一者是 GRUB 2。GRUB 2 屬於 1.99 以後的版本。舊版 GRUB 的最後更新是 2005 年的 0.97 版。很多關於 GRUB 的說明資訊（how-to）都仍以舊版的 GRUB 為主，並將其與 GRUB 2 做比較。在本章當中，筆者不會再著墨於舊版的 GRUB。舊版退隱已久，而且它與 GRUB 2 已幾乎沒有關聯，因此本章將只以 GRUB 2 為主。

有的 Linux 發行版只會以 GRUB 來統稱其開機程式，有的則會清楚地指名 GRUB 2。以 Ubuntu 為例，它具備 */boot/grub/* 目錄和 *grub-mkconfig* 命令，但 Fedora 則特意將目錄改稱 */boot/grub2/*，命令則稱為 *grub2-mkconfig*。請檢視你自己系統中的路徑和檔案名稱。在本章中，筆者會採用 Ubuntu 的命名方式，只有遇到與特定發行版有關的範例時才會再做區分。

打從 1940 年代伊始初次建置的 UNIVAC 以來，電腦啟動的過程就沒多大變化。啟動電腦的過程又被稱為 *bootstrapping*，取義自「自己把自己抬起來」（pulling yourself up by your own bootstraps），雖然物理上這是辦不到的事。一部電腦需要有軟體命令來告訴它如何動作，但若是連作業系統都還未載入電腦，那麼這些命令又從何而來？

近代 x86_64 個人電腦架構對上述悖論的解法，是先把一開始的啟動指令放在主機板上的一塊晶片裡，然後在 CPU 中寫入這段指令的所在位址。你也可以把它想像成是 CPU 裡已經預先寫入了如何接收啟動指令的方式。這段位址在所有的 x86_64 機器上都是相同的，這也是為何你可以隨意搭配主機板和 CPU 的緣故（如果你想多了解一下其中細節，這段位址的正式名稱是**重置向量**（*reset vector*））。

以下簡述其運作原理：

第一階段始於系統電源開啟。CPU 會從 BIOS/UEFI 韌體取得指令，然後啟動 CPU 快取和系統記憶體。當系統記憶體啟動後，便會執行開機測試（Power On Self-Test, POST），藉以測試記憶體及其他硬體之間的連通性，包括鍵盤、滑鼠、螢幕、磁碟等等。你可能還會注意到其他的現象，像是鍵盤和滑鼠的 LED 會亮起，也會聽到電腦機身中發出磁碟偵測的噪音。

POST 完成後，BIOS/UEFI 韌體便會進入開機第二階段，尋找硬碟中的開機檔案。這時 GRUB 開機程式便會載入必要的檔案，用來啟動作業系統，進而完成系統啟動。

當開機選單出現時（圖 2-1），GRUB 會按照設定的時間等待，直到你輸入選擇或逾時為止，為期通常 5 至 10 秒，然後如果你沒有動作，它便會按照預設動作開機。請用方向鍵瀏覽開機選單。如果你按下任何與操作無關的按鍵，它便會停止計時，這樣你就有充裕的時間仔細檢視開機選項。

在圖 2-1 中，第一個選項就是啟動系統。其下兩項則會開啟新的子選單，其中含有更多開機選項。看完子選單後，只需按下 Esc 鍵便可回到上一層的主選單。

像 Fedora 和 Ubuntu 這樣的 Linux 發行版，如果電腦中只裝有一套作業系統，通常就會把開機選單藏起來不顯示。這時只需在開機後同時長按 Shift 鍵，開機選單便會出現。有一個設定選項可以讓開機選單保持在始終都會出現的狀態。

你也許會想要在 GRUB 組態檔中調整若干選項，藉以自訂 GRUB 選單的外觀和行為。

如果你偏好以圖形工具自訂 GRUB 選單，請試著採用 GRUB Customizer（圖 2-2）。大部份的 Linux 發行版都會透過 *grub-customizer* 這個套件提供該工具，唯一的例外是 openSUSE，在 YaST 系統組態工具裡，它提供的是 GRUB 模組（標示為 Boot Loader）。

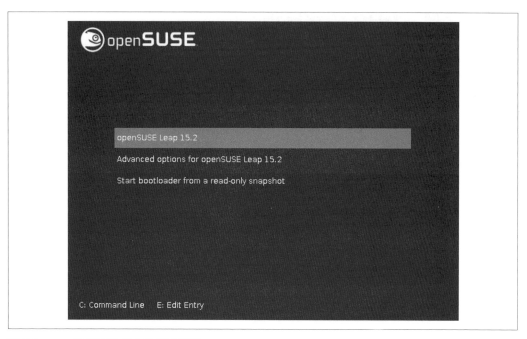

圖 2-1　openSUSE 的 GRUB 開機畫面

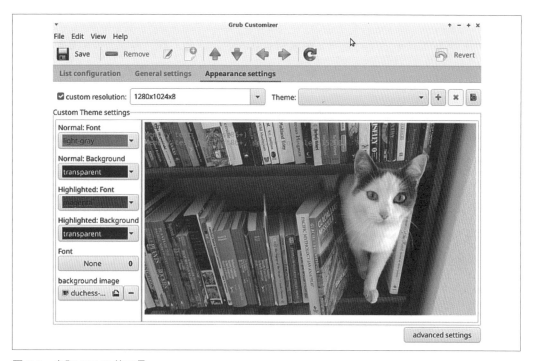

圖 2-2　自訂 GRUB 的工具

2.1 重建 GRUB 的組態檔

問題

每次修改完 GRUB 的設定，都必須重建 GRUB。

解法

重建 GRUB 組態的命令種類繁多。在 Fedora 和 open-SUSE 上，請使用這個命令：

```
$ sudo grub2-mkconfig -o /boot/grub2/grub.cfg
```

而 Ubuntu 這類的發行版則是：

```
$ sudo grub-mkconfig -o /boot/grub/grub.cfg
```

Ubuntu Linux 裡還另外有一支命令稿 *update-grub*，可以用來執行 *grub-mkconfig*：

```
$ sudo update-grub
```

探討

有的 Linux 發行版會很好心地在 */etc/default/grub* 檔案的開頭註明正確的命令名稱。

記住，由於各種 Linux 之間的異同，在編輯 GRUB 的設定時，務必要驗證檔名和路徑正確無誤。

參閱

- 主機板說明文件，了解你的系統所使用的 BIOS/UEFI
- GNU GRUB 手冊（*https://oreil.ly/szAiR*）
- GRUB 具有多個目的各異的 man page 可以參閱；請執行 *man -k grub* 逐一參閱它們
- *info grub* 或 *info grub2*

2.2 把隱藏的 GRUB 選單再顯現出來

問題

你偏愛的 Linux 發行版，會在你電腦上只裝有一套作業系統時，把 GRUB 選單藏起來，而你希望選單還是可以在每次開機時都出現供你參考。

解法

很多 Linux 發行版都會這樣做，包括 Ubuntu 和 Fedora。你可以在開機時長按 Shift 鍵，就可以強迫讓 GRUB 選單暫時出現（但下次開機又會消失，除非你更改 GRUB 設定）。

請編輯 */etc/default/grub*，讓選單永遠都會出現，選項如下所示：

```
GRUB_TIMEOUT="10"
GRUB_TIMEOUT_STYLE=menu
```

如果檔案裡有 GRUB_HIDDEN_TIMEOUT=0 和 GRUB_HIDDEN_TIMEOUT_QUIET=true 這樣的字樣，請用註解符號 # 將其抵銷。

改完 */etc/default/grub* 檔案後，請重建 GRUB 設定（參見招式 2.1）。

探討

GRUB_HIDDEN_TIMEOUT=0 意指不顯示 GRUB 選單，而 GRUB_HIDDEN_TIMEOUT_QUIET=true 則代表不要顯示倒數計時。

但如果你是以多重開機組態安裝多種作業系統，那麼 GRUB 選單就會再度現身。

參閱

- 招式 2.1
- GNU GRUB 手冊（*https://oreil.ly/DqiwS*）
- GRUB 具有多個目的各異的 man page 可以參閱；請執行 *man -k grub* 逐一參閱它們
- *info grub* 或 *info grub2*

2.3　以不同的 Linux 核心開機

問題

你或許會自忖：像圖 2-3 當中的 GRUB 選單，裡面那些多出來的、對於特定 Linux 核心版本的參照連結，其內容究竟為何、以及其實際用途。

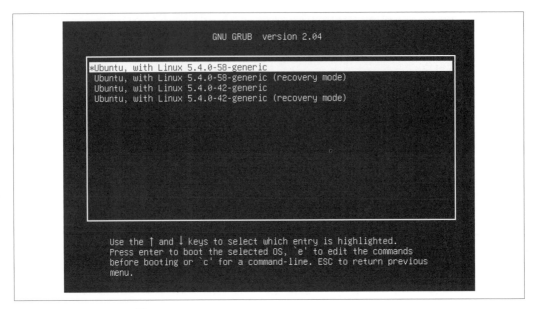

圖 2-3　GRUB 的核心開機選項

解法

時間久了，每當你升級 Linux 系統，舊版的 Linux 核心總還是會留在你的 GRUB 選單當中。如此一來，萬一新核心出了差錯，也能輕鬆地以穩定的舊核心重新開機。新核心穩定後，便毋須再保留舊核心，可以透過套件管理工具將其移除。

探討

在以前的年頭，更新核心可是件大事，因為新核心代表著會修復舊有的臭蟲、會添加對於新型硬體（例如影像、網路以及音效介面等等）的支援、也會支援新的軟體功能（例如專屬檔案格式和新通訊協定等等）。核心改版的腳步頻率相當快，而新核心出錯的機會也不是沒有，因此保有舊核心的開機選項就成了慣例。不過近年來這種問題出現的機會已大為降低，而且核心的更新也不再那麼令人側目。

參閱

- GNU GRUB 手冊（*https://oreil.ly/qxk2m*）
- Linux 核心的檔案庫（*https://oreil.ly/l5xyK*）

2.4　了解 GRUB 組態檔

問題

你知道設定 GRUB 的方式與大多數其他程式的做法略有不同，而你想進一步了解 GRUB 組態檔的位置、還有哪些檔案可以用來管理 GRUB。

解法

GRUB 組態檔分別位於 */boot/grub/*、*/etc/default/grub* 和 */etc/grub.d/*。GRUB 的組態相當繁瑣，由眾多的命令稿和模組合組而成。

> *GRUB 與 GRUB 2 的比較*
>
> 記住，如本章開宗明義所示，有的 Linux 發行版直接以 GRUB 字樣命名，有些則會清楚地以 GRUB2 作為檔案及相關命令的名稱。在本章當中，筆者會採用直接的 GRUB 命名，除非有特定版本範例的考量。

/etc/default/grub 是用來設定開機時的 GRUB 選單外觀的檔案，其內容包括：開機選單是否會出現、要不要套用外觀主題和背景影像、選單的逾時值、以及不同版本核心的選項等等。

至於位在 */etc/grub.d/* 下的檔案，則是負責支援更複雜的組態，而 */boot/grub/* 下存放的則是用來定義 GRUB 選單外觀的影像和主題檔案。

主要的 GRUB 組態檔是 */boot/grub/grub.cfg*，GRUB 在開機時便是讀取這個檔案來運作。你不需直接編輯這個檔案，因為它是透過 */etc/grub.d/* 和 */etc/default/grub* 的內容建置而成；每當你更動設定內容之後，就必須重建 GRUB 組態。

每當你安裝了任何會影響開機程序的更新內容，像是安裝新版核心、或是移除舊核心，隨後便會自動重建 GRUB 組態。

探討

如果你對於撰寫命令稿有興趣，不妨研讀 GRUB 的檔案群，這是學習如何組織大量彼此獨立命令稿的最佳機會。

位於 /etc/grub.d/ 下的，是俗稱置入檔（*drop-in*）的檔案。每一個置入檔都含有負責特定任務的組態內容，而不是以一個龐大的單一組態檔來負責一切。這些檔案都會依照 GRUB 讀取的順序來編號，數字越低、優先性越高。以下範例引用自 Fedora 32：

```
$ sudo ls -C1 /etc/grub.d/
00_header
01_users
08_fallback_counting
10_linux
10_reset_boot_success
12_menu_auto_hide
20_linux_xen
20_ppc_terminfo
30_os-prober
30_uefi-firmware
40_custom
41_custom
backup
README
```

每一個檔案都是一個命令稿，而且每一個檔案都必須設有執行位元。一旦清除執行位元，就等於關閉了執行權限：

```
$ sudo chmod -x 20_linux_xen
```

如欲重新對某個命令稿賦予執行權限，便加上執行位元：

```
$ sudo chmod +x 20_linux_xen
```

參閱

- GNU GRUB 手冊（*https://oreil.ly/RWh6k*）

- GRUB 具有多個目的各異的 man page 可以參閱；請執行 *man -k grub* 逐一參閱它們

- *info grub* 或 *info grub2*

- 第六章

2.5　撰寫一個最起碼的 GRUB 組態檔

問題

你想寫出一組最精簡但可用的 GRUB 設定。

解法

以下是一個最基本的 */etc/default/grub* 檔案，其中只包括用來啟動 Linux 系統及顯示 GRUB 選單所需最起碼的內容。以下範例引用自 openSUSE Leap 15.2：

```
# If you change this file, run 'grub2-mkconfig -o /boot/grub2/grub.cfg'
# afterwards to update /boot/grub2/grub.cfg.

GRUB_DEFAULT=0
GRUB_TIMEOUT=10
GRUB_TIMEOUT_STYLE=menu
```

還記得圖 2-1 嗎？圖 2-4 來自相同的系統，只不過後者只含有最起碼的 GRUB 設定。

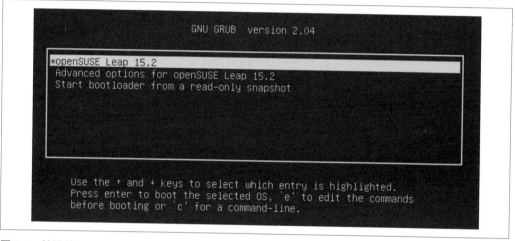

圖 2-4　精簡的 GRUB 選單

這裡有很多選項可供測試，像是各種不同的預設開機選項指定方式、更改預設的背景影像和主題、更改色調、以及更改螢幕解析度等等。以下的探討段落會詳細一一說明。

探討

在 */etc/default/grub* 裡有大量的選項可供調整，但大部份都可置之不理。以下是筆者認為最有用的選項：

GRUB_DEFAULT=

用來設定預設的開機項目。在 *grub.cfg* 中，開機項目係從 0 開始排列計數的，但組態檔裡卻沒有賦予這些編號。那麼你該如何得知每一個開機選項所使用的號碼？沒有固定的做法可以做到這一點；你只能自己手動數數看，一共有幾種開機選項。只需計算一共出現多少次「menuentry」的段落，便知分曉。一筆開機選項通常長得像這樣：

```
menuentry 'openSUSE Leap 15.2'  --class opensuse --class gnu-linux
  --class gnu --class os
menuentry_id_option 'gnulinux-simple-102a6fce-8985-4896-a5f9-e5980cb21fdb' {
        load_video
        set gfxpayload=keep
        insmod gzio
        [...]
```

或是利用 *awk* 命令來計算和列舉有效的開機選項，以下是適用於 Ubuntu 20.04 的作法：

```
$ sudo awk -F\' '/menuentry / {print i++,$2}' /boot/grub/grub.cfg
0 Ubuntu
1 Ubuntu, with Linux 5.8.0-53-generic
2 Ubuntu, with Linux 5.8.0-53-generic (recovery mode)
3 Ubuntu, with Linux 5.8.0-50-generic
4 Ubuntu, with Linux 5.8.0-50-generic (recovery mode)
5 UEFI Firmware Settings
```

也許你不會想要把恢復模式（recovery mode）或記憶體測試等項目設為預設開機選項，雖說設成這樣也無傷大雅。如果你想直接進入系統的 BIOS/UEFI，UEFI Firmware Settings 選項就是捷徑。

GRUB_TIMEOUT=10

用來設定 GRUB 選單在開始以預設項目開機前、會等待的秒數，而 GRUB_TIMEOUT_STYLE=menu 則會一邊顯示選單、一邊顯示倒數秒數計時。GRUB_TIMEOUT=0 會立即開機、並跳過開機選單不顯示，而 GRUB_TIMEOUT=-1 則會將自動開機功能關閉，並一直等到使用者按下開機選項才會繼續開機。

GRUB_DEFAULT=saved

若與 GRUB_SAVEDEFAULT=true 搭配，GRUB_DEFAULT=saved 就會將前一次開機進入的選項變成下次預設的開機項目。

GRUB_CMDLINE_LINUX=

把所有的選單項目都加上 Linux 核心選項。

GRUB_CMDLINE_LINUX_DEFAULT=

只把核心選項傳給預設的選單項目。GRUB_CMDLINE_LINUX_DEFAULT="quiet splash" 是常見的預設選項，它會關閉啟動時的詳細輸出訊息，並改為顯示一個圖形畫面（a graphical splash screen）。圖 2-5 顯示的便是平常啟動時詳細輸出訊息的樣子。就算你設定了 GRUB_CMDLINE_LINUX_DEFAULT="quiet splash"，如果你還是想看到詳細輸出訊息，也可以在開機時按下 Esc 鍵，就可以跳過畫面、繼續顯示詳細訊息輸出，毋須還原這項設定。

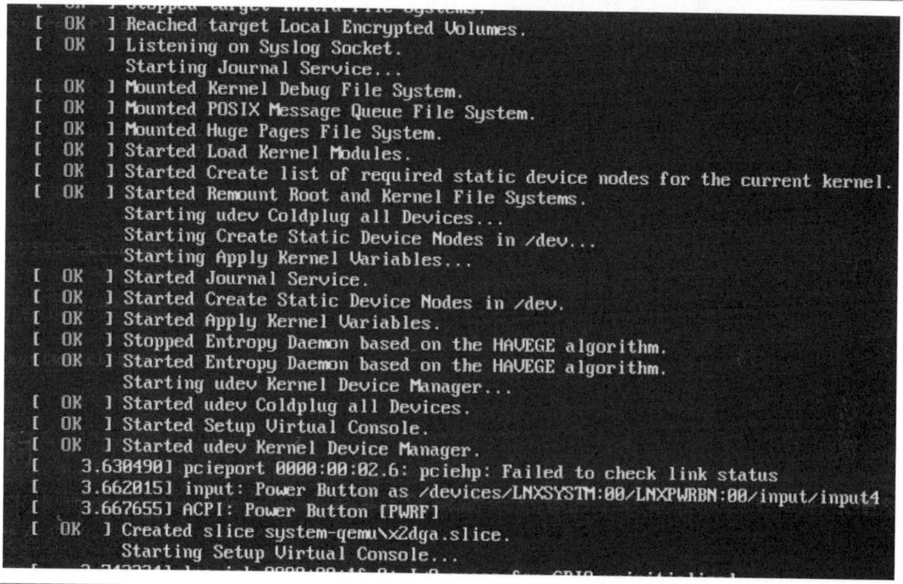

圖 2-5　開機啟動時的訊息

GRUB_TERMINAL=gfxterm

將你的 GRUB 畫面設為圖形模式，支援色彩與影像。GRUB_TERMINAL=console 則會關閉圖形模式。

GRUB_GFXMODE=

設定圖形模式的螢幕解析度，就像 GRUB_GFXMODE=1024x768 這樣。請在 GRUB 命令列執行 *set pager=1* 命令、再執行 *videoinfo*，就可以看出你的系統支援哪些解析度模式（圖 2-6）。*set pager=1* 讓你可以用方向鍵上下捲動觀看冗長的命令輸出。GRUB_GFXMODE=auto 則會自動計算合理的預設值。

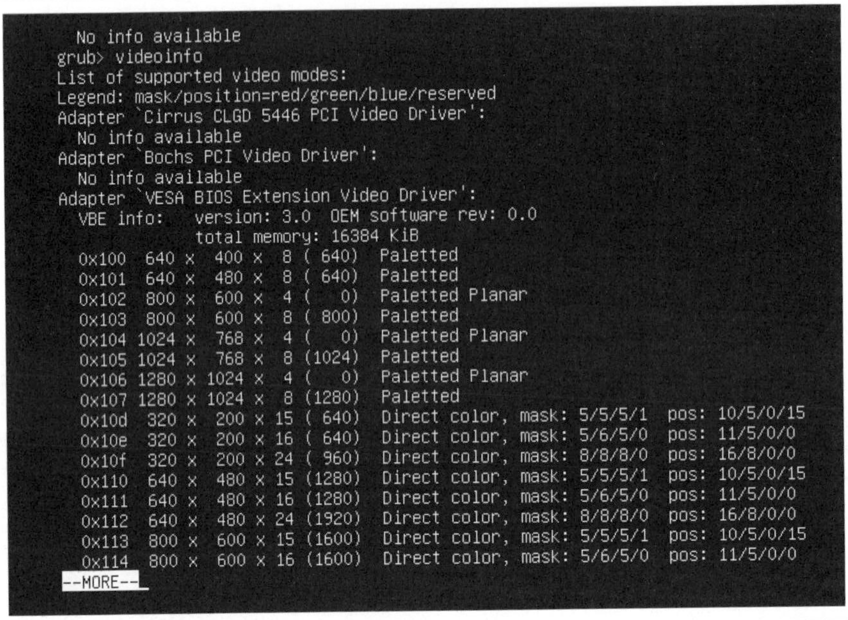

```
   No info available
grub> videoinfo
List of supported video modes:
Legend: mask/position=red/green/blue/reserved
Adapter `Cirrus CLGD 5446 PCI Video Driver':
   No info available
Adapter `Bochs PCI Video Driver':
   No info available
Adapter `VESA BIOS Extension Video Driver':
   VBE info:   version: 3.0  OEM software rev: 0.0
               total memory: 16384 KiB
   0x100  640 x  400 x  8 ( 640)  Paletted
   0x101  640 x  480 x  8 ( 640)  Paletted
   0x102  800 x  600 x  4 (   0)  Paletted Planar
   0x103  800 x  600 x  8 ( 800)  Paletted
   0x104 1024 x  768 x  4 (   0)  Paletted Planar
   0x105 1024 x  768 x  8 (1024)  Paletted
   0x106 1280 x 1024 x  4 (   0)  Paletted Planar
   0x107 1280 x 1024 x  8 (1280)  Paletted
   0x10d  320 x  200 x 15 ( 640)  Direct color, mask: 5/5/5/1  pos: 10/5/0/15
   0x10e  320 x  200 x 16 ( 640)  Direct color, mask: 5/6/5/0  pos: 11/5/0/0
   0x10f  320 x  200 x 24 ( 960)  Direct color, mask: 8/8/8/0  pos: 16/8/0/0
   0x110  640 x  480 x 15 (1280)  Direct color, mask: 5/5/5/1  pos: 10/5/0/15
   0x111  640 x  480 x 16 (1280)  Direct color, mask: 5/6/5/0  pos: 11/5/0/0
   0x112  640 x  480 x 24 (1920)  Direct color, mask: 8/8/8/0  pos: 16/8/0/0
   0x113  800 x  600 x 15 (1600)  Direct color, mask: 5/5/5/1  pos: 10/5/0/15
   0x114  800 x  600 x 16 (1600)  Direct color, mask: 5/6/5/0  pos: 11/5/0/0
--MORE--
```

圖 2-6　支援哪些畫面模式

GRUB_BACKGROUND=

設定 GRUB 選單的背景影像，影像圖片隨你選（參見招式 2.6）。

GRUB_THEME=

以完整的主題裝飾你的 GRUB 選單（參見招式 2.8）。

參閱

- 招式 2.6
- 招式 2.8
- GNU GRUB 手冊（*https://oreil.ly/zIbDg*）
- GRUB 具有多個目的各異的 man page 可以參閱；請執行 *man -k grub* 逐一參閱它們
- *info grub* 或 *info grub2*

2.6　為 GRUB 選單自訂背景影像

問題

你對 GRUB 選單的外觀不甚滿意，想改得好看點。

解法

你需要一個 PNG 影像檔、或是 8 位元的 JPG 檔、或是 TFA 格式的檔案。圖片大小不限，因為 GRUB 會自行伸縮圖片以便適應畫面大小。在下例中，我以愛貓「女爵」的照片當成 GRUB 畫面，畫面中的她正惬意地在書架間穿梭，為我的 GRUB 選單畫面增色不少。

請把你的影像畫面檔案複製到 */boot/grub/* 之下，再把完整的影像檔案路徑資訊放進 */etc/default/grub*。我的貓咪圖片檔名是 */boot/grub/duchess-books.jpg*：

```
GRUB_BACKGROUND="/boot/grub/duchess-books.jpg"
```

如果有 `GRUB_THEME=` 這行設定，請先註銷它，然後重建 GRUB 組態（招式 2.1）。

當你執行重建命令時，應該會在輸出訊息中看到像是「Found background: /boot/grub/duchess-books.jpg」的字樣輸出。如果沒看到，就表示設定應該有問題。

如果一切無誤，重建、重新開機，你就有嶄新的 GRUB 選單背景畫面可以欣賞了（圖 2-7）。

圖 2-7　文藝貓女爵成為 GRUB 選單的裝飾

範例圖中的文字幾乎看不清楚，因此請繼續閱讀招式 2.7，看看如何更改文字的顏色式樣。

探討

你的系統可以採用任何影像圖片；甚至不一定要放到 */boot/grub/* 底下。但是把影像檔放到 */boot/grub/*，可以讓所有 GRUB 的自訂細節都集中在一處，這樣也可以讓多重開機選單中所有已安裝的 Linux 系統，都可以取得這些細節。

參閱

- GNU GRUB 手冊（*https://oreil.ly/xv9AE*）
- GRUB 具有多個目的各異的 man page 可以參閱；請執行 *man -k grub* 逐一參閱它們
- *info grub* 或 *info grub2*

2.7　更改 GRUB 選單的字樣顏色

問題

你的新背景圖片很可愛（圖 2-7），但是字型的顏色卻幾乎看不清楚，而你想把顏色改一改，好讓 GRUB 選單的字樣看得清楚些。

解法

這一招很好玩，因為你可以很快地在 GRUB 命令列中預覽字型的顏色。然後當你決定好顏色後，請編輯 */etc/default/grub*，並到 */etc/grub.d/* 下建立一個新檔案，以便載入所需的顏色，然後重建 */boot/grub/grub-cfg*。重新開機，就可以欣賞背景圖片和漂亮顏色的字型了。

啟動電腦、並在 GRUB 選單出現時，按下 C 鍵開啟 GRUB 命令列（圖 2-8）。

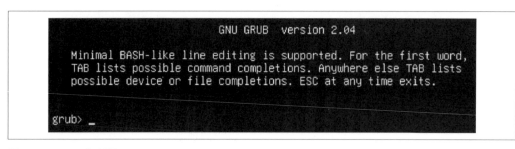

圖 2-8　GRUB 命令列

以下兩個命令會將顏色設成像是圖 2-9 所顯示的顏色：

```
grub> menu_color_highlight=cyan/blue
grub> menu_color_normal=yellow/black
```

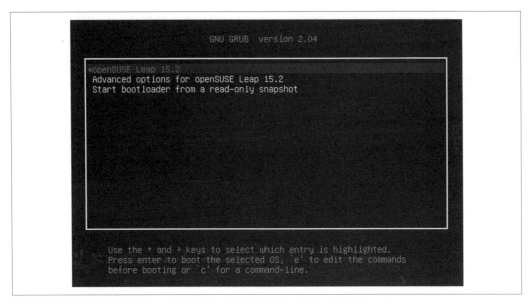

圖 2-9　從 GRUB 命令列設定 GRUB 選單的顏色

你可以一次設定和測試一對配色。從 GRUB 選單按下 C 鍵以便開啟 GRUB 命令 shell。然後鍵入命令（抱歉，無法剪貼），再按下 Enter 鍵，然後按下 Esc 鍵回到選單，看看外觀效果如何。你也可以捲動上下方向鍵觀看先前鍵入的命令，以便利用舊命令來編輯，不需從頭打每一個字。

你必須以這個特定順序定義兩個顏色：前景 / 背景。所有的顏色都是不透明的，但只有一個例外：就是當背景顏色是黑色的時候。這也是為何當你加上背景影像時，必須讓 menu_color_normal= 以黑色為背景色的緣故，因為你的影像會被字型背景色遮住，因此背景色必須有透明的效果。至於 menu_color_highlight= 這個背影色，則只有在你選到那一行文字時，才會套用。

當你找出喜愛的顏色後，就要讓它們保持原樣不動。請開機進入 /etc/grub.d/，編輯新的命令稿。以下例來說，檔名就是 07_font_colors。請複製以下內容：

```
#!/bin/sh

        if [ "x${GRUB_BACKGROUND}" != "x" ] ; then
```

```
                        if [ "x${GRUB_COLOR_NORMAL}" != "x" ] ; then
                        echo "set color_normal=${GRUB_COLOR_NORMAL}"
                        fi

                        if [ "x${GRUB_COLOR_HIGHLIGHT}" != "x" ] ; then
                        echo "set color_highlight=${GRUB_COLOR_HIGHLIGHT}"
                        fi
            fi
```

然後將其設為可執行：

```
$ sudo chown +x 07_font_colors
```

再到 */etc/default/grub* 檔案，用你選好的顏色組合加上下面這兩行：

```
export GRUB_COLOR_NORMAL="yellow/black"
export GRUB_COLOR_HIGHLIGHT="cyan/blue"
```

接著重建 GRUB 組態（招式 2.1）、重啟系統，看看是否生效。

探討

請參閱招式 2.4，了解 */etc/grub.d/* 下的檔案作用，以及為何要以數字做為檔名開頭。在筆者的實驗中，字型命令稿的數字執行順序並不要緊，但要是它沒發揮作用，試著改個數字看看。記住要讓命令稿檔案可以執行。選項如下：

- *menu_color_highlight* 控制了選單框中被點選到那一行的顏色配置。

- *menu_color_normal* 控制了選單框中沒被點選到其他各行的顏色配置。

請按照表 2-1 中所示的字樣來配置，一律採用小寫、而且拼寫要一致。

表 2-1　GRUB 的顏色選項

顏色選項			
black	dark-gray	light-green	magenta
blue	green	light-gray	red
brown	light-cyan	light-magenta	white
cyan	light-blue	light-red	yellow

參閱

- GNU GRUB 手冊（*https://oreil.ly/BZHWt*）

- GRUB 具有多個目的各異的 man page 可以參閱;請執行 *man -k grub* 逐一參閱它們
- *info grub* 或 *info grub2*
- 招式 2.4

2.8　GRUB 選單套用主題

問題

你還想進一步地美化 GRUB 選單,而你想知道是否有適於 GRUB 選單的主題可以套用、並安裝它們。

解法

算你好命,因為真的有很多 GRUB 主題可以套用。請先利用套件管理員(package manager)搭配 **grep** 命令,找出套件名稱。以下以 Ubuntu Linux 為例:

```
$ apt search theme | grep grub
```

利用 *theme | grep grub* 的字樣,在搜尋結果中篩選出相關套件,例如 *grubtheme-breeze*、*grub2-themes-ubuntu-mate*、*grub-breeze-theme* 等等。其安裝方式則跟安裝其他套件沒有差異。

探討

你的新主題應該會裝到 */boot/grub/themes* 底下。請找出你的新主題路徑,例如 */boot/grub/themes/ubuntu-mate*,然後找出 *theme.txt* 檔案。然後把這段完整路徑添加到 */etc/default/grub* 裡,以下便以 *ubuntu-mate* 主題為例:

```
GRUB_THEME=/boot/grub/themes/ubuntu-mate/theme.txt
```

請務必記得要把其他與外觀有關係的設定給註銷掉,像是 **GRUB_BACKGROUND=**、任何自訂字型色彩、以及任何其他的主題。然後再次重建 GRUB 組態(招式 2.1)。你應該會在重建命令的輸出訊息中看到像是「Found theme: /boot/grub/themes/ubuntu-mate/theme.txt」這樣的字樣。

如果一切正常,請重啟系統,然後你便會看到像是圖 2-10 一樣的成果。萬一結果不如預期,請重新檢查你的設定和命令內容。

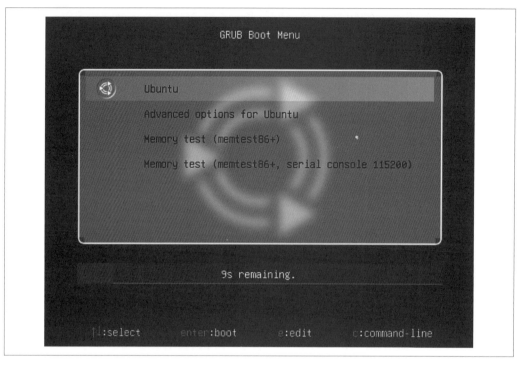

圖 2-10　Ubuntu MATE 的 GRUB 主題

參閱

- GNOME 主題（ *https://oreil.ly/oLJtx* ）
- KDE 主題（ *https://oreil.ly/SLdkp* ）
- GNU GRUB 手冊（ *https://oreil.ly/LeIHu* ）

2.9　從 grub> 提示畫面搶修無法開機的系統

問題

當你啟動系統時，畫面停在 GRUB 提示畫面 grub>，然後就無法完成開機了。你想知道如何才能再度開機進入系統、進而修復相關設定。

解法

一旦開機程序停滯在 **grub>** 提示畫面（圖 2-11），便意味著它已經找到 */boot/grub/*，但卻找不到根檔案系統。

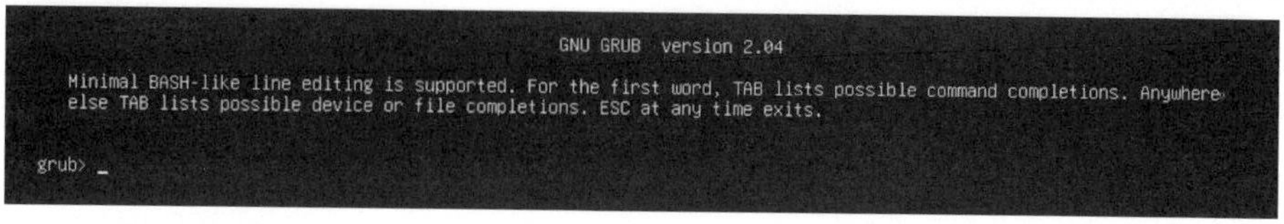

圖 2-11　GRUB 命令的 shell

你得找出根檔案系統所在位置、Linux 核心的位置、還有對應的 *initrd* 檔案。如果你已可進入 GRUB 命令的 shell，其實整個檔案系統便已對你敞開大門。

你需要執行的第一個命令，就是 pager，這樣才能以上下方向鍵在冗長的輸出之間捲動觀看：

```
grub> set pager=1
```

然後列出你的磁碟和分割區。GRUB 自有一套識別硬碟和分割區的機制。它會從 0 開始為硬碟編號，但是從 1 開始為分割區編號，同時把所有的硬碟都標示為 *hd*。但是在一套運作正常的 Linux 系統上，硬碟常被標示為 */dev/sda*、*/dev/sdb*，依此類推。

在下例中，GRUB 會列出兩顆硬碟，*hd0* 和 *hd1*，相當於 */dev/sda* 和 */dev/sdb*。而 *hd0,gpt5* 便等同於 */dev/sda5*、*hd1,msdos1* 等同於 */dev/sdb1*：

```
grub> ls
(hd,0) (hd0,gpt5) (hd0,gpt4) (hd0,gpt3) (hd0,gpt2) (hd0,gpt1)
(hd1) (hd1,msdos1)
```

以上輸出顯示，*hd0* 的分割表是 *gpt* 格式，而 *hd1* 的分割表格式則是老舊的 *msdos*。但當你要自行列出分割區和檔案時，可以不用加上 *gpt* 和 *msdos* 等標示字樣。

GRUB 會告訴你檔案系統的類型、以及通用唯一辨識碼（universally unique identifiers，UUIDs）和其他關於分割區的資訊：

```
grub> ls (hd0,3)
  Partition hd0,3: filesystem type ext* - Last modification time 2021-12-29
  01:17:58 Tuesday, UUID 5c44d8b2-e34a-4464-8fa8-222363cd1aff - Partition start
  at 526336KiB -
Total size 20444160KiB
```

你還需要找到 /boot 的位置。假設你還記得它位於第二分割區的根檔案系統當中，就可以從那裡著手。在分割區名稱後面加上正斜線字元，代表你要列出該分割區中所有的檔案和目錄：

```
grub> ls (hd0,2)/
bin   dev  home  lib64     media  opt   root  sbin  sys  usr
boot  etc  lib   lost+found mnt    proc  run   srv   tmp  var
```

還要列出 /boot 目錄下所有的開機用檔案：

```
grub> ls (hd0,2)/boot
efi/ grub/ System.map-5.3.18-lp152.57-default config-5.3.18-lp152.57-default
initrd-5.3.18-lp152.57-default vmlinuz vmlinuz-5.3.18-lp152.57-default
sysctl.conf-5.3.18-lp152.57-default vmlinux-5.3.18-lp152.57-default.gz
```

所有需要用於啟動系統的一切都匯集在此。請指定根檔案系統所在的分割區、核心及 initrd 映像檔等資訊：

```
grub> set root=(hd0,2)
grub> linux /boot/vmlinuz-5.3.18-lp152.57-default root=/dev/sda2
grub> initrd /boot/initrd-5.3.18-lp152.57-default
grub> boot
```

以 *Tab* 鍵補齊命令

GRUB 的命令 shell 就像 Bash shell 一樣，也支援以 Tab 鍵補齊命令或檔案全名。亦即你只需輸入 /boot/vml 字樣，再按下 Tab 鍵，就可以自動把輸入的內容補齊，或是把可能的選擇都顯示出來。

如果存在多個帶有 *vmlinuz* 和 *initrd* 字樣的檔案，請選用版本編號最新的檔案，而且兩個檔案的版本編號必須一致。如果命令輸入無誤，你的系統現在應該可以開機了，於是你就可以繼續著手修復 GRUB 組態（招式 2.11）。

探討

如果 /boot 自成一個分割區，在這個分割區中你就不會再看到其他目錄，因為這不是根檔案系統。

vmlinuz-5.3.18-lp152.57-default 是壓縮過的 Linux 核心。

initrd-5.3.18-lp152.57-default 則是起始用的 ramdisk，其中包含一個只會用來開機的臨時根檔案系統。

開機失敗通常都是因為檔案受損造成的；加裝、移除或移動硬碟；安裝或移除作業系統；或是重新劃分分割區，都可能是兇手。如果你無法進入 GRUB 提示畫面，請參閱第十九章，了解如何用 SystemRescue 來搶修系統。

如果你想練習操作 grub> 的 shell，只需在看到 GRUB 選單時按下 C 鍵即可進入。這個動作是安全的，因為你在此所做的變動，到下次重啟時便不復存在。

參閱

- GNU GRUB 手冊（*https://oreil.ly/8SdwS*）

2.10 從 grub rescue> 提示畫面搶修無法開機的系統

問題

當你啟動系統時，畫面停在 GRUB 提示畫面 grub rescue>，然後就無法完成開機了。你想知道如何才能再度開機進入系統、進而修復相關設定。

解法

grub rescue> 提示畫面（圖 2-12）是一個用來搶救系統用的 shell，它意味著 GRUB 找不到 /boot。但別擔心，你還是有辦法從 GRUB 提示畫面找到它，再度開機進入系統，然後修復它。

```
Booting from Hard Disk...
error: file `/boot/grub/i386-pc/normal.mod' not found.
Entering rescue mode...
grub rescue>
```

圖 2-12　GRUB 的搶救用 shell

先列出你手中的分割區：

```
grub rescue> ls
(hd0) (hd0,gpt5) (hd0,gpt4) (hd0,gpt3) (hd0,gpt2) (hd0,gpt1)
(hd1) (hd1, msdos1)
```

注意這時你沒有 tab 補齊的功能可以用、也沒有 paging 提供舊命令回溯，因此你只能乖乖把相關命令的字母一個個完整輸入。

GRUB 會告訴你檔案系統類型、UUID、以及其他分割區相關資訊：

```
grub rescue> ls (hd0,3)
    Partition hd0,3: filesystem type ext* - Last modification time 2021-12-29
    01:17:58
Tuesday, UUID 5c44d8b2-e34a-4464-8fa8-222363cd1aff - Partition start at
526336KiB -
Total size 20444160KiB
```

如果你不記得哪一個分割區中含有 /boot，就只能逐一進入每個分割區，列出其中檔案及目錄，才能找得到了。指定進入目的地時不必再加上 gpt 和 msdos 等標籤。另外，裝置名稱後面加上正斜線字元，亦即你要列出其中所有的檔案和目錄：

```
grub rescue> ls (hd0,2)/
bin   dev  home  lib64  media  opt   root  sbin  sys  usr
boot  etc  lib   lost+found  mnt    proc  run   srv   tmp  var
```

讚啦，/boot 就位於根檔案系統下。請列出其中所有檔案：

```
grub rescue> ls (hd0,2)/boot
efi/ grub/ System.map-5.3.18-lp152.57-default config-5.3.18-lp152.57-default
initrd-5.3.18-lp152.57-default vmlinuz vmlinuz-5.3.18-lp152.57-default
sysctl.conf-5.3.18-lp152.57-default vmlinux-5.3.18-lp152.57-default.gz
```

你必須在 grub rescue> 底下再輸入幾個額外的命令。你得告訴它 /boot/grub 的位置，然後手動載入 normal 和 linux 這兩個核心模組，它們位於 /boot/grub/i386-pc 底下（該處還會伴隨 GRUB 在開機時需要用到的若干其他核心模組）。normal 模組會把開機模式從 rescue 恢復到 normal 狀態，而 linux 模組會啟動系統載入程式（system loader）：

```
grub rescue> set prefix=(hd0,2)/boot/grub
grub rescue> set root=(hd0,2)
grub rescue> insmod normal
grub rescue> insmod linux
```

一旦載入了 normal 和 linux，你就重新取得了 Tab 鍵補齊功能。也可以用 set pager=1 再度啟用換頁功能，以便用方向鍵追溯先前輸入的命令。現在你可以告訴 GRUB 關於 kernel 和 initrd 等檔案的位置了：

```
grub> linux /boot/vmlinuz-5.3.18-lp152.57-default root=/dev/sda2
grub> initrd /boot/initrd-5.3.18-lp152.57-default
grub> boot
```

如果存在多個帶有 *vmlinuz* 和 *initrd* 字樣的檔案，請選用版本編號最新的檔案、而且兩個檔案的版本編號必須一致。如果命令輸入無誤，你的系統現在應該可以開機了，於是你就可以繼續著手修復 GRUB 組態（招式 2.11）。

探討

如果 */boot* 自成一個分割區，在這個分割區中你就不會再看到其他目錄，因為整個分割區就是 */boot* 自身的檔案系統。

參閱

- GNU GRUB 手冊（*https://oreil.ly/6REHG*）

2.11　重新安裝 GRUB 組態

問題

你已經可以從 GRUB 提示畫面開機進入系統，現在你必須知道如何完整修復開機問題。

解法

小心檢視你的 GRUB 組態，看看有何錯誤之處。如果看起來都 OK，請重建 GRUB 組態（招式 2.1）。然後你得重裝 GRUB。下例即是將 GRUB 重裝在 */dev/sda*：

```
$ sudo grub-mkconfig -o /boot/grub/grub.cfg
$ sudo grub-install /dev/sda
```

使用正確的重建命令

正如招式 2.1、還有第 39 頁的「GRUB 與 GRUB 2 的比較」所述，你必須檢查檔案路徑，確保你使用的是正確的重建命令。

如果系統中有好幾顆磁碟，務必確認將 GRUB 裝在正確的磁碟，而且只用裝置名稱來指定（例如 */dev/sda*），而非分割區名稱（例如 */dev/sda1*）。

探討

務必要確定有最新的備份可用。萬一你的搶救失敗,請試著改用 SystemRescue 來重裝
GRUB(招式 19.9)。

參閱

- GNU GRUB 手冊(*https://oreil.ly/zkwke*)
- 第十九章

## 第三章

啟動、停止、重啟、以及 如何讓 Linux 進入休眠模式

在本章當中，你將會學到數種可以將 Linux 系統停機、啟動、以及重啟的方式，還有如何管理休眠模式。大家會同時學到傳統的命令、以及新版的 systemd 命令。

各位也會學到如何設定自動化的開機和關機。自動化關機是個好功能，它可以提醒你何時該停機休息（笑），而且你不必刻意去記得半夜該何時關機。你也可以為遠端機器設定自動喚醒及關機功能，這樣就可以只在工作時段操作機器，不必讓它全天候運作。如果你的使用者沒有節約能源的警覺性、夜間老是不關機，你也可以設定他們的機器、令其在下班時間關機。

知名的「三鍵神器」，Ctrl-Alt-Delete，可以用來中斷啟動或重啟的動作，抑或是在某個程序或應用程式暴走時，用來強制重啟。在圖形介面桌面中，你可以重新產生其他更方便的按鍵組合，來達到相同的目的。

十多年來，坊間累積了無數傳統的關機用命令，它們的功能都雷同：關機（*shutdown*）、停止（*halt*）、關閉電源（*poweroff*）、以及重啟（*reboot*）。*shutdown* 命令提供了一些很便利的選項，像是倒數計時關機、加上可以對所有已登入的使用者發出警訊提示等等。不論是在命令稿中、在 SSH 會談中、還是當你以命令列作業時，這些命令都很有用。

並不一定什麼事都要動用 *root* 特權

在古早以前，通常需要動用 root 特權才能執行關機命令。但如今時空已經不同，許多近代的 Linux 發行版都已不需要 root 特權來執行相關命令。本章中的範例都適於一般正常的無特權使用者使用。如果你的 Linux 要求以 root 權限執行，它會明確地告訴你。

這些權限是由近代 Linux 發行版的 Polkit（先前的 PolicyKit）來控制的。詳情請參閱 *man 8 polkit*。

但傳統命令不是唯一的途徑，因為在具有 systemd 的 Linux 發行版裡（參閱第四章），通常不會裝有這些傳統命令。相反地，這些命令的名稱都會被以符號連結對應（symlinked）到相關的 *systemctl* 命令。你可以透過 *stat* 命令看出這一點，就像下例的 *shutdown*：

```
$ stat /sbin/shutdown
  File: /sbin/shutdown -> /bin/systemctl
  Size: 14          Blocks: 0          IO Block: 4096    symbolic link
Device: 802h/2050d  Inode: 1177556     Links: 1
Access: (0777/lrwxrwxrwx)  Uid: ( 0/ root)   Gid: ( 0/ root)
```

File: 這一行清楚地指出，該檔案其實是一個通往 */bin/systemctl* 的符號連結。所有這些傳統命令：*/sbin/shutdown*、*/sbin/halt*、*/sbin/poweroff*、以及 */sbin/reboot*，其實都被符號連結到 */bin/systemctl* 身上了^{譯註}。這些為傳統命令製作的符號連結，其實是為了保持回溯相容性。在不具備 systemd 的 Linux 系統中，這些符號連結並不存在，而是以傳統的可執行檔取而代之。

在某些 Linux 發行版中，這類符號連結會位在 */usr/sbin* 之下、而不是 */sbin* 之下。但是當你以傳統命令名稱進行操作時，不論你操作的對象系統是否具備 systemd，操作的感覺都會是一致的。.

圖形化桌面中提供的電源鍵，其功能是可以另外配置的；你可以隨意調整按鍵的外觀及其位置。

譯註　你也許會想：好吧，既然 shutdown 命令是一個通往 systemctl 的軟式連結，那為何只執行 shutdown 就能達到 systemctl shutdown 的效果？為何 poweroff 或 reboot 都是以軟式連結建立到同一個檔案，跑起來卻各自效果不同？
這是因為 systemctl 是特別設計過的執行檔；它會依據自己被（軟式連結）呼叫的方式，決定要以何種方式（或參數）執行。

3.1 以 systemctl 關機

問題

你想要以 *systemctl* 命令關閉及重啟系統。

解法

停止（halt）系統、並關閉機器電源：

```
$ systemctl poweroff
```

另一種讓系統停止並關閉機器電源的作法：

```
$ systemctl shutdown
```

重啟的作法：

```
$ systemctl reboot
```

停止系統但不關閉機器電源：

```
$ systemctl halt
```

探討

systemctl 的關機命令群，選項並不像傳統關機命令那麼多，但這並不打緊，因為傳統命令中其實有很多選項的功能是彼此重覆的。但唯獨一處有顯著的差異：*systemctl shutdown*^{譯註} 缺乏 *shutdown* 命令的倒數計時關機選項（參閱招式 3.2）。

參閱

- *man 8 systemd-halt.service*

譯註 譯者自己在 Ubuntu 裡沒有看到 systemctl shutdown 的選項可用，頂多只有 systemctl poweroff 或 systemctl halt 可以用。

3.2 以 shutdown 命令關機、倒數計時關機、 以及重啟

問題

你想以倒數計時的方式關機，舉例來說，從當下開始的十分鐘後關機、或是在指定的時刻關機，同時提醒所有已登入的使用者。抑或是你想立即關機、沒有任何妥協。

解法

不論是以符號連結指向 *systemctl*、還是傳統的 *shutdown* 可執行檔，*shutdown* 命令的運作方式都是一致的。

以下範例分別指出如何立即關機、或是在指定的時間內關機，以及如何中斷關機、或是在指定的時刻關閉、停止、以及重啟機器。

如欲立即關機，也不提醒其他已登入的使用者：

```
$ shutdown -h now
```

如欲在 10 分鐘後關機並通知使用者：

```
$ shutdown -h +10
Shutdown scheduled for Sun 2021-05-23 11:04:43 PDT, use 'shutdown -c' to cancel.
```

按照使用的 Linux 特性，還有系統上的其他使用者是否當下正開著終端機，就會看到這項訊息：

```
Broadcast message from duchess@client4 on pts/4 (Sun 2021-05-24 10:54:43 PDT):

The system is going down for poweroff at Sun 2021-05-24 11:04:43 PDT!
```

如欲中斷關機：

```
$ shutdown -c
```

已登入的使用者會看到這樣的訊息：

```
Broadcast message from duchess@client4 on pts/4 (Sun 2021-05-24 10:56:00 PDT):

The system shutdown has been cancelled
```

你也可以自訂訊息：

```
$ shutdown -h +6 "Time to stop working and go outside to play!"
```

除了以分鐘數倒數計時的方式以外，你也可以透過 24 小時制的 hh:mm 格式來指定關機時間。以下範例會在晚間 10:15 時關閉系統：

```
$ shutdown -h 22:15
```

如果你要重啟系統：

```
$ shutdown -r
```

或只是要停止系統但不關閉電源：

```
$ shutdown -H
```

如果只執行 *shutdown* 命令但不加上參數選項，效果會跟 *shutdown -h +1* 一樣。

探討

shutdown 命令只會在你使用 *-h* 選項、或是 *-k* 選項時發出訊息，唯一的例外是 *-h now* 這個選項。這兩個選項俗稱為**公告訊息**（*wall* messages），亦即「發送給所有已登入使用者」的簡稱。各種 Linux 發行版對此功能的支援方式不一，因此有些特定 Linux 上的使用者也許看不到這些訊息。

- *--help* 會顯示所有選項的摘要說明。
- *-H, --halt* 會進行乾淨的關機程序，但不關閉機器電源；你必須長按電源鍵，直到機器電源關閉為止。
- *-P, --poweroff* 會進行乾淨的關機程序，然後關閉機器電源。
- *-r, --reboot* 會進行乾淨的關機程序，然後重啟機器。
- *-k* 會發送公告訊息，但不會關機。
- *--no-wall* 會關閉所有訊息的發送。

參閱

- *man 8 shutdown*
- *man 1 wall*
- *man 8 systemd-halt.service*

3.3　以 halt、reboot 和 poweroff 關機或重啟

問題

你已了解 *shutdown* 命令，現在你還想了解 *halt*、*reboot* 和 *poweroff* 等命令的用途和用法。

解法

這些玩意其實都是換湯不換藥。

halt 執行乾淨的關機，它會停止所有的服務和程序、同時卸載檔案系統，但不關閉機器的電源。一旦 *halt* 命令執行完畢，你必須自行按下電源鍵，才能完全關機。

reboot 不但會乾淨地關機、同時也會重啟系統。

poweroff 則會乾淨地關機、並關閉機器電源：

```
$ halt
$ reboot
$ poweroff
```

halt 和 *poweroff* 兩個命令也可以用來重啟系統：

```
$ halt --reboot
$ poweroff --reboot
```

探討

如果你覺得這些命令看起來都大同小異，的確如此。隨著軟體長年地累積，總是會有一些陰魂不散的殘餘留存下來。Linux 從 1991 年便已問世，而且一開始它便是以 Unix 的免費分身自居，而 Unix 更是早自 1969 年便發展至今。多年來，各家系統都有自己的貢獻者自行修改程式碼，並添加他們偏好的功能。

halt 和 *poweroff* 其實是相同的命令，支援的選項也一樣：

- *--help* 會顯示所有選項的摘要說明。

- *--halt* 會進行乾淨的關機程序，但不關閉機器電源（是的，*halt* 和 *halt --halt* 做的事是一樣的）。

- *-p* 或 *--poweroff* 會進行乾淨的關機程序，然後關閉機器電源（是的，*poweroff* 和 *poweroff --poweroff* 做的事是一樣的）。

- *--reboot* 會進行乾淨的關機程序，然後重啟機器。

- *-f* 或 *--force* 會強制立即停止或關閉電源。這時會略過一切執行中服務的關閉動作，且所有的程序都會被直接清除（killed），而檔案系統也會被卸載、或是改以唯讀模式掛載。若執行兩次，便會強制進行不完整的關機動作；例如 *poweroff -f -f*，但這只有在正常的關機命令也不管用時，才能不得已而為之。

- *-w* 或 *--wtmp-only* 不會進行關機，而是只會在 */var/log/wtmp* 裡寫入一筆紀錄。

- *-d* 或 *--no-wtmp* 會防止寫入 *wtmp*。

參閱

- *man 8 halt*

- *man 8 poweroff*

- *man 8 systemd-halt.service*

3.4 以 systemctl 將系統置於睡眠模式

問題

你的 Linux 系統裝有 systemd，而你想要利用 *systemctl* 來管理系統的睡眠模式（sleep modes）。

解法

systemctl 提供以下各種省電模式：暫停（*suspend*）、休眠（*hibernate*）、混合睡眠（*hybrid-sleep*）、以及暫停後休眠（*suspend-then-hibernate*）等等。

若要將系統置於暫停模式的話：

```
$ systemctl suspend
```

這會將目前的系統內容（session）寫到 RAM 裡，並將所有硬體置於暫停狀態。要喚醒系統，只需按下任何鍵、動一動滑鼠、或將筆電上蓋掀開都可以[譯註]。

[譯註] 譯者自己以非常老舊的機型 Lenovo T430 實驗，如果上蓋沒有闔上，就還是要按一下電源鍵，叫出解鎖畫面、輸入密碼後才能從暫停狀態甦醒。除非你進入暫停模式後闔上上蓋、再重新打開，這時按一下任何按鍵才會叫出解鎖畫面，然後就都一樣了。

若要將系統置於休眠狀態的話：

```
$ systemctl hibernate譯註
```

這會將目前的系統內容寫到磁碟裡，並將機器電源關閉。要讓系統恢復運作，只需按下電源鍵，再等上一兩分鐘，系統內容便會恢復至休眠前當下的原本狀態。

若要將系統置於混合睡眠狀態的話：

```
$ systemctl hybrid-sleep
```

這會將目前的系統內容同時寫到記憶體和磁碟裡，然後關閉 RAM 以外的所有裝置。萬一系統 RAM 也失去電源，就會改從磁碟恢復。要讓系統恢復運作，只需按下電源鍵即可。

若要將系統置於暫停後休眠狀態的話：

```
$ systemctl suspend-then-hibernate
```

暫停後休眠會先進入暫停模式、過一段時間再進入休眠模式，時間長度則由 */etc/systemd/sleep.conf* 檔案中的 HibernateDelaySec= 這項設定來決定。要讓系統恢復運作，只需按下電源鍵即可。

探討

關於各種睡眠模式的介紹，請參閱招式 3.9。

你的圖形桌面中應該也有可以進入各種省電模式的按鈕，此外也有圖形介面的設定工具，可以控制像是螢幕空白、螢幕鎖定、電源鍵、滑鼠、以及筆電上蓋闔起來等事件的後續動作，例如進入睡眠模式或關閉電源等等。

電源管理會嘗試在筆電上以最佳方式運作，但在你的 Linux 發行版上不見得會如預期般運作。電源管理會受到 UEFI、CPU 功能、udev、進階組態與電源介面（Advanced Configuration and Power Interface, ACPI）、核心編譯選項、以及其他裝置和程式可能有的影響；主要取決於你的 Linux 如何實作電源管理而定。請參閱你的 Linux 發行版所附相關文件。

譯註　如果你跟譯者一樣以 Ubuntu 桌面版測試，也許會發現這個命令似乎不管用？這是因為 Ubuntu 桌面板預設只啟用了 suspend，休眠還需搭配進一步的設定才能運作，如設置和調整 swapfile、修改 Grub 以加上 resume= 的設定以便指定恢復時的來源。可參閱寫得相當完整的這一篇（網路上其他來源都寫得相對支離破碎，但這篇同時涵蓋了功能啟用和圖形按鍵設定，十分完整）：*https://medium.com/@oliver.berning/enable-hibernate-in-ubuntu-budgie-21-04-hirsute-54469d504df1*。

參閱

- *man 1 systemctl*
- *man 8 systemd-halt.service*

3.5 以 Ctrl-Alt-Delete 重啟以便解決麻煩

問題

你需要一種可靠、而且總是會有用的重新開機方式，即使在當機或程序暴走失控時也能管用。

解法

知名的「三鍵神器」，Ctrl-Alt-Delete，就適合這時登場。同時壓下這三個鍵，可以壓過大部份的問題、並重啟系統。有些 Linux 的發行版會關閉 Ctrl-Alt-Delete 這個按鍵組合，但是你可以將其重新啟用。

在 Linux 主控台中，Ctrl-Alt-Delete 是由 systemd 控制的。請參閱招式 3.6 以便學習如何在 systemd 當中管理 Ctrl-Alt-Delete 這個按鍵組合。

但若是系統不具備 systemd，請參閱以下的「探討」段落。

圖形環境擁有它自己的設定工具，可以定義 Ctrl-Alt-Delete 的用途，這是獨立於 systemd 之外的。舉例來說，在 Xfce4 的 Settings Manager 裡，就有一個鍵盤組態模組（keyboard configuration module，如圖 3-1）；而在 GNOME 裡，則是使用 GNOME Settings utility 的鍵盤設定模組（Keyboard Settings module）[譯註]。

[譯註] 譯者在 Ubuntu 21.04 上的桌面環境中，要到「設定值 -> 鍵盤 -> 鍵盤快捷鍵 -> 系統」之下，先把已有的 Ctrl-Alt-Del 組合（原本預設為登出）用倒退鍵解除，再到「設定值 -> 鍵盤 -> 鍵盤快捷鍵 -> 自訂快捷鍵」之下，把 Ctrl-Alt-Del 組合重新新增一組關機專用快捷鍵（指令是 gnome-session-quit --power-off）。這時再按下 Ctrl-Alt-Del，出現的就不是登出提示，而是關機提示了。

圖 3-1　在 Xubuntu 中，依序進入 Settings → Keyboard → Applications，以便設定鍵盤捷徑

如果你偏愛不一樣的按鍵組合，可以自己定義。甚至也可以只用一個鍵來重新開機，只不過這樣一來，一不小心按到那個鍵就重新開機的風險也很大。

探討

在不具備 systemd 的 Linux 系統上，Ctrl-Alt-Delete 是由 */etc/inittab* 檔案控制的。下例來自 MX Linux，顯示典型的組態：

```
# What to do when CTRL-ALT-DEL is pressed.
ca:12345:ctrlaltdel:/sbin/shutdown -t1 -a -r now
```

12345 會讓這個設定對 1、2、3、4 和 5 等執行級別（runlevel）都有效。*-t1* 代表一秒鐘後生效，而 *-a* 會參閱 */etc/shutdown.allow*，*-r* 表示要重新開機。若要將動作改設為關閉系統電源，選項則改成 *-h*，就像在命令列使用 *shutdown* 時一樣（參閱招式 3.2）。若要停用 Ctrl-Alt-Delete 的作用，只需用 *#* 字元將帶有 *shutdown* 命令的這一行設定註銷掉即可。

注意，不是所有的 *shutdown* 命令都會實作 *-t1* 和 *-a* 這兩個選項。上例援引自 MX Linux。
而 MX Linux 同時支援 Unix System V（SysV init）和 systemd 這兩種系統啟動機制，你可以
從開機選單挑選想用的啟動機制。

Ctrl-Alt-Delete 這個按鍵組合也同樣寫在 IBM PC 的 BIOS/UEFI 當中，這組按鍵一定能在
作業系統尚未啟動前重啟系統，因此直到 GRUB 啟動作業系統之前它都有效。

Ctrl-Alt-Delete 是當初 IBM 工程師 David Bradley 為 IBM PC BIOS 所設計的。一開始它只是
一種開發人員用的工具，並沒有要開放給一般使用者。其操作需要同時用到兩隻手，這是
故意設計的，用意在於這種動作很難因為不小心誤按鍵盤而造成重啟。

後來微軟 Microsoft 也採行了這個按鍵組合，只需按一次，就能啟動工作管理員（Task
Manager），若再按第二次便會重新開機。日後的 Windows NT 也引用它來啟動 Windows
登入畫面。據說這是一道安全措施，用來避免使用者被偽造的登入畫面所騙，雖說筆者自
己不覺得這算哪門子風險，但這也是古早以前的故事了。YouTube 上還留有一段影片，記
錄了 Bradley 本人和 Bill Gates 對於 Ctrl-Alt-Delete 的發明和運用的趣味交談，希望這段影
片永遠不會下架（*https://oreil.ly/e83k6*）。

參閱

- *man 7 systemd.special*

3.6　如何在 Linux 主控台中停用、啟用、以及設定 Ctrl-Alt-Delete

問題

在 Linux 主控台中，systemd 控制了 Ctrl-Alt-Delete 的行為，於是你想知道如何管理它。

解法

你可以檢視 Ctrl-Alt-Delete 的狀態，也可以停用或啟用它的功能，或是把它的功能改成關
閉系統電源。

Ctrl-Alt-Delete 所屬的單元檔案（unit file）並不是一項服務（service），而是一個標的
（target），因此它並非以 daemon 的形式運作。如果確實有 */etc/systemd/system/ctrl-alt-del.
target* 這個符號連結存在，就代表 Ctrl-Alt-Delete 的功能已經啟用。

下例會停用和遮蔽（disables and masks）*ctrl-alt-del.target* 的功能：

```
$ sudo systemctl disable ctrl-alt-del.target
Removed /etc/systemd/system/ctrl-alt-del.target.

$ sudo systemctl mask ctrl-alt-del.target
Created symlink /etc/systemd/system/ctrl-alt-del.target → /dev/null.
```

若要解除遮蔽和啟用它：

```
$ sudo systemctl unmask ctrl-alt-del.target
Removed /etc/systemd/system/ctrl-alt-del.target.

$ sudo systemctl enable ctrl-alt-del.target
Created symlink /etc/systemd/system/ctrl-alt-del.target →
/lib/systemd/system/reboot.target.
```

以上變更均會立即生效。

若想將這個按鍵組合的功能改成關閉系統電源，則需將 *ctrl-alt-del.target* 單元連結到 *poweroff.target* 單元。首先請停用原本的功能、將現有的符號連結移除，並建立新的符號連結：

```
$ sudo systemctl disable ctrl-alt-del.target
Removed /etc/systemd/system/ctrl-alt-del.target.

$ sudo ln -s /lib/systemd/system/poweroff.target \
  /etc/systemd/system/ctrl-alt-del.target
```

現在它的作用已變成關閉系統電源，而不再是重啟機器了。

探討

請利用 *stat* 命令觀察符號連結：

```
$ stat /lib/systemd/system/ctrl-alt-del.target
  File: /lib/systemd/system/ctrl-alt-del.target -> reboot.target
  Size: 13          Blocks: 0        IO Block: 4096    symbolic link
Device: 802h/2050d  Inode: 136890    Links: 1
Access: (0777/lrwxrwxrwx)  Uid: ( 0/ root)  Gid: ( 0/ root)
```

你應該不要試著更改任何位於 */lib/systemd/system/* 之下的連結。相反地，你應該只在 */etc/systemd/system/* 底線新建符號連結，這樣一來，你的更動才不會因為系統更新而被覆蓋。

- *man 7 systemd.special*

3.7 以 cron 建立關機排程

問題

你希望自己的機器可以在夜間自行關機,這樣就可以不必煩惱何時該關機的問題。又或者是你的使用者對省電一事全無概念,也不肯養成晚間關機的習慣。

解法

請利用 *cron* 建立關機排程作業。舉例來說,請在 */etc/crontab* 裡加上這一行,以便每晚 10:10 時會關機,而且會提前 20 分鐘示警。編輯 */etc/crontab* 會需要用到 root 權限,而以下範例係以文字編輯器 nano 進行:

```
$ sudo nano /etc/crontab
#  m   h   dom mon dow   user    command
   10  22   *   *   *    root    /sbin/shutdown -h +20
```

 在你的工作電腦中加上這一條之前,請先詳閱公司的 IT 相關政策。如果公司會在晚間執行更新及備份,那你的電腦可能就必須保持開機。

下例會在工作日的每晚 11 點立即關機:

```
#  m   h   dom mon dow   user    command
   00  23   *   *   1-5   root    /sbin/shutdown -h now
```

另一種方式是以 root 的身分操作 *crontab* 命令[譯註],或是透過 *sudo* 為之:

```
$ sudo crontab -e
# m   h    dom mon   dow command
  00  23   *   *     1-5 /sbin/shutdown -h now
```

當你執行 *crontab* 命令時,是沒有 name 這個欄位供你編輯的,這和先前的 */etc/crontab* 不一樣。上例係以 root 的身分,直接以編輯模式開啟 root 帳號自己的 crontab。編輯並存檔後即可竣事。

[譯註] 這裡的 crontab 是指 /usr/bin/crontab,而非 /etc/crontab。

存檔時請不要自行嘗試為檔案命名。在編輯時，是以暫存檔的形式運作的，而存檔時 *crontab* 會自動再改回應有的檔名。檔案會被寫到 */var/spool/cron/crontabs*。

探討

/etc/crontab 裡有一個 name 欄位，代表任何一個使用者都可以在這個檔案中擁有屬於自己的排程作業，但只有 root 有權編輯 */etc/crontab*。使用者若想控制屬於自己的個人 crontabs，就該透過 *crontab* 命令來進行，因為個人的 crontabs 並不需 root 權限才能更動。

你可能需要一點時間才能看懂 */etc/crontab* 檔案裡的欄位（表 3-1），因此這裡會多舉幾個例子來說明。

表 3-1　crontab 的各個欄位值

欄位	許可值
minute	0-59
hour	0-23
day of month	1-31
month	1-12
day of week	0-7

欄位值若是 *，就是萬用值，代表「許可值中的任意值」。

若只要在週末關機：

```
# shutdown at 1:05 am Saturdays and Sundays
00 01   * * 7,0   root /sbin/shutdown -h +5
```

cron 有個怪癖，就是週日可能以 0 或 7 來代表。這個怪癖由來已久，筆者也不知它為何還陰魂不散。你得自己試出可用值，因此你可能得用 *6,7* 來代表週六和週日：

```
00 01   * * 6,7   root /sbin/shutdown -h +5
```

當然如果能寫成 *sat,sun* 就好了，但是用名稱輸入時，一次只能填一天，無法列成清單。當週哪一日及月份都可以三個字母的簡稱來命名：像是 sat 跟 sun、jan 跟 feb 等等。大小寫倒是無所謂。

也可以用範圍來定義：1–4 就代表 1、2、3 和 4。

範圍和清單可以混合搭配：寫成像是 1, 3, 5, 6-10 這樣。

甚至可以在範圍中劃分出間隔值：

- 10–23/2 代表在範圍中間每隔兩小時

- 如果在當週日期欄位填入 */2，代表隔日

- 2–6/2 等同於 2、4、6

以下字串可以當成捷徑，很方便地呈現前五個欄位中的某些部位：

```
@reboot
@yearly
@annually
@monthly
@weekly
@daily
@midnight
@hourly
```

參閱

- *man 8 cron*

- *man 1 crontab*

- *man 5 crontab*

3.8 以 UEFI 的 Wake-Ups 功能定時自動啟動

問題

自動關機很棒，能自動啟動豈不更妙。

解法

你生對了年代，現在的 Linux 已經支援定期喚醒的功能。主要有三種方式可以嘗試：網路喚醒（Wake-on-LAN）、實時時鐘（real-time clock, RTC）喚醒方式、或是利用電腦的 UEFI 設定，只要它具備排程喚醒功能即可。

UEFI 的喚醒功能是最可靠的。圖 3-2 顯示的便是聯想 ThinkPad 的排程喚醒設定畫面。

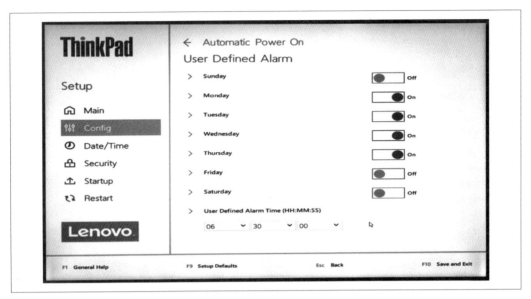

圖 3-2　聯想的 UEFI 排程喚醒設置畫面

請在開機時按下適當的 F*n* 鍵以便進入 UEFI 設定畫面。在戴爾、華碩或宏碁的系統裡，這個鍵通常會是 F2；而聯想則是 F1 鍵。但這也可能另有變化。舉例來說，有些系統會以 Delete 鍵達到目的，因此請參閱你的電腦硬體文件。有的系統則會在啟動畫面告知要按什麼鍵才有用。但是在正確的時間點按下對的鍵，往往需要一點技巧，所以最好是在按完電源鍵後馬上去按需要的特定按鍵，而按法就像你在等電梯時拼命按樓層鍵，希望電梯快點到那樣的按法（笑）。

如果你的系統不支援 UEFI 喚醒功能，那就請試試看網路喚醒功能（參閱招式 3.10，這會需要從其他裝置送出喚醒訊號）、或是 RTC 喚醒功能（參閱招式 3.9）。

探討

我們先來簡述一下 BIOS 和 UEFI 的意義。當你的電腦開機時，最初的啟動指令便是來自基本輸入與輸出系統（Basic Input Output System, BIOS），或是統一可延伸韌體介面（Unified Extensible Firmware Interface, UEFI）這兩種儲存在電腦主機板上的韌體。BIOS 是從 1980 年代以來比較古早的系統在使用的。UEFI 則是近年來的替代品。UEFI 也包含對於早先 BIOS 的支援，雖說 BIOS 遲早也會有消逝的一天。幾乎所有 2000 年代中期以後的電腦，都已採用 UEFI。

一般公認 UEFI 的功能較老舊的 BIOS 更為豐富，幾乎就像是小型作業系統一般。UEFI 的設定畫面可以控制開機順序、開機裝置、安全選項、安全啟動（Secure Boot）、超頻、顯示硬體健康狀態、網路設定、以及眾多其他的功能等等。

參閱

- 招式 3.9
- 招式 3.10
- 招式 3.11

3.9　以 RTC 喚醒功能定時自動啟動

問題

你想以 RTC 設置定時自動喚醒功能，因為你的 UEFI 設定畫面缺乏定時喚醒功能，或是你單純只是想利用 RTC 做這件事。

解法

請使用 *rtcwake* 命令，你的系統裡應該已經裝有它的來源套件 *util-linux*。*rtcwake* 可以關閉和喚醒你的系統。你可以讓它在特定一段時間後喚醒你的系統，例如從現在算起 1800 秒之後，也可以指定喚醒的日期和時間點。

你的系統中的實時時鐘（real-time clock, RTC）應該設成世界協調時間（Coordinated Universal Time, UTC）。

當 *rtcwake* 將系統停機時，它其實是將系統置於 ACPI 的睡眠模式。你可以檢視 */sys/power/state*，看看你的系統支援哪些睡眠狀態。在下例中，只有支援六種 ACPI 睡眠狀態中的三種：

```
$ cat /sys/power/state
freeze mem disk
```

若是在一台沒有 systemd 的 Linux 系統上，請改用 */proc/acpi/info* 來檢查。

在上例中，我們有三種睡眠狀態可以嘗試。請按照以下範例測試每一種狀態：

```
$ sudo rtcwake -m freeze -s 60
```

-m 是用來指定待機模式的參數，而 *-s* 則是到系統再度開機前、要等待的秒數。一旦執行成功，你會看到系統進入睡眠狀態，然後再度甦醒，你會看到成功或失敗的相關訊息。

以下範例會試運行（dry run）一次在次日早上 8 點喚醒的停機排程：

```
$ sudo rtcwake -n -m disk no -u -t $(date +%s -d "tomorrow 08:00")
rtcwake: wakeup from "disk" using /dev/rtc0 at Mon Nov 23 08:00:00 2021
```

如果要來真的，就把 *-n* 拿掉。

下面這招超讚，只需以簡單的 */etc/crontab* 就可以自動關機再開機。*rtcwake* 命令會在尋常工作日的晚間 11 點將系統暫停，然後 8 小時後再開機：

```
# m   h  dom mon dow  user    command
  00  23  *   *   1-5  root    /usr/sbin/rtcwake -m disk -s 28800
```

探討

請參閱你的系統 BIOS/UEFI，檢查你的硬體時鐘是否已設為 UTC。如果沒有相關按鍵、或是也沒有相關設定將實時時鐘訂為 UTC，就把時間手動調成當下的 UTC 時間。

上例中的 *-u -t +$(date +%s -d* "*tomorrow 08:00*"）會將 Unix 紀元時間（Unix epoch time）轉換成人類習慣的時間格式。Unix 紀元時間的計算，是從 UTC 時間 1970 年 1 月 1 日午夜起，直到當下所經過的總秒數。*date +%s* 會得出當下的 Unix 紀元時間值。而選項 *-t* 會將 Unix 紀元時間再交給 *date* 進行轉換，至於 *-u* 則代表你的硬體時鐘已設為 UTC。

rtcwake 的選項 *no* 代表不要進入睡眠模式，而只是設置喚醒時間。如果拿掉 *no* 選項，就會立即進入睡眠狀態。

實時時鐘（RTC）的喚醒功能是最不可靠的。你的系統要進入的，必須是你的 Linux 能支援的 ACPI 睡眠狀態之一。ACPI 是相當現代的電源管理標準，可以管理睡眠狀態。其功能原應不分品牌或硬體，但其標準相當複雜，各家硬體廠商經常都只支援其中一部份的功能。雪上加霜的是，各家 Linux 實作的方式也不見得一致。

ACPI 睡眠狀態一共六種，從 S0 到 S5。Linux 核心最多可以支援其中四種，而各家發行版各自能支援的狀態種類及數量均不等。

S0
　　系統仍在運行，監視功能可能關閉，但大部份的周邊都仍啟動中。

S1

電源暫停、CPU 停止、但 CPU 和 RAM 仍供電中。

S2

CPU 已停止供電、且 CPU 快取（dirty cache）已全數寫入 RAM。

S3

又稱為待機（standby）、睡眠（sleep）和暫停至 RAM（suspend-to-RAM）。資料可能未寫入磁碟。

S4

休眠（Hibernation）、暫停至磁碟（suspend-to-disk）。RAM 中所有內容均寫至磁碟，且系統電源關閉。

S5

近似系統電源關閉，只除了電源鍵及周邊仍有供電，包括鍵盤、網路介面和 USB 裝置等等。

參閱

- *man 8 cron*
- *man 8 rtcwake*
- 時間與日期（*https://timeanddate.com*）

3.10　以網路喚醒功能和有線乙太網路設置遠端喚醒功能

問題

由於你的 UEFI 不支援排程喚醒功能、或是你覺得這功能不敷所需，抑或是你想要擁有足夠的彈性，以便隨時可以送出喚醒的訊號，因此你想要用網路喚醒功能設置可以從遠端觸發喚醒並開機的方式。這一招適於從一台裝置發送訊號喚醒另一台裝置，條件是發送端與被喚醒的一端必須位於相同的網路，而且被喚醒的目標機器必須使用有線乙太網路介面。

解法

將你的 PC 設為可以聆聽喚醒請求的狀態，然後用另一台裝置送出喚醒的訊號，也就是所謂的魔術封包（*magic packet*），這台發送訊號的裝置可以是另一部電腦、一台智慧手機、或是一片樹莓派（Raspberry Pi）。其實這不是什麼魔法，只不過是一個專門用於遠端喚醒功能的特製封包罷了（好啦，其實我也希望是魔法）。

開機進入你系統中的 UEFI 設定，並找出可以啟用網路喚醒功能（Wake-on-LAN）的設定。

最要緊的預防動作，就是停用一切會打開 PXE（預啟動執行環境，preboot execution environment）開機功能的設定。如果 PXE 開機是啟用的，而你的網路上剛好又有 PXE 伺服器（一部預啟動執行環境伺服器，讓你可以透過以網路遠端安裝系統的伺服器開機）存在，很可能你的機器一甦醒便開機進入遠端安裝用的 PXE 開機程序，結果反倒安裝了新映像檔，把系統原有安裝內容都一掃而空。

然後退出並完成開機動作。繼續安裝 *wakeonlan* 和 *ethtool* 兩個套件。

取得你的乙太網路介面名稱，就像下例中的 *enp0s25* 一樣，再使用 *ethtool* 驗證它是否支援網路喚醒功能。以下輸出經過精簡，以便於閱讀：

```
$ ip addr show
2: enp0s25: <BROADCAST,MULTICAST,UP,LOWER_UP> state UP 0
    link/ether 9c:ef:d5:fe:8f:20 brd ff:ff:ff:ff:ff:ff
    inet 192.168.1.97/24 brd 192.168.1.255 scope global dynamic
    [...]

$ sudo ethtool enp0s25 | grep -i wake-on
        Supports Wake-on: pumbg
        Wake-on: g
```

請記下你的網路卡的 MAC 位址。在上面的 *ip* 示範中，帶有「ether」字樣的那一行，列出的便是 MAC 位址 9c:ef:d5:fe:8f:20。當然你自己看到的不會是一樣的位址，因為每一張網卡的 MAC 位址都是獨一無二的。

「Supports Wake-on: pumbg」是一句咒語，可以驗證你的網路卡是否支援網路喚醒功能，關鍵就在 *g* 這個字。下一行「Wake-on: g」就明確地指出該功能已經啟用。如果尚未啟用，就動手打開它：

```
$ sudo ethtool -s enp0s25 wol g
```

如果下次重啟電腦後這個設定跑掉了，就到 */etc/crontab* 裡加上以下設定，以便在每次重啟時都會執行啟用網路喚醒功能的命令：

```
$ @reboot root /usr/bin/ethtool -s enp0s25 wol g
```

請試著關閉這台機器，然後從位在相同網路上的另一台機器發出喚醒的命令，命令會需要以目標機器中乙太網路卡的 MAC 位址為參數：

```
$ /usr/bin/wakeonlan 9c:ef:d5:fe:8f:20
```

如果你要喚醒的目標機器和第二台裝置屬於相同網路，但卻處於不同的子網路，就請指定目標機器所在的廣播網址：

```
$ /usr/bin/wakeonlan -i 192.168.44.255 9c:ef:d5:fe:8f:20
```

探討

網路喚醒功能是乙太網路標準的一部份，它會透過網路發送一個喚醒訊號，以便從遠端喚醒另一台電腦。在多數的 Linux 中，*wakeonlan* 既是命令，也是該命令所屬套件的名稱。

當你的電腦關機時，它其實並未完全關閉，而是保持在最低限度的電力模式，足以接收魔術封包的喚醒訊號，並做出回應。

wakeonlan 會經由 UDP 的 9 號埠發出魔術封包。魔術封包會對網路廣播位址發出，因此網路上所有主機都會看得到它。但是接收端的 MAC 位址可以確保只有該位址所屬的主機才會因此被喚醒。

目標機器被喚醒之後，效果就像是你按下了電源鍵一樣。

參閱

- *man 1 wakeonlan*
- *man 8 ethtool*
- 招式 3.8
- 招式 3.9
- 招式 3.11

3.11 透過無線網路設置遠端網路喚醒功能 （WoWLAN）

問題

你還想透過無線網路介面喚醒遠端電腦（Wake-on-Wireless LAN，簡寫為 WoWLAN）。

解法

這一招也是透過位在相同網路上的機器，以訊號喚醒另一台機器。

你要喚醒的機器，主機板必須具備無線網路介面，不論是內建於主機板、或是以 PCI 介面卡形式存在均可。但若是 USB 介面的網卡便無法支援，因為 USB 匯流排在機器關閉期間是沒有供電運作的。

首先請進入你打算從遠端喚醒的機器的 UEFI 設定，然後啟用全部的網路喚醒功能。

 再強調一次，最要緊的預防動作就是停用一切會打開 PXE 開機功能的設定。如果 PXE 開機是啟用的，而你的網路上剛好又有 PXE 伺服器存在，很可能你的機器一甦醒便開機進入遠端安裝用的 PXE 開機程序，結果反倒安裝了新映像檔，把系統原有安裝內容都一掃而空。

然後便可以退出 UEFI 畫面重新開機。接著安裝 *iw* 命令，用它列出你所有的無線裝置：

```
$ iw dev
phy#0
        Interface wlxcc3fd5fe014c
                ifindex 3
                wdev 0x1
                addr 9c:bf:25:fe:0e:7c
                ssid accesspointe
                type managed
                channel 11 (2462 MHz), width: 20 MHz, center1: 2462 MHz
                txpower 20.00 dBm
```

如果你擁有多個無線介面，就必須查詢你打算用來喚醒的那一個。以下範例顯示的是一個不支援 WoWLAN 的無線網卡：

```
$ iw phy0 wowlan show
command failed: Operation not supported (-95)
```

而下例顯示的則是一張支援 WoWLAN 的無線網卡，但該功能尚未啟用：

```
$ iw phy0 wowlan show
WoWLAN is disabled
```

現在啟用它：

```
$ sudo iw phy0 wowlan enable magic-packet
WoWLAN is enabled:
  * wake up on magic packet
```

iw dev 會調出無線網卡的 MAC 位址，這是你的第二裝置在送出魔術封包時所需的必要資訊：

```
$ /usr/bin/wakeonlan 9c:bf:25:fe:0e:7c
```

如欲送出魔術封包給同在內網、但分屬不同子網路的喚醒對象，請加上子網路的廣播位址：

```
$ /usr/bin/wakeonlan -i 192.168.44.255 9c:bf:25:fe:0e:7c
```

探討

當被喚醒的電腦是一台筆電時，這一招通常有效，因為筆電的無線網卡是內建的，通常支援較多的功能。而桌機通常不會具備內建無線網卡，因此你必須謹慎選購一張 PCI/PCIe 介面的無線網卡，並確認它支援 WoWLAN 和 Linux，才能在此使用。

參閱

- *man 8 iw*
- *man 1 wakeonlan*
- 招式 3.8
- 招式 3.9
- 招式 3.10

第四章

以 systemd 管理服務

每當你啟動 Linux 電腦時，其起始系統便會發起一連串的程序，為數從數十到上百都有，端看你的系統如何設定。這些都可以在啟動畫面中看得到（圖 4-1；按下 Escape 鍵即可隱藏圖形啟動畫面，轉而呈現圖中的啟動訊息）。

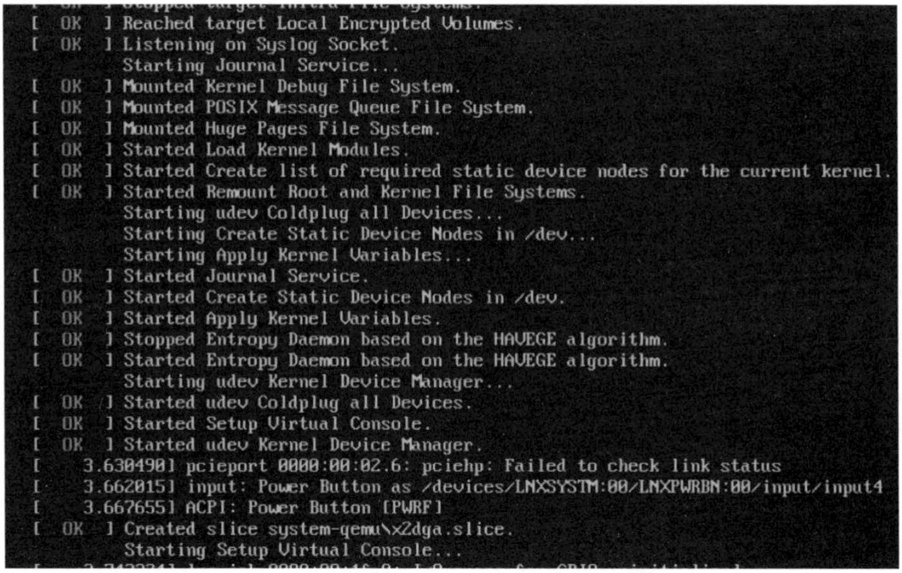

圖 4-1　Linux 的啟動訊息

在很久以前，我們會分別以 Unix System V 的啟動系統（SysV init）、BSD init 以及 Linux Standard Base（LSB）的 init，在啟動時發動諸多程序。SysV init 是最常見的。但這些日子已成過往，如今是 systemd 當道，成為 Linux 最新的 init 系統。所有主流的 Linux 發行版均已採用，不過還是有些發行版仍使用舊式的 init 系統。

在本章當中，各位會學到當今 Linux 發行版所採用的 systemd。也會學到何謂程序（process）、執行緒（thread）、服務（service）及 daemon，以及如何透過 systemd 來管理服務：包括如何啟動、停止、啟用、停用、以及檢查狀態。你會逐步熟悉 *systemctl* 命令，它是 systemd 系統與服務的管理工具。

Systemd 係設計用來為現代複雜伺服器及桌面系統提供合適的功能，而且它的功用顯然遠過於傳統的 init 系統。它提供從服務啟動到關閉服務的完整管理、以及在開機時啟動程序、在完成開機後視需求啟動程序、也可以在服務毋須繼續運作時加以關閉。它還管理了像是系統紀錄、自動掛載檔案系統、自動解析服務相依性、名稱服務、裝置管理、網路連線管理、登入管理、以及託管其他任務等各種功能。

聽起來好像很複雜，其實不過都是由程序（processes）在電腦上主導一切而已，而這些所有的功能，以前都是由各式各樣的其他程式在負責。Systemd 將這一切集中在單一整合軟體套件中，因此在任何 Linux 系統上，其運作方式都是一致的，只不過畢竟是 Linux，總是會有些許的例外，像是檔案位置、服務名稱等等。要注意的是，你使用的 Linux 或許也會跟本章範例略有差異。

Systemd 嘗試以同步平行啟動程序的方式，來縮短開機時間，同時更有效地分配系統資源，而且只優先啟動必要的服務，將其他的服務留到開機完成後，必要時才啟動。某一項服務不再需要等到它所依賴的其他服務上線才能繼續啟動，而是只需讓它等到所需的 Unix socket 可以使用即可。招式 4.9 會說明如何找出那些拖慢系統啟動的程序。

systemd 的二進位檔案係以 C 語言所撰寫，這帶來了若干效能上的優勢。傳統的 init 包含了大量的 shell 指令碼，而任一種編譯式的語言，其運作都會比 shell 指令碼快得多。

systemd 還可以與 SysV init 保持回溯相容。大多數的 Linux 發行版都會保留舊式的 SysV 組態檔與指令碼，像是 */etc/inittab*、以及 */etc/rc.d/* 跟 */etc/init.d/* 等目錄。如果某個服務沒有 systemd 的組態檔，systemd 便會去尋找 SysV 的組態檔。systemd 也和 Linux Standard Base（LSB）的 init 保持回溯相容的關係。

跟 SysV init 的檔案相比，systemd 的服務檔案相對小很多、也容易理解。同樣是 sshd，你可以把它的 SysV init 檔案與 systemd 服務檔案拿來做比較。以下是引自 MX Linux 的 sshd 的 init 檔案片段，亦即 */etc/init.d/ssh*：

```
#! /bin/sh

### BEGIN INIT INFO
# Provides:             sshd
# Required-Start:       $remote_fs $syslog
# Required-Stop:        $remote_fs $syslog
# Default-Start:        2 3 4 5
# Default-Stop:
# Short-Description:    OpenBSD Secure Shell server
### END INIT INFO

set -e

# /etc/init.d/ssh: start and stop the OpenBSD "secure shell(tm)" daemon

test -x /usr/sbin/sshd || exit 0

umask 022

if test -f /etc/default/ssh; then
[...]
```

以上檔案總長 162 行。以下則是來自 Ubuntu 20.04 的完整 systemd 服務檔案，亦即 */lib/systemd/system/ssh.service*：

```
[Unit]
Description=OpenBSD Secure Shell server
Documentation=man:sshd(8) man:sshd_config(5)
After=network.target auditd.service
ConditionPathExists=!/etc/ssh/sshd_not_to_be_run

[Service]
EnvironmentFile=-/etc/default/ssh
ExecStartPre=/usr/sbin/sshd -t
ExecStart=/usr/sbin/sshd -D $SSHD_OPTS
ExecReload=/usr/sbin/sshd -t
ExecReload=/bin/kill -HUP $MAINPID
KillMode=process
Restart=on-failure
RestartPreventExitStatus=255
Type=notify
RuntimeDirectory=sshd
RuntimeDirectoryMode=0755

[Install]
WantedBy=multi-user.target
Alias=sshd.service
```

即使沒讀過相關文件、或是對 systemd 一無所知，也可以多少理解這個檔案的任務與目的。

請參閱 Rethinking PID 1（*https://oreil.ly/dFz4K*），了解由原作者與維護者之一的 Lennart Poettering 對 systemd 的詳細介紹。Rethinking PID 1 詳述了建構這套新式 init 系統背後的緣由，以及其架構和優點，還有它是如何利用現成的 Linux 核心功能來複製既有的功能。

4.1 判斷你的 Linux 是否使用 systemd

問題

你想知道自己使用的 Linux 發行版是否使用 systemd、或是其他的啟動系統。

解法

請找出 */run/systemd/system/* 目錄。如果它存在，代表你使用的 init 系統正是 systemd。

探討

如果你的發行版支援多種 init 系統，也還是會看得到 */run/systemd/* 這個目錄。但若是 systemd 不是主要的 init，你就不會看得到 */run/systemd/system/*。

要知道你的系統正在使用何種 init 系統，還有好幾種辦法。請試著查詢 */sbin/init*。它原本應該是 SysV 的可執行檔，而如今大多數的 Linux 發行版都還保留這個名稱，只是背後都改成符號連結，指向 systemd 這個可執行檔。下例證明此處的 init 屬於 systemd：

```
$ stat /sbin/init
File: /sbin/init -> /lib/systemd/systemd
[...]
```

若是位在一台使用 SysV init 的系統上，它就不會是符號連結了：

```
$ stat /sbin/init
File: /sbin/init
[...]
```

至於 */proc* 這個虛擬檔案系統，則是一個通往 Linux 核心的介面，它含有執行中系統的現有狀態。之所以被稱為偽檔案系統（pseudofilesystem），是因為它只存在於記憶體中、而非磁碟。在下例中，*/proc/1/exe* 是一個通往系統可執行檔的符號連結：

```
$ sudo stat /proc/1/exe
File: /proc/1/exe -> /lib/systemd/systemd
[...]
```

若是在 SysV 系統上，它連結到的會是 *init*：

```
$ sudo stat /proc/1/exe
File: /proc/1/exe -> /sbin/init
[...]
```

而 */proc/1/comm* 檔案則記錄了活動中的 init 系統：

```
$ cat /proc/1/comm
systemd
```

若是在 SysV 系統上，它回報的會是 *init*：

```
$ cat /proc/1/comm
init
```

會被賦予天字第 1 號 process ID（PID）的命令，就是你使用的 init。PID 1 是啟動時第一個被發起的程序，它隨後會啟動所有其他的程序。用 *ps* 命令就可以看出來：

```
$ ps -p 1
  PID TTY          TIME CMD
    1 ?        00:00:00 systemd
```

當 init 屬於 SysV 類型時，看起來就是這樣：

```
$ ps -p 1
  PID TTY          TIME CMD
    1 ?        00:00:00 init
```

關於 PID 1 的詳情，請參閱招式 4.2。

Linux 對於 systemd 的支援程度不一。大多數主流的 Linux 發行版都採行了 systemd，包括 Fedora、Red Hat、CentOS、openSUSE、SUSE Linux Enterprise、Debian、Ubuntu、Linux Mint、Arch、Manjaro、Elementary 和 Mageia Linux 等等。

但是有些仍受愛用的發行版卻不支援 systemd，或是雖然包含、卻並未啟用為預設的 init，像是 Slackware、PCLinuxOS、Gentoo Linux、MX Linux 和 antiX 等等。

參閱

* 關於上百種 Linux 發行版的資訊，請參閱 Distrowatch（*https://distrowatch.com*）

- *man 5 proc*
- *man 1 pstree*
- *man 1 ps*

4.2　了解何謂 PID 1，這個所有程序的根源

問題

你想進一步了解 Linux 的服務和程序。

解法

PID 1 是 Linux 系統上所有程序的祖宗。它是第一個啟動的程序，而且它後來會陸續啟動其他所有的程序。

程序代表某一個程式正在執行中的一個或多個執行實例（running instances）。Linux 系統中的每一個任務，都是由一個程序來執行的。程序可以自行複製，亦即可以分裂（*fork*）。分裂繁殖的程序副本，也稱為子程序（*children*），而來源的原始程序自然就成了母程序（*parent*）。每個子程序都擁有自己獨特的 PID、和自身分配到的系統資源，例如 CPU 和記憶體。執行緒（*threads*）代表的則是輕量型的程序，可以平行執行、並共享其上層程序分配到的系統資源。

有的程序會在背景端執行，不會直接與使用者互動。Linux 把這類程序稱為服務（*services*）或 *daemons*，而其名稱通常都會以字母 D 做結尾，就像是 httpd、sshd、或是 systemd。

每一個 Linux 系統首先都會啟動 PID 1，再由它繼續發動其他程序。請用 *ps* 命令，按照 PID 依序列出所有執行中的程序：

```
$ ps -ef譯註
UID        PID  PPID  C STIME TTY          TIME CMD
root         1     0  0 10:06 ?        00:00:01 /sbin/init splash
root         2     0  0 10:06 ?        00:00:00 [kthreadd]
root         3     2  0 10:06 ?        00:00:00 [rcu_gp]
root         4     2  0 10:06 ?        00:00:00 [rcu_par_gp]
[...]
```

譯註 -e 代表列出所有程序、-f 則代表採用完整格式。

---

pstree 命令會將大量的資訊彙整成樹狀圖。下例便顯示所有的程序、以及它們的子程序、PIDs、和執行緒，執行緒一律以大括弧包覆：

```
$ pstree -p 譯註1
systemd(1)─┬─ModemManager(925)─┬─{ModemManager}(944)
           │                    └─{ModemManager}(949)
           ├─NetworkManager(950)─┬─dhclient(1981)
           │                      ├─{NetworkManager}(989)
           │                      └─{NetworkManager}(991)
           ├─accounts-daemon(927)─┬─{accounts-daemon}(938)
           │                      └─{accounts-daemon}(948)
           ├─acpid(934)
           ├─agetty(1103)
           ├─avahi-daemon(953)───avahi-daemon(970)
[...]
```

pstree 的完整輸出內容相當龐雜。你可以用某個程序的 PID 指名，只觀察其親子關係、及分裂出來的執行緒，就像以下文字編輯器 Kate 的例子這樣：

```
$ pstree -sp 5193 譯註2
systemd(1)───kate(5193)─┬─bash(5218)
                        ├─{kate}(5195)
                        ├─{kate}(5196)
                        ├─{kate}(5197)
                        ├─{kate}(5198)
                        ├─{kate}(5199)
[...]
```

根據以上秀出的資訊，Kate 的母程序正是 systemd(1)，而 bash(5218) 則是 Kate 的子程序，而所有在大括弧中的都是 Kate 的執行緒。

探討

程序永遠會處於數種狀態之一，而且狀態會隨著系統活動而變化。以下的 *pstree* 範例便會顯示 PID、使用者、狀態及命令等欄位：

```
$ ps -eo pid,user,stat,comm 譯註3
  PID USER     STAT COMMAND
    1 root     Ss   systemd
    2 root     S    kthreadd
   32 root     I<   kworker/3:0H-kb
   68 root     SN   khugepaged
11222 duchess  Rl   konsole
```

譯註1 -p 代表要顯示 PID。
譯註2 -s 的意思就是全部列出該程序的家族程序，包括母程序與子程序。
譯註3 -o 代表要指定輸出格式。

- *R* 代表程序在執行中、抑或是在執行佇列中等待。

- *l* 代表該程序是多重線緒。

- *S* 處於可中斷睡眠狀態（interruptable sleep）；程序正在等待某一事件完成。

- *s* 是一個會談領銜程序（session leader）。所有的會談都是一群集中管理的程序。

- *I* 是一個閒置的核心線緒。

- *<* 代表優先度高。

- *N* 優先度較低。

還有若干較罕見的狀態，可以參閱 *man 1 ps*。

參閱

- 招式 4.7

- *man 5 proc*

- *man 1 pstree*

- *man 1 ps*

4.3 以 systemctl 列舉服務及其狀態

問題

你想列出系統上已安裝的服務，而且你想知道服務的狀態：看是執行中、未執行、還是處於故障狀態。

解法

systemd 的管理命令 *systemctl* 可以洞悉一切。如果執行該命令時不加任何選項，就會看到所有已載入單元（unit）的詳盡清單。所謂的 systemd 單元，意指任何一群彼此相關、以同一個單元組態檔所定義而成、由 systemd 管理的程序：

```
$ systemctl
```

以上命令會列出大量資訊：以筆者的測試系統為例，會顯示有 177 個活動中的單元已載入，加上完整的單元名稱、狀況、以及冗長的說明。請將輸出重導至文字檔，以便稍後詳讀：

```
$ systemctl > /tmp/systemctl-units.txt
```

你可以要求列舉出所有活動中與非活動中的單元，繼續虐待自己：

```
$ systemctl --all
```

這樣筆者就會知道，在自己的測試系統上，連同 *not-found* 和 *inactive* 的單元在內，一共有 349 個已載入單元。那總共用了幾個單元檔案呢？下例顯現出 322 個檔案中的其中 5 個：

```
$ systemctl list-unit-files
UNIT FILE                              STATE
proc-sys-fs-binfmt_misc.automount      static
-.mount                                generated
mount                                  generated
dev-hugepages.mount                    static
home.mount                             generated
[...]
322 unit files listed.
```

我們會對服務檔案特別有興趣，因為 Linux 的使用者和管理者主要都是在和服務檔案打交道，而很少去擔心其他的單元檔案。那究竟安裝了多少服務呢？來看看：

```
$ systemctl list-unit-files --type=service
UNIT FILE                    STATE
accounts-daemon.service      enabled
acpid.service                disabled
alsa-state.service           static
alsa-utils.service           masked
anacron.service              enabled
[...]
212 unit files listed.
```

上例顯示了每一種服務最常見的四種狀態：啟用（enabled）、停用（disabled）、靜態（static）、或是已遮蔽（masked）。

如欲只列出已啟用的服務：

```
$ systemctl list-unit-files --type=service --state=enabled
UNIT FILE                    STATE
accounts-daemon.service      enabled
anacron.service              enabled
apparmor.service             enabled
autovt@.service              enabled
avahi-daemon.service         enabled
[...]
62 unit files listed.
```

如欲只列出已停用的服務：

```
$ systemctl list-unit-files --type=service --state=disabled
UNIT FILE                    STATE
acpid.service                disabled
brltty.service               disabled
console-getty.service        disabled
mariadb@.service             disabled
[...]
12 unit files listed.
```

只列出靜態服務：

```
$ systemctl list-unit-files --type=service --state=static
UNIT FILE                    STATE
alsa-restore.service         static
alsa-state.service           static
apt-daily-upgrade.service    static
apt-daily.service            static
[...]
106 unit files listed.
```

只列出已被遮蔽的服務：

```
$ systemctl list-unit-files --type=service --state=masked
UNIT FILE                    STATE
alsa-utils.service           masked
bootlogd.service             masked
bootlogs.service             masked
checkfs.service              masked
[...]
36 unit files listed.
```

探討

服務單元檔案都位於 */usr/lib/systemd/system/* 或是 */lib/systemd/system/* 底下，位置依你的 Linux 發行版而定。檔案一律都是你可以閱讀的純文字檔。

enabled

這代表該服務已可使用、而且由 systemd 掌控中。只要某服務啟用，systemd 便會在 */etc/systemd/system/* 目錄下建立一個符號連結，通往位在 */lib/systemd/system/* 底下的單元檔案。使用者可以隨意用 *systemctl* 命令啟動、停止、重新載入、及停用這個服務。

啟用服務（enable）時並不會立即啟動它（start），而停用服務（disable）也不會立即將它停止（stop）（參閱招式 4.6）^{譯註}。

disabled

已停用（diabled）代表在 */etc/systemd/system/* 底下沒有符號連結，該服務也不會在開機時自動啟動。但你可以手動啟動或停止它。

masked

代表該服務已被連結至 */dev/null/*。這代表它已被完全停用、也無法以任何方式啟動。

static

這代表該單元檔案與其他單元檔案相關，因此不能任由使用者自行啟動或停止。

其他較罕見的服務狀態尚有：

indirect

間接（indirect）狀態代表這類服務不該由使用者管理，而是由其他服務「間接」代管的。

generated

已生成（generated）這個狀態代表服務係從非 systemd 原生的起始組態檔轉換而來，可能是 SysV 或是 LSB 體系的 init。

參閱

* *man 1 systemctl*

4.4 查詢特定服務的狀態

問題

你想要知道某個或某些服務的狀態。

---

^{譯註} systemd 的 enable/disable 比較像是要不要打開將該服務在開機時自動載入的開關。

解法

systemctl status 提供小巧精悍但十分有用的狀態訊息。以下範例查詢的是 CUPS 服務。CUPS 是通用 Unix 列印系統（Common Unix Printing System）的縮寫，所有的 Linux 系統上應該都有它的蹤跡：

```
$ systemctl status cups.service
● cups.service - CUPS Scheduler
     Loaded: loaded (/lib/systemd/system/cups.service; enabled; vendor preset:
             enabled)
     Active: active (running) since Sun 2021-11-22 11:01:48 PST; 4h 17min ago
TriggeredBy: ● cups.path
             ● cups.socket
       Docs: man:cupsd(8)
   Main PID: 1403 (cupsd)
      Tasks: 2 (limit: 18760)
     Memory: 3.8M
     CGroup: /system.slice/cups.service
             ├─1403 /usr/sbin/cupsd -l
             └─1421 /usr/lib/cups/notifier/dbus dbus://

Nov 22 11:01:48 host1 systemd[1]: Started CUPS Scheduler.
```

如要一次查詢多種服務，就用空格區分服務名稱清單：

```
$ systemctl status mariadb.service bluetooth.service lm-sensors.service
```

探討

在這小小一段的輸出中，蘊藏了豐富的資訊（圖 4-2）。

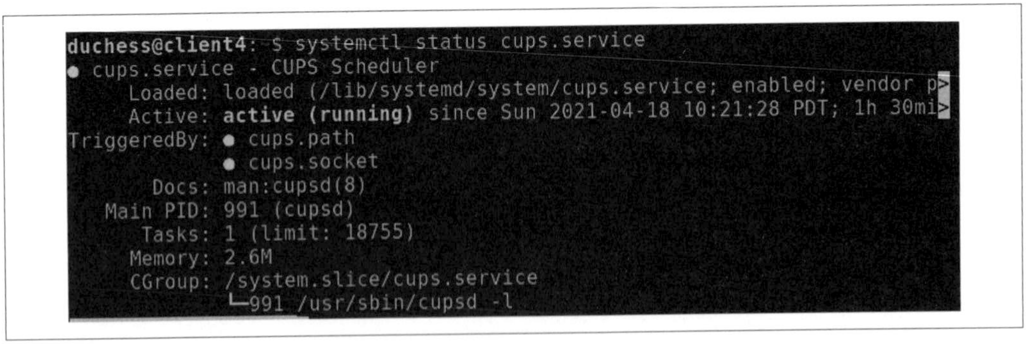

圖 4-2　systemctl status 命令所輸出的 CUPS 印表機服務

緊貼在服務名稱前方的圓點，是一個快速狀態指示燈。在多數終端機上，它都會以各種彩色顯示。白色代表它處於**不活躍**（*inactive*）或**停用**（*deactivating*）的狀態。紅色代表**故障**（*failed*）或**錯誤**（*error*）的狀態。綠色代表**活躍**（*active*）或**重載**（*reloading*）或**啟用**（*activating*）的狀態。輸出中的其他資訊一一說明如下：

Loaded（已載入）

驗證該單元檔案是否已載入記憶體，並顯示其完整路徑、服務是否啟用（參閱招式 4.3 對於狀態的探討），而 vendor preset: disabled/enabled 代表安裝後是否預設會在系統開機後開始運作。如果是關閉（disabled），表示廠商預設開機後不要動作。但這只是指出廠商自己的偏好，不代表該服務當下是啟用或停用的狀態。

Active（活躍）

告訴你服務是否正處於活躍期，還有它已活動了多久。

Process（程序）

回報 PIDs 及其相關的命令和 daemons。

Main PID（主要 *PID*）

代表 cgroup 切片的程序編號。

Tasks（任務）

回報該服務啟動了幾個任務，任務也有自己的 PIDs。

CGroup

顯示服務屬於哪個單元切片、以及其 PID。預設的三個單元切片，分別是 *user.slice*、*system.slice*、以及 *machine.slice*。

Linux 的控制群組（control groups, cgroups）是一組彼此相關的程序，也包含未來的子程序。在 systemd 裡，一個**切片**（*slice*）代表某個 cgroup 的一部份，而每個切片都管理著自己的一群程序。執行 *systemctl status* 即可觀察 cgroup 的階層圖。

根據預設，服務（service unit）和範圍（scope unit）單元都會被歸在 */lib/systemd/system/system.slice* 當中。

使用者的會談則會被歸在 */lib/systemd/system/user.slice* 當中。

由 systemd 登錄的虛擬機器及容器，則歸納在 */lib/systemd/system/machine.slice* 裡面。

其餘數行文字則只是最近的 *journalctl* 日誌紀錄，它是 systemd 的日誌管理程式。

參閱

- *man 1 systemctl*
- *man 5 systemd.slice*
- *man 1 journalctl*
- 核心 cgroups 文件（*https://oreil.ly/FfUb3*）

4.5　啟動和停止服務

問題

你想以 systemd 停止和啟動服務。

解法

這是 *systemctl* 的工作。以下以 SSH 服務為例，說明服務管理方式。

啟動一個服務：

```
$ sudo systemctl start sshd.service
```

停止一個服務：

```
$ sudo systemctl stop sshd.service
```

停止並重啟一個服務：

```
$ sudo systemctl restart sshd.service
```

重新載入某服務的組態檔。舉例來說，你更改了 *sshd_config*，想要在不必重新啟動服務的前提下載入新的設定：：

```
$ sudo systemctl reload sshd.service
```

探討

所有這些命令也都可以同時對多項服務作用，只需以空格區間服務名稱即可，就像這樣：

```
$ sudo systemctl start sshd.service mariadb.service firewalld.service
```

如果你很好奇 systemd 在背後用來啟動、重載、或是停止個別 daemons 的命令究竟為何，請觀察它們的單元檔案。有的服務會在單元檔中明白列出啟動、重載、停止、以及其他的指令，像 httpd 就是如此：

```
ExecStart=/usr/sbin/httpd/ $OPTIONS -DFOREGROUND
ExecReload=/usr/sbin/httpd $OPTIONS -k graceful
ExecStop=/bin/kill -WINCH ${MAINPID}
```

你不需自行處理這些資訊；當你需要知道 *systemctl* 如何管理特定服務時，它們都是現成的。

參閱

- 招式 4.6
- *man 1 systemctl*

4.6　啟用和停用服務

問題

你想要某些服務會在開機後自動啟動、或是你想讓某服務不要在開機後啟動、還是你根本就想把某服務完全停用。

解法

要啟用某服務，就設定它可以在開機後自動啟動。

停用某服務，會讓它在開機時不啟動，但還是可以事後再手動啟動或關閉它。

遮蔽一個服務，會將它停用、而且根本無從啟動。

以下範例便啟用 *sshd* 服務：

```
$ sudo systemctl enable sshd.service
Created symlink /etc/systemd/system/multi-user.target.wants/sshd.service →
/usr/lib/systemd/system/sshd.service
```

輸出顯示，啟用一項服務，就是從位在 /lib/systemd/system/ 的服務檔建立一個符號連結，通往 /etc/systemd/system/。此舉並不會啟動該服務。你可以用 systemctl start 啟動服務，或是利用 --now 選項，一次同時啟用和啟動服務：

```
$ sudo systemctl enable --now sshd.service
```

以下命令會停用 sshd 服務。但它不會關閉服務，因此你必須在停用它之後手動將其停止：

```
$ sudo systemctl disable sshd.service
Removed /etc/systemd/system/multi-user.target.wants/sshd.service
$ sudo systemctl stop sshd.service
```

或是一口氣同時停用和停止它：

```
$ sudo systemctl disable --now sshd.service
```

以下命令會重新啟用 mariadb 服務，它先停用、再啟用該服務。如果你曾手動為某服務建立符號連結，這一招可以迅速有效地將服務重設為預設方式：

```
$ sudo systemctl reenable mariadb.service
Removed /etc/systemd/system/multi-user.target.wants/mariadb.service.
Removed /etc/systemd/system/mysqld.service.
Removed /etc/systemd/system/mysql.service.
Created symlink /etc/systemd/system/mysql.service →
/lib/systemd/system/mariadb.service.
Created symlink /etc/systemd/system/mysqld.service →
/lib/systemd/system/mariadb.service.
Created symlink /etc/systemd/system/multi-user.target.wants/mariadb.service →
/lib/systemd/system/mariadb.service.
```

以下命令會以遮蔽方式完全停用 bluetooth 服務，因此它會從此無法啟動：

```
$ sudo systemctl mask bluetooth.service
Created symlink /etc/systemd/system/bluetooth.service → /dev/null.
```

解除 bluetooth 服務的遮蔽並不會重新啟用它，因此你必須手動啟動：

```
$ sudo systemctl unmask bluetooth.service
Removed /etc/systemd/system/bluetooth.service.
$ sudo systemctl start bluetooth.service
```

探討

當你啟用、停用、遮蔽或解除遮蔽某項服務時，它都會保持在原有的狀態，除非你加上 --now 選項。--now 選項可以搭配 enable、disable 和 mask 使用，以便立即停止或啟動某服務，但是唯獨對 unmask 沒有效。

請參閱招式 4.3 的探討段落，了解 systemd 是如何利用符號連結來管理服務的。

參閱

- *man 1 systemctl*
- 參閱招式 4.3 的探討段落，了解 systemd 如何以符號連結管理服務

4.7 停止出問題的程序

問題

你想知道如何關閉出問題的程序。有些服務可能不再有反應、或陷入暴走，一直複製它本身，導致系統當機。這時該怎麼辦？

解法

停止一個程序，又被稱為「幹掉」（killing）一個程序。在裝有 systemd 的 Linux 系統上，你應該利用 *systemctl kill*。如果是沒有 systemd 的系統，就改用原始的 *kill* 命令。

我們會偏好 *systemctl kill*，是因為它會停止所有屬於某服務的程序，不會留下被遺棄的程序，也不會有程序事後又重啟服務、繼續製造麻煩。首先，試試看只加服務名稱，不使用其他參數來執行該命令，看看狀況如何：

```
$ sudo systemctl kill mariadb
```

```
$ systemctl status mariadb
● mariadb.service - MariaDB 10.1.44 database server
   Loaded: loaded (/lib/systemd/system/mariadb.service; enabled; vendor preset:
enabled)
   Active: inactive (dead) since Sun 2020-06-28 19:57:49 PDT; 6s ago
[...]
```

於是服務乾淨地停下來了。如果這招無效，試試殺手（nuclear）選項：

```
$ sudo systemctl kill -9 mariadb
```

傳統的 *kill* 命令不會分辨服務名稱跟命令名稱，而是需要以出問題程序的 PID 來作為處理對象：

```
$ sudo kill 1234
```

無效的話，也一樣有殺手選項：

```
$ sudo kill -9 1234
```

探討

請利用 *top* 命令來辨識暴走的程序。首先不加參數執行它，而佔用最多 CPU 資源的程序便會名列前茅。按下 q 鍵便可退出 *top*。

```
$ top
top - 20:30:13 up  4:24,  6 users,  load average: 0.00, 0.03, 0.06
Tasks: 246 total,   1 running, 170 sleeping,   0 stopped,   0 zombie
%Cpu(s):  0.4 us,  0.2 sy,  0.0 ni, 99.4 id,  0.0 wa,  0.0 hi,  0.0 si,  0.0 st
KiB Mem : 16071016 total,  7295284 free,  1911276 used,  6864456 buff/cache
KiB Swap:  8928604 total,  8928604 free,        0 used. 13505600 avail Mem

   PID USER      PR  NI    VIRT    RES    SHR S  %CPU %MEM     TIME+ COMMAND
  3504 madmax    20   0 99.844g 177588  88712 S   2.6  1.1   0:08.68 evolution
  2081 madmax    20   0 3818636 517756 177744 S   0.7  3.2   5:07.56 firefox
  1064 root      20   0  567244 148432 125572 S   0.3  0.9  12:54.75 Xorg
  2362 stash     20   0 2997732 230508 145444 S   0.3  1.4   0:40.72 Web Content
[...]
```

kill 會向程序送出訊號，而預設的訊號是 SIGTERM（signal terminate，終結訊號）。SIGTERM 算是溫和的訊號，因為它允許程序乾淨地關閉。SIGTERM 也是可以忽略的，程序有權對它置之不理。訊號可以用名稱或數字來表示；對多數人而言，數字比較好記，因此預設的訊號值會像這樣：

```
$ sudo kill -1 1234
```

kill -9 代表的是 SIGKILL。SIGKILL 會不顧一切地（不乾淨地）立即停止程序，也會嘗試將所有子程序一併停止（誅九族）。

以 *systemctl kill* 來清除服務，會比 *kill* 來得簡單而且可靠。你只需知道服務名稱，不必還要連 PID 都追查出來。它自會確保所有屬於該服務的程序都會被停止，但 *kill* 做不到這一點。

多年來累積的各種訊號多不勝數，你可以到 *man 7 signal* 好好研究一番。以筆者自己的經驗，最常用的訊號就是 SIGTERM 和 SIGKILL 兩種，但你還是可以盡情鑽研其他訊號的特性。

如果你對於清除（kill）、母子（parents and children）、遺棄（orphans）等說詞感到不悅，筆者感同身受。也許有一天這些說法會被改得沒那麼粗糙也說不定。

參閱

- *man 5 systemd.kill*

- *man 1 systemctl*

- *man 1 kill*

- *man 7 signal*

4.8　以 systemd 管理執行級別

問題

你想透過類似使用 SysV 執行級別（runlevels）的方式，重啟進入不同的系統狀態。

解法

systemd 的目標（targets）與 SysV 的執行級別類似。這些都是開機的設定（profiles），會以不同的選項啟動你的系統，例如帶有圖形桌面的多重使用者模式（multiuser mode）、只有文字沒有圖形的多重使用者模式、以及當你的目標無法開機時必須使用的緊急與救援模式（參閱以下探討段落中關於執行級別的說明。）

以下命令會檢查系統是否正在執行、並回報其狀態：

```
$ systemctl is-system-running
running
```

其預設執行目標為何？

```
$ systemctl get-default
graphical.target
```

取得現下的執行級別：

```
$ runlevel
N 5
```

重新開機進入救援模式：

```
$ sudo systemctl rescue
```

重新開機進入緊急模式：

```
$ sudo systemctl emergency譯註
```

重新開機進入預設模式：

```
$ sudo systemctl reboot
```

不修改預設目標的前提下重新開機進入不同的目標：

```
$ sudo systemctl isolate multi-user.target
```

指定不同的預設執行級別：

```
$ sudo systemctl set-default multi-user.target
```

列出你的系統中各執行級別的目標檔案，及其符號連結：

```
$ ls -l /lib/systemd/system/runlevel*
```

列出某個執行級別目標中的相互依存關係：

```
$ systemctl list-dependencies graphical.target
```

探討

SysV 的執行級別代表你的系統可以開機進入的不同狀態，例如有無圖形桌面之類，還有在預設執行級別出了毛病、無法開機時，可以運用的緊急執行級別。

systemd 的 *targets* 與傳統的 SysV 執行級別之間，對應關係大致是這樣的：

- *runlevel0.target*、*poweroff.target*，對應的是 halt（停機）
- *runlevel1.target*、*rescue.target*、*single-user text mode*，對應的是已掛載所有本地檔案系統的僅限 root 使用者模式，或是無網路模式
- *runlevel3.target*、*multi-user.target*，對應的是多使用者文字模式（無圖形環境）
- *runlevel5.target*、*graphical.target*，對應的是多使用者圖形模式
- *runlevel6.target*、*reboot.target*，對應的是重新開機

譯註 在 /lib/systemd/system/ 底下確實有一個 emrgency.target 可供呼叫。

systemctl emergency 是一個特殊的目標,其限制較 *rescue* 模式更為嚴格:沒有服務、沒有根檔案系統以外的掛載點、沒有網路、僅限 root 使用者。它代表的是最起碼能運作的系統,目的僅供除錯。你可能還會在 GRUB2 的 bootloader 畫面看得到可以開機進入救援或緊急模式的選項。

systemctl is-system-running 會回報不同的系統狀態:

- *initializing*(起始中)代表系統未完成啟動。
- *starting*(起動中)代表系統已進入啟動的最後階段。
- *running*(運行中)代表完全可以運作,所有程序都已啟動。
- *degraded*(退化)代表系統雖可運作,但是有一個以上的 systemd 單元執行失敗。請執行 *systemctl | grep failed* 觀察哪些單元是失敗的。
- *maintenance*(維護)代表目前進入的是 *rescue* 目標或 *emergency* 目標。
- *stopping*(停止中)代表 systemd 正在關機。
- *offline*(離線)代表 systemd 沒有執行。
- *unknown*(未知)代表 systemd 因故無法判斷運作狀態。

參閱

- *man 1 systemctl*
- *man 8 systemd-halt.service*

4.9　診斷啟動緩慢的問題

問題

Systemd 原應讓啟動更快速,但你的系統啟動緩慢,你想知道其中緣故。

解法

你需要 *systemd-analyze blame*。不加參數執行它,就可以觀察系統程序清單、以及各自啟動所花的時間:

```
$ systemd-analyze blame
    34.590s apt-daily.service
     6.782s NetworkManager-wait-online.service
     6.181s dev-sda2.device
     4.444s systemd-journal-flush.service
     3.609s udisks2.service
     2.450s snapd.service
    [...]
```

只分析使用者的程序：

```
$ systemd-analyze blame --user
     3.991s pulseaudio.service
      553ms at-spi-dbus-bus.service
      380ms evolution-calendar-factory.service
      331ms evolution-addressbook-factory.service
      280ms xfce4-notifyd.service
    [...]
```

探討

檢視開機時啟動的細節是十分有用的行為，說不定可以從中找出一些你並不急著在開機時啟動的服務。筆者自己的癖好是把 Bluetooth 停用，因為我的伺服器或 PC 根本用不到它，但許多 Linux 發行版預設都會啟用它。

參閱

• *man 1 systemd-analyze*

## 第五章

管理使用者與群組

在 Linux 裡有兩種類型的使用者：一是真人身分的使用者、另一則是系統身分（非人）使用者。每一個使用者都有自己獨特的識別碼（unique identity, UID），同時也會具備至少一組的群組識別碼（group identification, GID）。所有的使用者都會屬於一個主要群組（primary group），同時也可能是其他群組的成員。

每個真人身分的使用者都會有自己的家目錄（home directory），以便存放個人的檔案。使用者家目錄一律位於 */home* 底下、並以擁有者的名稱命名，以示範使用者 Duchess 為例，她的家目錄便是 */home/duchess*。使用者可以屬於多個群組，這些額外的群組成員關係稱為**輔助**（*supplemental*）群組。凡屬於某群組的使用者，便會擁有該群組的一切權限（權限的概念請參閱第六章）。權限控制了我們對檔案和命令的操作方式，同時也是系統安全性的根基。

系統身分的使用者代表的則是系統服務和程序。這類的使用者也會需要使用者帳號，以便控制其權限，不過它們不需要登入動作與 */home* 下的家目錄。

真人使用者又分成兩類：一是 *root* 使用者，俗稱超級使用者（superuser），它具備所有權限，可以在系統上為所欲為。所有其他的使用者則屬於第二種，亦即一般或無特權使用者（normal or unprivileged）。一般使用者只具備恰到好處的權限，足以管理自己的檔案、以及執行一般使用者有權使用的命令。一般使用者也可以取得有限的或完整的 root 權力，這會在後面關於 *su* 和 *sudo* 的招式中介紹。

你可以從 */etc/passwd* 檔案中看到系統上所有的使用者，也可以從 */etc/group* 看到所有的群組。

集中式使用者管理

/etc/passwd 和 /etc/group 都是源於 Unix，自從 Linux 在 1992 年引進它們後，便無甚更迭。從那時以來，一直不斷有新工具發展出來，用於管理使用者和群組，包括專供整個組織架構使用的集中式資料庫。本章不會談到集中式使用者管理。

Linux 附有多種可以管理使用者與群組的命令：

- *useradd* 會建立新使用者。

- *groupadd* 會建立新群組。

- *userdel* 會刪除使用者。

- *groupdel* 會刪除群組。

- *usermod* 用來更改既有使用者的資料。

- *passwd* 會產生和更動密碼。

這些都是 *Shadow Password Suite* 的一部份，其主要組態檔為 */etc/login.defs*。

在不同的系統上，*useradd* 的行為也會不甚相同，這要看它設定的方式而定。傳統上它會將所有的新使用者集中在同一個主要群組 *users*（100）之下。亦即使用者必須小心處理自己檔案的權限，避免將檔案暴露給其他預設群組的成員。Red Hat 則以自家的 *User Private Group* 方案更改了此一行為，它會為每一個新使用者建立個人私有群組。大部份的 Linux 發行版也以此為預設方式，不過也不是沒有例外，那就是 openSUSE。

Shadow Password Suite 是由 Julianne Frances Haugh 早在 80 年代所設計，當時 Linux 尚未問世，原本的目的是要改善 Unix 密碼的安全性，並簡化使用者帳號管理。該套件後來也在 1992 年被移植到 Linux 當中，當時 Linux 誕生還未滿週歲。

在 Shadow Password Suite 問世之前，所有的相關檔案必須各自進行編輯，管理密碼的命令有好幾種，而經過雜湊處理的密碼就直接儲存在 /etc/passwd 和 /etc/group 檔案裡。這兩個檔案必須開放公開閱讀，因此將密碼存放其中，就算密碼已經過雜湊隱藏，仍然是不理想的做法。任何人都可以複製這個供公開閱覽的檔案，然後好整以暇地破解其中的密碼。後來改將雜湊處理過的密碼儲存在 /etc/shadow 和 /etc/gshadow 這兩個只有 root 有權操作的檔案後，情形才有所改善。從 Shadow Password Suite 套件長久以來能始終存在這件事來看，不難看出它確實設計得當、寫得也好。

後來 Debian 推出了更新穎的 *adduser* 和 *addgroup*。它們其實是以 Perl 指令碼包覆 *useradd* 和 *groupadd* 改寫而成。這些指令碼會引領你逐步地完成新使用者和新群組所需的一切設定。

在本章當中，你會學到如何建立和移除真人及系統使用者、如何管理密碼、如何找出 UID 和 GID、如何指定新建使用者時使用的預設值、如何更改群組成員關係、如何自訂新使用者所需的通用檔案、如何在移除使用者後清理遺留的內容、如何變身成為 root、還有如何將有限度的 root 權力下放給一般使用者。

5.1　找出使用者的 UID 和 GID

問題

你想列出使用者的 UID 和 GID。

解法

利用 *id* 命令，不加任何選項，即可觀察你自己的 UID 和 GID。以下便以使用者 Duchess 為例：

```
duchess@pc:~$ id
uid=1000(duchess) gid=1000(duchess)
groups=1000(duchess),4(adm),24(cdrom),27(sudo),30(dip),46(plugdev),118(lpadmin),
126(sambashare),131(libvirt)
```

如欲觀察其他使用者的 UID 和 GID，只需將使用者名稱當成命令引數即可：

```
duchess@pc:~$ id madmax
uid=1001(madmax) gid=1001(madmax) groups=1001(madmax),1010(composers)
```

如要顯示你當下的有效 ID，做法如下例。這會顯示你以其他身分執行命令時化身的 ID。用 *sudo* 就可以看出效果：

```
duchess@client4:~$ sudo id -un
root

duchess@client4:~$ sudo -u madmax id -gn
madmax
```

探討

Linux 裡有三種類型的使用者識別碼：

- 真實的 UID/GID
- 有效的 UID/GID
- 既存的 UID/GID

真實的 ID（*real ID*）代表在新建使用者時實際賦予的 UID 和主要 GID。這些就是你以自身身分不加參數執行 *id* 命令時看到的內容。

有效的 ID（*effective ID*）代表的是用來執行程序的 UID，這類程序通常需要與原本發起程序使用者不同的權限，像 *passwd* 命令便是一例。*passwd* 需要的是 root 權限，但它透過特殊授權模式，讓使用者得以更改自己的密碼。

你不妨自行觀察一番。首先檢視 *passwd* 命令的許可權：

```
$ ls -l /usr/bin/passwd
-rwsr-xr-x 1 root root 68208 May 27  2020 /usr/bin/passwd
```

從上面顯示，*passwd* 的檔案擁有者是 root，而且 UID 和 GID 都是。現在請鍵入 *passwd* 命令並按下 Enter。

請另外開啟一個終端機畫面，然後找出 *passwd* 的程序，再把它的 process ID、有效 ID（effective ID）和真實 ID（real ID）都顯現出來：

```
$ ps -a|grep passwd
12916 pts/1    00:00:00 passwd

$ ps -eo pid,euser,ruser,rgroup | grep 12916
  12916 root      root      root
```

即使執行 *passwd* 的只是無特權的一般使用者，結果 *passwd* 還是會以 root 的權限執行（參閱招式 6.11，了解特殊權限模式）。

既存 ID（*saved ID*）是由需要提升特權的程序所使用的，而提升的目標通常都是 root 權限。當某個程序需要進行某件所需特權等級較低的工作時，它可以暫時切換成為非特權使用者 ID。這時的有效 UID 便會變成特權等級較低的值，而原始的有效 UID 便會被儲存到 SUID 當中，亦即既存的使用者 ID。當程序再度需要提升至特權等級時，它就會切換成 SUID。

---

id 命令有以下的選項可用：

- *-u* 會顯示有效的 UID 號碼。

- *-g* 會顯示有效的 GID 號碼。

- *-G* 顯示所有的群組 ID。

- *-n* 印出名稱而非號碼。這可以搭配 *-u*、*-g* 和 *-G* 使用。

- *-un* 會顯示有效 UID 的使用者名稱。

- *-gn* 會顯示有效的群組名稱。

- *-Gn* 會顯示所有有效的 GID 名稱。

- *-r* 會顯示真實的 ID、而不再是有效的 ID。這也可以搭配 *-u*、*-g* 和 *-G* 使用。

參閱

- 招式 6.11

- *man 1 id*

- *man 1 ps*

5.2　以 useradd 建立真人使用者

問題

你想建立新使用者，並加上使用者私有群組和家目錄，目錄中還要加上一系列的預設檔案，像是 *.bashrc*、*.profile*、*.bash_history*，以及其他你希望使用者該擁有的檔案等等。

解法

大部份的 Linux 發行版中都會有 *useradd* 這個命令，而且可以經過設定來適應你的需求。預設的設定會隨著不同的 Linux 發行版而有所變化，因此要知道你的系統是如何設定的，最快的理解方式就是建立一個新的測試用使用者：

```
$ sudo useradd test1
```

現在執行 *id* 命令，然後觀察 *useradd* 是否建立了相應的家目錄。以下範例引用自 Fedora 34：

```
$ id test1
uid=1011(test1) gid=1011(test1) groups=1011(test1)

$ sudo ls -a /home/test1/
.  ..  .bash_logout  .bash_profile  .bashrc
```

在上例中，預設的組態完全符合以上在問題段落提出的需求。現在你只需設定密碼了：

```
$ sudo passwd test1
Changing password for user test1.
New password: password
Retype new password: password
passwd: all authentication tokens updated successfully.
```

在指定密碼時，你也可以強制要求使用者在初次登入時自己重設密碼：

```
$ sudo passwd -e test1
Expiring password for user test1.
passwd: Success
```

讓使用者自行登入，他們就可以開始使用新帳號了。在 */etc/passwd* 裡面，新的使用者帳號
看起來是這樣的：

```
test1:x:1011:1011::/home/test1:/bin/bash
```

像 openSUSE 這類的 Linux，會把 *useradd* 設定成不會預設產生家目錄，而且會把所有新使
用者放進 *users (100)* 群組。由於這類使用者產生的新檔案很可能都會把檔案的群組權限全
都指向同一群組的緣故，故而此舉會讓前述新建的檔案不慎暴露在其他使用者面前。以下
範例會建立使用者私有群組：

```
$ sudo useradd -mU test2
```

-m 會建立使用者家目錄，而 *-U* 則會建立使用者的私有群組，群組名稱和使用者名稱
一致。

探討

所有的新使用者都必須等到你設置密碼後才會啟用。

為使用者建立的第一個群組，不論它是使用者私有群組、還是所有使用者的通用群組，
都算是使用者所屬的**主要**（*primary*）群組。至於使用者所屬的其他群組，則稱為**輔助**
（*supplementary*）群組。

其他有用的選項如下：

- *-G, --groups* 係用來將使用者加入到多個輔助群組當中，群組名單可以由以逗點區隔的清單構成。但群組必須已經存在：

  ```
  $ sudo useradd -G group1,group2,group3 test1
  ```

- *-c, --comment* 可以接收任何文字字串。這個選項可以用來標示使用者全名、或是做為註記或說明之用：

  ```
  $ useradd -G group1,group2,group3 -c 'Test 1,,,,' test1
  ```

四個逗點區隔出五個欄位：全名、辦公室編號、工作電話號碼、私人電話號碼、及其他資訊。在古早以前，這被稱為 GECOS 資料。GECOS 是 General Electric Comprehensive Operating Supervisor 的縮寫，是一種大型主機作業系統。你可以在這個欄位輸入任意文字字串，也可以留白，不過這裡很適合用來標示使用者全名。請自行研究你的 */etc/passwd* 檔案，看看其他資料是如何利用 GECOS 欄位的。

useradd 的預設值分散在多個組態檔當中；請參閱招式 5.4 以便了解如何更改這些預設值。

參閱

- *man 8 useradd*
- *man 5 login.defs*
- */etc/default/useradd*
- */etc/skel*
- */etc/login/defs*

5.3　以 useradd 建立系統使用者

問題

你想以 *useradd* 命令建立系統身分使用者。

解法

以下範例會建立一個新的系統身分使用者，但不建立家目錄、不指定登入的 shell、同時只賦予系統身分使用者特有的適當 UID 編號：

```
$ sudo useradd -rs /bin/false service1
```

-r 代表要建立一個具備真實 ID 的系統身分使用者，而且 ID 編號範圍必須落在系統身分使用者專屬範圍內，而 *-s* 是用來指定登入使用何種 shell 的。而 */bin/false* 是一個無所事事的命令，它可以避免該使用者真的登入系統。

至於 UID 與 GID 編號的細節，請參閱招式 5.6。

探討

在古早以前，大部份的服務都是以 *nobody* 這個使用者身分執行的。而到了現在，讓服務以自身的獨特使用者身分執行，已成為常態，因為比起讓 *nobody* 這個使用者身分擁有多項服務，此舉的安全性更佳。你自行建立系統身分使用者的機會並不多，因為服務通常都會在安裝時便自行建立自身的獨特使用者身分了。

nobody 使用者分配到的 UID 會是 65534、GID 則是 65534。

參閱

- *man 8 useradd*
- *man 1 false*
- 招式 5.6 的探討段落

5.4　修改 useradd 的預設設定

問題

你對於預設的 *useradd* 設定值不甚滿意，你想把它們改掉。

解法

useradd 的設定資訊遍佈各處，其組態檔包括：*/etc/default/useradd*、*/etc/login.defs*，以及位在 */etc/skel* 目錄下的諸多檔案。

以下的設定值會出現在 */etc/default/useradd* 當中。下例顯示的是 openSUSE 的預設值：

```
$ useradd -D
GROUP=100
HOME=/home
INACTIVE=-1
EXPIRE=
```

```
SHELL=/bin/bash
SKEL=/etc/skel
CREATE_MAIL_SPOOL=yes
```

GROUP=100 代表所有的新建使用者都是單一共用群組的成員，傳統上就是 *100* 這個 GID。
該群組必須事先已經存在，而 */etc/login.defs* 裡的 *USERGROUPS_ENAB* 必須設為 *no*。然後才
能在 */etc/default/useradd* 裡將 *GROUP=* 設為使用者群組 GID 100。如果我們的示範使用者
Duchess 屬於這個共用群組，她的 *id* 輸出便會顯示為 *uid=1000(duchess) gid=100(users)*。

如果要啟用私有使用者群組，就得到 */etc/login.defs* 裡，把 *USERGROUPS_ENAB* 設為 *yes*，然
後到 */etc/default/useradd* 裡，將 *GROUP=* 這行用 # 符號註銷。這樣一來，每個使用者在新建
時便會建立一個不會與他人共用的私有群組。如果我們的示範使用者 Duchess 擁有她自己
的私有群組，*id* 的輸出就會變成 *uid=1000(duchess) gid=1000(duchess)*。

HOME=

這會把所有的使用者家目錄預設在此。亦即 */home*。

INACTIVE=-1

這個值的用途，是代表一旦密碼逾期，會將帳號鎖住幾天。如果設為 0，便會在密碼
逾期時立即停用帳號，如果設為 –1，代表不會鎖住帳號。

EXPIRE=

這個值設定的是帳號逾期的日期期限，格式是 YYYY-MM-DD。舉例來說，如果你將
其設為 2021-12-31，帳號便會在當日被停用。如果將 *EXPIRE=* 設為空白，則代表帳號
不會過期。

SHELL=/bin/bash

這會指定預設的命令 shell。最常用的 Linux shell 是 */bin/bash*。當然也可以改為使用者
系統上所安裝的 shell，像是 */bin/zsh* 或是 */usr/bin/tcsh*。執行 *cat /etc/shells* 就可以知道系
統上裝有哪些 shell。

SKEL=/etc/skel

這個值設定了你要自動發送給使用者的檔案的所在位置。大多數的 Linux 都放在
/etc/skel 之下。包括 *.bash_logout*、*.bash_profile* 或 *.profile*、*.bashrc*，以及任何你想交付
給新使用者的檔案。你可以任意編輯這些檔案，以符合自身的需求。*SKEL* 是骨架
（skeleton）的簡稱。

CREATE_MAIL_SPOOL=yes

這是以往留下的遺跡，應設為 *yes*，因為有些老舊的程序可能還需要用到它。

以下的 */etc/login.defs* 設定值，也都跟新建使用者的預設值有關：

- *USERGROUPS_ENAB yes* 會啟用私有使用者群組。
- *CREATE_HOME yes* 會將 *useradd* 設為自動建立使用者私有家目錄。但這個值對於系統身分使用者不適用（參閱招式 5.3）。

探討

UID 的編號範圍，都列在 */etc/login.defs* 裡。每個 UID 都必須獨一無二，因此建立使用者的命令才可按照這裡的範圍指派 UID。通常真人身分的 UID 都是從 1000 起跳，由 *useradd* 自動分配。當然你也可以用參數 *-u* 越過這個自動指派行為，但你選擇的 ID 編號一定要是還沒用過的，而且要符合編號方案（參閱招式 5.6）。

強制在首次登入後更改密碼，是一種簡單但有效的預防措施，避免讓管理者原本指派給使用者的臨時密碼落入心懷不軌人士的手中。

參閱

- *man 8 useradd*
- *man 5 login.defs*
- */etc/default/useradd*
- */etc/skel*
- */etc/login.defs*

5.5 自訂文件、音樂、影片、圖片及下載用途的目錄

問題

你已按照招式 5.2 新建了使用者，現在你想為新使用者定義分別放置文件、音樂、影片、圖片及下載用途的各個目錄。

解法

建立這些目錄並非 *useradd* 的職掌，而是 X Desktop Group（XDG）這個使用者目錄工具的任務。文件、音樂、影片等目錄，俗稱為**使用者常用目錄**（*well-known user directories*）。這些目錄都是根據 */etc/xdg/user-dirs.defaults* 組態檔的設定而來，它會建立所有使用者的預設設定：

```
$ less /etc/xdg/user-dirs.defaults
# Default settings for user directories
#
# The values are relative pathnames from the home directory and
# will be translated on a per-path-element basis into the users locale
DESKTOP=Desktop
DOWNLOAD=Downloads
TEMPLATES=Templates
PUBLICSHARE=Public
DOCUMENTS=Documents
MUSIC=Music
PICTURES=Pictures
VIDEOS=Videos
# Another alternative is:
#MUSIC=Documents/Music
#PICTURES=Documents/Pictures
#VIDEOS=Documents/Videos
```

這些都是單純的成對名稱 - 值。名稱是不能更動的。但是對應的值則是每個名稱對應的目錄，每個值都是相對於使用者家目錄的子目錄名稱。舉例來說，DOCUMENTS 便對應到 */home/username/Documents*。當每個新建使用者初次啟動圖形桌面環境時，這些目錄便會自動建立。如果你想排除或更動對應的目錄名稱，可以自行用 # 符號註銷。

使用者也可以在 *~/.config/user-dirs.dirs* 中自訂個人設定。但是目錄必須在設定前先建好才可以。下例係為示範使用者 Duchess 所撰寫，她不喜歡無聊的預設值。注意以下 *~/.config/user-dirs.dirs:* 中成對的名稱 - 值語法，與先前的 */etc/xdg/user-dirs.defaults* 並不一樣：

```
XDG_DESKTOP_DIR="$HOME/table"
XDG_DOWNLOAD_DIR="$HOME/landing-zone"
XDG_DOCUMENTS_DIR="$HOME/omg-paperwork"
XDG_MUSIC_DIR="$HOME/singendance"
XDG_PICTURES_DIR="$HOME/piccies"
```

一旦你變更完畢，新目錄也已建好，請執行 *xdg-user-dirs-update* 命令來套用變更內容：

```
duchess@pc:~$ xdg-user-dirs-update --set DOWNLOAD $HOME/landing-zone
duchess@pc:~$ xdg-user-dirs-update --set DESKTOP  $HOME/table
duchess@pc:~$ xdg-user-dirs-update --set DOCUMENTS  $HOME/omg-paperwork
```

```
duchess@pc:~$ xdg-user-dirs-update --set MUSIC    $HOME/singendance
duchess@pc:~$ xdg-user-dirs-update --set PICTURES  $HOME/piccies
```

登出再重新登入，就會看到像圖 5-1 一樣的外觀。XDG 會針對常用目錄分別套用不同的
圖示。

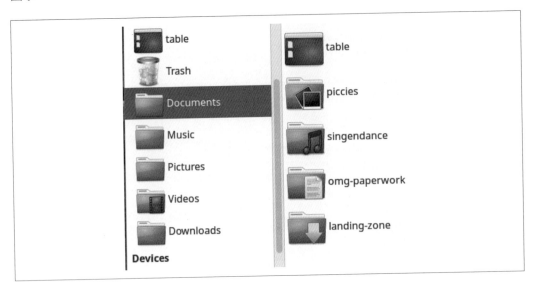

圖 5-1　自訂常用目錄

位於邊框的捷徑是不會更動的，原本的舊目錄除了沒有特殊圖示外，內容物也不會更動。
你必須自己更改捷徑、並手動將舊目錄的內容物遷移過來。

如欲還原成 /etc/xdg/user-dirs.defaults 的預設值，就用這一招：

```
$ xdg-user-dirs-update --force
```

再度登出後重新登入，才會看到異動生效。此外，你的目錄都不會被移除或變動，唯一變
動的，就是標示常用目錄的特殊圖示。

探討

當你執行 *xdg-user-dirs-update --set* 命令時，只能使用 *man 5 user-dirs.default* 所列的名稱來修
改對應值：

```
DESKTOP
DOWNLOAD
TEMPLATES
```

```
PUBLICSHARE
DOCUMENTS
MUSIC
PICTURES
VIDEOS
```

只有對應以上常用目錄名稱的值,才是可以更改的。常用目錄必定是使用者家目錄之下的子目錄。如果你想改指向使用者家目錄以外的地方,請利用符號連結。舉例來說,Duchess 擁有 */users/stuff/duchess* 目錄,並在此存放音樂檔案。下例便會將這個目錄連結到 */home/duchess/singendance*:

```
duchess@pc:~$ ln -s /users/stuff/duchess /home/duchess/singendance
```

參閱

- *man 5 user-dirs.defaults*
- *man 1 xdg-user-dirs-update*
- *man 5 user-dirs.conf*
- freedesktop 的 xdg-user-dirs(*https://oreil.ly/FFDga*)

5.6 以 groupadd 建立使用者及系統群組

問題

你想用 *groupadd* 建立群組。

解法

以下範例會建立 *musicians* 這個新的使用者群組:

```
$ sudo groupadd musicians
```

如果加上選項 *-r*,就會建立系統群組:

```
$ sudo groupadd -r service1
```

探討

系統群組和使用者群組,它們分配到的 UID 與 GID 編號範圍是不同的。這是由 */etc/login.defs* 為 *groupadd* 和 *useradd* 指定的,下例來自 Fedora 34:

```
# Min/max values for automatic uid selection in useradd(8)
#
UID_MIN                    1000
UID_MAX                   60000
# System accounts
SYS_UID_MIN                 201
SYS_UID_MAX                 999
# Extra per user uids
SUB_UID_MIN              100000
SUB_UID_MAX           600100000
SUB_UID_COUNT             65536

#
# Min/max values for automatic gid selection in groupadd(8)
#
GID_MIN                    1000
GID_MAX                   60000
# System accounts
SYS_GID_MIN                 201
SYS_GID_MAX                 999
# Extra per user group ids
SUB_GID_MIN              100000
SUB_GID_MAX           600100000
SUB_GID_COUNT             65536
```

這些數值範圍定義都是供系統管理者參考的。其他的值則都是保留給系統自身管理的。

GID 的編號都是依照 */etc/login.defs* 中所定義、由 *groupadd* 自動管理的。當然你也可以用參數 *-g* 越過這個自動指派行為，但你選用的 GID 仍需落在指定的範圍內，而且必須未曾被其他群組佔用。

參閱

- *man 8 groupadd*
- */etc/login.defs*

5.7 用 usermod 將使用者加入群組

問題

你想把使用者指派給群組。

解法

使用 *usermod* 命令。以下範例會把 Duchess 加到 *musicians* 群組裡：

```
$ sudo usermod -aG musicians duchess
```

下例則會把 Duchess 加入多個群組：

```
$ sudo usermod -aG musicians,composers,stagehands duchess
```

抑或是可以編輯 */etc/group* 檔案，把 Duchess 的名字放到對應的群組後面。當你要添加多個群組成員時，清單必須以逗點區隔，而且名稱之間不能有空格。

```
musicians:x:900:stash,madmax,duchess
```

注意，要添加、不是取代

萬一你忘記加上參數 *-a*，只用了參數 *-G*，那麼該使用者所屬的群組中既有的成員都會被移除，以新群組成員取代。這其中萬一牽涉到 *sudo* 群組，那事情就大條了。

當你更改的是已登入使用者的群組身分時，那這些使用者必須登出再重登入，新的群組身分才會生效。想要不必登出就讓新的群組指派生效，有幾種辦法，但它們都有自己的限制，例如只會目前的 shell 有效之類。因為群組關係只有在登入時才會逐一比對，因此最可靠的套用方式，還是重新登入。

探討

選項 *-a* 就是附加，*-G* 用來指定單一或多重群組。

參閱

- *man 8 usermod*

5.8　在 Ubuntu 中用 adduser 建立使用者

問題

你使用的是 Debian 一系的 Linux，而你想知道如何用 *adduser* 新建使用者。

解法

adduser 會引導你完成一連串設置新使用者的步驟，就像以下這個以筆者貓咪 Stash 做為示範使用者的例子：

```
$ sudo adduser stash
Adding user 'stash' ...
Adding new group 'stash' (1009) ...
Adding new user 'stash' (1009) with group 'stash' ...
Creating home directory '/home/stash' ...
Copying files from '/etc/skel' ...
Enter new UNIX password:
Retype new UNIX password:
passwd: password updated successfully
Changing the user information for stash
Enter the new value, or press ENTER for the default
        Full Name []: Stash Cat
        Room Number []:
        Work Phone []:
        Home Phone []:
        Other []:
Is the information correct? [Y/n]
```

Stash 在 */etc/passwd* 裡的資訊會像這樣：

```
stash:x:1009:1009:Stash Cat,,,:/home/stash:/bin/bash
```

探討

adduser 使用的預設值都是由 */etc/adduser.conf* 管理的。其中含有一系列有用的預設值，包括：

DSHELL=

這會指定預設的登入 shell。*/bin/bash* 是最常用到的 Linux shell。它接受的值可以是使用者系統上安裝的任何一種 shell，例如 */bin/zsh* 或是 */usr/bin/tcsh*。執行 *cat /etc/shells* 就可以列出所有已安裝的 shell。.

USERGROUPS=yes

這會建立使用者私有群組，如果設為 *no*，就會把所有新建使用者放進同一個群組。

USERS_GID=100

如果設為 *USERGROUPS=no*，就會用到這個值。

EXTRA_GROUPS=

> 這裡是所有你想讓新建使用者加入的輔助群組清單，例如 *EXTRA_GROUPS="audio video plugdev libvirt"*。

ADD_EXTRA_GROUPS=1

> 這會讓 *EXTRA_GROUPS=* 所列的群組成為新建使用者的預設群組。

/etc/adduser.conf 中含有以下使用者和群組的編號方案：

```
FIRST_SYSTEM_UID=100
LAST_SYSTEM_UID=999

FIRST_SYSTEM_GID=100
LAST_SYSTEM_GID=999

FIRST_UID=1000
LAST_UID=59999

FIRST_GID=1000
LAST_GID=59999--
```

Fedora Linux 也含有 *adduser* 工具，但它其實不是真的 Debian 版 *adduser*，而是一個通往 *useradd* 的符號連結：

```
$ stat /usr/sbin/adduser
  File: /usr/sbin/adduser -> useradd
  Size: 7    Blocks: 0    IO Block: 4096    symbolic link
[...]
```

參閱

- *man 5 adduser.conf*

5.9　在 Ubuntu 中用 adduser 建立系統使用者

問題

你想在 Ubuntu 系統上（或是 Debian、Mint、以及任何 Debian 衍生版本）用 *adduser* 建立系統身分使用者。

解法

以下範例會用 *adduser* 建立一個新的系統身分使用者 *service1*，但是不加上家目錄、而且會賦予它獨特的主要群組：

```
$ sudo adduser --system --no-create-home --group service
Adding system user 'service1' (UID 124) ...
Adding new group 'service1' (GID 135) ...
Adding new user 'service1' (UID 124) with group 'service1' ...
Not creating home directory '/home/service1'.
```

這是它在 */etc/passwd* 裡的模樣：

```
service1:x:124:135::/home/service1:/usr/sbin/nologin
```

探討

系統身分使用者不具備家目錄。

在古早以前，服務經常會以 *nobody* 這個使用者和群組來執行，只有 Debian 採用 *nobody* 和 *nogroup*。為多種服務一再套用相同的使用者身分，其實會造成安全弱點。其實你幾乎沒什麼機會自行建立系統身分使用者，因為這件事通常都有套件安裝工具代勞，它會在安裝新服務時一併建立獨特的使用者和群組。但是你現在也知道怎麼做了，說不定哪天會派上用場。

nobody 和 *nogroup* 的真實 ID 永遠是 65534。

參閱

- *man 8 adduser*

5.10　以 addgroup 建立使用者及系統用群組

問題

你想知道如何以 Debian 的 *addgroup* 命令建立使用者及系統群組。

解法

以下示範如何建立真人使用者群組：

```
$ sudo addgroup composers
Adding group 'composers' (GID 1010) ...
Done.
```

在 */etc/group* 裡，它看起來會像這樣：

```
composers:x:1010:
```

下例則建立一個新系統群組：

```
$ sudo addgroup --system service1
Adding group 'service1' (GID 136) ...
Done.
```

探討

使用者和系統群組之間的差異，在於它們使用不一樣的 UID 和 GID 編號範圍，範圍定義在 */etc/adduser.conf* 當中。

參閱

- *man 8 addgroup*

5.11　檢查密碼檔案的正確性

問題

這些使用者檔案和群組檔案的行為又多又雜，你希望有什麼檢測工具可以驗證檔案編寫無誤。

解法

pwck 命令會檢查 */etc/passwd* 和 */etc/shadow* 的正確性，而 *grpck* 會檢查 */etc/group* 和 */etc/gshadow*。它們會檢視格式正確與否，並驗證資料、名稱和 GID 是否有效（完整驗證清單請參閱命令的 man page）。如果執行時不加選項，它們就會同時回報警告與錯誤訊息：

```
$ sudo pwck
user 'news': directory '/var/spool/news' does not exist
user 'uucp': directory '/var/spool/uucp' does not exist
user 'www-data': directory '/var/www' does not exist
user 'list': directory '/var/list' does not exist
```

```
$ sudo grpck
group mail has an entry in /etc/gshadow, but its password field in /etc/group is
not set to 'x'
grpck: no changes
```

如果加上 **-q** 選項，就會只回報錯誤：

```
$ sudo pwck -q
```

```
$ sudo grpck -q
group mail has an entry in /etc/gshadow, but its password field in /etc/group
is not set to 'x'
```

這會顯示出 /etc/gshadow 有一個錯誤。訊息並不是很有用，因為這其實算不上是什麼錯誤。因為替使用者群組加上密碼並非常見的做法，因此將此事視為錯誤其實只是大驚小怪。其他的檢查都很有用，像是正確的欄位數量、獨特且有效的群組名稱等等。

你完全不需編輯 /etc/shadow 或是 /etc/gshadow，只需編輯 /etc/passwd 和 /etc/group 便已足夠。

探討

下例顯示一個必須修正的錯誤。請在收到提示時按下 **n** 以免真的刪除。「需要刪除的第一行」範例來自 /etc/passwd，另一個則來自 /etc/shadow：

```
$ sudo pwck -q
invalid password file entry
delete line 'fakeservice:x:996:996::/home/fakeservice'? n
delete line 'fakeservice:!:18469:::::'? n
pwck: no changes
```

然後請到 /etc/passwd 訂正那一行，以便同時修復兩個錯誤訊息。在上例中，fakeservice:x:996:996::/home/fakeservice 其實是漏了最後一個欄位，應訂正為 fakeservice:x:996:996::/home/fakeservice:/bin/false。

「directory does not exist」這則針對 /etc/passwd 的警訊，通常代表預設的系統使用者未曾使用。舉例來說：

```
user 'www-data': directory '/var/www' does not exist
```

如果你沒有執行 HTTP 伺服器，www-data 就不會被用到，而且除非你已安裝 HTTP 伺服器，不然就不會有 /var/www 目錄存在。

「no changes」訊息代表沒有更動密碼檔案。

完整檢查清單請參閱 man page。

參閱

- *man 8 pwck*

- *man 8 grpck*

5.12 停用使用者帳號

問題

你想停用一個使用者帳號，但暫不刪除它。

解法

要暫時停用一個帳號，請以 *passwd* 命令將它的密碼停用即可：

```
$ sudo passwd -l stash
passwd: password expiry information changed.
```

現在該使用者無法登入了。以下命令會再將使用者帳號解鎖：

```
$ sudo passwd -u stash
passwd: password expiry information changed.
```

這一招對於以不同認證方式登入的使用者無效，例如 SSH 金鑰。如欲徹底停用某個帳號，請改用 *usermod*：

```
$ sudo usermod --expiredate 1 stash
```

當該名使用者試圖登入時，他們會看到「Your account has expired; please contact your system administrator」這樣的訊息（帳號已過期；請洽系統管理員）。如欲恢復該帳號：

```
$ sudo usermod --expiredate -1 stash
```

探討

另一種停用使用者帳號的方式，是把 */etc/passwd* 裡密碼欄位的 x 換成星號（＊）：

```
stash:*:1009:1009:Stash Cat,,,:/home/stash:/bin/bash
```

如果要再度啟用 Stash 這個帳號，就再把星號換成 x。

5.13　用 userdel 刪除使用者

問題

你要刪除一個使用者，最好是連同家目錄及其中的資料都清空。

解法

以下範例採用 *userdel* 命令，從 */etc/passwd* 將使用者 Stash 刪除，同時也刪除 Stash 的主要群組，並將它從其他群組中刪除，連 shadow 檔都不例外：

```
$ sudo userdel stash
```

如果 Stash 所屬的主要群組中尚有其他成員（參閱招式 5.4），那麼這個主要群組便不會刪除。

若加上選項 *-r*，則會將該使用者的家目錄及其中的內容一律清空，郵件暫存區（mail spool）亦然：

```
$ sudo userdel -r stash
```

萬一該使用者在家目錄以外的其他地方也持有檔案，你就必須自己找出來並加以處理（參閱招式 5.16）。

探討

請在刪除使用者前後都要觀察 */etc/passwd* 和 */etc/group* 等檔案，確認使用者確實已從中清除。

移除使用者後，記得養成清理帳號遺留物的好習慣。

參閱

• *man userdel*

5.14 在 Ubuntu 中以 deluser 刪除使用者

問題

你使用的是 Ubuntu（或其他的 Debian 衍生版本），想以 *deluser* 來刪除使用者。

解法

以下範例展示如何從 */etc/passwd* 中刪除使用者，同時也從 */etc/group* 中刪除 Stash 的主要群組，相關的 shadow 檔也不例外：

```
$ sudo deluser stash
Removing user 'stash' ...
Warning: group 'stash' has no more members.
Done.
```

deluser 不會刪除既存使用者的主要群組，因此若是上例中的 Stash 屬於一個共用的主要群組，亦即這個主要群組中還有 Stash 以外的成員存在，那麼 *deluser* 就不會刪除該主要群組。

以下範例會刪除 Stash 的家目錄、並替所有要刪除的檔案製作備份：

```
$ sudo deluser --remove-all-files --backup stash
```

探討

--backup 會在現行工作目錄下產生一個該使用者檔案的壓縮檔（compressed archive）。如果加上 *--backup-to* 選項，還可以決定備份到哪個目錄下：

```
$ sudo deluser --remove-all-files --backup-to /user-backups stash
```

如果使用者在家目錄以外的其他地方也持有檔案，你就必須把它們找出來，並加以處理（參閱招式 5.16）。

參閱

- *man 8 deluser*

5.15　在 Ubuntu 中以 delgroup 刪除群組

問題

你有一套 Ubuntu 系統，而你想用 *delgroup* 命令來刪除群組。

解法

以下範例會移除 *musicians* 群組：

```
$ sudo delgroup musicians
```

如果原欲刪除的主要群組中含有既存的使用者，*delgroup* 就不會刪除它。但如果原欲刪除
的是輔助群組，則就算其中仍有成員，它還是會把群組刪除。如果你不想誤刪其中仍有成
員的群組，請加上 *--only-if-empty* 選項：

```
$ sudo delgroup --only-if-empty musicians
```

探討

delgroup 的預設行為模式，都放在 */etc/deluser.conf* 和 */etc/adduser.conf* 當中。

參閱

- *man 8 delgroup*

5.16　尋找及管理使用者的檔案

問題

你想刪除一個使用者，但是你不想因此留下一堆爛攤子檔案，因此你必須找出使用者擁有
的全部檔案。

解法

find 命令可以按照 UID 或 GID，從本地系統中找出所有相關檔案。以下範例會從根目錄往
下，找出所有由某個使用者 UID 持有的檔案：

```
$ sudo find / -uid 1007
```

如果合乎條件的檔案為數甚眾，這會花上一點時間。如果你確定不需找遍整個檔案系統，可以縮小搜尋範圍，將搜尋起點改為某個子目錄，例如 /etc、/home、或是 /var 之類；

```
$ sudo find /etc -uid 1007
$ sudo find /home -uid 1007
$ sudo find /var -uid 1007
```

你也可以用 GID、使用者名稱或群組名稱作為搜尋依據：

```
$ sudo find / -gid 1007
$ sudo find / -name duchess
$ sudo find / -group duchess
```

現在你知道檔案在哪了，下一步怎麼辦呢？選項之一，是把它們的擁有者換成別的使用者，讓新主人決定如何處置它們：

```
$ sudo find /backups -uid 1007 -exec chown -v 1010 {} \;
changed ownership of '/backups/duchess/' from 1007 to 1010
changed ownership of '/backups/duchess/bin' from 1007 to 1010
changed ownership of '/backups/duchess/logs' from 1007 to 1010
```

你可以結合 find 和 cp 來搜尋檔案，然後把結果複製到另一個目錄去：

```
$ sudo find / -uid 1007 -exec cp -v {} /orphans \;
```

採用 cp -v 的用意，是希望把過程中的訊息都顯示在畫面上，同時只複製檔案，而非其上層目錄結構。如果你希望連同上層目錄結構一併複製，請加上選項 -r：

```
$ sudo find / -uid 1007 -exec cp -rv {} /orphans \;
```

複製會把原本的檔案留在原地。一旦安全地複製完畢後，你應該會想把原本的檔案清掉。作法之一，就是再使用一次 find，然後用 rm 來刪除標的物：

```
$ sudo find / -uid 1007 -exec rm -v {} \;
```

這會刪除檔案，但不會刪除目錄。如果你很肯定這些目錄下已無其他需要保留的檔案，請加上選項 -r 以便刪除目錄：

```
$ sudo find / -uid 1007 -exec rm -rv {} \;
```

另一種做法，是改以 find 和 mv 做組合，將檔案一次移往定位：

```
$ sudo find / -uid 1007 -exec mv {} /orphans \;
```

如果你看到「No such file or directory」（無此檔案或目錄）的訊息，通常是因為檔案或目錄已被移走，你可以檢視移動的目的地來確認這一點。

如欲找出由已不復存在的使用者或群組所擁有的檔案：

```
$ find / -nouser
$ find / -nogroup
```

探討

使用 *mv* 和 *rm* 等命令時要謹慎，因為做了便無法反悔。萬一你犯了錯，你唯一的希望就是檔案還有備份可供復原。

在使用者離職後清理遺留物件，著實是件苦差事，因為只要還有儲存空間，電腦輕易就能製造出大量的檔案。如果你覺得 *find* 怎麼花的時間那麼長時，請記住它還會把你在做其他事情時的後果一併全挖出來。

參閱

- *man 1 find*

- *man 1 mv*

- *man 1 cp*

- *man 1 rm*

5.17　用 su 化身為 Root

問題

你想要知道如何取得 root 權限，以便執行若干管理工作。

解法

當你需要執行系統工作時，使用 *su* 命令變身為 root 使用者：

```
duchess@pc:~$ su -l
Password:
root@pc:~#
```

如果你不知道 root 的密碼，或是根本沒有 root 密碼，請參閱招式 5.21，看看如何以 *sudo* 來設置 root 密碼。

完成後，請讓 root「退駕」，返回你原本的帳號身分：

```
root@pc:~# exit
logout
duchess@pc:~$
```

選項 *-l* 會連同 root 使用者的環境都一併調出來，包括切換到 root 的家目錄、並載入 root 特有的環境變數。如果去掉 *-l*，就可以保持在你原本的環境：

```
duchess@pc:~$ su
Password:
root@pc:/home/duchess~#
```

探討

你可以切換成任意使用者，只要你知道他們的密碼。

使用 *su* 化身成 root，讓你可以獲得系統上至高無上的權力，你的一舉一動都是以 root 身分從事的。請考慮改用 *sudo*（參閱招式 5.18），它提供了若干安全功能，像是保護 root 密碼、並留下稽核紀錄等等。

參閱

- *man 1 su*

5.18 用 sudo 賦予有限的 Root 權力

問題

你想把部份的系統管理工作託付給其他使用者，而且你要想限制他們所取得的 root 權力範圍，只限於你同意託管的特定任務。

解法

請改用 *sudo* 命令。*sudo* 比 *su* 要安全得多，因為它只會將有限度的 root 權力託付給特定使用者，讓他們只能執行特定任務，同時還會記錄代理期間的一舉一動，並且只會將使用者密碼暫存（caches）一段時間，通常預設是 15 分鐘。等 15 分鐘一過，該使用者就必須再次向 *sudo* 提出自己的密碼。這段暫存期間的長短是可以調整的。*sudo* 可以藉此保護 root 的密碼，因為 *sudo* 的使用者是以自身的密碼進行認證的。

有些 Linux 的發行版，例如 openSUSE，預設還是會讓 *sudo* 詢問 root 使用者的密碼。欲知如何改變這一點，請參閱招式 5.22。

/etc/sudoers 是一個組態檔，而且你只能用特定的 *visudo* 命令來編輯它。它會借用你的預設文字編輯器來開啟 /etc/sudoers 檔案，然後你就可以檢視和編輯預設的設定值。我們再次以 Duchess 來示範：

```
duchess@pc:~$ sudo visudo
[sudo] password for duchess:
[...]
##Allow root to run any commands
root    ALL=(ALL) ALL

# Allow members of group sudo to execute any command
%sudo   ALL=(ALL) ALL
[...]
```

%sudo ALL=(ALL) ALL 意指任何加入 sudo 群組的使用者，就會取得完整的 *sudo* 權力，就像 root 一樣。百分比符號代表 *%sudo* 是一個來自 /etc/group 的系統群組，而非 /etc/sudoers 裡設定的群組。

假設有一位資淺的管理員 Stash，他的任務是安裝和移除軟體、並更新系統。你可以為 Stash 建立一個系統群組。或是在 /etc/sudoers 裡為 Stash 設定任務。以下範例會對 Stash 賦予 *sudo* 的權力，以便執行表列的命令。你需要的資訊包括使用者名稱、本地主機名稱、以及以逗點區隔的許可命令清單：

```
stash server1 = /bin/rpm, /usr/bin/yum, /usr/bin/dnf
```

假設你想賦予 Stash 更多管理工作，像是管理服務之類。這樣一來許可命令清單便會越變越長，因此你可以建立一些命令的別名。下例便將軟體管理命令的別名訂為 SOFTWARE、服務管理命令別名則是 SYSTEMD：

```
Cmnd_Alias SOFTWARE = /bin/rpm, /usr/bin/yum, /usr/bin/dnf
Cmnd_Alias SYSTEMD = /usr/bin/systemctl start, /usr/bin/systemctl stop,
/usr/bin/systemctl reload, /usr/bin/systemctl restart, /usr/bin/systemctl
status, /usr/bin/systemctl enable, /usr/bin/systemctl disable,
/usr/bin/systemctl mask, /usr/bin/systemctl unmask
```

現在 Stash 的設定會變成這樣：

```
stash server1 = SOFTWARE, SYSTEMD
```

你也可以在 /etc/sudoers 裡建立使用者群組（但這與 /etc/group 裡定義的系統群組不是一碼事），然後對他們指派若干個命令別名：

```
User_Alias JRADMIN = stash, madmax

JRADMIN server1 = SOFTWARE, SYSTEMD
```

你還可以建立主機別名 Host_Alias，讓使用者可以在多部主機上取得 sudo 權力：

```
Host_Alias SERVERS = server1, server2, server3
```

然後拿來授權給 JRADMINs：

```
JRADMIN SERVERS = SOFTWARE, SYSTEMD
```

探討

當你的受限 sudo 使用者企圖執行未經許可的命令時，就會看到這樣的訊息：「Sorry, user duchess is not allowed to execute /some/command as root on server2.」（抱歉，使用者 Duchess 並未許可在 server2 上以 root 執行 /some/command）。

不要太過信任這種將使用者限定在特定一組命令範圍內的作法。許多日常的應用程式都透過 shell escape 的方式，提供某種程度的權限提升效果，而你的使用者便可藉此取得 root 的權力。下例顯示 awk 如何做到這一點：

```
$ sudo awk 'BEGIN {system("/bin/bash")}'
root@client4:/home/duchess#
```

就像這樣，Duchess 取得了 root 的全部權力。即使是不起眼的 less 命令，也提供某種程度的 shell escape 功能。如果以 less 檢視某一個大到需要換頁的檔案：

```
$ sudo less /etc/systctl.conf
#
# /etc/sysctl.conf - Configuration file for setting system variables
# See /etc/sysctl.d/ for additional system variables.
# See sysctl.conf (5) for information.
/etc/sysctl.conf
```

在閱覽途中直接鍵入 !sh，然後提示字元立刻就會變成代表 root 身分的 # 字符，這時如果鍵入 whoami 檢視自己的身分：

```
duchess@client4:~$ sudo less /etc/systctl.conf
#
# /etc/sysctl.conf - Configuration file for setting system variables
# See /etc/sysctl.d/ for additional system variables.
# See sysctl.conf (5) for information.
```

```
!'sh'
duchess@client4:~$ sudo less /etc/sysctl.conf
# whoami
root
```

再度鍵入 **exit**，就可以返回原本的 shell。

以筆者自身的經驗來說，想要掌控所有具備 shell escape 功能的眾多應用程式，真的十分困難。*journalctl* 會記錄一切事物，因此應該好好監管你的 *sudo* 使用者（參閱招式 20.1）。

有些 Linux，例如 Fedora，會以群組 *wheel* 作為預設的 *sudo* 群組。請檢視你的 */etc/sudoers* 檔案，觀察你的發行版如何設置 *sudo* 群組。當然你也可以建立自訂的 *sudo* 群組，而且隨意命名。

/etc/sudoers 檔案只能控制位於本機的使用者。如果納入其他的機器，就像上面使用主機別名 SERVERS 那樣，就可以在多台機器之間共用同一個 sudoers 組態檔。如果是本機上面看不到的事物，不論是主機還是使用者，*sudo* 都會加以忽略，故而可以共用 sudoers 組態檔。

讓我們來剖析一下 *root ALL=(ALL) ALL* 這行設定，了解這些 ALL 字樣的用途。

root

> 這一欄代表要授權對象的使用者，欄位內容可以是單一使用者、使用者別名、抑或是系統群組。

ALL=

> 這一欄代表要開放授權的主機。ALL 代表任何地方的任意主機都允許開放授權，你也可以在這一欄使用主機別名、或是單一主機名稱。

(ALL)

> 這一欄是選用的使用者欄位。*(ALL)* 代表以上指定的使用者可以化身任何目標使用者去執行命令，或者你也可以在此指定允許化身成為的目標。

ALL

> 這一欄代表可以執行的命令。*ALL* 表示可執行的命令完全不受限制，或者你也在此指定允許執行的命令。

參閱

- *man 8 sudo*
- *man 5 sudoers*

5.19　延長 sudo 密碼有效期限

問題

在大部份的 Linux 發行版中，*sudo* 預設會暫存密碼達 15 分鐘。一旦超過 15 分鐘，它就會在執行時再度要求你鍵入密碼。如果你實在厭倦了在忙得不可開交時，還要隔一下子就要重新鍵入密碼，也可以把暫存期限拉長一點。

解法

請到 */etc/sudoers* 裡更改暫存期間。請用 *visudo* 開啟及編輯檔案：

```
$ sudo visudo
```

然後找出含有 *Defaults* 的行數，自訂你的暫存期限。下例便將暫存期間訂為 60 分鐘：

```
$ Defaults timestamp_timeout=60
```

如果你將其設為 0，*sudo* 便會在你每次使用 sudo 時都要求輸入密碼。

如果你把 *timestamp_timeout* 訂為 *-1* 這樣的負值，它就再也不會多問了（亦即暫存密碼不會過期）。

探討

sudo 的密碼暫存功能，是很有效的意外防堵功能，舉例來說，當你正化身為 root 身分工作時，或只是離開一下子，可能就會有人趁此空檔來偷用你的電腦之類。

參閱

- *man 8 sudo*
- *man 5 sudoers*

5.20 建立個別 sudoer 的設定

問題

你想替使用者加上不同的 *sudo* 設定；舉例來說，你想替資淺的管理者指定不一樣的密碼暫存期限。你自己的期間較長、而其他人的要短一點。

解法

你可以在 */etc/sudoers.d* 目錄下另訂個別的組態檔。下例便為 Stash 制定了 30 分鐘的密碼暫存期期限：

```
$ cd /etc/sudoers.d/
$ sudo visudo -f stash
```

再鍵入 `Defaults timestamp_timeout=30`，儲存檔案，便完成了。這時你會看到新的組態檔：

```
$ sudo ls /etc/sudoers.d/
README stash
```

注意，在此你只需輸入與 */etc/sudoers* 內容有出入的組態項目即可，而毋須複製整個檔案的內容。

探討

這是一個很棒的功能，便於管理多位使用者。你不必管理一個龐大的組態檔，而是將其分解成多個較小的、一人一個的較小組態檔。

參閱

- *man 8 sudo*
- *man 5 sudoers*

5.21 管理 Root 使用者的密碼

問題

你的 Linux 發行版在安裝過程中已將你自己設為 *sudo* 特權不設限的系統管理員，而且因此並未設置 root 密碼。抑或是你的 root 使用者雖有密碼、但你卻忘得精光。你需要知道如何為 root 賦予新密碼。

解法

如果你要「真正地」變身成為 root，請使用 *sudo* 執行 *su* 來變身：

```
duchess@pc:~$ sudo su -l
[sudo] password for duchess:
root@pc:~#
```

這時你就可以執行 *passwd* 命令，為 root 更換密碼，以便直接用 root 登入，或是藉此重設已遺忘的 root 密碼。

探討

總有些時候你必須以 root 密碼登入、而不能以 *sudo* 代勞；例如，當你開機進入緊急執行級別的時候。

參閱

- *man 8 sudo*
- *man 5 sudoers*
- *man 1 passwd*

5.22 把 sudo 改成不再詢問 Root 密碼

問題

你希望你的 *sudo* 使用者都以自身的密碼來進行驗證，但只有你自己的 Linux 系統帳號會要求以 root 使用者的密碼驗證，就像下面這樣：

```
$ sudo visudo
[sudo] password for root:
```

解法

有些 Linux 的發行版預設會採用這種作法，例如 openSUSE 就是。

但若你安裝的是 Ubuntu Linux，而且你在安裝時已將自己的帳號指定為管理員，Ubuntu 便會妥善地對你的帳號賦予不受限的 *sudo* 權力，幾乎等同於 root，差別只在於你使用的是自己的密碼。openSUSE 則不是這樣做，它會將你的使用者帳號設為必須在使用 *sudo* 時以其他目標使用者的密碼來驗證，也就是 root。

要把 *sudo* 使用者設為一律以自身密碼驗證，請編輯 */etc/sudoers*，並將以下兩行用 # 字元註銷：

```
duchess@pc:~$ sudo visudo

# Defaults targetpw
# ALL    ALL=(ALL) ALL
```

在 openSUSE 和 Fedora 上，如欲建立具備完整 root 威力的 *sudo* 使用者，請將它們加入到 */etc/group* 檔案的 *wheel* 群組當中（如果是受限的使用者，請回頭參閱招式 5.18）。

一旦你完成設定存檔，變更便會立即生效。

探討

使用 *sudo* 而不鼓勵使用 *su* 的主要原因，就是希望儘量不要用到 root 使用者的密碼。

參閱

- 招式 5.18

## 第六章

管理檔案與目錄

透過可以設定的特權，Linux 提供了相當強大的基本控制，限制對於檔案和目錄的取用。每個檔案和目錄都具備三個等級的擁有權，包括使用者、群組和其他人；以及多種存取等級，如讀取、寫入和執行。你可以保護自己的個人檔案，並控制誰可以取用它們，而 root 使用者則可以藉此管理對於命令、指令稿、共用檔案及系統檔案的存取。

即便你使用了更為強大的存取控制工具——像是 SELinux 或是 AppArmor——上述的基本原理仍然很重要。

在一套 Linux 系統中，真人和系統身分的使用者都具備帳號。有些系統服務甚至需要使用者帳號來控制特權，就像真人使用者一樣。

每個檔案都具備三種類型的擁有權：擁有者、群組和其他人（有時其他人（*other*）也會寫成全世界（*world*））。擁有者是單一使用者，群組擁有者則是單一群組，其他人代表非前兩者的任何人。

每個檔案都具備六種權限模式——讀取、寫入、以及執行——另外三種則屬於特殊模式：*sticky bit*、*setuid* 和 *setgid*。

檔案權限控制了何人可以建立、讀取、編輯、或刪除檔案，也決定何人可以執行命令。特殊模式控制了誰能對檔案移動、刪除或改名，也決定何人可以藉由提升特權執行命令。

目錄權限則決定誰能編輯或進入目錄，以及誰可以從目錄中讀取、編輯、新增和移除檔案。

記住 Linux 的基本安全原則：只賦予完成工作所需的最起碼特權。

特權限制

任何人只要能讀取檔案，就能加以複製。

你無法阻止 root 使用者、或是具備足夠特權的 *sudo* 使用者來取用你的檔案。

權限和所有權都是檔案系統的功能，只需透過另一套 Linux 來存取儲存裝置，就能繞過檔案系統的限制，做法是利用可攜式媒體、以 live Linux 來開機，進而操控主機系統，或是乾脆將硬碟拔下、再裝到另一套機器上。你只需在用來掛載儲存裝置的另一套系統上擁有 root 特權，完全不需知道原本的檔案所有權和權限。

在 Linux 系統中，root 使用者有時也被稱為超級使用者，它在該系統上擁有至高無上的權力。Root 幾乎無所不能，包括編輯和刪除他人的檔案、進入任何目錄、並執行任何命令。而一般的無特權使用者則可以藉由 *sudo* 或 *su* 命令來暫時取得 root 權力（參閱招式 5.17 和 5.18）。

每個使用者都有自己獨特的識別碼（unique identification, UID），並隸屬於至少一個群組（參閱招式 5.1）。位於某群組中的所有使用者，都共享該群組所擁有的權限。

如欲觀察其中奧妙，不妨以 */etc* 來練習一番，這是保存系統組態檔的集散地：

```
$ stat --format=%a:%A:%U:%G /etc
755:drwxr-xr-x:root:root
```

命令輸出顯示了目錄的**模式**（*mode*）、或者說是目錄的權限集合，並且以兩種格式顯示：*755:drwxr-xr-x*。755 是所謂的八進位註記法，而 *drwxr-xr-x* 是所謂的符號註記法。這是表達同一套模式的兩種不同寫法，以上例而言，代表目錄所有權人擁有不受限的特權、目錄所屬群組和剩下其他人則只有權進入目錄而已。至於檔案的模式，本章後面會詳細探討。

root:root 代表所屬的使用者和群組。檔案和目錄的所屬使用者和群組可以各自不同；例如 */etc/cups* 便屬於 *root:lp*（分屬 root 使用者和 lp 群組）。

在本章當中，你會學到所謂特殊模式的概念：包括 *sticky bit*、*setuid* 和 *setgid*。setuid 和 setgid 模式會將使用者和群組權限提升到和檔案擁有人一致的程度。這些都只能在特殊狀況下使用，而且必須謹慎為之，因為提升特權有潛在的風險。sticky bit（黏著位元）可以防止任何人刪除檔案、為檔案更名、或從目錄中（像是 */tmp*）移除非其擁有的檔案，唯二的例外是檔案擁有人、以及擁有 root 特權的人。

你會學到如何設定擁有權和模式、如何建立和刪除檔案與目錄、如何設定預設權限、如何將檔案擁有權移轉給不同的使用者或群組，以及如何複製、移動檔案和目錄，或為其更名。

 使用 *sudo*

本招式當中大部份的範例採用的命令提示字元都是錢字號 $，這代表執行命令的是無特權使用者。按照你自己的檔案權限，有些操作也許會需要動用 *sudo*。

6.1　建立檔案和目錄

問題

你想將檔案放進目錄，以便分門別類。

解法

利用 *mkdir* 命令來建立目錄。以下範例會在現行目錄下建立一個新的子目錄：

```
$ mkdir -v presentations譯註
mkdir: created directory 'presentations'
```

如欲在現行目錄的兩層以下建立一個子目錄，同時一併建立中間經過的目錄，就要加上選項 *-p*（來源是 parent 一詞）：

```
$ mkdir -p presentations/2020/august
mkdir: created directory 'presentations/2020'
mkdir: created directory 'presentations/2020/august'
```

如果要建立新的頂層目錄，亦即相對的上層目錄是根目錄 /。就必須先有 root 的特權方可為之：

```
$ sudo mkdir -v /charts
mkdir: created directory '/charts'
```

你也可以在建立目錄時順便設定權限：

```
$ mkdir -m 0700 /home/duchess/dog-memes
```

譯註　比起 man page，直接用 mkdir --help 也可以立即找到參數的用法。不論是 -v、-p、-m 都有說明。

檔案都是由文字處理器或是影像編輯器之類的應用程式、以及 *touch* 之類的特殊命令建立的。*touch* 命令會建立新的空檔案：

```
$ touch newfile.txt
```

請參閱招式 6.2，了解如何利用 *touch* 迅速建立一大堆檔案以利測試。

探討

如果你無法想像檔案樹是什麼模樣，也搞不懂所有目錄和根目錄彼此的相對關係，請試試 *tree* 命令。這裡的 / 代表頂層的根目錄：

```
$ tree -L 1 /
/
├── backups
├── bin
├── boot
[...]
```

你也許注意到這棵樹是上下顛倒的。在現實世界裡，樹枝是由根部向上生長的，但是 *tree* 命令顯示的目錄樹，卻是根部在上、分支向下伸展。原因是，人類習慣由上往下閱讀。

上例只列出了根目錄下的頂層目錄。如果改成 *-L 2*，便會顯示再下一層的子目錄，而 *-L 3* 便會顯示三層深的目錄群，依此類推。

參閱

- 招式 6.2
- *man 1 mkdir*
- *man 1 touch*
- *man 1 yes*
- *man 1 tree*

6.2　迅速地建立一堆檔案以便測試

問題

你想建立一堆檔案，以便用來測試檔案權限，或是便於任何立即需要一大堆檔案的測試。

解法

利用 *touch* 命令。下例會建立新的單一空檔案：

```
$ touch newfile.txt
```

如果要建立 100 個新的空檔案：

```
$ touch file{00..99}
```

這樣就會建立 100 個新檔案，檔名是 *file00*、*file01*、*file02*，依此類推。你也可以加上副檔名、或是任意選擇命名方式：

```
$ touch test{00..99}.doc
$ ls
test00.doc
test01.doc
test02.doc
[...]
```

將數字放在檔名前面以便排序：

```
$ touch {00..99}test.doc
$ ls
00test.doc
01test.doc
02test.doc
[...]
```

如果要迅速建立的是帶有內容的檔案，就要用到 *yes* 命令。下例會建立 500 MB 的檔案，其中塞滿重複的文字行「This is a test file」：

```
$ yes This is a test file | head -c 500MB > testfile.txt
```

如果要建立的是 100 個含有 1 MB 內容的檔案：

```
$ for x in {001..100};
> do yes This is a test file | head -c 1MB > $x-testfile.txt;譯註
> done
```

新檔案群會像這樣：

```
001-testfile.txt
002-testfile.txt
003-testfile.txt
[...]
```

譯註 讀者們不妨分開執行這些指令來觀察其作法；yes 會一直不斷地將尾隨字串顯示在畫面上，管線則會將 yes 的輸出餵給 head 命令；head 會持續接收輸入資料，直到總量已達 1MB，以作為 head 要顯示的內容；最後轉向字元將顯示內容寫入文字檔。

探討

你也可以用幾種方式修改以上命令：包括檔名、檔案大小、數字編碼方式、以及供 *yes* 填入的文字。

這個招式中的範例，會把數字填入檔名，而且數字有補 0，以便正確排序。大部份的圖形介面檔案管理程式都能正確地處理帶有數字的檔名排序，但 *ls* 的預設排序手法卻是依照字典式排序法。下例便會展示，若以從單一數字到三位數的範圍來為檔案命名，排序會排成什麼樣子：

```
$ touch {0..150}test.doc
$ ls -C1
0test.doc
100test.doc
101test.doc
102test.doc
103test.doc
104test.doc
105test.doc
106test.doc
107test.doc
108test.doc
109test.doc
10test.doc
110test.doc
111test.doc
112test.doc
113test.doc
114test.doc
115test.doc
116test.doc
117test.doc
118test.doc
119test.doc
11test.doc
120test.doc
121test.doc
[...]
```

字典式排序法會將檔名完全視為文字字串來排序，而不是兼顧整數順序和字元順序，字典式排序法會把每一個數字和字母都個別拿來比較，而且由檔名的左至右逐一比對。這種排序法並不知道 10 其實比 100 小，只知道 101 要在 100 之後、102 要在 101 之後，但卻把 10t 放在 109 之後，因為字典排序法將字母順序放在數字之後，故而 *t* 會在 *9* 的後面。

利用檔名前面補 0 的方式，就能讓所有的數字都變成長度一致的字元值，或者你也可以改用 *ls –v* 來列舉檔案。如此便會將檔名中的數字視為數值而非字元，這樣便能依照數值大小排序。

參閱

- *man 1 ls*
- *man 1 touch*
- *man 1 yes*

6.3　處理相對和絕對的檔案路徑

問題

你必須了解檔案的相對和絕對路徑之間的差異，以及如何找出自己在檔案系統中的位置。

解法

絕對路徑寫法永遠都是從根目錄 / 開始，就像 */boot* 和 */etc* 這樣。相對路徑寫法則是相對於現有所在的目錄開始，因此開頭不會帶有斜線字元。假設你目前位在自己的家目錄，其中含有以下的子目錄群：

```
madmax@client2:~$ ls --group-directories-first
Audiobooks
bin
Desktop
Documents
Downloads
games
Music
Pictures
Public
Templates
Videos
```

在上例中，通往 *Audiobooks* 的絕對路徑是 */home/madmax/Audiobooks*，但它的相對路徑就只有 *Audiobooks*。你可以使用 *cd* 命令搭配絕對路徑進入此處：

```
$ cd /home/madmax/Audiobooks
```

也可以只用相對路徑進入：

```
$ cd Audiobooks
```

你目前所在的目錄位置，稱為現行工作目錄 *cwd*。如果要得知 *cwd* 的內容，請使用 *pwd* 命令（印出工作目錄（print working directory）之意）：

```
$ pwd
/home/madmax
```

探討

絕對和相對檔案路徑常會造成混淆。記住，只要檔案路徑前面帶有斜線字元（/），就是絕對路徑無誤。如果前面沒有斜線字元開頭，就是相對於當下工作目錄的路徑。

有些應用程式和命令會需要用到相對路徑；例如 *rsync* 的 *include* 和 *exclude* 清單，就必須以相對於被複製檔案所在目錄的檔案路徑來註記。

參閱

- *man 1 pwd*
- 第七章

6.4　刪除檔案和目錄

問題

你在練習建立檔案和目錄時已經玩得夠多了，現在該把它們清理一番。

解法

使用 *rm*（remove 的簡寫，移除之意）命令時務必謹慎，因為 *rm* 對於你要刪除的事物是二話不說就會刪除的，因此務必注意你是否提供了正確的檔案或目錄讓它刪除。

刪除單一檔案時，若要求輸出詳盡的動作說明時，就加上選項 *-v*：

```
$ rm -v aria.ogg
removed 'aria.ogg'
```

如果要先收到確認提示再刪除，就加上 *-i* 旗標：

```
$ rm -iv intermezzo.wav
rm: remove regular file 'intermezzo.wav'? y
removed 'intermezzo.wav'
```

若加上 -r（遞迴）旗標，就可以刪除某個目錄，連同其下的其他檔案和子目錄都一併刪除。如果結合 -r 和 -i 兩個旗標，就會在刪除每一個項目時都要求確認一次：

```
$ rm -rvi rehearsals
rm: descend into directory 'rehearsals'? y
rm: remove regular file 'rehearsals/brass-section'? y
[...]
```

如果你很肯定不需一一確認是否刪除，就把 -i 選項拿掉也無妨。

下例只會刪除 *jan* 這個子目錄：

```
$ rm -rv rehearsals/2020/jan
```

下例則會刪除 *rehearsals* 目錄、及其中所有的檔案和子目錄：

```
$ rm -rv rehearsals
```

利用萬用字元（wildcards），就能比對出需要刪除的檔案名稱，舉例來說要刪除副檔名一樣的檔案：

```
$ rm -v *.txt
```

或是帶有相同文字字串的檔名：

```
$ rm -v aria*
```

如果 *rm* 拒絕刪除某個檔案或目錄，而你很肯定可以刪掉它，就加上 -f（force 的簡寫，強制之意）選項。

探討

rm -rf / 會抹除整個根檔案系統（如果你有 root 帳號特權的話）。有些無聊的仁兄喜歡以此捉弄新手。但事實上這一點也不好笑。如果在測試用的或是虛擬機上這樣做倒還無妨，儘管檔案系統已經從磁碟上移除，但因為記憶體中的程序都還在運作之故，你可以藉此觀察系統還能繼續運作多久。

參閱

• *man 1 rm*

6.5 檔案和目錄的複製、移動和更名

問題

你已經建立過目錄和檔案。現在你想把檔案移進目錄、更改檔名、或是製作副本。

解法

利用 *cp* 命令來複製,利用 *mv* 命令來移動和更名。

下例會從現行工作目錄把兩個檔案複製到 *~/songs2* 目錄底下:

```
$ cp -v aria.ogg solo.flac ~/songs2/
'aria.ogg' -> '/home/duchess/songs2/aria.ogg'
'solo.flac' -> '/home/duchess/songs2/solo.flac'
```

> **波浪字符代表你的家目錄**
>
> 波浪字符其實是代表你的家目錄的縮寫符號,因此 *~/songs2* 其實等同於
>
> */home/duchess/songs2/*。

若要複製一個目錄和其中的內容,就要加上 *-r*(遞迴)選項:

```
$ cp -rv ~/music/songs2 /shared/archives
```

以上的遞迴案例只會複製該目錄和它下面的檔案。如果加上 *--parents* 選項,就可以連同上層目錄結構一併保留。下例便會把 *song2* 目錄及其內容複製到目的地,同時保留檔案的路徑 *duchess/music/songs2/*:

```
$ cp -rv --parents duchess/music/songs2/ shows/
duchess -> shows/duchess
duchess/music -> shows/duchess/music
'duchess/music/songs2' -> 'shows/duchess/music/songs2'
'duchess/music/songs2/intro.flac' -> 'shows/duchess/music/songs2/intro.flac'
'duchess/music/songs2/reprise.flac' -> 'shows/duchess/music/songs2/reprise.flac'
'duchess/music/songs2/solo.flac' -> 'shows/duchess/music/songs2/solo.flac'
```

至於位在 *duchess* 和 *music* 這兩層目錄的內容則都不會被複製,只有 *songs2* 和它的內容會複製過去。

要移動和更名檔案,請使用 *mv* 命令。下例會把兩個檔案移動至另一個目錄:

```
$ mv -v aria.ogg solo.flac ~/songs2/
renamed 'aria.ogg' -> '/home/duchess/songs2/aria.ogg'
renamed 'solo.flac' -> '/home/duchess/songs2/solo.flac'
```

下例則會將一個目錄移到另一個目錄底下：

```
$ mv -v ~/songs2/ ~/music/
```

探討

以下是若干有用的 *cp* 選項：

- *-a, --archive* 會保存所有的檔案屬性，像是模式、擁有權、以及時間戳記等等
- *-i, --interactive* 會在覆蓋目標檔案時先提示。
- *-u, --update* 可以確保，只有當來源檔案較既有目標檔案為新時，才會覆蓋。當你複製大量檔案時，此舉可節省若干時間，因為有些副本根本毋須複製（相較之下，用 *rsync* 來針對有異動的檔案進行複製比較有效率，參閱第七章）。

mv 也有好些有用的選項：

- *-i, --interactive* 會在覆蓋目標檔案時先提示。
- *-n, --no-clobber* 可以防止覆蓋目標檔案。
- *-u, --update* 只會在來源檔案較目標檔為新、或是來源檔案係初次移動時進行。

參閱

- *man 1 cp*
- *man 1 mv*

6.6　以 chmod 的八進位註記寫法設置檔案權限

問題

你已知道 *chmod*（change mode 的簡寫，變更模式之意）命令可以接受八進位和符號式兩種註記寫法，而你想以八進位註記法來管理檔案權限。

解法

以下範例會顯示如何以八進位註記寫法設定各種檔案權限。第一個例子會對 *file.txt* 檔案的擁有者賦予讀寫權限，同時排除群組和其他人的所有存取權限：

```
$ chmod -v 0600 file.txt
mode of 'file.txt' changed from 0644 (rw-r--r--) to 0600
(rw-------)
```

檔案擁有人可以閱讀、編輯和刪除檔案，而其他的使用者則無權置喙，連閱讀檔案都不行，雖說他們在檔案管理程式中可以看到該檔案存在。

如果一個檔案可以讓所有人讀取和寫入，就等於授權所有人任意操作：

```
$ chmod 0666 file.txt
```

下一例中，*file.txt* 被改為只有擁有者具備讀寫權限，群組和其他人只能唯讀：

```
$ chmod -v 0644 file.txt
mode of 'file.txt' changed from 0666 (rw-rw-rw-) to 0644 (rw-r--r--)
```

常見的權限集合，是賦予擁有者和群組一樣的權限，例如讀寫，而其他人則排除在外：

```
$ chmod 0660 file.txt
```

命令和指令稿則需要設置可執行位元（executable bit）。下例便會讓 *backup.sh* 指令稿的擁有者既可讀寫、又能執行該指令稿，但群組便只能讀取和執行，其他人則是完全碰不得：

```
$ chmod 0750 backup.sh
```

八進位註記寫法一共有四個欄位可以寫，但你也許只會常用到最後三個，第一個則是鮮少用到。第一個欄位係保留給特殊模式使用（參閱招式 6.8）。

探討

八進位註記寫法只會用到 0-7 之間的整數。表 6-1 列出擁有者和權限的關係。

表 6-1　八進位欄位

模式	擁有者	群組	其他人
讀取	4	4	4
寫入	2	2	2
執行	1	1	1
無權限	0	0	0

檔案或目錄都會具備一個使用者做為擁有者、再加上一個群組型態的擁有者。其他人則代表前兩者以外的任何人。目錄或可執行檔如果不對任何人設限，模式就會是 0777，一般檔案的不設限模式則是 0666。

如果你不熟悉 Linux 的檔案權限，那麼換個觀點也許比較有用，如表 6-2 所示。

表 6-2　Linux 檔案權限

權限	說明
7	讀取、寫入和執行。目錄和檔案的權限不同之處，在於所有的目錄都需要設置可執行位元。目錄權限可以像對待檔案那樣任意指定，但是若未設置可執行位元，則無人能夠進入該目錄（不論是使用 *cd* 命令還是透過檔案管理程式皆然）。指令稿和二進位命令檔案也須設置可執行位元，不然這類可執行檔案便會被視為一般檔案。
6	可讀取和寫入。
5	可讀取和執行。這是命令的常見權限。
4	可讀取。
3	可寫入和執行。
2	可寫入。
1	可執行。
0	無權限。

參閱

- *man 1 chmod*
- 招式 6.8

6.7　以 chmod 的八進位註記寫法設置目錄權限

問題

你已經知道目錄的權限管理略有不同，而你也想用 chmod 的八進位註記寫法來加以管理。

解法

目錄必須設置可執行位元。聽起來也許很奇怪，但這是為了可以讓 *cd* 命令或檔案管理程式都能進入目錄，所加上的必要措施。

下例會建立一個共享目錄：

```
$ sudo mkdir /shared
```

下例則會把 */shared* 設為可供擁有者讀寫、其他人只能讀取的模式：

```
$ chmod 0755 /shared
```

擁有者對目錄的權限是不受限的。群組和其他人則可以進入目錄並讀取檔案，但不得編輯
檔案、亦不得在目錄中添加檔案。

下例則會對目錄中的既有內容套用與上述相同的權限，但是加上 *-R*（遞迴）選項：

```
$ chmod -R 0755 /shared
```

下例則是將目錄和其中既存內容的權限設為僅供目錄擁有者操作。目錄下的檔案和子目錄
也許會各自擁有不同的擁有者和權限，但經過以下設定後，它們便會對群組及其他人關上
大門：

```
$ chmod 0700 /shared
```

常見的權限做法，是對擁有者和群組套用相同的權限，例如讀取 - 寫入 - 執行，但排除其
他人：

```
$ chmod 0770 /shared
```

探討

你可以透過群組和目錄來控制檔案存取。請按照功能性來設立群組，舉例來說，不同的部
門或許需要有自己專屬的共用目錄。大部份的店面並不需要過度細分的控制方式，預設較
傾向於共用。不論需求為何，原有的 *chmod* 命令仍舊是控制檔案權限的基本工具。

參閱

- *man 1 chmod*

6.8　在特殊運用案例上採用特殊模式

問題

你想設置一些傳統上以使用者 - 群組 - 其他人形式劃分的權限都不支援的權限模式，例如允許非特權使用者可以執行需要提升權限才能執行的命令、或是保護目錄中的多人共享檔案，或是在目錄中實施特定檔案權限等等。

解法

特殊模式包括 *sticky bit*、*setuid* 和 *setgid*（參閱表 6-3）。黏著位元（sticky bit）係用於其中具有多位使用者共享檔案的目錄，藉以避免使用者移動、更名或刪除不是自己所擁有的檔案：

```
$ chmod -v 1770 /home/duchess/shared
mode of '/home/duchess/shared changed from 0770 (rwxrwx---) to 1770 (rwxrwx--T)
```

setuid 係用於可執行檔，藉以將任何執行命令的使用者權限提升至與命令檔擁有者相同：

```
$ chmod 4750 backup-script
mode of 'backup-script' changed from 0750 (rwxrw----) to 4770 (rwsrwx---)
```

若將 *setgid* 套用在目錄上，則該目錄下所有新建的檔案，都會繼承與上層目錄一樣的群組擁有者。這是在共用目錄中強制套用正確所有權的一個好辦法：

```
$ chmod 2770 /home/duchess/shared
mode of '/home/duchess/shared' changed from 0770 (rwxrwx---) to 2770 (rwxrws---)
```

setgid 也適用於檔案，它可以把使用者的有效群組變成和檔案擁有者相同的群組。

探討

setgid 和 *setuid* 都可能塑造出潛在的安全漏洞，進而被入侵者或不可信的使用者趁虛而入。使用它們的最佳時機，是當你想不出更安全的方式來達到目的的時候，例如利用群組指派或是 *sudo*。

setuid 對於可執行檔有效。

setgid 對於目錄和檔案皆有效。

黏著位元僅適用於目錄。表 6-3 列出權限與使用者的關係。

表 6-3　八進位欄位

模式	特殊模式	擁有者	群組	世界
Read		4	4	4
Write		2	2	2
Execute		1	1	1
setuid	4			
setgid	2			
Sticky bit	1			
無權限	0	0	0	0

特殊模式的值也是可以結合加總的（參閱表 6-4）。

表 6-4　黏著位元 /setgid/setuid 的值

選項名稱	八進位的對應值
未設置	0
已設置黏著位元	1
已設置 setgid	2
已設置黏著位元與 setgid	3
已設置 setuid	4
已設置黏著位元與 setuid	5
已設置 setgid 和 setuid	6
已設置黏著位元、setgid 和 setuid	7

比較口語一點的說法，是把黏著位元視為限制刪除位元。這個位元會防止無特權的使用
者從目錄中移除或更名檔案，除非他們是檔案的擁有者。你可以在 /tmp 目錄觀察到這一
點，因為該目錄必須開放所有人可讀，其中又含有許多使用者各自擁有的檔案。利用黏著
位元，可以防止使用者移動、更名或刪除不是自己擁有的檔案：

```
$ stat --format=%a:%A:%U:%G /tmp
1777:drwxrwxrwt:root:root
```

模式寫成 1777 時，黏著位元就是開頭那個 1。

setgid 通常意指設定群組使用者識別碼，setuid 則是指設定使用者識別碼。此二者的用途在
於將非特權使用者的權限提升至等同於單一擁有者或群組擁有者。這種方式通常就是無特
權使用者得以操作 passwd 命令來更改自身密碼的機制，即使只有 root 具有寫入 /etc/passwd
的權限，而其他人只具備讀取和執行權限，但一般人還是可以藉此修改密碼：

```
$ stat --format=%a:%A:%U:%G /usr/bin/passwd
4755:-rwsr-xr-x:root:root
```

在 */etc/passwd* 的模式裡，4755 的 4 就代表 *setuid*，意指所有使用者在執行該命令時都具備 root 的權力，雖然其範圍僅限於更改自身的密碼而已[譯註]。

參閱

• *man 1 chmod*

6.9 以八進位註記寫法移除特殊模式

問題

你想解除檔案或目錄的特殊模式。

解法

移除特殊模式的做法，與設置時略有不同，因為你必須在開頭加上額外的 0，如下所示：

```
$ chmod -v 00770 backup.sh
mode of 'backup.sh' changed from 1770 (rwxrwx--T) to 0770 (rwxrwx---)
```

或是乾脆在開頭加上等號，就可以不用多一個 0：

```
$ chmod -v =770 backup.sh
mode of 'backup.sh' changed from 1770 (rwxrwx--T) to 0770 (rwxrwx---)
```

參閱

• *man 1 chmod*

6.10 以 chmod 的符號註記寫法設定檔案權限

問題

你已經知道 *chmod*（change mode 的縮寫，更改模式之意）命令有八進位和符號兩種註記寫法，現在你想要用符號註記寫法來管理檔案權限。

[譯註] 還要注意的是，如果特殊位元設為 4(setuid)，再加上擁有者自己的寫入權限，擁有者的執行位元就會變成 s。特殊模式的符號註記寫法，請參閱以下招式 6.11。

解法

符號註記寫法比八進位註記寫法要複雜得多，其行為也會因為你使用的運算子
（operator）而有所變化。

運算子共有三種：+、-、以及 =。你可以用旗標 a 變更所有人的權限，或是個別更改權
限，例如 u 就是針對檔案所有人、g 是針對群組、o 是針對其他所有人：

- + 會對現有權限再添加新權限。
- - 會從現有權限削減原有權限。
- = 會設置新權限，並同時將所有未指明的舊權限消除。

假設 *file.txt* 的權限是擁有者可以讀寫、群組和其他人則是唯讀，那符號就是寫成 *-rw-r-
-r--*：

```
$ stat --format=%a:%A:%U:%G file.txt
664:-rw-r--r--:stash:stash
```

你想將其改為 *-rw-rw-rw-*。也就是替群組和其他人添加寫入權：

```
$ chmod -v g+w,o+w file.txt
mode of 'file.txt' changed from 0644 (rw-r--r--) to 0666 (rw-rw-rw-)
```

也可以一次寫成 *a=rw*。

在下例中，*file.txt* 的擁有者將權限從大家都可讀寫，變更為只有檔案擁有者可以編輯檔
案、而群組及其他人則只能閱讀：

```
$ chmod -v g-w,o-w file.txt
mode of 'file.txt' changed from 0666 (rw-rw-rw-) to 0644 (rw-r-r--)
```

還有一種常見的權限設置方式，就是讓擁有者和群組權限一致，但排除其他人：

```
$ chmod -v u=rw,g=rw,o-r file.txt
mode of 'file.txt' changed from 0644 (rw-r-r--) to 0660 (rw-rw----)
```

命令和指令稿都需要設置執行位元。下例為檔案擁有者的既有權限再添上一個執行位元：

```
$ chmod -v u+x file.txt
mode of 'file.sh' changed from 0660 (rw-rw----) to 0760 (rwxrw----)
```

至於 = 運算子，則適於用來覆蓋既有權限：

```
$ chmod -v u=rw,g=rw,o=r file.txt
mode of 'file.sh' changed from 0760 (rwxrw----) to 0664 (rw-rw-r--)
```

探討

若要可靠地運用 *chmod* 的符號註記寫法，關鍵在於一定要精確地指明、而且隨時要留意原有的權限。從既有的權限添加或刪除權限（只有 = 運算子例外，它是覆寫），並指定對象為 *u*、*g*、*o*、或者是 *a*。

符號註記寫法的設計是為了方便記憶，*r* 代表讀取（read 的 r）、*w* 代表寫入（write 的 w）、而 *x* 代表執行（execute 的 x）（參閱表 6-5）。

表 6-5　以符號註記寫法表示的權限

模式	值
r	read
w	write
x	execute

代表使用者與群組的註記寫法也很容易記憶（參閱表 6-6）。

表 6-6　以符號註記寫法表示的擁有者

擁有者	註記
使用者	u
群組	g
其他	o
全部	a

就像八進位註記寫法一樣，符號註記寫法也支援特殊模式（參閱招式 6.11）。

符號註記寫法共有 10 個欄位值，無法設置的值（亦即沒有權限）則以一條橫槓表示，就像下例 Duchess 的家目錄那樣：

```
$ stat --format=%a:%A:%U:%G /home/duchess
755:drwxr-xr-x:duchess:duchess
```

在 *drwxr-xr-x* 這 10 個欄位值裡，*d* 表示這是一個目錄。不過八進位註記寫法裡沒有對應目錄的值可以表示。

剩下的 9 個欄位值可分做三組，每組的三個值正好對應讀取、寫入和執行權限。

參閱

- *man 1 chmod*

6.11 以 chmod 的符號註記寫法設定特殊模式

問題

你想以 *chmod* 符號註記寫法來設定特殊模式。

解法

特殊模式包括 *sticky bit*、*setuid* 和 *setgid*。這些都會借用可執行位元的欄位來設置（如果你還沒搞懂可執行位元的欄位是什麼，回頭參閱招式 6.10 結尾的探討段落）。

黏著位元是用來套在目錄上，這類目錄中會含有多個不同使用者各自擁有的檔案，而黏著位元可以防止使用者不慎更名、移動或誤刪並非自身所擁有的檔案：

```
$ chmod o+t /shared/stickydir
mode of '/shared/stickydir' changed from 0775 (rwxrwxr-x) to 1775 (rwxrwxr-t)
```

將 *setgid* 套用在目錄上，可以確保目錄中新建的檔案都繼承與此目錄相同的群組擁有者。若要強制讓共享目錄中的內容承接正確的群組擁有權，這是個好辦法：

```
$ chmod -v g+s /shared
mode of '/shared' changed from 0770 (rwxrwx---) to 2770 (rwxrws---)
```

若將 *setuid* 套用在可執行檔上，就可以讓非 root 的使用者使用該執行檔：

```
$ chmod -v u+s backup-script
mode of 'backup-script' changed from 0755 (rwxr-xr-x) to 4755 (rwsr-xr-x)
```

setuid 和 *setgid* 都可能造成安全漏洞；詳情請參閱以下探討段落。

探討

setuid 適用於可執行檔。

setgid 適用於目錄和檔案。

黏著位元僅適用於目錄。

表 6-7 顯示的是擁有者與模式之間的關係。

表 6-7　所有的符號模式

模式	使用者	群組	其他人
讀取	r	r	r
寫入	w	w	w
執行	x	x	x
setuid	s		
setgid		s	
黏著位元			t

比較口語一點的說法，是把黏著位元視為**限制刪除位元**。這個位元會防止使用者從目錄中移除或更名檔案，除非他們是檔案的擁有者。你可以在 /tmp 目錄觀察到這一點，因為該目錄必須開放所有人可讀寫，其中又含有許多使用者各自擁有的檔案。利用黏著位元，可以防止使用者移動、更名或刪除不是自己擁有的檔案：

```
$ stat --format=%a:%A:%U:%G /tmp
1777:drwxrwxrwt:root:root
```

setgid 代表設置群組識別，而 *setuid* 自然就是指設置使用者識別。它們都用來提升非特權使用者的權限，直至與檔案擁有者相等。而這正是非特權使用者得以操作 *passwd* 命令來更改自身密碼的機制，即使只有 root 才有權限寫入 /etc/passwd、而其他人只有讀取和執行 *passwd* 命令的權限：

```
$ stat --format=%a:%A:%U:%G /usr/bin/passwd
4755:-rwsr-xr-x:root:root
```

在使用者模式欄位的 *rws*，意指所有使用者具備讀取、寫入和執行的權限，再加上 setuid 位元 s，確保使用者具備和檔案擁有者一樣的權限[譯註]。

setgid 和 *setuid* 都可能塑造出潛在的安全漏洞。使用它們的最佳時機，是當你無法以群組指派或是 *sudo* 達到安全目的的時候。

參閱

- *man 1 chmod*

[譯註] 因為黏著位元 s 佔據了執行位元 x 的位置，那如何知道原本該位置有沒有設置執行權限？很簡單，如果原本有設執行位元 x，黏著位元就會寫成小寫的 s；如果原本沒設執行位元 x，黏著位元就會寫成大寫的 S。這裡有一篇有趣的說明可以參考：*https://www.liquidweb.com/kb/how-do-i-set-up-setuid-setgid-and-sticky-bits-on-linux/*。

6.12　以 chmod 大批設置權限

問題

你想一次指定多個檔案的權限。

解法

chmod 支援同時操作多個檔案。你也可以利用 *find* 命令搭配 shell 的萬用字元，挑出你想變更權限的對象檔案。

 你可能要動用 *sudo*

如果你遇上「Permission denied」的警訊，代表要加上 *sudo*。

下例會以空格區隔一連串的檔案清單，然後將它們都改成所有人都只有唯讀權限：

```
$ chmod -v 444 file1 file2 file3
```

如欲對目錄及其下的內容一次設定權限，請加上 *-R*（遞迴）旗標：

```
$ chmod -vR 755 /shared
```

你也可以利用萬用字元來挑出檔案；舉例來說，如果要把現行目錄下所有的 *.txt* 檔案都改成只有擁有者可以讀寫、群組及其他人都是唯讀時：

```
$ chmod -v 644 *.txt
```

萬用字元也能挑出檔名開頭具有相同字串的檔案名稱：

```
$ chmod -v 644 abcd*
```

下例會讓現行目錄下所有的檔案都改成只有擁有者和群組可以讀寫，但上層目錄權限不動：

```
$ find . -type f -exec chmod -v 660 {} \;
```

你可以更改屬於特定使用者的所有檔案的模式。指名使用者時可以引用其數字型 ID 或使用者名稱。下例會從檔案系統根部開始找：

```
$ sudo find / -user madmax -exec chmod -v 660 {} \;
$ sudo find / -user 1007 -exec chmod -v 660 {} \;
```

探討

你需要有 root 特權才能找遍所有目錄下的檔案。

點字符（*find .*）會告訴 *find* 要從現行目錄開始往下找。搜尋的起點可以是任意一個目錄。

-type f 會限制指找出檔案，不管目錄。

-user 會找出屬於某個使用者的檔案。

-exec chmod -v 660 {} \; 是一個絕妙的咒語，它會把 *find* 的搜尋結果當成目標，對其執行 *chmod -v 660* 命令。如果你想對 *find* 的搜尋結果執行任何命令動作，這一招幾乎都做得到。

參閱

- *man 1 chmod*
- *man 1 find*

6.13　以 chown 設定檔案和目錄的所有權

問題

你需要更改檔案或目錄的擁有者。

解法

利用 *chown*（change owner 的簡寫，更改擁有者之意）命令來更改檔案的所有權。基本命令語法為 *chown user:group filename*。你可以只更改擁有者，寫法是 *chown user: filename*，或是只更改群組擁有者，寫成 *chown :group filename*。

更改擁有者會需要動用 root 特權：

```
duchess@client1:~$ sudo chown -v madmax: song.wav
changed ownership of 'song.wav' from duchess:duchess to madmax:duchess
```

要更改群組擁有者時：

```
$ sudo chown -v :composers song.wav
changed ownership of 'song.wav' from madmax:duchess to :composers
```

要同時更改使用者形式和群組形式的擁有者時：

```
$ sudo chown stash:stash song.wav
```

探討

你得擁有 root 特權才能變更非你所擁有的檔案，並將所有權轉讓給另一個使用者。如果你原本就是群組擁有者之一、同時也是目標群組的成員，就可以直接修改檔案的群組擁有者。

如果你只需更改擁有者時，可以省略冒號，但若是你只要修改群組擁有者，冒號便不可或缺。

參閱

- *man 1 chown*

6.14 以 chown 更改大批檔案的所有權

問題

你想修改目錄和其中內容的所有權、或是一連串檔案的所有權，或是把若干檔案的所有權從某個使用者轉讓給另一人。

解法

chown 也支援操作一連串的檔案。你也一樣可以利用 *find* 命令和 shell 的萬用字元，列出你想修改的檔案。

如欲以 *chown* 一次修改數個檔案的擁有者，請利用以空格間隔的檔名清單：

```
$ sudo chown -v madmax:share file1 file2 file3
```

如欲將現行目錄下特定副檔名的所有檔案指向新的群組擁有者：

```
$ sudo chown -v :share *.txt
```

若要將目錄下某使用者的所有檔案都讓渡給另一個使用者，可以利用他們的數值 UID 或使用者名稱來指名：

```
$ chown -Rv --from duchess stash /shared/compositions
```

```
$ chown -Rv --from 1001 1005 /shared/compositions
```

以 find 命令找遍整個檔案系統，或是從某個目錄及其下的子目錄找出目標，然後把這些檔案的所有權全部轉讓給另一個使用者：

```
$ sudo find / -user duchess -exec chown -v stash {} \;
```

```
$ sudo find / -user 1001 -exec chown -v 1005 {} \;
```

探討

當系統上已不再存在某人的帳號時，清理出該使用者全部的檔案、並將所有權讓渡給另一個使用者或群組，是很實用的動作。

參閱

- *man 1 chown*

6.15 以 umask 設置預設的權限

問題

你想知道為何檔案建立時會帶有特定的一組預設權限，還有如何自行指定預設值。

解法

用 umask（使用者檔案建立模式遮罩）來控制此一行為。要知道你目前的遮罩值，請執行 *umask* 命令：

```
$ umask
0002
```

這是它的符號註記寫法外觀：

```
$ umask -S
u=rwx,g=rwx,o=rx
```

這會將預設目錄權限設為 0775、預設檔案權限則是 0664，因為 umask 會把強制寫死（hardcoded）的預設權限值 0777 和 0666 施加「遮罩」處理。或者你可以將其想像成減法計算，亦即 0777 - 0002 = 0775。

如果想暫時修改 umask 值，讓它只在當下登入的會談中有效，就要這樣做：

```
$ umask 0022
```

如欲永久性地設定 umask，就要把 *umask 0022*（或任何設定值）這一行放進 *~/.bashrc* 檔案當中。

如果要一口氣修改所有使用者的預設 umask 值，就要到 */etc/login.defs* 裡去改[譯註]：

```
UMASK 022
```

表 6-8 顯示了若干常用的 umask 值。

探討

umask 是 Bash shell 的內建命令，而並非存放在 */bin*、*/usr/bin* 或任何其他 *bin* 目錄（原意代表這是專門放置已安裝二進位檔案的地方）下的可執行檔。

表 6-8 列出若干常用的 umask 值。

表 6-8　常見的 umask 值

umask	目錄	檔案
0002	0775	0664
0022	0755	0644
0007	0770	0660
0077	0700	0600

參閱

- *man 1 chmod*
- 參閱 *man 1 bash* 當中的 Shell Builtin Commands 段落，了解 *umask* 及其他 Bash 內建命令的細節。

[譯註] Ubuntu 的 /etc/login.defs 很有意思，其中的 UMASK 值是 022，跟 bach 中的 umask 命令輸出 022 不同；這是何故？檔案中 UMASK 段落的註解說得好：如果 USERGROUPS_ENAB 設為 "yes"（亦即啟用私人群組），這時此處的 UMASK 預設值的私人群組部份便會被改掉──由於 uid 跟 gid 相同、個人和群組擁有者的權限會一致，因此 UMASK 值就會從 022 被改成 002。

6.16 建立檔案和目錄的捷徑（軟性與硬性連結）

問題

你想建立檔案的捷徑、或者說是連結。

解法

Linux 裡的連結分成兩種類型：軟性和硬性連結。軟性連結適用於檔案和目錄。硬性連結則僅適用於檔案。

請以 *ln*（link 的簡寫，連結之意）命令來建立軟性和硬性連結。以下範例會在 Mad Max 的家目錄下建立一個通往外部目錄 */files/userstuff* 的軟性連結：

```
$ ln -s /files/userstuff stuff
```

/files/userstuff 是產生捷徑的來源目標，而 *stuff* 是捷徑的結果、也就是軟性連結的名稱。你可以任意命名自己的軟性連結，並逕行移動或刪除它們，都不至於會影響到來源。當你建立軟性連結後，其操作方式等同於直接開啟原始來源。

硬性連結則是檔案的副本。*ln* 命令預設建立的一律都是硬性連結：

```
$ ln /files/config1.txt myconf.txt
```

探討

軟性連結適用於檔案和目錄，但硬性連結僅適用於檔案。

軟性連結

軟性連結通常也被稱為*符號連結*（*symlinks*），是符號連結（symbolic links）的簡寫。

符號連結可以指向檔案和目錄。當符號連結的來源被刪除、更名或移動時，符號連結便會失效（broken）。如果你另建一個新檔案，但是其名稱和先前被刪除的檔案一致，符號連結就又會活過來，只不過內容應該已經不一樣。

符號連結可以跨越檔案系統。你甚至可以替不是持續存在的檔案或目錄建立符號連結，像是位在 USB 儲存裝置或是網路磁碟檔案共享上的連結來源。

當來源變動時（更名、移動或刪除），符號連結不會隨之更新。你必須重新建立一個新的符號連結指向已更名或移動的目的地、並刪除舊符號連結，連結才能反映出前述的來源變動。

你不用刻意管理符號連結的權限或所有權，因為它們都由來源的權限決定。

符號連結看起來會像這樣：

```
$ stat stuff
  File: stuff -> /files/userstuff
  Size: 4              Blocks: 0         IO Block: 4096    symbolic link
Device: 804h/2052d    Inode: 877581     Links: 1
Access: (0777/lrwxrwxrwx)  Uid: ( 1000/ madmax) Gid: ( 1000/ madmax)
```

File: stuff → /files/userstuff 顯示出符號連結指向的來源檔案。

第三行明確指出這是一個符號連結。

在 *Access: lrwxrwxrwx* 裡的 *l*（L 的小寫字母）指出這是一個符號連結。

列舉檔案時，符號連結看起來會像這樣：

```
$ ls -l
[...]
lrwxrwxrwx 1 madmax madmax  4 Apr 26 12:42 stuff -> /files/userstuff
```

硬性連結

檔案均以 *inode* 作為唯一識別，而硬性連結指向的便是 inode，而不像符號連結只是指向檔名。*ls* 命令若加上選項 *-i*，便可顯示 inode 資訊。下例中的 inode 是 1353，而且三個硬性連結的 inode 值都一樣：

```
$ ls -li
1353 -rw-rw-r-- 3 madmax madmax 11208 Apr 26 13:06 config.txt
1353 -rw-rw-r-- 3 madmax madmax 11208 Apr 26 13:06 config2.txt
1353 -rw-rw-r-- 3 madmax madmax 11208 Apr 26 13:06 config3.txt
```

這是因為三個連結指向的 inodes，都指向同一個資料區塊之故。

硬性連結永遠都會有效，因為它是直接指向 inode 的。你可以移動、更名或編輯具有多個硬性連結的來源檔案，但所有的硬性連結依舊可以保持同步，因為他們都指向磁碟上的同一個資料區塊。

Linux 系統上的所有檔案都始於硬性連結。當你建立硬性連結時，其實就是在為一個既有的資料區塊加上一個新檔案名稱。

硬性連結無法跨越檔案系統，而是只能存在單一檔案系統中。舉例來說，如果你的 / 和 */home* 位於不同的分割區，就不能在 */home* 中建立硬性連結以指向 / 下的檔案。

你可以對一個檔案製作任意數量的硬性連結，而這些硬性連結指向的資料所占用的磁碟空間，始終都是一樣的，不管有多少個硬性連結都不會變。

若將硬性連結與製作檔案副本相比：每一份副本都會占掉更多磁碟空間，因為每一份副本都是獨立存在的個體，而副本可以位於任何位置。

只有當所有的硬性連結都被刪除，一個檔案才算是完全被刪除。這可以經過 *ls* 觀察出來。下例顯示的是，具備三個硬性連結的示範 inode 的另一種樣貌：

```
$ stat config3.txt
  File: config3.txt
  Size: 11208        Blocks: 24      IO Block: 4096    regular file
Device: 804h/2052d   Inode: 1353     Links: 3
```

請跟符號連結比較其檔案、大小、以及連結。硬性連結等同於一般檔案，而且請注意 Links: 3 這段字樣。這指出一共有三個硬性連結指向同一塊資料。當你刪除一個具備多個硬性連結的檔案時，必須等到你把所有連結都清除，檔案才算徹底刪除。你可以用 *find* 命令找出所有相關的連結：

```
$ find /etc -xdev -samefile config3.txt
./config
./config2
./config3
```

符號連結在 Linux 裡的應用相當多，但硬性連結就沒那麼常見。有些備份應用程式會利用 inode 來消除重複資料（deduplication）。在過去檔案系統空間還很寶貴的年頭，把 inode 耗盡的事時有耳聞。這時硬性連結就十分為人愛用，因為每一個符號連結都得自行再佔用一個新的 inode，但硬性連結卻是共用同一個 inode^{譯註}。

你可以用 *df* 命令檢查檔案系統中有多少個 inode 存在，以及已經用掉多少個：

```
$ df -i /dev/sda4
Filesystem       Inodes  IUsed    IFree IUse% Mounted on
/dev/sda4     384061120 389965 383671155    1% /home
```

既然用掉的只佔 1%，顯然筆者的 inode 一時半刻還用不完。

參閱

• *man 1 ls*

---

^{譯註} 譯者私心認為，O'Reilly 出版的 Unix 聖經《Essential System Administration 第三版》，其中圖 2-2 對於軟硬連結的圖例說明，最為精闢。

6.17 隱藏檔案與目錄

問題

你想隱藏某些檔案和目錄,以便他人無法得見。

解法

為了隱藏檔案讓他人無從窺探,請將其置於只有你才有權存取的儲存裝置當中。

為了讓檔案管理工具不要那麼混亂,請利用**點字符命名檔案**(*dot files*)來忽視檔案。你手邊應該已經有一些這類檔案了。請在你的圖形介面檔案管理工具中找出類似「顯示隱藏檔」(Show hidden files)的設定,或是利用 *ls* 的 *-a* 選項,讓隱藏檔現形:

```
$ ls -a
.
..
Audiobooks
.bash_history
.bash_logout
.bashrc
bin
.bogofilter
.cache
Calibre-Library
cat-memes
.cddb
.cert
```

在檔名前面加上點字元(dot),就會讓它變成隱藏檔,儘管它並非完全隱形,只不過是暫時對其視而不見,直到你明確要求看到它為止。這一招常用在使用者的家目錄當中,藉此隱藏一些組態檔,才不致讓人覺得何以家目錄中莫名出現這些檔案。但這些都是可以編輯的普通檔案,你也可以刪除它們、或進行任何操作。

探討

注意檔案清單頂端的單一點字符或雙重點字符。單一點字符代表現行所在目錄,雙重點字符則代表上層目錄。請用 *cd* 命令來測試這一點。以下的第一個例子會停留在現行目錄,但第二個例子則會回到上層目錄:

```
stash@client4:~$ cd .
stash@client4:~$
```

```
stash@client4:~$ cd ..
stash@client4:/home$
```

若執行 *cd* 但不加上任何參數，就會回到你自己的家目錄底下，或是執行 *cd* - 以便回到先前所在的目錄。

參閱

- 參閱 *man 1 bash* 當中的 Shell Builtin Commands 段落，了解 *cd* 及其他 Bash 內建命令的細節。

用 rsync 和 cp 進行
備份與復原

各位都知道應該妥善地備份電腦中的檔案，並定期測試它們，看能否用來還原。但你知道在 Linux 如何做到這一點嗎？別擔心，在 Linux 上的備份和還原都非常容易理解，而你的備份檔案也十分易於搜尋和還原。

如果能找出幾支 USB 隨身碟來練習本章介紹的命令，再加上一些目錄和大量弄丟也無所謂的檔案，那就太好了，這樣就算練習出錯也無傷大雅。

我們會用到 *rsync* 和 *cp* 這兩種命令。兩者都是基本的 Linux 工具，因此你可以放心信任這兩種工具都會具有良好的維護體系，而且一直都有得用。

cp 是用於複製的指令，它屬於 GNU 套件 *coreutils*，幾乎所有的 Linux 發行版都會預裝這個套件。*cp* 是 copying 的簡寫（即複製之意）。如果要維持經常性的備份，說不定只靠它就能搞定一切。

rsync 則是極富效率的檔案傳輸程式，其主要目的在於讓檔案系統彼此保持同步。當你用它進行備份時，它會讓本地端檔案與備份裝置保持同步。因為它只會傳送曾變動過的檔案，因此速度快、又富於效率。還有，它與大部份備份軟體不同之處，在於一般備份軟體不會叫你刪除任何內容，但 rsync 卻可以映射刪除這個動作。也就因為這項特質，rsync 常作為映射的工具，用來更新使用者家目錄、網站、git 儲存庫、及其他龐雜的檔案樹等等。

要在網路上使用 rsync，方法有兩種：一是經過 SSH，先通過驗證登入再進行傳輸，或是以 daemon 的形式運行它。要使用 SSH，必須要在每一部需要以 rsync 存取的機器上都具有登入用帳號。而若是以 daemon 模式執行 rsync，就可以利用它內建的驗證方式來控制存取，因此使用者無須以帳號登入 rsync 伺服器。Daemon 模式十分適合用作區域網路的備份伺服器。在不可靠的網路上使用 rsync 並不安全，除非你有 VPN 可用（參閱第十三章）。

你用哪一種裝置來儲存備份呢？這完全看個人需求而定。筆者偏好讓個人使用 USB 儲存媒體。假設你有一部 Linux 的桌機、筆電、平板、還有一部手機。那麼你就可以把手機和平板備份到電腦上，再把電腦備份到外接 USB 磁碟。極為重要的檔案，甚至可以放到線上備份服務的空間。

若是使用者不只一人，比較合適的解法是設置一套中央備份伺服器。任何 Linux PC 都能勝任這個角色。

請考慮備份保存的持久性。數位儲存媒體的持久性並不完全可靠，因為就算實體媒介（無論是硬碟、USB 隨身碟、CD/DVD）能持久保存，你卻無法保證用來讀取的工具能永遠存在。硬體和檔案的格式隨時都會變。舉個例子，你的軟式磁碟還有辦法讀得出來嗎？你還記得 Zip 磁碟這種東西嗎？還有那些老舊格式的微軟 Word 跟 PowerPoint 文件呢？如果是開放軟體檔案格式，至少你還能找得到辦法來復原它們。所以當業者宣布它們不再支援專有格式時，你就只能自求多福了。

紙張仍舊是長期保存的首選，對於重要的文件和相片來說，仍是值得考慮的媒介。

如果是要長期保存的數位儲存方式，請計畫好定期將它們轉換到新的媒體，也許順便改用新的命令、或新的檔案系統格式。

那麼備份伺服器自身的備份呢？當然不成問題。設置一套遠端的 rsync 映射，用來製作備份的備份，是很常見的策略，只要你的網際網路夠穩定、足以處理這種流量即可。但是在你建立大規模備份基礎設施以前，請設想你真正需要的保護程度（levels of redundancy）。離站備份適合預防整個站點損毀的災難事件。這可以用一套遠端備份伺服器做到，不論是放在你自己掌控的另一個站點、或是朋友的站點、甚至是在資料中心租用的空間都可以。也許只是定期將外接式硬碟送到銀行保險箱，就足以因應你的需求。還有務必連復原動作也考慮進去：你能迅速取得備份嗎？

務必記住，備份的目的就是要用來復原的（recovery）。請經常測試你的備份，免得發生要還原時才發現備份不能用的慘劇。

在這一章裡，你會學到如何簡單地用 cp 將資料複製到 USB 儲存裝置上。對某些使用者來說，這就已經足夠了。

本章大部份內容都在介紹如何以 *rsync* 命令進行迅速有效的複製。你可以用 *rsync* 把檔案備份到本地媒體或遠端伺服器。你會學到哪些檔案需要備份、如何微調檔案的選擇、如何保留檔案的權限和時間戳記、如何為多名使用者建置一套 rsync 備份伺服器、以及如何製作安全的遠端備份。

7.1 選擇要備份的檔案

問題

你不太清楚哪些檔案需要備份。系統檔案需要備份嗎？你真的需要備份全部的個人檔案嗎？是否有些檔案不該備份呢？

解法

任何禁不起損失的檔案，就是需要備份的檔案。你的個人檔案和系統資料檔是最重要的。但像是命令、應用程式和程式庫之類的系統檔案，其還原就沒那麼重要，因為它們隨時都可以再度下載或重新安裝。

以下目錄包含組態檔案；或是網頁、FTP 與郵件伺服器的資料檔案；日誌檔案；安裝在非標準位置的應用程式；以及共用目錄等等，這些都需要備份：

- */boot/grub*，看其中是否含有自訂內容，像是主題檔、背景畫面影像檔、或是字型檔。

- */etc* 含有系統組態檔。

- */home* 使用者的個人檔案。

- */mnt* 是臨時的檔案系統掛載點。如果這裡有需要保存的掛載點，就備份它。

- */opt* 是用來容納專屬軟體、或是以非標準方式安裝的應用程式。

- */root* 是 root 使用者的個人目錄。

- */srv* 用來容納伺服器資料，像是網頁、FTP 和 rsync 伺服器等等。

- */tmp* 會容納暫存性的資料，這些資料會視需要自動更新或刪除。在 */tmp* 下有些資料是永久性的，例如使用者建立的檔案、以及某些系統服務等等，而它們都需要備份。

- */var* 會儲存許多不同類型的資料，例如日誌檔、郵件暫存區、cron 的作業、以及系統服務的資料等等，不過大部份的發行版都會改以 */srv* 來儲存系統服務了。

如果你有任何共用的目錄、自製的命令及指令稿，或是任何上面未列出的資料檔案或目錄，就把它們備份下來吧。

/proc、/sys 和 /dev 都屬於偽檔案系統（pseudofilesystems），它們只存在於記憶體當中，不需要備份。

/media 是用來掛載可卸載儲存媒體的地方，應由系統加以管理，因此毋須備份。如果你在 /media 底下手動建立掛載點，應該改移到 /mnt 比較恰當。

許多資料庫都不該以簡單的複製方式備份，因為它們自有特殊的工具和程序來進行複製和備份、並可從中還原。請改以這些資料庫專屬工具進行備份。類似的情況均常見於 PostrgreSQL、MariaDB、以及 MySQL。

從備份還原
有些檔案是無法從備份還原的；這一點請參閱招式 7.2。

如果你的備份儲存空間充裕，那麼不管三七二十一地把所有檔案都備份起來，是最簡單的辦法。你也可以自行微調備份對象的選擇，像是建立需要備份、或是要排除在備份範圍外的檔案清單；請參閱招式 7.8 和 7.9。

探討

如今的儲存媒體真是廉價，已經便宜到了你不用再考慮節省儲存空間的程度。但如果你還是需要留意儲存限制，就請參閱本章關於選擇檔案的各種招式。

參閱

- 檔案系統層級標準（Filesystem Hierarchy Standard，*https://oreil.ly/y1pJs*）

7.2　從備份中挑選檔案來還原

問題

你正要從備份還原檔案，而你想知道是否有些檔案不應拿來還原。

解法

按照場合，有些檔案確實不適合還原。

重新安裝 Linux 後，不要還原 */etc/fstab*（該檔案設定的是靜態檔案系統的掛載方式）。每次當你重新安裝 Linux 時，所有的檔案系統都會取得新的 Universal Unique Identifiers（UUIDs），由於新安裝的 Linux 系統已經不記得舊的 UUID，還原會導致新安裝的 Linux 無法以舊的 UUID 掛載已重新分配 UUID 的檔案系統。

當你還原任何位於 */etc* 之下的檔案、或是位於家目錄之下的隱藏檔時（例如 */home/.config* 或是 */home/.local*），都務必留心。如果你正從備份中將檔案還原至新安裝的系統，而這系統又是不同的版本，甚至是不同的 Linux 發行版本，新舊組態檔中所包含的選項就可能前後不相容，甚至可能連檔案位置都不一樣。還原時請步步為營，以便能立即發現問題所在。

參閱

- 第一章

7.3　使用最簡單的本地備份方式

問題

你想知道有何最簡單的辦法，可以經常地備份到本地的 USB 儲存裝置當中。

解法

答案是只要複製就可以了。請準備一個好用的 USB 外接硬碟或 USB 隨身碟。將它插進電腦，然後使用檔案管理工具複製檔案即可。既簡單又不麻煩，而且要還原檔案時也超容易。不然就利用 *cp* 命令也可以（參閱招式 7.4）。

探討

簡單的複製動作無法因應所有狀況，尤其是牽涉的內容越來越多的時候，這只適合少量的裝置，例如一部 PC、筆電、或一支手機時，都還能應付。重點在於要能經常備份、並驗證備份確實可以還原檔案，不必操心其中的枝微細節。

在古早以前，備份可是件大事，因為儲存的相關媒體都不便宜，因此備份程式必須使盡各種本事來節省空間。而如今你輕易就能買到空間多達數個 terabyte 的外接式 USB 3.0 硬碟，所費不過 200 美金。

參閱

- *man 1 cp*

7.4　將簡易本地備份自動化

問題

你想用簡單的複製方式將資料備份到外接 USB 儲存裝置，而且你想把過程自動化。

解法

你需要藉助於 *cp* 命令和 *crontab* 來排程備份作業。

你可以一併列出需要用 *cp* 複製的個別檔案和目錄，並以空格字元區隔：

```
duchess@pc:~$ cp -auv Pictures/cat-desk.jpg Pictures/cat-chair.png \
  ~/cat-pics /media/duchess/2tbdisk/backups/
```

下例會把 Duchess 的整個家目錄複製到位於外接 USB 磁碟（名為 *2tbdisk*）的 *backups* 目錄底下：

```
duchess@pc:~$ cp -auv ~ /media/duchess/2tbdisk/backups/
```

這會在備份裝置中建立 */media/duchess/2tbdisk/backups/duchess/* 目錄。

如欲只是複製目錄下的內容，卻不複製目錄本身，就要這樣寫：

```
duchess@pc:~$ cp -auv /home/duchess/* /media/duchess/2tbdisk/backups/
```

然後建立一份個人的 cron 作業，每晚 10:30 進行備份：

```
duchess@pc:~$ crontab -e譯註
# m h  dom mon dow    command
30 22  *   *   *    /bin/cp -au /home/duchess /media/duchess/2tbdisk/backups/
```

譯註 參數 -e 代表要編輯操作者自己的 crontab 內容。

探討

如果你要保留像是所有權、或是使用權限之類的檔案屬性，請將備份磁碟格式化為 Linux 的檔案系統，才能支援所需的檔案屬性，可用的檔案系統包括 Ext4、XFS、或是 Btrfs（參閱第十一章）。FAT 檔案系統無法保存上述的所有權或使用權限等資訊。

請留意備份執行所花的時間長短。如果其耗時超過既定的備份作業間隔時段，cron 可能會依時間表啟動下一輪的備份作業，那結果便糟不可言了。

首度執行備份會花的時間最長，因為所有的檔案均為新進。後續的備份則會快上許多，因為只有後來的新進檔案、或是時間戳記已有更新的檔案，才會再度被複製過來。

而波浪字符 ~，則是使用者現行家目錄的捷徑，因此在本招式中，該捷徑會指向 */home/duchess*。

位於 */home/duchess/** 裡的星號字符，代表要複製 */home/duchess* 目錄下所有的檔案，但不包括 */home/duchess* 目錄本身。

至於 *cp* 的選項 *-a*、*-u* 和 *-v*，其意義則說明如下：

* *-a, --archive* 會以遞迴方式複製並保存所有的檔案屬性：模式、所有權、時間戳記、以及延伸屬性。

* *-u, --update* 會讓 *cp* 只複製時間戳記較備份目標目錄中的副本為新的檔案，或是任何尚未備份過的新檔案。

* *-v, --verbose* 會印出複製時的動作訊息。

若干其他有用的選項：

* *-R, -r* 遞迴；不使用選項 *-a* 時，便以此選項複製所有目錄。*-a* 會保留檔案屬性，*-R, -r* 則否。FAT 和 exFAT 檔案系統不支援檔案屬性，因此 *-R, -r* 可與其配合使用。

* *--parents* 會在目標建立命令中未指名的上層目錄[譯註]。

* *-x, --one-file-system* 會避免遞迴涵蓋其他分割區、以及掛載的網路檔案系統。舉例來說，如果你掛載了一個 NFS 共用目錄，也許你不會想將它加到備份當中。

大部份的 Linux 發行版都會將 USB 裝置掛載到 */run/media* 或 */media*。要找出 USB 磁碟的檔案路徑，最簡單的辦法是利用檔案管理工具觀察、或是使用 *lsblk* 命令：

[譯註] 如果加上這個參數，以上複製 ~ 到目的地時，結果就會變成 /media/duchess/2tbdisk/backups/home/duchess/。

```
$ lsblk
NAME   MAJ:MIN RM  SIZE RO TYPE MOUNTPOINT
[...]
sdb      8:16  0  1.8T  0 disk
└─sdb1   8:17  0  1.5T  0 part /media/duchess/backups
```

參閱

- 參閱招式 3.7，以便複習 *cron* 的使用

- *man 1 crontab*

- *man 1 cp*

7.5　使用 rsync 進行本地備份

問題

你要備份到 USB 隨身碟、或是 USB 外接硬碟，但你希望改用更快速、更有效率的方式，而不只是複製而已。你同時也希望能簡化檔案的還原，要以標準的 Linux 工具就能做到，毋須特殊軟體介入。

解法

rsync 就是你所需的工具。它會讓本地和遠端兩處的檔案系統保持同步。*rsync* 既迅速又富效率，因為它只會傳送檔案中變動的部份，而且你也可以用 *rsync* 命令、*cp* 命令、檔案管理工具、或任何你偏好的複製工具來進行還原。

下例會顯示如何備份家目錄。首先指名你的來源目錄，亦即你要備份的目錄，再指名備份目的地的目錄。下例會將 Duchess 的 */home* 複製到名為 *2tbdisk* 的 USB 磁碟：

```
duchess@pc:~$ rsync -av ~ /media/duchess/2tbdisk/
sending incremental file list
duchess/
duchess/Documents/
duchess/Downloads/
duchess/Music/
[...]

sent 27,708,209 bytes  received 20,948 bytes  11,091,662.80 bytes/sec
total size is 785,103,770,793  speedup is 28,313.29
```

你可以指定一個以上的來源目錄，只需以空格字元彼此區隔它們，即可將其傳輸至目的地的目錄：

```
duchess@pc:~$ rsync -av ~/arias ~/overtures /media/duchess/2tbdisk/duchess/
```

如果要把檔案從備份裝置複製回到電腦中，只需交換來源和目的地目錄即可：

```
duchess@pc:~$ rsync -av /media/duchess/2tbdisk/duchess/arias /home/duchess/
```

你可以安全地測試 *rsync* 命令，而且不會真的複製任何檔案，做法是利用 *--dry-run* 選項：

```
duchess@pc:~$ rsync -av --dry-run \
~/Music/scores ~/Music/woodwinds /media/duchess/2tbdisk/duchess/
```

如果有任何檔案被從來源目錄刪除，*rsync* 也不會呼應這一點，將其從目的地目錄刪除，除非你明確地為 *rsync* 加上 *delete* 選項：

```
duchess@pc:~$ rsync -av --delete /home/duchess /media/duchess/2tbdisk/
```

探討

波浪字符 ~ 是個捷徑，它通往你的家目錄，因此在上例中它會被 shell 譯為 */home/duchess*。

命令範例在換行時加上了反斜線字元，代表命令內容尚未結束、會接續到下一行。你可以放心地複製整串命令，因為 shell 會看得懂接續符號。

如果你的 PC 上掛載了網路式檔案系統，像是 NFS 或 Samba，請加上 *-x* 選項，確保只會從本地檔案系統複製，而不要遞迴牽扯到遠端檔案系統。

若在尾端加上斜線字元變成 ~/（會被 shell 視為 */home/duchess/*），代表只複製 *duchess/* 目錄下的內容，但不包括目錄本身，亦即結果會變成 */media/duchess/2tbdisk/[files]*。刪除尾隨的斜線字元，就會傳送 */home/duchess* 的內容、再加上 *duchess* 目錄它自己，亦即結果會變成 */media/duchess/2tbdisk/duchess/[files]*。尾隨斜線字元的存在與否，只會影響來源目錄，對於目的地目錄則無影響。

就算你得扳手指數數兒、或是得反覆測試好幾次才能提醒自己關於尾隨斜線字元的作用，不用太過沮喪，因為很多人都為此苦惱。如果把尾隨斜線字元想像成是個圍籬，用來防止來源目錄本身被納入複製範圍，可能會有幫助。

rsync 的選項 *-a* 和 *-v* 的意思是：

- *-a, --archive* 會保存模式、時間戳記、權限和所有權,並以遞迴方式複製。這和 **-rlptgoD** 的效果相同,後者會複製符號連結、保存權限、保存檔案修改時間、保存檔案所有權、也保存特殊檔案,例如裝置檔案。

- *-v, --verbose* 會顯示動作訊息。

你也許還會需要以下選項:

- *-q, --quiet* 會抑制非錯誤訊息的顯示。

- *--progress* 會顯示每個檔案傳輸時的資訊。

- *-A, --als* 會保留存取控制清單(access control lists, ACLs)。

- *-X, --xattrs* 會保留延伸檔案屬性(extended file attributes, xattrs)。

當然你的檔名不見得和範例中相同。*2tbdisk* 是使用者自訂的檔案系統標籤(參閱招式 9.4)。這是「2 terabyte disk」的簡寫。如果你沒有自訂標籤,*udev* 會替你建立一個,例如 */media/duchess/488B-7971/*。

你可以用一般的 Linux 工具,像是 *rsync*、檔案管理工具、或是 *cp* 命令,來還原檔案。

參閱

- *man 1 rsync*

7.6 以 SSH 配合 rsync 以便進行 安全的遠端檔案傳輸

問題

你想用 *rsync* 把檔案複製到位在本地網路、或是網際網路上的另一台電腦,而且你希望傳輸是經過加密和驗證的。

解法

當你以 *rsync* 傳送檔案至另一部機器時,預設是會使用 SSH 的。遠端機器必須正在運行 SSH 服務,來源機器也必須已設好 SSH 用戶端(參閱第十二章)。

下例會從 Duchess 的 PC，經過本地網路，將檔案傳送到她的筆電。在 Duchess 的筆電上，她的帳號是 Empress，而她會把檔案從 PC 上的家目錄複製到筆電上的家目錄：

```
duchess@pc:~$ rsync -av ~/Music/arias empress@laptop:songs/
duchess@laptop's password:
building file list ... done
arias/
arias/o-mio-babbino-caro.ogg
arias/deh-vieni-non-tardar.ogg
arias/mi-chiamano-mimi.ogg
wrote 25984 bytes   read 68 bytes   7443.43 bytes/sec
total size is 25666   speedup is 0.99
```

如果目的地的目錄還不存在，*rsync* 會替你建立。

若要經過網際網路上傳檔案，請改用目的地伺服器的完整網域名稱來登入：

```
duchess@pc:~$ rsync -av ~/Music/woodwinds \
 empress@remote.example.com:/backups/
```

若要把檔案從遠端主機複製回來，那麼語法就要倒過來寫。下例會從遠端主機把 */woodwinds* 目錄及其內容複製回到 Duchess 的家目錄：

```
duchess@pc:~$ rsync -av empress@remote.example.com:/backups/woodwinds \
 /home/duchess/Music/
```

探討

你或許還記得，以前必須明確指定 SSH 的選項——像是 *rsync -a -e ssh [options]* 這樣[譯註 1]。如今已無必要這樣做。

以下選項可能也會派上用場：

- *--partial* 會保留未下載完成的部份內容，通常這都是因為網路連線中斷造成的，它會等到連線還原後，繼續從中段的地方開始繼續傳送檔案。

- *-h, --human-readable* 會改以 kilobytes、megabytes 和 gigabytes 來顯示檔案大小，而不再只是使用 bytes 數目顯示[譯註 2]。

- *--log-file=* 會把每一筆傳輸的完整紀錄都儲存在一個文字檔案裡。請將它們集中如下：

```
duchess@pc:~$ rsync --partial --progress \
 --log-file=/home/duchess/rsynclog.txt \
 -hav ~/Music/arias empress@remote.example.com:/backups/
```

[譯註 1] 用 rsync --help 仍可查到這個選項；-e 會指定遠端要用哪一種 shell。

[譯註 2] 參見下例，這個 -h 要和其他選項一併使用，才會被視為切換數目格式，而不會被當成 --help 來使用。

驗證和傳輸的都會被 SSH 施以加密處理。使用者必須在每一部要傳送檔案的目的地機器上都具有 shell 帳號。關於如何以 SSH 進行安全的遠端管理，請參閱第十二章。

考慮設置一部中央備份伺服器，以便簡化管理。你的使用者們在此都擁有自己的帳號和 /home 目錄，因此便於管理他們自己的備份，也可以自行還原，毋須向你求助介入。

另一種備份伺服器的選項，是把 rsync 當成服務來執行。這樣做的好處是，你的 rsync 使用者毋須在這部備份伺服器上預先擁有帳號。缺點則是這種架構不支援加密傳輸。詳細作法請參閱招式 7.13。

參閱

- *man 1 rsync*
- 招式 12.5
- 招式 12.7

7.7 以 cron 和 SSH 自動化 rsync 傳輸

問題

你想建立一個 crontabs 以便自動執行安全的 *rsync* 傳輸。

解法

你需要在目的地機器上設置無密碼的 SSH 驗證（參閱招式 12.10 與 12.11）^{譯註}，同時還要可以讓用戶端從網路存取目的地的機器。

然後，要使用 /etc/crontab 進行傳輸，必須先有 root 權限。以下範例會在每晚 10 點把 /etc 備份到區域網路上名為 *server1* 的伺服器：

```
# m h dom mon dow user   command
00 22 * * * root /usr/bin/rsync -a /etc server1:/system-backups
```

如果使用個人的 crontabs，就只能傳送你自己的檔案而已（參閱招式 3.7）。

譯註 因為用 cron 自動登入 ssh 時，你無法互動以密碼登入，因此必須改成以金鑰認證自動登入。

探討

OpenSSH 是絕佳的工具，可以替各種任務提供安全的網路傳輸。任何可以透過網路執行的事物，都有可能在 SSH 上運作。

參閱

- 第十二章
- 招式 12.10
- 招式 12.11

7.8 排除不需備份的檔案

問題

截至目前為止，所有的範例都是無條件地傳輸整個目錄。你還想知道如何排除不想複製的檔案和目錄。

解法

為簡化起見，以下範例會展示如何進行本地傳輸至外接的 USB 磁碟，但同樣的語法也適用在 SSH 的遠端傳輸上；這一點請參閱招式 7.6。

如果要排除的檔案不多，可以在命令列用 *--exclude=* 一一列名。下例便是從 */home/duchess/ Music/arias* 排除一個檔案：

```
duchess@pc:~$ rsync -av --exclude=lho-perduta.wav \
 ~/Music/arias /media/duchess/2tbdisk/duchess/Music/
```

這一招既簡單又可靠。然而還是有一個陷阱：如果來源目錄底下有好幾個檔案的名稱都和排除目標相同（只不過位於不同子目錄），那所有的同名檔案都會被排除。如果你不希望同名檔案被一視同仁地排除，就必須明確地指出何者應該排除。下例就是你只希望排除位在 *arias/* 這個來源目錄下的那個檔案：

```
duchess@pc:~$ rsync -av --exclude=arias/lho-perduta.wav \
 ~/Music/arias /media/duchess/2tbdisk/duchess/Music/
```

如果排除目標不只一個，就要用大括號把它們標起來，彼此再以單引號和逗點區隔。注意，等號和左大括號之間沒有空格，在逗點和單引號之間也不能有空格：

```
duchess@pc:~$ rsync -av \
--exclude={'arias/lho-perduta.wav','non-mi-dir.wav','un-bel-di-vedremo.flac'} \
~/Music/arias /media/duchess/2tbdisk/duchess/Music/
```

排除目錄和排除檔案的方式一樣,甚至可以把要排除的檔案和目錄混在同一個排除清單中:

```
duchess@pc:~$ rsync -av \
--exclude={'soprano/','tenor/','non-mi-dir.wav'} \
~/Music/arias /media/duchess/2tbdisk/duchess/Music/
```

參閱招式 7.11,了解如何將排除清單放在一個參考用的檔案中。

探討

rsync 傳輸的根目錄,所指的是你要傳輸的檔案所在的最上層目錄。在本招式的範例中,這個目錄便是 *~/Music/arias*。*rsync* 會檢查這個最上層目錄中的所有檔案和目錄,並逐一比對你要排除的目錄,*rsync* 將這個排除內容稱為**模式**(*patterns*)。*rsync* 會按照這個模式,從上到下遍歷視來源最上層目錄底下所有的檔案和目錄。只要有符合模式的目標,便會排除不予傳輸。如果 *arias/lho-perduta.wav* 這個模式在另一個位置 *2arias/lhoperduta.wav* 也被發現,就也會被排除傳輸[譯註]。如果模式的結尾帶有斜線字元(*/*),*rsync* 便只會比對(和排除)該目錄。

參閱

- *man 1 rsync*
- 招式 7.10

7.9 指名需要備份的檔案

問題

你想指名選定的一組檔案來備份,而不是用排除清單的方式來備份。

[譯註] 這顯然是以前面其中一例的 --exclude=lho-perduta.wav 來說明,在不同子目錄下的同名檔案都一樣會被排除。

解法

當你只想備份少數檔案時,可以在命令列指名這些檔案。--include= 的運作和 --exclude= 並不一樣,差別在前者的用意並非真正的「包含」,而是「不要排除」。它需要搭配另外兩個選項:--include=*/ 和 --exclude='*',如下例所示,它會傳輸單一檔案:

```
duchess@pc:~$ rsync -av --include=*/ --include=lho-perduta.wav \
  --exclude='*' ~/Music/arias /media/duchess/2tbdisk/duchess/Music/
```

當然你也可以傳輸一連串的檔案清單:

```
duchess@pc:~$ rsync -av --include=*/ \
--include={'lho-perduta.wav','non-mi-dir.wav','un-bel-di-vedremo.flac'} \
--exclude='*' ~/Music/arias /media/duchess/2tbdisk/duchess/Music/
```

同樣地,等號和左大括號之間沒有空格,在逗點和單引號之間也不能有空格。

如果在來源目錄底下各處有一個以上的檔案和列入備份的目標同名,rsync 會一視同仁地傳輸它們。在下例中,只有 /home/duchess/Music/arias/sopranos/lho-perduta.wav 會被傳輸,因為在 /Music/arias 底下只有一個 soprano/lho-perduta.wav 合乎條件:

```
duchess@pc:~$ rsync -av --include=*/ --include=soprano/lho-perduta.wav
--exclude='*' ~/Music/arias /media/duchess/2tbdisk/duchess/Music/
Music/
Music/arias/
Music/arias/baritone/
Music/arias/soprano/
Music/arias/soprano/lho-perduta.wav
Music/arias/tenor/
[...]
```

這樣便只會傳輸一個檔案,但其他位在 ~/Music/arias 底下的子目錄也會被複製。請如下例一般,利用 -m, --prune-empty-dirs 選項防止複製空目錄:

```
duchess@pc:~$ rsync -avm --include=*/ --include=soprano/lho-perduta.wav
--exclude='*' ~/Music/arias /media/duchess/2tbdisk/duchess/Music/
Music/
Music/arias/soprano/
Music/arias/soprano/lho-perduta.wav
```

當你有多個檔案要包含在內時,請把清單放到一個參照用的純文字檔案裡(參閱招式 7.10 和 7.11)。

探討

--include=*/ 會要 *rsync* 遍歷你的整個來源目錄。

--include=[files] 意思是不要排除這些檔案。

--exclude='*' 會要 *rsync* 排除其他所有未被包含在內的目標。

記住,所有這些檔案路徑都是相對於你的來源目錄,而非系統的根目錄。

參閱

- *man 1 rsync*
- 招式 7.10
- 招式 7.11

7.10　用一個簡單的參考檔案管理要納入的內容

問題

你要納入的內容實在太多,用命令列施展不開,故想用一個檔案來維護要納入的內容清單,以便讓 *rsync* 讀取。因為過去在 *rsync* 的納入 / 排除檔案讓你吃過太多苦頭,所以希望盡量簡化這個檔案。

解法

最簡單的清單維護方式,就是建立一個純文字檔案清單給 *--files-from=* 選項引用^{譯註},而且檔案中完全不涉及 *rsync* 繁瑣的納入 / 排除語法。你毋須煩惱檔案中的語句、或是如何引用 *rsync* 的篩選器寫法,只要平鋪直敘地列出你要納入的檔案和目錄就好。唯一的訣竅,是清單中的每一個項目都必須以相對於來源目錄的路徑來寫。下例中所有的項目皆相對於來源目錄 */home/duchess*:

```
# include file list
#
/Documents/compositions/jazz/
/Documents/schedule.odt
```

譯註 注意別跟另一個選項 --include-from=FILE 弄混了;--include-from=FILE 的意思是從參照檔案中讀入 pattern,而非檔案清單。

```
/Videos/concerts/
.config
.local
/Music/courses/bassoon.avi</strong>
[...]
```

然後利用 *--files-from* 選項引用該清單：

```
duchess@pc:~$ rsync -av ~ --files-from ~/include-list.txt \
 duchess@remote.example.com:/backups/
```

探討

要維護一份需要備份的檔案和目錄清單，這是最簡單的做法。不用特意排除什麼、不用萬用字元、沒有莫名其妙的語法，就只有一目瞭然的清單。當你使用波浪字元代表家目錄時，*--files-from* 後面的等號便可省略不寫，如上例所示。

參閱

- *man 1 rsync*
- 招式 7.9
- 招式 7.11

7.11　只用一個排除檔案來管理納入和排除的內容

問題

你很喜歡招式 7.10 簡單明瞭的列管檔案概念，但你還是想用一個檔案同時管理需要納入和排除的內容。

解法

你需要利用 *rsync* 的排除檔案。排除檔提供更多的彈性，而且可以同時管理納入和排除的內容。下例會說明基本的設定。每一個項目都必須先納入來源的頂層目錄，以本例來說就是 */home/duchess*，結尾則必須排除來源頂層目錄：

```
# exclude file list
#
# include home directory
+ /duchess/
```

```
#
# include .config and .local, exclude all other dotfiles
+ /duchess/.config
+ /duchess/.local
- /duchess/.*
#
# include jazz/, exclude all other files in Documents
+ /duchess/Documents/
+ /duchess/Documents/compositions/
+ /duchess/Documents/compositions/jazz/
- /duchess/Documents/compositions/*
- /duchess/Documents/*
#
# include schedule.odt, include all .ogg files in
# arias/, exclude all other files in Music
+ /duchess/Music/
+ /duchess/Music/schedule.odt
+ /duchess/Music/arias/*.ogg
- /duchess/Music/arias/*
- /duchess/Music/*
#
# includes courses/, exclude all other files in Videos
+ /duchess/Videos/
+ /duchess/Videos/courses/
- /duchess/Videos/*
#
# exclude everything else
- /duchess/*
```

然後用 *exclude-from=* 選項把檔案餵給 *rsync*：

```
duchess@pc:~$ rsync -av ~ \
 --exclude-from=/home/duchess/exclude-list.txt \
 /media/duchess/2tbdisk/
```

探討

exclude-list.txt 的例子示範備份了以下內容：

- 兩個隱藏的點檔案，*.config* 和 *.local*

- */Documents* 下的單一子目錄 */jazz*

- */Music* 下的單一檔案 *schedule.odt*，以及 */Music/arias/* 下所有的 *.ogg* 檔案

- */Videos* 下的單一目錄 */courses*

各行之間不得有空白，而註解字符（#）便於提醒你每一段敘述的用途，也可以用來製造一點空隙。需要納入的內容，一律以加號開頭；排除的內容則以減號開頭。

至於其他位在 /home/duchess 下的檔案，則都會被排除不予備份。要納入的內容必須優先列舉。如上例檔案所示範，你得精確地定義每一筆納入 / 排除的條件。要納入時，必須沿著目錄階層依序逐層納入，每一層的子目錄都不可以遺漏。如果像下例一樣漏列，結果就是所有檔案都被排除（備份失敗）：

```
+ /duchess/Documents/compositions/
- /duchess/*
```

請先納入 /Documents：

```
+ /duchess/Documents/
+ /duchess/Documents/compositions/
- /duchess/*
```

現在，所有位於 /Documents 之下的子目錄和內容都會被列入傳輸，不只是 /compositions 而已。如果只要複製 /compositions，就必須把剩下其他的 /Documents 內容排除；而且光是把 /duchess 排除還不夠。下例便只會複製 /duchess/Documents/compositions/，其他全部排除：

```
+ /duchess/Documents/
+ /duchess/Documents/compositions/
- /duchess/Documents/*
- /duchess/*
```

你可以利用萬用字元來納入或排除不同類型的檔案。例如納入所有的 .ogg 和 .flac 檔案，但排除所有的 .wav 檔案、cache 和 temp 目錄：

```
# include home directory
+ /duchess/
#
# include all ogg and flac files
+ *.ogg
+ *.flac
#
# exclude wav files, all cache and temp dirs
- *.wav
- cache*
- temp*
```

來源目錄可以不只一個。

但目的地的目錄一定只有一個。

- *man 1 rsync*
- 招式 7.10

7.12 限制 rsync 使用的頻寬

問題

大型檔案傳輸必然佔用大量網路頻寬，導致其他服務被拖累。你希望以簡單的方式限制 *rsync* 的頻寬用量，而無須動用到 traffic shaping 這麼複雜的功能。

解法

利用 *rsync* 的 *--bwlimit* 選項。下例會將其限制在 512 Kbps：

```
$ rsync --bwlimit=512 -ave ssh ~/Music/arias empress@laptop:songs/
```

探討

--bwlimit 只接受以 kilobits 為單位的值。

參閱

- *man 1 rsync*

7.13 建置一套 rsyncd 的備份伺服器

問題

你希望使用者將自己的資料備份到一部中央備份伺服器，但你不想為每一個人都在備份伺服器上開一個 shell 帳號。

解法

設置一部中央式備份伺服器，然後以服務模式（daemon mode）執行 *rsync*。你應該要有名稱解析服務可供利用，而且在你網路上的主機都要能接觸到備份伺服器。使用者毋須擁有備份伺服器的登入帳號，因為你會利用 *rsync* 本身的存取控制和使用者驗證功能來控制對於 *rsync* 備份資料的存取。

 僅供區域網路使用

這一招只能在區域網路上施展，而且不能在不可信任的網路上運作，因為 *rsync* 服務不會對驗證和檔案傳輸的內容加密。如果要加密式傳輸，你得搭配 OpenVPN（參閱第十三章）。

涉及的所有機器上都必須裝有 *rsync*。而備份伺服器必須安裝 *rsyncd*，用戶端則是以 *rsync* 命令來連接伺服器。

在備份伺服器上，請編輯或是建立 */etc/rsyncd.conf*，以便建立一個定義備份用的 *rsync* 模組：

```
# modules
[backup_dir1]
    path = /backups
    comment = "server1 public archive"
    list = yes
    read only = no
    use chroot = no
    uid = 0
    gid = 0
```

建立你的 */backups* 目錄，並將模式訂為 0700、由 root 擁有，以便防止該部伺服器上的其他帳號未經授權進入此處：

```
$ sudo mkdir /backups/
$ sudo chmod 0700 /backups/
```

在這部伺服器上，透過 systemd 以服務模式啟動 *rsyncd*：

```
$ sudo systemctl start rsyncd.service
```

在 Debian/Ubuntu 上，它會是 *rsync.service*。

如果你的 Linux 沒有使用 systemd，請改用 *rsync* 命令來啟動它：

```
admin@server1:~$ sudo rsync --daemon
```

在備份伺服器上，請測試 *rsyncd* 是否正在傾聽及等待接受連線進入：

```
admin@server1:~$ rsync server1::
backup_dir1        "server1 public archive"
```

然後從網路上另一部 PC 測試，看能否連線到備份伺服器的主機名稱或 IP 位址：

```
duchess@pc:~$ rsync server1::
backup_dir1      "server1 public archive"

duchess@pc:~$ rsync 192.168.10.15::
backup_dir1      "server1 public archive"
```

現在你知道它已經準備好接收檔案了。請測試看看能否將檔案複製到新設置的 *rsyncd* 伺服器：

```
duchess@pc:~$ rsync -av ~/drawings server1::backup_dir1
building file list.....done
drawings/
drawings/aug_03
drawings/sept_03

wrote 1126399 bytes   read 104 bytes   1522.0 bytes/sec
total size is 1130228   speedup is 0.94
```

現在去檢視一下新上傳的成果：

```
duchess@pc:~$ rsync server1::backup_dir1/drawings/
drwx------    4,096  2021/01/04  06:06:55    .
-rw-r--r--   21,560  2021/09/17  08:53:18    aug_03
-rw-r--r--   21,560  2021/10/14  16:42:16    sept_03
```

再多上傳一些檔案到伺服器上，然後試著把檔案下載到 *rsyncd* 伺服器以外的電腦上：

```
madmax@buntu:~$ rsync -av server1::backup_dir1/drawings ~/downloads
receiving incremental file list
created directory /home/madmax/downloads
drawings/
drawings/aug_03
drawings/sept_03

sent 123 bytes   received 11562479 bytes   1755.00 bytes/sec
total size is 1141776 speedup is 1.00
```

一切運作如常。你可以坐下來欣賞一下自己的成果了。

探討

這並非安全的檔案傳輸方式，因為完全未經加密，網路上任何人都有機會存取到檔案。最好是只在區域網路上施展這一招，以便簡化歸檔和檔案共享。

---

rsync [hostname]:: 必須使用雙冒號來連接以服務模式運作的 *rsync* 伺服器。此舉會告知 *rsync* 要找出模組名稱。

以下是 */etc/rsyncd.conf* 範例中的命令選項：

[backup_dir1]

　模組名稱可以隨意自訂。

path =

　指定讓模組使用的目錄。

comment =

　這是一段簡短的說明，提醒你模組的歸屬及其用途。

list=yes

　允許使用者看得到模組內的檔案清單。*no* 則會隱藏模組。

read only = no

　如此可以允許使用者上傳檔案到伺服器。

use chroot = no

　這會覆寫預設的 *use chroot = yes*。*chroot* 的意思是 *change root*，有時也簡寫為 *chroot jail*。所謂的 *chroot jail*，係指在你的檔案系統下另外切割出一個環境，並將其偽裝成另一個根檔案系統，其中有它自己的命令、程式庫、以及一切運作所需的內容。這並非一個安全的環境，但常被視為是一種安全性工具。對於 *rsync* 來說，它的 man page 指出這是一種針對設定錯誤的防範機制。其缺點就是 *rsync* 會無法以符號連結通往 chroot 環境以外的檔案，而且它會讓以名稱保留 UIDs 和 GIDs 的方式變得複雜。文件中指出，因為你的目的不同，該選項可能對你仍然有用。請參閱 *rsyncd.conf* (5) 裡的 *use chroot* 段落。

請將 *uid* 和 *gid* 皆設為 *root* 或是 *0*。如此便可保留 UIDs 和 GIDs，並正確地管理權限。

如果傳輸失敗，請檢查 *rsync* 的錯誤訊息。它們會指出是否檔案路徑有誤、拼寫出了錯、或是無法連接伺服器，並提供方便的提示，教你排除問題。

如果你的 Linux 上沒有 systemd，請查閱文件，看要如何啟動和停止 rsyncd。

請參閱招式 7.14 以便了解如何設置存取控制。

參閱

- *man 5 rsyncd.conf*

7.14 限制對於 rsyncd 模組的存取

問題

你不想讓 *rsyncd* 伺服器完全不設防，而且你希望使用者有自己的防護模組，是其他使用者碰不到的。

解法

rsyncd 附有自己的簡易驗證和存取控制機制。請建立一個新檔案來收容成對的使用者名稱 / 密碼，再在 */etc/rsyncd.conf* 檔案裡加上 *auth users* 和 *secrets file* 等指令。

首先建立一個密碼檔案。下例便設置了 */etc/rsyncd-users*，其中有三個使用者及他們的密碼：

```
# rsync-users for server1
duchess:12345
madmax:23456
stash:34567
```

該檔案只對 root 開放讀寫權限：

```
$ sudo chmod 0600 /etc/rsyncd-users
```

現在要在 */etc/rsyncd.conf* 檔案裡替使用者之一建立專屬模組。下例便是替 Duchess 建立模組，同時以 *rsync* 伺服器上的 */backups/duchess* 為其專屬目錄：

```
[duchess_backup]
    path = /backups/duchess
    comment = Duchess's private archive
    list = yes
    read only = no
    auth users = duchess
    secrets file =/etc/rsyncd-users
    use chroot = no
```

```
        strict modes = yes
        uid = root
        gid = root
```

記得還要替使用者把備份目錄建好，就像下例中的 Duchess 一樣，模式要訂為 0700：

```
$ sudo mkdir /backups/duchess/
$ sudo chmod -R 0700 /backups/duchess/
```

現在試著登入看看：

```
$ rsync duchess@server1::duchess_backup
Password: 12345
drwxr-xr-x        4,096 2020/06/29   18:24:43 .
```

然後試著傳輸一些檔案：

```
$ rsync -av ~/logs duchess@server1::duchess_backup
Password:
sending incremental file list
logs/
logs/irc.log
logs/irc_#core-standup.log
logs/irc_#core.log
logs/irc_#desktop.log
logs/irc_#engineering.log
logs/irc_#mobile.log

sent 130,507 bytes   received 305 bytes   37,374.86 bytes/sec
total size is 129,383   speedup is 0.99
```

行了！如果檔案傳輸失敗，請檢查 rsync 的日誌以便細究原因。在使用 systemd 的 Linux 上，請在最近的日誌紀錄中尋找狀態輸出訊息：

```
$ systemctl status rsyncd.service
```

其他種類的 Linux 發行版，請到 /var/log 裡尋找 rsyncd 的相關日誌紀錄。

探討

至於成對的使用者名稱 / 密碼則是可以任意指定的，與系統使用者帳號無關。rsyncd 的使用者無法藉此觸及自身在 rsync 共享目錄範圍以外的主機系統內容。

如果還想提升安全性，請到 /etc/rsyncd.conf 中添加以下指令：

hosts allow

請用這一點來限制允許取用 *rsyncd* 備存資料的主機。舉例來說，你可以限制只有單一子網路的主機有權取用：

```
hosts allow = *.local.net
hosts allow = 192.168.1.
```

未經允許的主機都會被拒絕連線，因此毋須再借助 *hosts deny* 指令。

hosts deny

如果你已經用了 *hosts allow* 這一招，通常用不到這一句。這一招通常用來拒絕特定會造成困擾的特定主機（但對他人開放）。

密碼檔案是以明文撰寫的，因此務必限定只有超級使用者可以閱覽。

參閱

- *man 5 rsyncd.conf*
- 參閱招式 7.13 的探討段落，以便釐清命令的選項。

7.15 為 rsyncd 建立每日訊息

問題

你運行了一部 *rsyncd* 伺服器，覺得如果能以富於鼓勵意味的訊息向使用者致意，應該是不錯的點子。

解法

請用明文檔案建立每日訊息（message of the day，簡稱 MOTD），例如 */etc/rsync-motd*：

```
Welcome to your local backup server! Please remember to actually back up
your files!
```

然後把這個 MOTD 檔案的位置設定到 */etc/rsyncd.conf* 的頂端：

```
[global]
motd file = /etc/rsync-motd
```

當使用者連線你的伺服器時，他們便會看到這段訊息：

```
$ rsync server1::backup_dir1/
Welcome to your local backup server! Please remember to actually backup your
files!

drwx------         4,096 2020/06/29 18:24:43 .
-rwxr-xr-x         6,400 2015/03/13 08:21:21 keytool
drwx------         4,096 2020/06/17 06:07:41 WIP
drwx------         4,096 2020/06/17 06:06:55 bin
drwxr-xr-x         4,096 2020/06/30 09:47:42 duchess
[...]
```

探討

每日訊息是 Unix 上一項悠久的傳統。你可以用它來表達友善的問候、或是發佈維護和停機通報、分享安全或備份的訣竅，或是任何你覺得必須讓使用者注意的重要內容。

參閱

- *man 5 rsyncd.conf*

## 第八章

以 parted 管理磁碟分割

所有的大量儲存裝置 —— 不論是 SATA 硬碟、固態硬碟、USB 外接硬碟、SD 記憶卡（Secure Digital）、NVMe（Non-Volatile Memory Express，非揮發性記憶體）、還有 CompactFlash 記憶卡 —— 都必須經過分割、並格式化成某種檔案系統，才能拿來使用。它們出貨時常常已經分割完畢、並附有檔案系統，但可能不敷所需。當你的需求變動時，就需要重新分割磁碟、並採用不同的檔案系統。你將在本章中學到如何使用 *parted*（partition editor，分割區編輯器）來管理磁區分割。

概覽

parted 只負責磁區分割；檔案系統請參閱第十一章。第九章則會談到以圖型介面為操作前端的 *parted*，亦即 GParted，後者可以同時管理磁區分割和檔案系統。

各位也會學到主要開機紀錄（Master Boot Record, MBR）的替代品，因為 MBR 的分割表已經過於陳舊且功能不足。MBR 已被更新穎的 GUID 磁碟分割表（Globally Unique Identifier Partition Table、簡稱 GPT）所取代。

parted 會顯示分割區的資訊，並可用來新增、移除和重劃分割區大小。*Parted* 只有一個缺點：它會立即寫入磁碟並生效，因此使用時務必小心。但 GParted 會等到你按下按鈕後才會套用變更的內容。

我們仍然習於將所有的大型儲存裝置統稱為**磁碟**，即使其中有很多早已不復使用磁碟技術，而是改用固態儲存裝置，像是 USB 隨身碟之類。但我們在用智慧型手機打電話、錄音和錄影時，不也還是沿用舊觀念？

磁碟分割區是劃分儲存磁碟的一種邏輯概念，把磁碟劃分成一個以上的獨立區域。一顆磁碟上一定至少存在一個分割區。而要有多少個分割區，則是看你的需求而定。磁碟分割完畢後，必須為每一個分割區準備一個檔案系統，才能使用。單一磁碟上可以具有數個分割磁區，而每個分割區可以各自使用不一樣的檔案系統。

在 Linux 系統上，磁碟裝置名稱必然是以 /dev 開頭，這是 device（裝置）一詞的簡寫。舉例來說，/dev/sda 便代表一顆硬碟、/dev/sr0 則代表一台光碟機。分割區名稱必然是磁碟名稱加上數字。如果 /dev/sda 擁有三個分割區，就會分別寫成 /dev/sda1、/dev/sda2 和 /dev/sda3。

磁區分割方案

有些 Linux 發行版預設的磁區分割方案，就是把整套環境安裝在單一分割區當中。這是可行的，但是在安裝時多設置幾個分割區還是有一些好處的：

- 讓 /boot 自己獨立一個分割區，會有利於管理多重開機系統，因為開機用檔案與整個作業系統的安裝或移除均無關係。

- 把 /home 放在自己一個分割區，可將其獨立於根檔案系統以外，這樣便可替換 Linux 安裝而不影響到 /home 的內容。/home 甚至可以放到另一顆磁碟上。

- /var 和 /tmp 中可能會擠滿了失控的程序所帶來的內容。將它們置於自己的分割區中，可以預防它們干擾其他檔案系統。

- 將分頁檔（swap file）獨立一個分割區，有利於啟用磁碟暫停（suspend-to-disk）。

關於如何分配分割區的設計，請參閱第一章。

分割表：GPT 與 MBR

GUID 分割表（GUID Partition Table，簡稱 GPT）首見於 2010 年，是老舊 PC-DOS 所使用主要開機紀錄（Master Boot Record, MBR）的現代化替代品。如果你只用過 MBR，請做好準備，因為 GPT 的好處大不相同。

MBR 是在上個世紀 80 年代初期針對 IBM PCs 而設計的，當時 10-megabyte（MB）的硬碟剛剛面世。MBR 位於磁碟第一個磁區的前 512 個位元組，位於第一個分割區之前，其中包含了開機程式（bootloader）和分割表。Bootloader 佔用 446 個位元組，分割表則使用 64 個位元組，剩下兩個位元組儲存的則是 boot signature。

64 個位元組能儲存的資訊不多,因此 MBR 最多只能管理四個主要分割區(primary partitions)。其中一個主要分割區可以包含一個延伸分割區,再進一步劃分成邏輯分割區。但 Linux 其實支援(理論上)無限多個邏輯分割區。但即使可以有大量的邏輯分割區,MBR 還是受限於只能定址到最大 2.2 TiB 的磁碟容量,如今這點空間連存放你的貓咪私房照片都不夠。那麼這個限制從何而來?你可以扳著手指數數:只能以 32 個位元來定址,因此可以為 2^{32} 個區塊(blocks,本章後面會談到 blocks 和磁區 sectors 的概念)定址,故而一顆磁碟的區塊大小若訂為 512 個位元組,最大容量便等於 $2^{32} \times 512 = 2.199023256 \times 10^{12}$ bytes。

BIOS 與 UEFI

GPT 是 UEFI(Unified Extensible Firmware Interface,統一可延伸韌體介面)規格的一部份。UEFI 取代了電腦中原本的基本輸出輸入系統(Basic Input Output System),亦即我們熟知的 PC BIOS,或簡稱 BIOS。圖 8-1 顯示的便是傳統的 BIOS,而圖 8-2 則是現代的 UEFI,它們都充斥著密密麻麻的功能,有如一套小型作業系統。

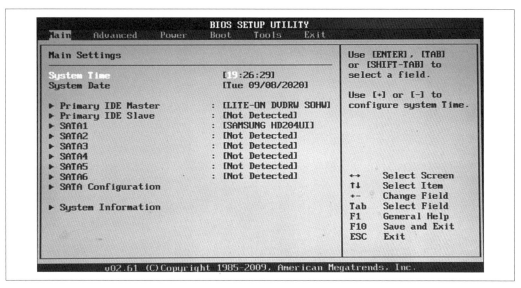

圖 8-1 傳統的 BIOS 設定畫面

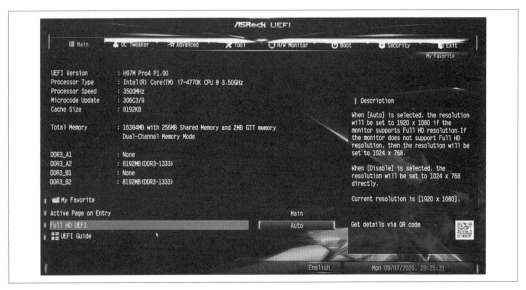

圖 8-2　UEFI 的設定畫面

GPT 有許多優於 MBR 的地方：

- 可在 Linux 上畫出多達 128 個分割區，編號從 1 到 128，而且不會干擾主要和延伸
  分割區

- 容錯：分割表副本儲存在多處

- 磁碟和分割區都有獨自的識別碼（unique IDs）

- 仍回溯支援 BIOS/MBR 開機模式

- 會驗證自身的正確性和分割表

- 支援安全開機功能

MBR 已經幾近過時，因此你應該趁早改用 GPT。在 GPT 中，磁碟的第一個磁區會保留
給保護用的 MBR，以便在使用 BIOS 的電腦上支援 GPT，這樣一來，即使舊式電腦只有
BIOS 而非 UEFI，也可以使用 GPT 開機。開機程式和作業系統也必須認得 GPT，但 Linux
早就做到了。繼續使用 MBR 的唯一原因，就是老電腦和舊式作業系統都不支援 GPT 的
時候。

如果你手邊仍有使用 BIOS 的舊系統，你無法將其升級為 UEFI，只能更換主機板以獲得
UEFI 功能。如今 UEFI 和 BIOS 已整合在主機板當中。

區塊與磁區

現在我們要來談談區塊（blocks）和磁區（sectors），以及它們對於磁碟、檔案及分割區等容量上限的影響。區塊（blocks）是磁碟上可供檔案系統使用的最小儲存單位。這是邏輯而非實體的區分方式。最小的實體儲存單位是磁區（sector）。區塊可以跨越數個磁區，而檔案可以跨越數個區塊。

當檔案分佈在數個區塊上時，某種程度上一定會有部份空間被浪費掉，因為檔案大小不會剛好跟區塊容量總和一致。舉例來說，檔案容量如果剛好比四個區塊的容量還要大一個位元組，就必須跨到第五個區塊。但第五個區塊只容納那一個位元組，而且該區塊就只能讓該檔案佔用。有鑑於此，你可能會覺得 512 位元組大小的區塊略嫌浪費。但其實區塊中所儲存的資料並不只有檔案，而是還有其他資訊。

每一個區塊中除了檔案資料以外，還存有時間戳記、檔案名稱、所有權、使用權限、區塊識別碼（block ID）、與其他區塊間的順序關係、inode、以及其他的中介資料等等。

4096 位元組的區塊，其中介資料量只有 512 位元組區塊中介資料量的八分之一。在一顆 4 TiB 的硬碟上，需要大約 8,000,000,000 個 512 位元組的區塊。但若是區塊容量加大到 4096 位元組，則僅需 1,000,000,000 個區塊，代表可以省下可觀的中介資料空間。

磁區的大小也限制了儲存卷冊（volume）的大小。硬碟採用 512 位元組為標準磁區大小已行之有年，如今改以 4096 位元組為標準，則是因為硬碟容量已經大為增長之故。

GPT 提供 64 位元的定址範圍，因此它在單一磁碟上總共可以為 2^{64} 個區塊定址，因此一個使用 512 位元組區塊的硬碟，總容量可達到 9 個 zettabytes。如果是 4096 位元組的區塊，最大磁碟容量甚至高達 64 個 zettabytes，就算你是超級瘋狂貓迷，這空間也夠你揮霍了。這些還只是理論上的上限值，實際上還會受限於硬體的支援能力、作業系統本身的限制、以及檔案系統對於大容量卷冊的支援。舉例來說，Ext4 檔案系統的單一檔案系統可以支援最多 1 EiB 的容量，如果採用 4096 位元組的區塊，單一檔案容量最大可達 16 TiB。XFS 支援的檔案系統和單一檔案容量上限，則是 8 EiB 再減去 1 個位元組。

CD 和 DVD 使用的都是 2048 位元組的磁區。至於 USB 隨身碟、SD 記憶卡、CompactFlash 記憶卡和固態磁碟（Solid State Drives, SSDs）等固態裝置，也有它們自己的磁區和區塊大小定義。SSD 上的最小儲存單位稱為 page。常見的 page 容量有 2 KB、4 KB、8 KB、或更大。區塊含有 128 到 256 個 page，因此區塊容量通常介於 256 KB 到 4 MB。

數字這麼多，有人應該已經眼花撩亂了。表 8-1 便總結了計算磁碟容量時常用十進位與二進位的各種數量等級。

表 8-1 十進位與二進位的位元組數量表示

值	十進位	值	二進位
1	B byte	1	B byte
1000	kB kilobyte	1024	KiB kibibyte
1000^2	MB megabyte	1024^2	MiB mebibyte
1000^3	GB gigabyte	1024^3	GiB gibibyte
1000^4	TB terabyte	1024^4	TiB tebibyte
1000^5	PB petabyte	1024^5	PiB pebibyte
1000^6	EB exabyte	1024^6	EiB exbibyte
1000^7	ZB zettabyte	1024^7	ZiB zebibyte
1000^8	YB yottabyte	1024^8	YiB yobibyte

十進位值是 10 的乘冪；舉例來說，kilobyte 是 1000 個位元組、或者寫成 10 的 3 次方。二進位值則是 2 的乘冪，因此 kilobyte 等於 2 的 10 次方、或是 1024 個位元組。硬碟製造商多半愛用十進位格式，因為這樣讓磁碟看起來容量更大。

不論是誰搞出這兩套計量方式，只不過是把人搞得更一頭霧水而已。反正大家都會交互混用這兩種計量單位。而且現在你也知道其中區別了。

8.1　在使用 parted 之前先卸載分割區

問題

你已知道在使用 *parted* 進行任何變更前，必須先卸載分割區，所以你想知道如何進行。

解法

利用圖形化的檔案管理工具卸載分割區，或是利用 *umount* 命令為之。下例便會卸載 */dev/sdc2*：

```
$ sudo umount /dev/sdc2
```

然而如何得知正確的裝置名稱？請參閱招式 8.3，學習如何列出已附掛的磁碟和分割區。

如果你要在某顆磁碟上建立新分割區，就必須先把該磁碟上所有的分割區都先卸除。

變動仍在執行中的系統

當你要卸載的檔案系統自身獨佔一個分割區，像是例如 /home、/var 或 /tmp 之類，如果它們仍附屬於某個仍在活動的根檔案系統，就一定有風險。這時最好是從另一套 Linux（instance，執行實例）來進行分割區操作，比較保險，這個「另一套 Linux」可以是 SystemRescue（參閱第十九章）、或是同一套機器上另外安裝的第二套 Linux（參閱第一章）。

探討

從技術觀點來說，你掛載和卸載的其實是檔案系統、而非分割區。然而筆者不會吹毛求疵地非要你分出檔案系統和分割區。

參閱

- *man 8 parted*
- Parted 的使用手冊（*https://oreil.ly/SNyLL*）

8.2　選用 parted 的命令模式

問題

你知道你可以用互動模式操作 *parted* 命令，亦即啟動一個 *parted* 命令的 shell，或是將其視為普通的命令來使用，這兩種方式你都想要加以了解。

解法

執行 *parted* 時不加任何選項，便可進入 *parted* 的互動式 shell。這時需要用到 root 特權：

```
$ sudo parted
GNU Parted 3.2
Using /dev/sda
Welcome to GNU Parted! Type 'help' to view a list of commands.
(parted)
```

當你看到平常的命令提示變成 *(parted)* 時，就已經處於 *parted* 的 shell 當中了。請鍵入 **help** 以便觀看可用的子命令清單及其說明。每個 *parted* 的子命令也有自己的說明頁可供參考，如 *help print*。鍵入 *quit* 便可退出 parted。大多數的 *parted* 子命令在下達時，都可以用首字母簡寫代替，例如 *h* 和 *q*。

如果鍵入完整的命令來執行 *parted*，就可以像 shell 中的平常命令一樣使用它，下例便列出了所有的磁碟：

```
$ sudo parted /dev/sdb print devices
/dev/sdb (2000GB)
/dev/sda (4001GB)
/dev/sdc (4010MB)
/dev/sdd (15.7GB)
/dev/sr0 (425MB)
```

命令執行完畢便會結束，回到平常的命令提示畫面。

探討

以上兩種模式使用時都要當心，因為 *parted* 會立即套用變更。以 *parted* 進行變更前，務必先做好備份。

參閱

- *man 8 parted*
- Parted 的使用手冊（*https://oreil.ly/SNyLL*）

8.3 檢視現有的磁碟與分割區

問題

你想檢視既有分割區、以及相關的空間、其中的檔案系統等資訊。

解法

如果你還不知道系統上的磁碟名稱，請先執行 *parted* 但不加任何選項：

```
$ sudo parted
GNU Parted 3.2
Using /dev/sda
Welcome to GNU Parted! Type 'help' to view a list of commands.
(parted)
```

當你尚未選擇任何裝置時，*parted* 會猜測你想使用哪一顆磁碟，通常會是第一顆，然後告訴你它選擇哪一顆來顯示（亦即上例中的 *Using /dev/sda* 字樣）。

print devices 會進一步列出磁碟名稱和大小：

```
(parted) print devices
/dev/sda (256GB)
/dev/sdb (1000GB)
/dev/sdc (4010MB)
```

請選出你要觀看的裝置，然後顯示其資訊：

```
(parted) select /dev/sdb
Using /dev/sdb
(parted) print
Model: ATA ST1000DM003-1SB1 (scsi)
Disk /dev/sdb: 1000GB
Sector size (logical/physical): 512B/4096B
Partition Table: gpt
Disk Flags:

Number  Start   End     Size    File system    Name  Flags
1       1049kB  525MB   524MB   fat16                boot, esp
2       525MB   344GB   343GB   btrfs
3       344GB   998GB   654GB   xfs
4       998GB   1000GB  2148MB  linux-swap(v1)        swap

(parted)
```

鍵入 **quit** 即可離開。

你也可以直接將 *parted* 的 shell 開啟後進入某顆磁碟：

```
$ sudo parted /dev/sda
GNU Parted 3.2
Using /dev/sda
Welcome to GNU Parted! Type 'help' to view a list of commands.
```

這時鍵入 **print**、不加任何選項，亦可查看這顆磁碟：

```
(parted) print
 Model: ATA SAMSUNG SSD SM87 (scsi)
Disk /dev/sda: 256GB
Sector size (logical/physical): 512B/512B
Partition Table: gpt
[...]
```

print all 則會列出所有裝置上的全部分割區：

```
(parted) print all
 Model: ATA SAMSUNG SSD SM87 (scsi)
Disk /dev/sda: 256GB
```

```
Sector size (logical/physical): 512B/512B
Partition Table: gpt
Disk Flags:

Number  Start    End     Size    File system   Name                    Flags
1       1049kB   524MB   523MB   fat16         EFI system              legacy_boot,
                                               partition               msftdata

2       524MB    659MB   134MB                 Microsoft reserved      msftres
                                               partition
3       659MB    253GB   253GB   ntfs          Basic data partition    msftdata

4       253GB    256GB   2561MB  ntfs                                  diag


Model: ATA ST1000DM003-1SB1 (scsi)
Disk /dev/sdb: 1000GB
Sector size (logical/physical): 512B/4096B
Partition Table: gpt
Disk Flags:

Number  Start    End     Size    File system      Name   Flags
1       1049kB   525MB   524MB   fat16                   boot, esp
2       525MB    344GB   343GB   btrfs
3       344GB    998GB   654GB   xfs
4       998GB    1000GB  2148MB  linux-swap(v1)          swap


Model: General USB Flash Disk (scsi)
Disk /dev/sdc: 4010MB
Sector size (logical/physical): 512B/512B
Partition Table: msdos
Disk Flags:

Number  Start    End     Size    Type     File system  Flags
1       1049kB   4010MB  4009MB  primary  fat32
```

如欲找出任何磁碟上尚未分割的閒置空間：

```
(parted) print free
Model: ATA ST4000DM000-1F21 (scsi)
Disk /dev/sda: 4001GB
Sector size (logical/physical): 512B/4096B
Partition Table: gpt
Disk Flags:

Number  Start    End     Size    File system   Name  Flags
        17.4kB   1049kB  1031kB  Free Space
1       1049kB   500MB   499MB   ext4
2       500MB    60.5GB  60.0GB  ext4
```

```
3      60.5GB   2061GB   2000GB   xfs
4      2061GB   2069GB   8000MB   linux-swap(v1)
       2069GB   4001GB   1932GB   Free Space
```

探討

我們來一一檢視輸出欄位的含義:

- *Model*(型號)是裝置製造廠商名稱。

- *Disk*(磁碟)提供裝置名稱與容量。

- *Sector size*(磁區大小)同時提供邏輯與實體的區塊大小。512B 的邏輯區塊大小主要是為了能保持回溯相容,以便支援較老舊的磁碟控制器和軟體。

- *Partition table*(分割區)會指出分割區類型,可能是 *msdos* 或 *gpt*。

- *Flags*(磁碟旗標)對於 Windows 來說比較重要,對 Linux 比較不打緊。它可以辨識分割區類型,有些情況下確實有必要存在,可以讓 Windows 不至於混淆。完整旗標清單請參閱 *Parted* 的使用手冊(*https://oreil.ly/SNyLL*)。

這些是範例中出現的分割區旗標:

- *legacy_boot* 會將 GPT 分割區標示為可供開機。

- *msftdata* 將 GPT 分割區標示為含有微軟檔案系統,可以是 NTFS 或 FAT。

- *msftres* 是微軟的保留分割區。這是一種特殊分割區,是微軟在 GPT 分割區上必備的一部份,以便供作業系統使用。在小於 16 GB 的分割區中,MSR 為 32 MB、對較大的磁碟則會加大到 128 MB。

- *diag* 是 Windows 的復原專用分割區。

- *boot, esp* 都會將分割區標示為開機用分割區。*boot* 屬於 MBR 標籤、而 *esp* 則是 GPT 的標籤。

- *swap* 標示這是分頁用分割區(swap partitions)。

參閱

- *Parted* 的使用手冊(*https://oreil.ly/SNyLL*)
- *man 8 parted*

8.4 在非開機磁碟上建立 GPT 分割區

問題

你想要重新分割磁碟，移除所有資料、並重新建立一個 GUID 分割表（GPT）。這顆硬碟並非含有作業系統的開機用磁碟，而是純粹的資料儲存用磁碟。

解法

首先建立新的分割表，然後建立分割區，再驗證所有內容均建立無誤。務必小心選擇正確的磁碟來操作；至於如何列出磁碟和分割區，請參閱招式 8.3。

下例中的 USB 隨身碟位於 */dev/sdc*，純粹用於儲存資料。它並非可開機磁碟、其中也沒有作業系統。你必須先將該裝置卸載，才能使用 *parted* 操作。第一步自然是要先將它卸載，然後才能建立新的 GPT 分割表：

```
$ sudo umount /dev/sdc
$ sudo parted /dev/sdc
GNU Parted 3.2
Using /dev/sdc
Welcome to GNU Parted! Type 'help' to view a list of commands.
(parted) mklabel gpt 譯註
Warning: The existing disk label on /dev/sdc will be destroyed and all data on
this disk will be lost. Do you want to continue?
Yes/No? Yes
(parted) p
Model: General USB Flash Disk (scsi)
Disk /dev/sdc: 4010MB
Sector size (logical/physical): 512B/512B
Partition Table: gpt
Disk Flags:

Number  Start  End  Size  File system  Name  Flags
```

現在可以動手建立新的分割區了。下例建立兩個分割區，大小約略相等。你必須指定分割區名稱、以及其起訖位置：

```
(parted) mkpart "images" ext4 1MB 2004MB
(parted) mkpart "audio files" xfs 2005MB 100%
```

然後檢視你的成果，接著退出：

譯註 mklabel 和 mktable 都通用。

```
(parted) print
Model: General USB Flash Disk (scsi)
Disk /dev/sdc: 4010MB
Sector size (logical/physical): 512B/512B
Partition Table: gpt
Disk Flags:

Number  Start    End      Size     File system  Name         Flags
 1      1049kB   2005MB   2004MB   ext4         images
 2      2006MB   4009MB   2003MB   xfs          audio files

(parted) q
Information: You may need to update /etc/fstab.
```

如果你的起迄點過於貼近另一個分割區，就會收到錯誤訊息。在下例中，我們故意讓第二個分割區的起點與第一個分割區的終點重疊：

```
(parted) mkpart "images" ext4 2004MB 100%
Warning: You requested a partition from 2004MB to 4010MB (sectors
3914062..7831551).
The closest location we can manage is 2005MB to 4010MB (sectors
3915776..7831518).
Is this still acceptable to you?
Yes/No? Yes
```

改成 2005MB 就可以解決問題。

探討

start 指定的是新分割區的起點。這個一定要用數值指定。範例中的 1MB 意指分割區起點距磁碟中心的起點僅有一個 megabyte。你不能從零開始指定，因為前 33 個磁區是保留給 EFI 標籤使用的，因此第一個分割區只能從第 34 個磁區開始分配。筆者採用一個 megabyte 為起點記號，單純只是為了好記而已。

end 可以接受以容量的值或百分比來指定。在上例中，第一個分割區的終點離起點為 2005MB。第二個分割區則以用盡剩餘空間的 100% 處為終點。建立新分割區表這個動作會將磁碟上所有資料都清除殆盡。

然後你必須為新分割區加上檔案系統，這顆磁碟才能拿來使用（參閱第十一章）。

另外，只有當你變更的分割區確實有出現在 */etc/fstab* 檔案中時，才需要在意「You may need to update /etc/fstab」（可能需要更新 /etc/fstab）這行警訊。

建立新 GPT 分割區的語法為 *mkpart name fs-type start end*。

name 是必要資訊。內容可以自訂，因此你可以選擇一個讓你容易記住分割區用途的名稱。

fs-type 標籤並非必要，但你應該加以指定，方可確保分割區會指派一個正確的檔案系統類別代碼（filesystem type code）。請在 *parted* 的 shell 中執行 *help mkpart*，以便觀察有哪些檔案系統標籤可用。

即使你在此建立了檔案系統標籤，並不代表磁碟上就會有檔案系統存在。建立檔案系統還需要進一步的動作。

檔案系統標籤有時會消失。就算事後你為分割區準備了檔案系統，它們仍會保持原樣。

parted 的說明和文件對於如何產生 GPT 分割區及 MS-DOS 分割區之間的差異，有一點讓人摸不著頭緒。當你建立 GPT 分割區時，你必須為其指定 *name*。但是建立 MS-DOS 分割區時，你必須指定的卻變成 *part-type*，亦即 *primary*、*extended* 或 *logical* 三者之一。混淆的結果就往往是管理員搞出一個名為 *primary*、*extended* 或 *logical* 的 GPT 分割區[譯註]。這是錯誤的，你應該要替 GPT 分割區指定的是 *name*（**名稱**）。

總而言之，都不該再建立 MS-DOS 分割表了，因為它們已經過時，只有在老舊電腦和無法支援 GPT 的舊式軟體中才會需要它。

參閱

- *Parted* 的使用手冊（*https://oreil.ly/SNyLL*）
- *man 8 parted*
- 第十一章

8.5　建立安裝 Linux 用的分割區

問題

你想在磁碟上安裝 Linux，因此必須知道何分割磁碟。

[譯註] 這應該在你選擇以 mktable 製作 msdos 分割表之後、再建立分割區時，才需要選擇以 part-type 指定分割區類型。

解法

利用 Linux 安裝程式的分割管理工具為之。當然你也可以在執行安裝程式之前先設定分割區，但是透過安裝程式中的分割區管理工具，有助於確保一切無誤，而且你還可以預先得知錯誤警訊。請參閱招式 1.8 以便了解系統建議的分割區配置方式。

探討

大部份的 Linux 安裝程式都提供全新安裝所需的分割指南，同時也允許你自訂分割方式。

參閱

- 本章對於分割區建議的說明
- 第一章

8.6 移除分割區

問題

你想移除某些分割區。

解法

請進入 *parted* 的互動模式，並指定你要更動的磁碟，然後印出分割表：

```
$ sudo parted /dev/sdc
GNU Parted 3.2
Using /dev/sdc
Welcome to GNU Parted! Type 'help' to view a list of commands.
(parted) p

Model: General USB Flash Disk (scsi)
Disk /dev/sdc: 4010MB
Sector size (logical/physical): 512B/512B
Partition Table: msdos
Disk Flags:

Number  Start    End     Size    Type     File system  Flags
 1      1049kB   2005MB  2004MB  primary
 2      2005MB   4010MB  2005MB  primary
```

在下例中，只需鍵入 *rm 2* 即可刪除第二個分割區。該分割區會立即被刪除，而且不會有任何確認訊息。接著鍵入 *p* 驗證刪除後的結果：

```
(parted) rm 2
(parted) p
Model: General USB Flash Disk (scsi)
Disk /dev/sdc: 4010MB
Sector size (logical/physical): 512B/512B
Partition Table: msdos
Disk Flags:

Number  Start    End     Size    Type     File system  Flags
 1      1049kB   2005MB  2004MB  primary
```

探討

務必確認你刪除的是對的分割區。事先紀錄要刪除的內容、並再三確認後才進行，永遠是最穩當的作法。

如果你要刪除一個已掛載的分割區，*parted* 會警告你「Warning: Partition /dev/sdc2 is being used. Are you sure you want to continue?」（警告：分割區 /dev/sdc2 還在使用中。你確定要繼續進行嗎？）。當然你可以繼續動手刪除它。任何已從該分割區開啟的檔案都還會留在記憶體中，直到你重啟系統、或關閉檔案，這是件很有意思的事，因為你仍然可以繼續讀取該檔案，並儲存至其他分割區。

參閱

- *man 8 parted*
- Parted 的使用手冊（*https://oreil.ly/SNyLL*）

8.7　還原一個被刪除的分割區

問題

你刪除了一個分割區十分後悔，希望能把它救回來。

解法

如果你意外不慎刪除的只是一個新建的分割區，不用多花心思去復原它，重建一個就好。但如果你誤刪的分割區中有檔案系統和資料，那麼你唯一的機會就是立刻動手復原。在

parted 的 shell 裡使用 *rescue* 命令，並提供分割區的起迄位置。注意可以位置是約略的值：

```
(parted) rescue 2000MB 4010MB
searching for file systems... 40%      (time left 00:01)Information: A ext4
primary partition was found at 2005MB -> 4010MB.  Do you want to add it to the
partition table?
Yes/No/Cancel? Yes
```

parted 不會做任何回應，因此你得自行印出分割表，看看遺失的分割區是否已經還魂：

```
(parted) p
Model: General USB Flash Disk (scsi)
Disk /dev/sdc: 4010MB
Sector size (logical/physical): 512B/512B
Partition Table: gpt
Disk Flags:

Number  Start   End     Size    File system  Name    Flags
1       1049kB  2005MB  2004MB  xfs          images
2       2005MB  4010MB  2005MB  ext4
```

真的回來了。幸運的是，其中所有的檔案都完好無損。

探討

如果你發現得越晚、分割區復原得越遲，就很有可能再也無法還原，因為它可能無意中已被覆寫了。如果你非得需要隔一段時間後才有空進行救援，可能的話儘量把磁碟放到一個安全的場所。

一如往常，最有效的救援就是一定要有有效的備份可用。

參閱

- *Parted 的使用手冊*（*https://oreil.ly/SNyLL*）
- *man 8 parted*

8.8 增加分割區容量

問題

你想替既有分割區加大容量，而且分割區中已有檔案系統存在。

解法

下例會為一個已有檔案系統的分割區增加容量。步驟有二:首先重新劃定分割區大小、接著重新劃定檔案系統大小以便利用新增空間。每一個檔案系統都有自己一套工具來做這種事,因此你必須視檔案系統來選擇正確工具以便增加容量。在這一招裡,我們可以重劃 Ext4、XFS、Btrfs 和 FAT16/32 等分割區。

Ext4、XFS 和 Btrfs 都支援線上或離線後的擴大方式。FAT16/32 則只能在卸載後才能重訂容量。

在你要放大的分割區之後的部位,必須仍有空間可用。請開啟 *parted* 的 shell 並選定磁碟,進而觀察剩餘空間:

```
$ sudo parted /dev/sdc
GNU Parted 3.2
Using /dev/sdc
Welcome to GNU Parted! Type 'help' to view a list of commands.
(parted) print free
Model: General USB Flash Disk (scsi)
Disk /dev/sdc: 4010MB
Sector size (logical/physical): 512B/512B
Partition Table: gpt
Disk Flags:

Number  Start   End     Size    File system  Name   Flags
[...]
        1024MB  2005MB  981MB   Free Space
2       2005MB  3500MB  1495MB  ext4         audio
        3500MB  4010MB  510MB   Free Space
```

上例顯示,在第 2 分割區之前尚有 981 MB 的閒置空間,其後則還有 510 MB 的閒置空間。你只能更改分割區的結束位置,因此下例會擴展第 2 分割區,直到用盡剩下的 510 MB 可用空間為止。

首先,先把分割區擴展到新的終點:

```
(parted) resizepart 2 4010MB
```

就算擴展成功也不會出現訊息,但如果出錯則一定會看到錯誤訊息。鍵入 **p** 以便觀察分割表,並驗證 *resizepart* 確實完成任務。

現在你該用正確的命令擴展檔案系統,以便填滿新的分割區容量。表 8-2 便顯示了每一種檔案系統該用的擴展命令。

表 8-2　增加檔案系統容量的命令

檔案系統	重劃命令
Ext4	sudo resize2fs /dev/sdc2
XFS	sudo xfs_growfs -d /dev/sdc2
Btrfs	sudo btrfs filesystem resize max /dev/sdc2
FAT16/32	sudo fatresize -i /dev/sdc2

記住，FAT16/32 必須先將目的分割區卸載。

在 *parted* 裡印出分割區以驗證成果。

探討

本章和招式 8.9 的範例，範圍都不大，只用 4 GB 的 USB 隨身碟來實驗。這是為了測試方便，但是在現實中，你可能會用到更大的磁碟。命令都是一樣的，不同的只是分割區大小而已。

一如往常，見真章之前最好先備份。

你也可以把檔案系統劃成小於分割區容量，但此舉並無意義。關於檔案系統的建立和管理，可參閱第十一章。

如果你還在嘀咕「那我愛用的檔案系統怎麼沒講到呢？」，筆者選擇 Ext4、Btrfs、XFS 和 FAT16/32 來示範，主要是因為它們是最常用的 Linux 檔案系統，而且它們都有良好的維護支援之故。

參閱

- 第十一章
- *man 8 resize2fs*
- *man 8 parted*
- *man 8 xfs_growfs*
- *man 8 btrfs*
- *man 8 fsck.vfat*

8.9 縮小分割區

問題

你有一個具備檔案系統的分割區，但是想縮小該分割區的容量。

解法

XFS 檔案系統無法縮小，只能加大。其他檔案系統如 Ext4、Btrfs 和 FAT16/32，則都可以縮小。Ext4 和 FAT16/32 必須先行卸載、才能縮小。Btrfs 可以在上線狀態時進行縮小動作，但是先行卸載後再進行比較安全。

確認你要縮小的檔案系統中已使用的部份，會少於你預計縮小後的空間。請用 *du* 命令[譯註]檢查檔案已使用的空間：

```
$ du -sh /media/duchess/shrinkme
922.6M    /media/duchess/shrinkme
```

在縮小後的容量中，你應該預留約 40% 的額外空間，用來容納中介資料（metadata）、被浪費掉的區塊空間、還有意外所需，因此以上例來說，縮小後的新容量最好不要低於 1.4 GB。如果你還想多留一點空間，以便日後新增檔案所需，那縮小前就要一併考慮進去。

跟擴大分割區相比，縮小分割區要複雜一點。牽涉的步驟也比較多，而且檔案系統也必須離線才進行瘦身。如果分割區位於外部儲存裝置，例如 USB 隨身碟，就請先卸載後再縮小它。如果分割區屬於一個運行中的系統，就必須從一個可開機的救援磁碟、或是從多重開機系統中的另一套 Linux 來執行 *parted*，這樣才能卸載你要縮小的檔案系統。

一旦你卸載了目標的檔案系統，請依下列步驟進行：

- 檢查檔案系統
- 縮小檔案系統
- 縮小分割區

執行以下命令來檢查 Ext4 檔案系統的健康程度：

```
$ sudo e2fsck -f /dev/sdc2
```

[譯註] *du* 命令常用於分析特定檔案（或目錄全體）的磁碟用量。

如果要檢查的是 Btrfs 檔案系統：

```
$ sudo btrfs check /dev/sdc2
```

FAT16/32 檔案系統則是這樣檢查：

```
$ sudo fsck.vfat -v /dev/sdc2
```

一旦檢查完畢，就可以縮減檔案系統了。表 8-3 中的範例都會將檔案系統縮減到只剩 2000 MB。

表 8-3　縮減檔案系統的命令

檔案系統	縮減命令
Ext4	sudo resize2fs /dev/sdc2 2g
Btrfs	sudo btrfs filesystem resize 2g /dev/sdc2
FAT16/32	sudo fatresize -s 2G /dev/sdc2

現在你可以著手縮小分割區來配合檔案系統容量了。請開啟 *parted* 的 shell，進入你的目標裝置，然後執行 *resize* 命令。指定分割區號碼和終點：

```
(parted) resizepart 1 2000MB
Warning: Shrinking a partition can cause data loss, are you sure you want to
continue?
Yes/No? y
```

在 *parted* 中印出分割表以檢視成果。

探討

如今的儲存媒體都既便宜又量大。早些年頭，擺弄分割區以求能將最多檔案塞進磁碟，是不得已的手段。現在我們則可以隨心所欲地自訂磁碟空間了。

參閱

- 第十一章
- *man 8 resize2fs*
- *man 8 parted*
- *man 8 btrfs*
- *man 8 fsck.vfat*

## 第九章

以 GParted 管理
分割區和檔案系統

GParted 是 GNOME 裡的分割區管理工具，是筆者個人在 Linux 上最喜歡的工具之一。GParted 其實是 *parted* 這支分割區管理工具命令的圖形前端，但是它同時也涵蓋了檔案系統管理工具。你可以從中建立、刪除、移動、複製和重劃分割區與檔案系統，只須點幾下就能建立新分割表。其他功能則包括資料救援、以及標籤與 UUID 的管理等等。

分割區與檔案系統的標籤，其用意在於方便我們識別它們，並且對檔案系統賦予一個簡單明瞭的名稱。若沒有標籤，就只能靠冗長的 UUID 來識別檔案系統。舉例來說，當你將一支不具備檔案系統標籤的 USB 隨身碟插入時，其名稱看起來就會像是 */media/username/1d742b2da621-4454-b4d3-469216a6f01e* 這樣。若賦予一個簡明的標籤，例如 *mystuff*，其掛載名稱便可簡化為 */media/username/mystuff*。

當 GParted 操作完畢後，其狀態視窗（status window）便會提供選項，問你是否要將它的動作存入日誌檔。請儲存並詳讀這些資訊，因為其中會說明過程中用到的命令。

異動運作中的系統

有些操作方式，像是複製、檢查與修復、以及設定標籤與 UUID 等等，都需要事先卸載檔案系統。但是你無法卸載一個系統運作當下需要用到的檔案系統。在這種情況下，請改用一個可開機的系統救援 CD/USB（第十九章）來開機。如果你擁有的是一套多重開機系統，裝有一套以上的 Linux 發行版，就請開機進入另一套 Linux，然後從中執行 GParted（參閱第一章）。

GParted 需要 root 權限。當你啟動 GParted 時，會出現一個對話框，要你鍵入 sudo 或是 root 的密碼（圖 9-1）。

圖 9-1　應用程式啟動前會先問密碼

我們習慣將所有的儲存媒體都稱作是磁碟（*disks*），即便是固態媒體也不例外，像是 SSD、USB 隨身碟、SD（Secure Digital）、NVMe（Non-Volatile Memory Express） 和 Compact-Flash 卡等等。GParted 可以管理以上任何一種掛載到你系統上的磁碟，不論是內裝還是外接皆可。

如果你尚不熟悉關於分割磁區和管理檔案系統的細節，請回頭參閱第八章的概覽一節，可以有較清楚的認識。

留心！

在你嘗試本章任何招式之前，務必保有最近的備份，而且要十分清楚你在操作的是正確的磁碟和分割區。

建立新的分割表會把整顆磁碟的資料一掃而空。

刪除或破壞分割區，會失去分割區中所有的資料。復原的機會不是沒有，但也不是保證救得回來。

USB 隨身碟是最好的練習和測試對象。

9.1　檢視分割區、檔案系統和可用空間

問題

你想觀看所有已掛載磁碟上的分割區、檔案系統、還有可用空間。

解法

啟動 GParted，再使用右上角的下拉式選單來觀察所有已掛載的磁碟（圖 9-2）。然後點選上方選單中的 View（顯示）→ Device Information（裝置資訊），即可從視窗左方面板觀看磁碟資訊，例如型號、序號、大小、以及分割表類型等等。

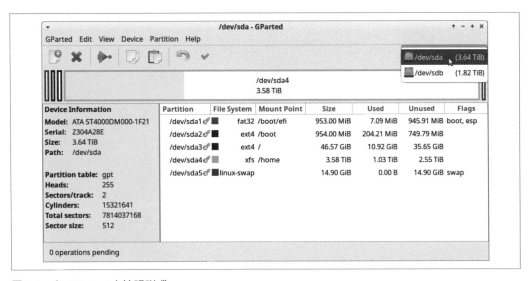

圖 9-2　在 GParted 中檢視磁碟

你會看到大量的資訊：如裝置名稱、掛載點、檔案系統、標籤、分割區類型和大小、已使用空間和全部空間、以及未使用空間等等。滑鼠右鍵點選任一分割區，便可開啟操作選單，並點選選單底部的 Information（資訊）鍵，觀察該分割區的進一步資訊（圖 9-3）。

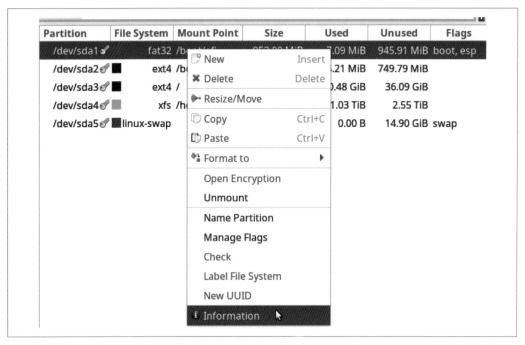

Partition	File System	Mount Point	Size	Used	Unused	Flags
/dev/sda1	fat32	/boot/efi	952.00 MiB	7.09 MiB	945.91 MiB	boot, esp
/dev/sda2	ext4	/boot		5.21 MiB	749.79 MiB	
/dev/sda3	ext4	/		0.48 GiB	36.09 GiB	
/dev/sda4	xfs	/home		1.03 TiB	2.55 TiB	
/dev/sda5	linux-swap			0.00 B	14.90 GiB	swap

右鍵選單：

New — Insert
Delete — Delete
Resize/Move
Copy — Ctrl+C
Paste — Ctrl+V
Format to ▶
Open Encryption
Unmount
Name Partition
Manage Flags
Check
Label File System
New UUID
Information

圖 9-3　在 GParted 裡檢視分割區資訊

探討

GParted 會等到你按下上方工具列的綠色勾勾圖示後，才會套用變更，因此它很適合用來四下探索功能。就算你不慎點了哪個命令，只需再點一下旁邊另一個曲線箭頭圖示，即可復原先前的操作。

當你開啟右鍵操作選單時，部份命令是灰色無法使用的，因為它們只能用在已卸載的檔案系統上。請點選 Unmount（卸載）命令，這些變灰的命令馬上就會活過來。注意，凡是系統運作所需的任何檔案系統，都無法在此時卸載；這時你必須改用系統救援 CD/USB（第十九章）才能繼續操作。

參閱

- GNOME Partition Editor（*https://gparted.org*）

9.2　建立新的分割表

問題

你想以新的 GPT 分割表重新格式化磁碟。你現有的分割表是 MS-DOS 格式，而你想用 GPT 取而代之，抑或是你的磁碟上有舊的安裝內容，而你想以乾淨的磁碟重新開始。

解法

首先請確認你要建立新分割區的是哪一顆磁碟，因為這個動作會一舉清空磁碟上所有的資料。GParted 只會發出一次警訊，一個動作就會即刻套用，沒有可以復原的動作，故而請小心為之。

請從右上方的下拉式選單挑出你的磁碟，然後點選 Device（裝置）→ Create Partition Table（建立分割表）（圖 9-4）。

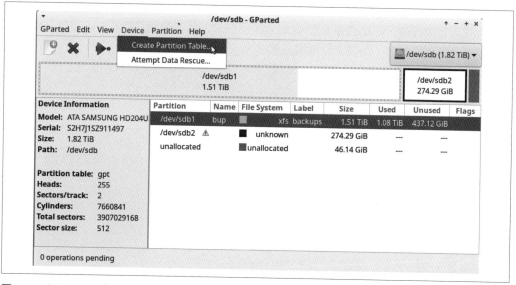

圖 9-4　建立新的分割表

將你的分割表類型選為 GPT，然後按下 Apply（套用）（圖 9-5）。

這動作耗時不久，一旦完成，你就會擁有一個全新的乾淨磁碟，可以隨時再分割和格式化成新的檔案系統。

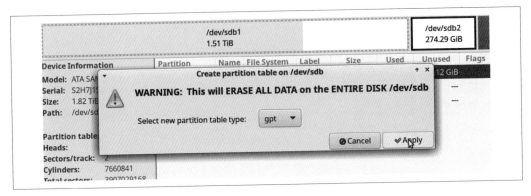

圖 9-5　選擇分割表類型

探討

除非你有不得已的緣故，不然請一律建立 GPT 分割表。GParted 支援數種分割表類型，包括 MS-DOS、BSD、Amiga 和 AIX。GPT 與 MS-DOS 是 x86 平台上最常用的類型。GPT 適合現代的大容量硬碟，但比起舊型的 MS-DOS 分割表，前者較易管理、也較富於彈性。請參閱第八章的介紹一節，以便充分理解分割表。

參閱

- GNOME Partition Editor（*https://gparted.org*）。
- 第八章

9.3　刪除分割區

問題

你需要刪除一個以上的分割區。

解法

點選你要刪除的分割區，然後點滑鼠右鍵打開操作選單。如果其中含有已掛載的檔案系統，就必須先把檔案系統卸載，這時只須點選右鍵操作選單中的 Unmount（卸載）即可[譯註]。然後即可點選右鍵操作選單中的 Delete（刪除），再去點一下綠色勾勾圖示，即可清除分割區（圖 9-6）。

[譯註] 如果未曾掛載，選單中就只會有「掛載」可選。

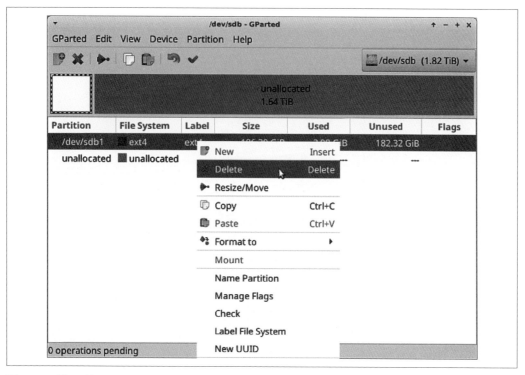

圖 9-6　刪除分割區

一旦刪除完成，你會看到相關的狀態訊息。

探討

刪除分割區也會將分割區中的一切內容清空，因此如果分割區中有資料和檔案系統，請先想好你是否真的可以刪除它。

參閱

- GNOME Partition Editor（*https://gparted.org*）
- 招式 8.6

9.4 建立新分割區

問題

你想建立新的分割區。

解法

只要磁碟上還有可用空間就行了。下例會建立一個 400 GB 大的新分割區，並將其格式化成 Ext4 檔案系統（圖 9-7）。

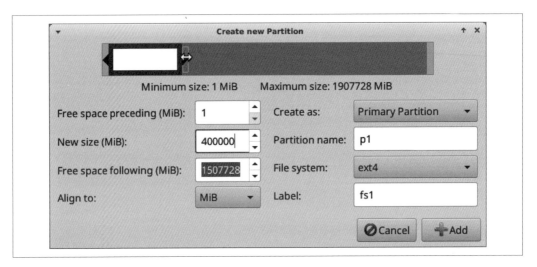

圖 9-7　建立新分割區

點選上方選單的 Partition（分割區）→ New（新增）。這會開啟一個新視窗，你可以在此指定分割區大小、挑選檔案系統、並建立分割區和檔案系統標籤。你可以拖拉上方的箭頭、或是在 New Size (MiB)（新的大小）欄位鍵入檔案系統大小的值。New Size 欄位的值，係以 mibibytes 為單位，因此 400,000 就是 400 GiB。然後點選 Add（加入），再點選綠色勾勾即可。

一旦完成，請參閱第六章，了解如何在新檔案系統中設置正確的所有權和使用權限。

探討

只要是使用 GPT 分割表，你就只能建立主要（primary）檔案系統。其他如邏輯分割區和
延伸分割區兩種選項，都僅限於 MS-DOS 分割表才有。如果你不確定自己的磁碟使用何種
分割表，點選 View（顯示）→ Device Information（裝置資訊）來觀察。這會在視窗左側
打開一個窗框，其中便有你的磁碟相關資訊，包括分割表類型在內。

在檔案系統選擇欄位，你也可以建立不具檔案系統的空白分割區。Unformatted（未格式
化）選項位於選單底部。其上方還有一個 Clear（已清除），用於刪除既有檔案系統、但保
留分割區。

GParted 會將建立分割區和置入檔案系統合併在單一快速的操作中完成。這比 *parted* 要快
得多，因為後者只會建立分割區，而你必須另外建立檔案系統。

參閱

- GNOME Partition Editor（*https://gparted.org*）
- 第八章
- 第十一章

9.5　如何刪除檔案系統但不必刪除分割區

問題

你想刪除檔案系統，但不用刪除底層分割區，因為你單純只想把分割區重新格式化成為另
一種檔案系統，抑或是現有檔案系統已經受損，因此你需要重新格式化，才能再把檔案複
製回去（圖 9-8）。

圖 9-8　刪除檔案系統但不刪除分割區

解法

檔案系統務必先卸載。請以滑鼠右鍵點選分割區，以便開啟操作選單，然後點選 Unmount（卸載）。完成後，便可再度點選 Format To（格式化為）。若是捲動到選單下方、並點選 Cleared（已清除），便只會刪除檔案系統、但不會刪除分割區。

參閱

- GNOME Partition Editor（*https://gparted.org*）

9.6　復原已刪除的分割區

問題

你刪掉了一個分割區十分後悔，現在想把它救回來。

解法

萬一你不慎刪除了一個新的空白分割區，不用費心去想如何復原它，只管重新建立一個就好。但若是你的分割區中有檔案系統和資料存在，最好是立即進行復原。請點選 Device（裝置）→ Attempt Data Rescue（嘗試資料救援）。

這可能會耗時甚久，而且也不保證一定成功。用 *parted* 來救援似乎還快一點；請參閱招式 8.7。

探討

通常乾脆重新建立新分割區和檔案系統，再從備份還原檔案還比較快。但先試試復原也沒什麼損失。

參閱

- GNOME Partition Editor（*https://gparted.org*）
- 招式 8.7

9.7　重劃分割區大小

問題

你想把分割區重劃得大一點（或是小一點）。

解法

用 GParted 來做這件事，點幾下滑鼠便能竣事。一旦分割區重劃大小，檔案系統也必須重訂容量。GParted 可以畢其功於一役。

要放大分割區，磁碟後端必須仍有剩餘空間。Ext4、Btrfs 和 XFS 都可以在上線狀態下直接放大。FAT16/32 則需先卸載方可放大。

記得先備份！

切記，務必要有最新的備份！

圖 9-9 顯示的便是一個還有充裕空間可供延展的 FAT32 檔案系統。

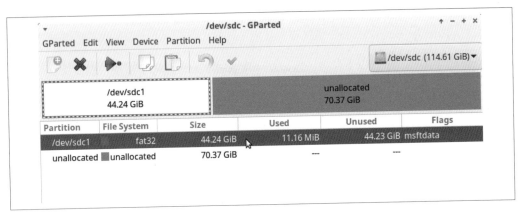

圖 9-9　選擇要重劃的分割區

以滑鼠右鍵點選你要操作的分割區，以便開啟選單，然後點選 Resize/Move（調整大小 / 移動）。如此便可開啟一個對話盒，進而設定新的容量大小，設定時可以拖拉上方的滑動棒右側邊線、或是在 New Size field（新的大小）欄位直接鍵入數值（單位是 mibibytes）均可（圖 9-10）。

點選 Resize/Move（調整大小 / 移動），然後點選綠色勾勾。放大分割區僅需一兩分鐘就能完成，你會在完成後看到狀態訊息。

要縮小分割區時，程序大致相同，唯一的例外是這個動作不需要分割區後端有剩餘空間。但你的新分割區大小，必須要比檔案已佔用空間還要多出至少 10% 的空間。即使你事後不打算在縮小後的檔案系統再新增檔案，也還是應該預留一定數量的剩餘空間，因為檔案系統一旦完全爆滿，你就再也無法操作它了。還有，縮小放大區要比放大動作來得耗時。

圖 9-10　設定新分割區大小

探討

Ext4 檔案系統會為 root 帳號預留少量空間。如果檔案系統已滿，那麼 root 仍有機會取用檔案系統，進而移除檔案。但 FAT16/32、Btrfs 和 XFS 就沒有預留區塊這回事。

Btrfs 可以在上線狀態下縮小。XFS 則只能放大、無法縮小。在重劃大小前先卸載，是較為安全的作法。

參閱

- GNOME Partition Editor（*https://gparted.org*）
- 招式 8.8
- 招式 8.9

9.8　移動分割區

問題

你的分割區中間有一點剩餘空間，舉例來說，位於 */dev/sda1* 和 */dev/sda2* 之間。你想把 */dev/sda2* 移動至剩餘空間，把兩者之間的空隙填滿。抑或是你想放大 */dev/sda1*，但它後面沒有空間，因此你想把 */dev/sda2* 後移，以便騰一點空間給前者。

解法

以滑鼠右鍵點選你要移動的分割區，以便開啟操作選單，再點選 Resize/Move（調整大小 / 移動）（圖 9-11）。

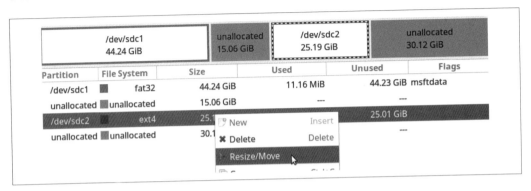

圖 9-11　選好分割區

在 Resize/Move 的對話盒中，你可以將整根滑動棒拖至左側，或是直接在 Free Space Preceding (MiB)（前端的剩餘空間）欄位鍵入 0。然後點選 Resize/Move（調整大小 / 移動）（圖 9-12）。

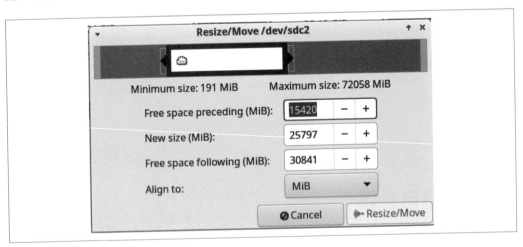

圖 9-12　移動分割區

這個動作較為耗時，有時可能長達數小時，端看分割區中有多少資料而定。

探討

移動分割區的操作，其實要比重劃分割區大小複雜得多。當你重劃分割區時，你移動的只有分割區的終點，但移動分割區則還需同時移動起點，這對於作業系統來說是相當大的變動。GParted 會以相當安全的方式來進行這個動作，但不代表這動作沒有風險，因此一定要事先備份。

參閱

- GNOME Partition Editor（*https://gparted.org*）
- 第十九章

9.9　複製分割區

問題

你想複製一個或多個分割區，目的是作為備份、或純粹只是想把資料移動到新的磁碟上。

解法

利用 GParted 的 Copy（複製）命令。舉例來說，你想把 */dev/sdb2* 複製到一個掛載在系統上的 USB 外接磁碟。請將其複製到一個與被複製分割區的容量相當、或是更大的空間。

以滑鼠右鍵點選意欲複製的分割區（圖 9-13）。如果來源已掛載，請先將其卸載，再點選複製。

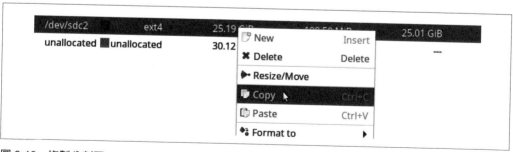

圖 9-13　複製分割區

再切換至你要複製的目的地磁碟，點選 Paste（貼上）。這個選項會再開啟一個組態對話盒，其中有選項可供擴大容量、或是再次更改新分割區的位置（圖 9-14）。如果該改的都改好了，就可按下 Paste（貼上）。

最後一步便是點下綠色勾勾，正式啟動複製。如果你改變心意，只須點選 Undo（復原上一個操作）即可。複製動作會比較耗時，這也是要看分割區中有多少資料需要複製而定。

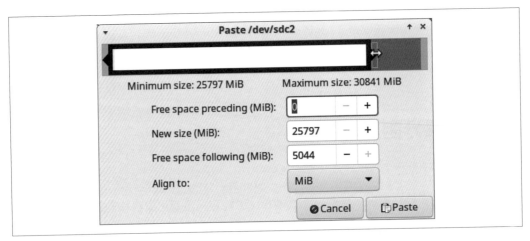

圖 9-14　設定新分割區

探討

被複製的分割區，必定會進入一個容量相當、或空間更大的新分割區。直接把分割區複製到閒置空間，可以免去事先建立目標分割區的麻煩。

但依筆者淺見，複製分割區的用途不大。因為分割區和檔案系統的 UUID 會保持不變，因此如果你不修改 UUID，便無法在同一套的系統上與原始 UUID 設備同時使用複製過來的分割區（新訂 UUID 的動作可以用 GParted 來完成，只需以滑鼠右鍵叫出操作選單裡的「新 UUID」選項即可）。但如果你更改了檔案系統的 UUID，而該檔案系統又列名於 /etc/fstab，那麼該檔案內容便須隨之修正。因此筆者覺得既然如此，何不直接建立新分割區和檔案系統，再把檔案複製過去就好？

參閱

- GNOME Partition Editor（*https://gparted.org*）
- 第十一章

- 招式 11.6
- 第十九章

9.10 以 GParted 管理檔案系統

問題

你想用一種方便的圖形工具來建立新檔案系統。

解法

使用 GParted 就好，它可以管理分割區和檔案系統。請找出你要格式化新檔案系統的分割區，以滑鼠右鍵點選它，再點選你要格式化的檔案系統（參閱圖 9-15）。

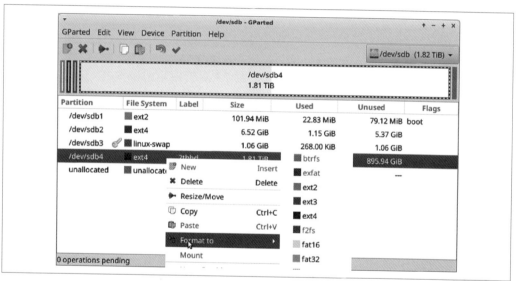

圖 9-15　GParted 會顯示檔案系統類型

點選工具列的綠勾勾，以建立新檔案系統。新建檔案系統會抹除既有檔案系統中的一切，因此務必確認你選對了操作目標。

探討

不論是哪個領域，GParted 都是最佳的圖形應用程式之一。它井井有條地將前端劃分成數種命令列工具，藉以管理分割區和檔案系統，而且能迅速化繁為簡。

GParted 會顯示已掛載和未掛載卷冊上的檔案系統類型，一次只顯示一個磁碟（參閱圖9-16）。點選右上方的下拉式選單，即可檢視其他磁碟。

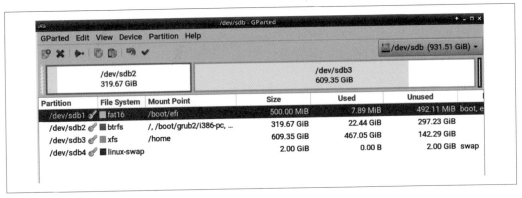

圖 9-16　GParted 會顯示檔案系統類型

## 第十章

取得關於電腦硬體的詳細資訊

Linux 附有數種便利的工具，可以取得電腦中硬體元件的詳盡資訊。你只需操作機器幾分鐘，連機殼都不用打開，就可以得知其中所有零件的規格。

這些工具十分有用，因為它們可以提供技術支援所需的詳細資訊、並找出裝置的正確驅動程式、還可得知 Linux 是否支援它。你無法靠製造商及時提供其產品的精確資訊。舉例來說，廠商常在同一型號中改用不同的晶片組，因而可能讓一個原本可以在 Linux 上正常運作的裝置，突然變得無法搭配 Linux 運作。還好，如今對 Linux 的支援，要比以往好上太多了。

理想的狀況下，你手邊會有電腦的文件，或至少有主機板的手冊。主機板手冊通常會包含大量的照片、圖表和有用的資訊，而且通常可以在網路上找得到。

在本章當中，你會學到 *lshw*（list hardware 的簡寫，列舉硬體）、*lspci*（list PCI 的簡寫，列舉 PCI 裝置）、*hwinfo*（hardware information 的簡寫，硬體資訊）、*lsusb*（list USB 的簡寫，列舉 USB 裝置）、*lscpu*（list CPU 的簡寫，列舉 CPU 資訊）、以及 *lsblk*（list block devices 的簡寫，列舉區塊裝置）等命令。

其中又以 *lshw* 和 *hwinfo* 提供的資訊最為完整。

lshw 會提供記憶體組態、韌體版本、主機板組態、CPU 版本和速度、快取組態、匯流排速度、硬體路徑、附掛裝置、分割區、以及檔案系統等等。

hwinfo 會回報電腦螢幕資訊、RAID 陣列、記憶體組態、CPU 資訊、韌體、主機板組態、快取、匯流排速度、附掛裝置、分割區、以及檔案系統等資訊。

lsusb 會偵測 USB 匯流排、以及插在 USB 上的裝置。

lspci 會偵測 PCI 匯流排、以及插在 PCI 插槽上的裝置。

lsblk 會列出實體的磁碟、分割區、以及檔案系統

lscpu 會列出 CPU 相關資訊。

10.1 以 lshw 蒐集硬體資訊

問題

你想盤點系統中的硬體，以及每個品項的詳盡資訊。

解法

試試不加任何參數地執行 *lshw*（硬體列舉工具）命令看看，然後將輸出儲存到文字檔
當中：

```
$ sudo lshw | tee hardware.txt
duchess
    description: Laptop
    product: Latitude E7240 (05CA)
    vendor: Dell Inc.
    version: 00
    serial: 456ABC1
    width: 64 bits
[...]
```

你會看到上百行的輸出，其中包括韌體、驅動程式、功能、序號、版本編號、以及匯流排
等資訊。*lshw* 不會偵測任何經由無線網路介面掛載的裝置，例如無線印表機、或是以藍牙
偵測的智慧型手機，但它依然會回報無線和藍牙的介面資訊。

你也許會偏愛以硬體路徑樹狀圖來做摘要顯示：

```
$ sudo lshw -short
H/W path        Device        Class         Description
=========================================================
                              system        To Be Filled By O.E.M.
/0                            bus           H97M Pro4
/0/0                          memory        64KiB BIOS
/0/b                          memory        16GiB System Memory
/0/b/0                        memory        DIMM [empty]
```

```
/0/b/1                                      memory          8GiB DIMM DDR3 Synchronous
1333
MHz (0.8 ns)
[...]
/0/100/14/0/5                               bus             USB3.0 Hub
/0/100/14/0/5/1                             generic         SAMSUNG_Android
/0/100/14/0/5/2                             printer         MFC-J5945DW
/0/100/14/0/5/4   wlx9cefd5fe8f20           network         802.11 n WLAN
/0/100/14/0/b                               input           USB Optical Mouse
/0/100/14/0/c                               input           QuickFire Rapid keyboard
[...]
```

或是試試匯流排檢視摘要：

```
$ sudo lshw -businfo
Bus info          Device          Class         Description
===========================================================
[...]
cpu@0                             processor     Intel(R) Core(TM) i7-4770K
CPU
@ 3.50GHz
usb@3:5.4         wlx9cefd5fe8f20 network       802.11 n WLAN
usb@3:b                           input         USB Optical Mouse
usb@3:c                           input         QuickFire Rapid keyboard
pci@0000:00:19.0  enp0s25         network       Ethernet Connection (2) I218-V
pci@0000:00:1a.0                  bus           9 Series Chipset Family USB
scsi@0:0.0.0      /dev/sda        disk          4TB ST4000DM000-1F21
scsi@0:0.0.0,1    /dev/sda1       volume        476MiB EXT4 volume
[...]
```

lshw 也有圖形介面，這是以 *sudo lshw –X* 來開啟的。通常需要安裝額外的套件，例如
Ubuntu 上的 *lshw-gtk* ^譯註、或是 openSUSE 和 Fedora 上的 *lshw-gui*。

探討

lshw 的輸出包含了大量的資訊。請造訪 Hardware Lister（lshw）（*https://oreil.ly/XRGx1*）網
站，了解其中所有事物的含意。

lshw 不會偵測 FireWire 介面、或是電腦的螢幕。

範例中顯示「system To Be Filled By O.E.M.」，是因為這是一部自行拼裝的機器。若是如聯
想或戴爾這類有品牌的電腦，這一欄就會顯示品牌名稱和機型。

譯註　如果你跟譯者一樣以 Ubuntu 21 測試，若是遇上 Failed to load module "Canberra-gtk-module" 之類的錯誤訊
　　　息，只管再補裝 libcanberra-gtk-module 和 libcanberra-gtk3-module 兩個套件即可。

H/W path 這一欄包含了硬體路徑，與檔案路徑有異曲同工之妙。/0 代表 */system/bus*，亦即電腦與主機板。所有位居其下的項目皆以樹狀圖顯示，就像目錄檔案樹一樣。正如範例輸出所示，/0/0 是 */system/bus/BIOS memory*，而 /0/b/0 是第一個出現的 RAM 插槽，至於 /0/b/1 則是第二個出現的 RAM 插槽。這些路徑都對應你的主機板上的實體連接點，通常稱為**插槽**（*slots*），不過它們大部份是焊在主機板上的接點，不一定有可供插入擴充卡的實體擴充槽存在。

參閱

- Hardware Lister（lshw）（*https://oreil.ly/axiyL*）
- *man 1 lshw*

10.2　篩檢 lshw 的輸出訊息

問題

lshw 當然提供了大量的資訊，但你其實只想顯示你有興趣的部份。

解法

執行 *sudo lshw -short* 或 *sudo lshw –businfo*，便可看到一連串的裝置類型清單，你可以只顯示幾種想看的裝置類型：

```
$ sudo lshw -short -class bus -class cpu
```

去掉 *-short* 選項，就會看到更詳細的資訊。

你可以把冗長的輸出格式化成為 HTML、XML 或 JSON 等格式，並將其儲存至檔案，以便用你熟悉的指令碼來剖析輸出的內容：

```
$ sudo lshw -html -class bus -class cpu | tee lshw.html
$ sudo lshw -xml -class printer -class display -class input | tee lshw.xml
$ sudo lshw -json -class storage | tee lshw.json
```

如欲移除其中較為敏感的資訊，如 IP 位址和序號之類，只須加上 *-sanitize* 選項，這樣便可放心地將資訊提供給技術支援方：

```
$ sudo lshw -json -sanitize -class bus -class cpu | tee lshw.json
```

探討

tee 命令會將螢幕上的輸出儲存到文字檔當中。

參閱

- Hardware Lister（lshw）（*https://oreil.ly/qCioO*）
- *man 1 lshw*

10.3　以 hwinfo 偵測硬體，包括顯示器和 RAID 裝置

問題

你還想取得關於電腦螢幕和 RAID 裝置、以及系統上其他裝置的資訊。

解法

hwinfo 命令提供詳盡的硬體盤點資訊，包括系統的監視器螢幕和 RAID 裝置。下例便是偵測螢幕的結果：

```
$ hwinfo --monitor
[...]
  Hardware Class: monitor
  Model: "VIEWSONIC VX2450 SERIES"
  Vendor: VSC "VIEWSONIC"
  Device: eisa 0xe226 "VX2450 SERIES"
[...]
```

完整的輸出會比上例再多一點，並包含所有可以支援的螢幕解析度、製造日期、同步範圍、螢幕類型、以及更新頻率等等。

另一個優越的功能是偵測 RAID 裝置。預設並不會進行這類偵測，因此你必須加上 *--listmd* 選項：

```
$ hwinfo --listmd
```

如果執行後一無所獲，代表你的系統上沒有 RAID 裝置。如果有的話，就會印出大量的資訊。

如欲建立硬體摘要：

```
$ hwinfo --short
keyboard:
   /dev/input/event4    CM Storm QuickFire Rapid keyboard
mouse:
   /dev/input/event5    CM Storm QuickFire Rapid keyboard
   /dev/input/mice      Logitech Optical Wheel Mouse
printer:
                        Brother Industries MFC-J5945DW
monitor:
                        VIEWSONIC VX2450 SERIES
graphics card:
                        Intel Xeon E3-1200 v3/4th Gen Core Processor Integrated
[...]
```

如果只想觀察一兩種硬體元件的細節：

```
$ hwinfo --mouse --network --cdrom
```

若想知道全部的裝置名稱清單，請參閱 *man 8 hwinfo*，或執行 *hwinfo --help*：

```
$ hwinfo --help
Usage: hwinfo [OPTIONS]
Probe for hardware.
Options:
   --<HARDWARE_ITEM>
       This option can be given more than once. Probe for a particular
       HARDWARE_ITEM. Available hardware items are:
       all, arch, bios, block, bluetooth, braille, bridge, camera,
       cdrom, chipcard, cpu, disk, dsl, dvb, fingerprint, floppy,
       framebuffer, gfxcard, hub, ide, isapnp, isdn, joystick, keyboard,
       memory, mmc-ctrl, modem, monitor, mouse, netcard, network, partition,
       pci, pcmcia, pcmcia-ctrl, pppoe, printer, redasd,
       reallyall, scanner, scsi, smp, sound, storage-ctrl, sys, tape,
       tv, uml, usb, usb-ctrl, vbe, wlan, xen, zip
[...]
```

探討

hwinfo 會印出有用的完整資訊。以網路介面為例，會顯示其 */sys* 路徑、驅動程式、連接狀態、以及 MAC 位址等等。至於 CD-ROM 的輸出，則會包括型號名稱、版本編號、驅動程式、裝置檔案、裝置速度、功能清單、以及光碟盤中是否仍有光碟片等等。*hwinfo* 會告訴你的，通常比廠商的產品資訊還要豐富。

參閱

- *man 8 hwinfo*
- GitHub 上關於 hwinfo 的說明（*https://oreil.ly/BsDAT*）

10.4 以 lspci 偵測 PCI 硬體

問題

你想列出電腦中位在 PCI 匯流排上的裝置清單，包括廠商及版本等資訊。

解法

執行 *lspci*（列舉 PCI）命令。下例會印出所有 PCI 裝置的摘要清單：

```
$ lspci
00:00.0 Host bridge: Intel Corporation 4th Gen Core Processor DRAM Controller
(rev 06)
00:02.0 VGA compatible controller: Intel Corporation Xeon E3-1200 v3/4th Gen
Core Processor Integrated Graphics Controller (rev 06)
00:03.0 Audio device: Intel Corporation Xeon E3-1200 v3/4th Gen Core Processor
HD Audio Controller (rev 06)
[...]
```

若想增加資訊詳細的程度：

```
$ lspci -v
$ lspci -vv
$ lspci -vvv
```

如果看到「access denied」（拒絕存取）的訊息，請試著改成 *sudo lspci* 以便挖出無權觀看的內容。

探討

lspci 會從 PCI 匯流排讀取資訊，包括主機板上的內建元件、以及插在 PCI 插槽中的擴充卡在內。

lspci 會從它自己的硬體 ID 資料庫中顯示額外的資訊，例如製造商、裝置、以及類別與子類別等等。這些資訊都儲存在位置各異的文字檔中，位置則要看 Linux 發行版而定。像 Ubuntu 是放在 */usr/share/misc/pci.ids*，Fedora 則是 */usr/share/hwdata/pci.ids*，而 openSUSE 則

是 /usr/share/pci.ids。你的 Linux 裡的 man page 應該會告訴你實際位置，或是自己搜尋 pci.ids 檔案（locate pci.ids）[譯註]。

負責維護 lspci 的人員十分歡迎外界提交更新的資訊；詳情可參閱你的 pci.ids 檔案。請定期執行 sudo update-pciids 命令，以便更新你的 PCI ID 資料庫。

PCI 是 Peripheral Component Interconnect 的縮寫。PCI 是一種內部硬體匯流排；它代表電腦中的各種硬體裝置與 Linux 核心溝通的方式。lspci 主要會偵測控制器、匯流排以及若干個別裝置，例如：

- SATA 控制器
- 音效控制器與裝置
- 影像控制器與裝置
- 乙太網路控制器
- USB 控制器
- 通訊控制器
- RAID 控制器
- 內建的 SD/MMC 讀卡機
- PCI FireWire 控制器

多年來已有數種 PCI 協定出現。目前的標準是 PCIe，也就是 PCI Express，發表於 2003 年。它可以回溯相容所有舊版的 PCI 協定，並取代 PCI、PCI-X 和 AGP。有人還記得 AGP 協定（Accelerated Graphics Port protocol）？AGP 的影像卡遠比 PCI 影像卡要快上許多，因為 AGP 提供了映像處理的專用鏈結。

PCIe 與早期的協定有相當的差異，因為它就像 AGP 一樣，讓每種裝置擁有自己專用的鏈結。舊式的協定採用的則是共用的平行匯流排，相對要慢得多。

參閱

- man 8 lspci
- man 8 update-pciids

[譯註] 以譯者測試 Ubuntu 21.04，必須自己用 sudo apt install plocate 補裝才有 locate 命令可以用，而且裝好後得手動執行 updatedb、更新一下位置資料庫，再用 locate pci.ids 才找得到位置。

10.5 看懂 lspci 的輸出

問題

lspci 的大部份輸出都自有意涵，因為它們都是裝置規格。但是你想知道每一行裝置開頭的數字代表的意義為何，就像下例：

```
$ lspci
[...]
00:1f.2 SATA controller: Intel Corporation 9 Series Chipset Family SATA
Controller [AHCI Mode]
[...]
```

解法

00:1f.2 是裝置的 BDF 編號，縮寫源自 *bus:device.function*（匯流排：裝置.功能）。亦即匯流排編號 00、裝置編號 1f、功能編號 2。功能編號 2 代表該裝置具備兩種功能，而每種功能都有自己的 PCI 位址。

請樹狀檢視圖觀察 PCI 匯流排與其裝置之間的關係[譯註]：

```
$ lspci -tvv
-[0000:00]-+-00.0  Intel Corporation 4th Gen Core Processor DRAM Controller
           +-02.0  Intel Corporation Xeon E3-1200 v3/4th Gen Core Processor
                   Integrated Graphics Controller
           +-03.0  Intel Corporation Xeon E3-1200 v3/4th Gen Core Processor HD
                   Audio Controller
           +-14.0  Intel Corporation 9 Series Chipset Family USB xHCI Controller
           +-16.0  Intel Corporation 9 Series Chipset Family ME Interface #1
           +-19.0  Intel Corporation Ethernet Connection (2) I218-V
           +-1a.0  Intel Corporation 9 Series Chipset Family USB EHCI
                   Controller #2
           +-1b.0  Intel Corporation 9 Series Chipset Family HD Audio Controller
           +-1c.0-[01]--
           +-1c.3-[02-03]----00.0-[03]--
           +-1d.0  Intel Corporation 9 Series Chipset Family USB EHCI
                   Controller #1
           +-1f.0  Intel Corporation H97 Chipset LPC Controller
           +-1f.2  Intel Corporation 9 Series Chipset Family SATA Controller
                   [AHCI Mode]
           \-1f.3  Intel Corporation 9 Series Chipset Family SMBus Controller
```

一部 PC 幾乎都只會有一套 PCI 匯流排，亦即編號 00。

[譯註] -t 就是樹狀圖輸出格式。

探討

位於樹狀檢視圖根部、中括號裡的眾多數字 0，也就是 [0000:00]，代表領域（*domain*）和匯流排。前四個 0 就是領域編號，而冒號後面的兩個 0 則是匯流排編號。領域代表的是主機橋（host bridge）。PCI 的 host bridge 會將 PCI 控制器連接至 CPU。領域是 Linux 特有的稱呼，一般稱為 *segment group*（區段群）。你可以透過 *-D* 選項來觀察它：

```
$ lspci -D
0000:00:00.0 Host bridge: Intel Corporation 4th Gen Core Processor DRAM
 Controller (rev 06)
0000:00:02.0 VGA compatible controller: Intel Corporation Xeon E3-1200 v3/4th Gen
 Core Processor Integrated Graphics Controller (rev 06)
0000:00:03.0 Audio device: Intel Corporation Xeon E3-1200 v3/4th Gen Core
 Processor HD Audio Controller
[...]
```

如果是在一部裝有多顆實體 CPU 的伺服器上，你就會看到多個主機橋，有時單一領域還會有多個匯流排。

參閱

- *man 8 lspci*

10.6　篩選 lspci 的輸出

問題

lspci 輸出大量的資訊，但你只想篩選出你要看到的部份。

解法

利用 *awk* 命令來梳理這一團亂。下例便只會挑出跟 USB 有關的內容：

```
$ lspci -v | awk '/USB/,/^$/'
00:14.0 USB controller: Intel Corporation 9 Series Chipset Family USB xHCI
Controller (prog-if 30 [XHCI])
        Subsystem: ASRock Incorporation 9 Series Chipset Family USB xHCI
Controller
        Flags: bus master, medium devsel, latency 0, IRQ 26
        Memory at efc20000 (64-bit, non-prefetchable) [size=64K]
        Capabilities: <access denied>
        Kernel driver in use: xhci_hcd
```

```
00:1a.0 USB controller: Intel Corporation 9 Series Chipset Family USB EHCI
Controller #2 (prog-if 20 [EHCI])
        Subsystem: ASRock Incorporation 9 Series Chipset Family USB EHCI
Controller
        Flags: bus master, medium devsel, latency 0, IRQ 16
        Memory at efc3b000 (32-bit, non-prefetchable) [size=1K]
        Capabilities: <access denied>
        Kernel driver in use: ehci-pci
```

你必須利用類別（Audio、Ethernet、USB 等等）來篩選，因為它們會出現在 *lspci* 的輸出當中，而且請注意大小寫，因為使用 *awk* 來進行涉及大小寫文字的搜尋是相當複雜的。下例顯示的是音效控制卡及相關裝置：

```
$ lspci -v | awk '/Audio/,/^$/'
00:03.0 Audio device: Intel Corporation Xeon E3-1200 v3/4th Gen Processor
HD Audio Controller (rev 06)
        Subsystem: ASRock Incorporation Xeon E3-1200 v3/4th Gen Core Processor
HD Audio Controller
        Flags: bus master, fast devsel, latency 0, IRQ 31
        Memory at efc34000 (64-bit, non-prefetchable) [size=16K]
        Capabilities: <access denied>
        Kernel driver in use: snd_hda_intel
        Kernel modules: snd_hda_intel

00:1b.0 Audio device: Intel Corporation 9 Series Chipset Family HD Audio
Controller
        Subsystem: ASRock Incorporation 9 Series Chipset Family HD Audio
Controller
        Flags: bus master, fast devsel, latency 0, IRQ 32
        Memory at efc30000 (64-bit, non-prefetchable) [size=16K]
        Capabilities: <access denied>
        Kernel driver in use: snd_hda_intel
        Kernel modules: snd_hda_intel
```

必要時可以提升內容詳細程度。

你也可以按照廠商、裝置或類別的編號來進行篩選。加上選項 *-nn* 就可以用來找出編號。在下例中，0300（位於中括號內）便是類別編號，8086 則是廠商編號、0412 是裝置編號：

```
$ lspci -nn
[....]
00:02.0 VGA compatible controller [0300]: Intel Corporation
Xeon E3-1200 v3/4th Gen Core Processor Integrated Graphics Controller
[8086:0412] (rev 06)
[...]
```

下例分別以類別、廠商及裝置的編號來篩選：

```
$ lspci -d ::0604 譯註
00:1c.0 PCI bridge: Intel Corporation 9 Series Chipset Family PCI Express Root
Port 1 (rev d0)
00:1c.3 PCI bridge: Intel Corporation 82801 PCI Bridge (rev d0)
02:00.0 PCI bridge: ASMedia Technology Inc. ASM1083/1085 PCIe to PCI Bridge (rev
03)

$ lspci -d 8086::
00:00.0 Host bridge: Intel Corporation 4th Gen Core Processor DRAM Controller
(rev 06)
00:02.0 VGA compatible controller: Intel Corporation Xeon E3-1200 v3/4th Gen
Core Processor Integrated Graphics Controller (rev 06)
00:03.0 Audio device: Intel Corporation Xeon E3-1200 v3/4th Gen Core Processor
HD Audio Controller (rev 06)
[...]

$ lspci -d :0412:
00:02.0 VGA compatible controller: Intel Corporation Xeon E3-1200 v3/4th Gen
Core Processor Integrated Graphics Controller (rev 06)
```

另一種找出上述編號的方式，就是參考 PCI ID 儲存庫（PCI ID Repository，*https://oreil.ly/ f2EKi*）。

探討

每當要從命令輸出或文件中擷取特定文字時，*awk* 是絕佳的強大工具。^ 是一個正規表示式的定位字符，代表字串開頭，而 $ 代表結尾，因此範例中的 /^$/ 便會尋找文字區塊從頭至尾當中的換行字元或空格。如果要從段落中間含有空格的來源析出文字區塊時，這是絕佳的技巧。

參閱

- *man 1 grep*
- *man 8 lspci*
- PCI ID Repository（*https://oreil.ly/f2EKi*）

譯註 跟上例比較，讀者們應該會發現，lspci -d 的搜尋分類配置，是以廠商:裝置:類別來區分的，所以只以其中之一為條件時，其他部位便省略。你不妨試試 lspci -nnd 8086::0604，比對看看帶有編號的結果為何。

10.7 利用 lspci 來辨識核心模組

問題

你想知道自己的 PCI 裝置在使用哪一種核心模組，以及系統中有哪些模組可用。

解法

利用選項 -k。下例只會查詢乙太網路控制器使用的模組：

```
$ lspci -kd ::0200
00:19.0 Ethernet controller: Intel Corporation Ethernet Connection (2) I218-V
        Subsystem: ASRock Incorporation Ethernet Connection (2) I218-V
        Kernel driver in use: e1000e
        Kernel modules: e1000e
```

你也可以像先前的範例那樣，利用 *awk* 來檢查繪圖控制卡：

```
$ lspci -vmmk| awk '/VGA/,/^$/'
Class:  VGA compatible controller
Vendor: Intel Corporation
Device: Xeon E3-1200 v3/4th Gen Core Processor Integrated Graphics Controller
SVendor:        ASRock Incorporation
SDevice:        Xeon E3-1200 v3/4th Gen Core Processor Integrated Graphics
Controller
Rev:    06
Driver: i915
Module: i915
```

探討

選項 -k 會顯示使用中的核心模組，以及每種裝置所有可用的核心模組。通常使用中的模組和可用的模組都是一致的，但有時會有多種模組可用。

配合 *awk* 使用時，記得要提升訊息詳盡程度，否則可能會看不到你要的資訊。請參閱招式 10.6 了解 *awk* 的選項。

參閱

- *man 1 awk*
- *man 8 lspci*

10.8 利用 lsusb 列出 USB 裝置

問題

你想用迅速簡單的工具來列出系統上的 USB 裝置。

解法

lsusb 會列出 USB 匯流排與串接的 USB 裝置，包括滑鼠、鍵盤、USB 隨身碟、印表機、智慧型手機、以及其他任何串接的周邊。以下兩個例子會顯示，同一種裝置的兩種不同檢視方式。

執行 *lsusb* 但不加上任何選項，可以看到你的系統上所有 USB 裝置的摘要。下例中一共串接了三個外部 USB 裝置：一組鍵盤、滑鼠、以及一個無線網路介面：

```
$ lsusb
[...]
Bus 003 Device 011: ID 148f:5372 Ralink Technology, Corp. RT5372 Wireless Adapter
Bus 003 Device 002: ID 0bda:5401 Realtek Semiconductor Corp. RTL 8153 USB 3.0
 hub with gigabit ethernet
Bus 003 Device 006: ID 046d:c018 Logitech, Inc. Optical Wheel Mouse
Bus 003 Device 005: ID 2516:0004 Cooler Master Co., Ltd. Storm QuickFire Rapid
 Mechanical Keyboard
[...]
```

下例顯示的是相同的對象，只不過是改以 USB 匯流排結構的格式，顯示更多細節，包括核心驅動程式、裝置代碼和廠商編號、以及埠編號等等：

```
$ lsusb -tv
[...]
/:  Bus 03.Port 1: Dev 1, Class=root_hub, Driver=xhci_hcd/14p, 480M
    ID 1d6b:0002 Linux Foundation 2.0 root hub
    |__ Port 3: Dev 2, If 0, Class=Hub, Driver=hub/4p, 480M
        ID 0bda:5401 Realtek Semiconductor Corp. RTL 8153 USB 3.0 hub with
        gigabit ethernet
    |__ Port 7: Dev 11, If 0, Class=Vendor Specific Class, Driver=rt2800usb, 480M
        ID 148f:5372 Ralink Technology, Corp. RT5372 Wireless Adapter
    |__ Port 11: Dev 5, If 0, Class=Human Interface Device, Driver=usbhid, 1.5M
        ID 2516:0004 Cooler Master Co., Ltd. Storm QuickFire Rapid Mechanical
        Keyboard
    |__ Port 12: Dev 6, If 0, Class=Human Interface Device, Driver=usbhid, 1.5M
        ID 046d:c018 Logitech, Inc. Optical Wheel Mouse
[...]
```

下例則顯示，當你插入一個帶有藍牙介面的外接 USB hub、再在 hub 上串接一個三星智慧型手機時的模樣：

```
$ lsusb
[...]
Bus 003 Device 001: ID 1d6b:0002 Linux Foundation 2.0 root hub
Bus 003 Device 012: ID 04e8:6860 Samsung Electronics Co., Ltd Galaxy series,
 misc. (MTP mode)
Bus 003 Device 013: ID 0a12:0001 Cambridge Silicon Radio, Ltd Bluetooth Dongle
 (HCI mode)
Bus 003 Device 002: ID 0bda:5401 Realtek Semiconductor Corp. RTL 8153 USB 3.0
 hub with gigabit ethernet
[...]

$ lsusb -tv
[...]
/:  Bus 03.Port 1: Dev 1, Class=root_hub, Driver=xhci_hcd/14p, 480M
    ID 1d6b:0002 Linux Foundation 2.0 root hub
    |__ Port 3: Dev 2, If 0, Class=Hub, Driver=hub/4p, 480M
        ID 0bda:5401 Realtek Semiconductor Corp. RTL 8153 USB 3.0 hub with
        gigabit ethernet
        |__ Port 4: Dev 12, If 0, Class=Imaging, Driver=, 480M
            ID 04e8:6860 Samsung Electronics Co., Ltd Galaxy series, misc. (MTP
            mode)
        |__ Port 2: Dev 13, If 0, Class=Wireless, Driver=btusb, 12M
            ID 0a12:0001 Cambridge Silicon Radio, Ltd Bluetooth Dongle (HCI mode)
        |__ Port 2: Dev 13, If 1, Class=Wireless, Driver=btusb, 12M
            ID 0a12:0001 Cambridge Silicon Radio, Ltd Bluetooth Dongle (HCI mode)
[...]
```

探討

匯流排與埠編號會保持不變。但當你每次插入裝置時，裝置編號都會變動。

舉例來說，ID 編號 0a12:0001，分別代表廠商和裝置的代碼。製造商都必須向 *https://usb.org* 為自家產品申請新代碼。你可以在 linux-usb.org（*https://oreil.ly/bHLo6*）找到最近的 USB ID 清單，也可以在此提交更新資訊。

類別代碼也是由 *https://usb.org* 所管理的；詳情請參閱 USB class codes（*https://oreil.ly/vNCgT*）。筆者注意到一個有趣的現象，那就是 Dev 12 本應是三星的 Android 手機，卻被分類為影像裝置。但這樣做也不無道理，因為大部份的 Linux 發行版都會用媒體傳輸協定（Media Transfer Protocol, MTP）傳送來自 Android 手機的檔案。

本小節的範例均來自一部兼具 USB 2.0 埠和 USB 3.1 埠的 PC。*lsusb* 的輸出會顯示裝置經協調而得的連線速度，因此當你看到像是 usbhid, 1.5M 而非 480M 或是 5000M 的字樣時，不用覺得意外，因為那只是鍵盤，不需要用到 USB 鏈結的全速傳輸。如果是儲存裝置，如 USB 隨身碟和外接硬碟，你才會看到較高的傳輸速度。

參閱

- *man 8 lsusb*
- *https://usb.org*
- *https://oreil.ly/js1oj*

10.9　用 lsblk 列出分割區和硬碟

問題

你需要一種方式，可以迅速列出所有已附掛儲存裝置和其中的分割區。

解法

利用 *lsblk*（列舉區塊裝置的簡寫）命令。不用參數執行它^{譯註}，會產生你電腦上全部所有區塊裝置的清單：

```
$ lsblk
NAME    MAJ:MIN RM   SIZE RO TYPE MOUNTPOINT
sda       8:0    0   3.7T  0 disk
├─sda1    8:1    0   476M  0 part /boot
├─sda2    8:2    0  55.9G  0 part /
├─sda3    8:3    0   1.8T  0 part /home
└─sda4    8:4    0   7.5G  0 part [SWAP]
sdb       8:16   0   1.8T  0 disk
├─sdb1    8:17   0   102M  0 part
├─sdb2    8:18   0   6.5G  0 part
├─sdb3    8:19   0   1.1G  0 part [SWAP]
└─sdb4    8:20   0   1.8T  0 part
sdc       8:32   0   3.7T  0 disk
├─sdc1    8:33   0   128M  0 part
├─sdc2    8:34   0 439.7G  0 part
└─sdc3    8:35   0   3.2T  0 part
```

---

^{譯註} 如果你執行 lsblk 發現有大量的 loop 裝置，不用緊張；loop 屬於一種偽裝置（pseudo device，*https://en.wikipedia.org/wiki/Loop_device*），可以把檔案當成區塊裝置來操作，光碟 iso 映像檔便是一例。

```
sdd       8:48   1   3.8G  0 disk
└─sdd1    8:49   1   3.8G  0 part
sr0      11:0    1 159.3M  0 rom
```

如要顯示特定裝置的檔案系統標籤和 UUID：

```
$ lsblk -f /dev/sdc
NAME    FSTYPE LABEL             UUID                    MOUNTPOINT
sdc
├─sdc1
├─sdc2 ntfs   Seagate Backup Plus  2E203F82203F5057
└─sdc3 ext4   backup            0451d428-9716-4cdd  /media/max/backup
```

如果只想觀察 SCSI 裝置及其類型：

```
$ lsblk -S
NAME HCTL      TYPE VENDOR  MODEL            REV TRAN
sda  0:0:0:0   disk ATA     ST4000DM000-1F21 CC54 sata
sdb  2:0:0:0   disk ATA     SAMSUNG HD204UI  0001 sata
sdc  6:0:0:0   disk Seagate BUP SL           0304 usb
sr0  4:0:0:0   rom  ATAPI   iHAS424    B     GL1B sata
```

探討

sda 和 *sdb* 皆為 SATA 的硬碟，而 *sdc* 是 USB 的快閃隨身碟。在 Linux 上，像 SATA 硬碟和快閃媒體等大量儲存裝置，皆使用 SCSI 驅動程式。至於 *sr0*、*rom* 和 *ATAPI* 等字樣則都代表這是一台 CD/DVD 播放器。

若是在沒有前提的情況下，要定義何謂區塊裝置（*block devices*）會相當困難，因為這原本是程式中的術語，無法適切地轉譯為簡明易懂的使用者概念。從筆者的經驗來說，最簡單的方式就是將區塊裝置想像成大量儲存裝置和儲存裝置中的分割區。

MAJ:MIN 代表主要（major）與次要（minor）編號。主要編號負責識別類別 category，例如 8 便代表 *sd* 裝置，而次要編號則依序標定每一個裝置（執行 **lsblk -l** 便可觀看樹狀結構）。

RM 代表是否為可插拔裝置，若為 1 即代表這是可拔除的磁碟。

SIZE 代表區塊裝置的容量。

RO = 0 代表此裝置並非唯讀，1 才代表示是唯讀裝置。*sr0* 是 CD/DVD 光碟機，屬於可讀寫的光碟機，但 *lsblk* 無法辨識放在 *sr0* 裡的光碟是否為可寫入的碟片。

TYPE 辨別的是磁碟類型。

如果該裝置已經掛載，則 MOUNTPOINT 顯示的是路徑。

參閱

- *man 8 lsblk*

10.10　取得 CPU 資訊

問題

你想知道系統上使用何種 CPU，以及其數量與規格。

解法

執行 *lscpu*（列舉 CPU 的簡寫）命令，但不加參數：

```
$ lscpu
Architecture:        x86_64
CPU op-mode(s):      32-bit, 64-bit
Byte Order:          Little Endian
CPU(s):              8
On-line CPU(s) list: 0-7
Thread(s) per core:  2
Core(s) per socket:  4
Socket(s):           1
Vendor ID:           GenuineIntel
CPU family:          6
Model:               60
Model name:          Intel(R) Core(TM) i7-4770K CPU @ 3.50GHz
[...]
L1d cache:           128 KiB
L1i cache:           128 KiB
L2 cache:            1 MiB
L3 cache:            8 MiB
[...]
```

此命令會倒出大量的資訊；你也會看到大量的旗標，列出其功能及各層快取（L cache）等資訊。

探討

CPU 快取共分三種類型：L1、L2 和 L3。它們是一種位在 CPU 內部的小量快取記憶體。其速度相當快，通常會比系統 RAM 快上好幾倍，用來儲存 CPU 在下一輪時脈操作時最可能用到的資料。L1 速度最快、成本也最高，因此它通常容量最小。L2 速度較 L1 稍慢，也比較便宜，因此容量通常比 L1 大上一點。L3 速度最慢、也最便宜，因此空間是三者中最大的。

上例中的 CPU 一共擁有四層快取。你可以用參數 -C 觀察詳細的快取資訊。

```
$ lscpu -C
NAME ONE-SIZE ALL-SIZE WAYS TYPE          LEVEL
L1d       32K     128K    8 Data              1
L1i       32K     128K    8 Instruction       1
L2       256K      1M     8 Unified           2
L3        8M       8M    16 Unified           3
```

以上顯示四層快取，由四個實體 CPU 核心所共享。L1i 快取儲存的是 CPU 的指令，而 L1d 快取儲存的則是資料。L2 和 L3 都只儲存資料。

CPU 的核心數目也許會有一點混淆。上例的 CPU(s): 8 並非意味著真的有 8 個實體核心；相對地，這代表 Linux 核心所見到的核心數。以下幾行陳述事實：

```
Thread(s) per core:  2
Core(s) per socket:  4
Socket(s):           1
```

這其實是單獨一顆處理器，含有四個實體核心，而每個核心有兩個執行緒，因此總共有八個邏輯 CPU。

參閱

- *man 1 lscpu*

10.11　辨識硬體架構

問題

你不太確定機器使用的硬體架構；猜想它可能是 x86-64 或 ARM，而你需要確認這一點。

解法

利用 *uname* 命令。下例為一部 x86-64 的機器：

```
$ uname -m
x86_64
```

以下清單包含若干可能最常見的結果：

- arm
- aarch64
- armv7*（arm7 以下均為 32 位元）
- armv8*（arm8 以上為 64 位元）
- ia64
- ppc
- ppc64

- s390x
- sparc
- sparc64
- i386
- i686
- x86_64

如果機器並非執行 Linux，請試著用一支 SystemRescue 的 USB 隨身碟開機，再執行 *uname -m* 試試。

你可以把 Linux 裝在一部 Chromebook 上。Chromebooks 同時採用 Intel 和 ARM 處理器。而要知道你的 Chromebooks 使用何種處理器，方法之一就是開啟網頁瀏覽器，進入 *chrome://system*。這會顯示所有的系統資訊，搞不好比你預期的還要多。

更友善的工具是 Cog System Info Viewer（*https://oreil.ly/Yeirk*），它會顯示 Chromebooks 的硬體與網路資訊。

探討

Linux 支援的硬體架構，比任何作業系統都多，從小巧的嵌入式系統和單晶片系統（systems on a chip, SoCs），到大型主機（mainframes）和超級電腦，都不例外。不論你擁有的是何種稀奇古怪的運算用硬體，都可能會有某種 Linux 可以在上面運行。

參閱

- *man 1 uname*

## 第十一章

建立與管理檔案系統

Linux 支援的檔案系統數量，遠過於其他任何一種作業系統。檔案系統是運算的基礎，它處理了大量的工作。一套電腦系統必須儲存、組織和保護我們的資料，還要承受經常使用的持續壓力。身為 Linux 使用者，我們很幸運可以有許多一流的檔案系統可以選擇。

在本章當中，你會學到各種建立和管理以下通用檔案系統時會用到的命令，它們都受到 Linux 的全面支援，而且有良好的維護：

- Ext4，即延伸檔案系統（Extended Filesystem）

- XFS，即 X 檔案系統；X 沒有特殊涵義

- Btrfs，即所謂的 b-tree 檔案系統，發音念成 Butter FS

- FAT16/32，分成 16 和 32 位元兩種檔案定位表（File Allocation Table）

- exFAT，延伸版本的 FAT，是微軟最新的 64 位元檔案系統

至於微軟的 NTFS 或是蘋果的 HFS/HFS+/APFS，都不在本章範圍之內。Linux 對微軟的 NTFS 有良好的支援，讀寫皆不例外。如果想試試看，請找出 *ntfs-3g*（意為 NTFS 第三代）套件來試用。

但對於蘋果 HFS/HFS+/APFS 的支援則不甚穩定。如果還是想試試，請找出名稱中有 *hfs* 或是 *apfs* 字樣的套件，並確認其套件說明中確實有蘋果檔案系統的字樣。

此外還有許多特殊用途的檔案系統，像是 UBIFS 和 JFFS2，皆為 Compact-Flash 裝置專用；壓縮檔案系統如 SquashFS、HDFS、CephFS 和 GlusterFS，則皆適用於分散式運算；NFS 則用於網路檔案共享；此外族繁不及備載。這些檔案系統足夠塞滿一本書，因此此處不一一介紹。它們都可以自由取得，可供隨意嘗試及學習之用。

檔案系統概述

在你可以隨意使用任何儲存裝置之前，不論是硬碟、USB 快閃隨身碟、或是 SD 卡片，它們都必須先經過分割、並格式化成為某種檔案系統。每種檔案系統必須擁有自己的磁碟分割區。分割區可以涵蓋整個磁碟，或是將一顆磁碟分割成數個分割區。每個分割區就像獨立的磁碟一般，而每個分割區都可以是不同的檔案系統。

一個檔案系統必須先掛載（mount）、或附掛（attach）至另一個運作中的檔案系統，才可以使用。檔案系統都需要一個掛載點（*mountpoint*），這是一個專為該檔案系統建立的目錄。該目錄可以位於任何位置，傳統上會位於 /mnt 和 /media。

你只能在一個掛載點上掛載一個檔案系統。如果掛載了第二個檔案系統，就會把第一個檔案系統覆蓋過去。

檔案系統可以設成在系統啟動時自動掛載，或是在你插入一個可插拔的媒體時自動掛載，抑或是從命令列、甚至是點選桌面或檔案管理中的一個按鍵，藉此手動掛載。大部份的 Linux 發行版都會妥善地處理可插拔媒體。請插上你的 USB 裝置或光碟機，然後 Linux 便會自行設置掛載點、並自動掛載它，或是先替你設定好，讓你只需按個按鍵便可掛載（圖 11-1）。

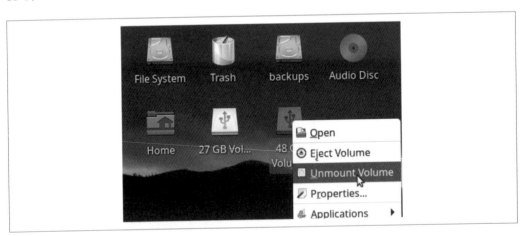

圖 11-1　Xfce desktop 中可插拔媒體的按鍵

Ext4、XFS、Btrfs 和 exFAT 皆為 64 位元的檔案系統。這代表它們都支援 64 位元的區塊定址空間，意即與 32 位元和 16 位元檔案系統相比，64 位元檔案系統可以有更大容量的檔案和檔案數量。64 位元的運算方式，早在 1970 年代的超級電腦上就已出現，後來也陸續出現在高階商用機種中，例如 IBM Power 和 Sun Microsystems 的 UltraSPARC。

回想 1990 年代中期，我的第一套 Windows 3.1/DOS PC，是一套 16 位元的系統。Windows 95 則號稱是第一套可供消費者使用的 32 位元作業系統。第一套可供 x86 PC 使用的 64 位元檔案系統，則大約於 2001 年開始出現在 Linux 上。請參閱 Linux 核心文件中的 Ext4 High Level Design（*https://oreil.ly/kufyJ*），其中有許多精美的表格，詳細比較了 32 位元和 64 位元的檔案系統。

64 位元檔案系統可回溯相容於 32 位元的應用程式。但近年來你已經不太可能再用到 32 位元的應用程式了，不過如果你需要，它們仍可在現代的 Linux 上運作，只要它提供了可以設置 32 位元環境的必要套件即可。

Ext4 和 XFS 皆屬於所謂的*日誌式*（*journaling*）檔案系統，而 Btrfs 則屬於 *copy-on-write*（CoW）檔案系統。日誌式和 CoW 都可以在斷電或是系統當機後仍保持檔案系統的一致性狀態。檔案系統相當複雜而且繁忙，一旦受到中斷，受影響的不只是你在操作的檔案而已。中斷會導致大量檔案處於作業未完成的狀態，而在以往的日子裡，這種問題往往導致整個檔案系統受損。

Ext4 是 Linux 上最廣為使用的檔案系統，也是大多數 Linux 發行版的標準。它並不花俏。但經過良好的測試、也有優秀的支援，重要的是它會可靠地完成工作。Ext4 的日誌紀錄會記錄所有異動，直到確實寫入磁碟為止，因而得以確保發生中斷時仍可保護資料不致遺失。Ext4 檔案系統可以重劃容量大小，縮放均可。

XFS 則原本屬於高性能 Unix 的 64 位元檔案系統，於 2001 年移植到 Linux 上。XFS 是一套快速、有效率、而且可靠的日誌式[譯註]檔案系統，從小型個人機器、到多磁碟的資料中心設置，都一體適用。XFS 可以加大，但無法縮小。

Btrfs 是一種先進的 copy-on-write（CoW）檔案系統，它包括了一系列的功能，是本章中的其他檔案系統所無的，像是快照；RAID 0、1 和 10；以及子卷冊（subvolumes）。子卷冊非常有彈性，因為它可以在單一分割區中建立多個檔案系統根部。CoW 則是以有效運用空間的方式建立快照，每個快照都只包含前一版快照建立以來的異動內容。當你遇上問題，就可以回復到已知正常的那一份快照。Btrfs 可以放大或縮小容量。

FAT16/32 則是老舊的微軟 16 位元與 32 位元檔案系統。FAT32 是最為通用的檔案系統，常見於微軟視窗、蘋果 macOS、Linux、Unix 和 DOS 等作業系統。在可攜式媒體上使用 FAT32，最便於分享檔案。唯一限制其用途的缺點，就是它最大的檔案容量不超過 4 GB（以 4K 區塊的媒體而言）。

[譯註] 此處指的就是 SGI 的 IRIX 系統，多部知名電影的電腦特效均以 SGI 的系統製作，包括「駭客任務」、「侏儸紀公園」、「魔戒」、「神鬼戰士」等等。

exFAT 是最新型的微軟 64 位元檔案系統，源自於 FAT32。exFAT 是一種快速、輕巧的檔案系統，適用於 USB 隨身碟及 SD 媒體，同時它也支援比 FAT32 更大的檔案及卷冊容量。Wikipedia 引述，它的單一檔案最大可達 16 EiB、卷冊容量則高達 128 PiB。但它不支援日誌或 CoW。

對於 Linux 使用者而言，exFAT 相當麻煩，因為它屬於有專利的檔案系統，直到 2020 年都還無法成為 Linux 原生的檔案系統。但只有當你需要讀取具有 exFAT 格式的 USB 快閃隨身碟或 SDXC 卡片、並將資料複製至 Linux 電腦時，才需要煩惱與 Linux 的相容性。這種情況通常發生在你的數位相機或數位錄音裝置使用 exFAT 格式化的 SDXC 卡片的時候。

要在 Linux 上使用 exFAT，有兩種選擇。一是使用 *exfatprogs*、或是 *exfatfuse* 和 *exfat-utils* 等套件，大部分的發行版中都可以找得到。exFAT FUSE 是在美國境外研發和維護的，因此不受美國專利法規影響。exFAT FUSE 利用了使用者空間檔案系統（Filesystem in Userspace, FUSE），讓非特權使用者可以在使用者空間運行檔案系統。它並不像正確整合至核心的檔案系統那般有效率，但仍然可以運作，而且可以讀寫 exFAT 檔案。有些人會嘗試在共享分割區使用 exFAT FUSE，以便跟 Windows 還有 macOS 共用檔案。理論上這是可行的，只不過有時還是會有些毛病，通常跟特定版本的 Windows 或 macOS 如何實作 exFAT 有關。

第二種選擇，就是稍微再等等，等到原生支援成立為止。微軟在 2006 年時推出了 exFAT，並將其授權給製作嵌入式系統及嵌入式媒體的公司。但是隨著時間變化，微軟也開始向開放原始碼靠攏，並成為開源發明網路（Open Invention Network，簡稱 OIN，*https://oreil.ly/AJepb*）的一員。微軟在 2019 年公開了 exFAT 的規格。開放規格代表可以避開與既有 exFAT 程式碼之間的授權爭議，而 Linux 核心開發人員隨即展開新程式碼的撰寫。以嶄新程式碼提供的原生 exFAT 支援，始於 Linux 核心 5.7 版。應該很快就可以在你愛用的發行版上看到；只須執行 *uname –r* 即可看出你的核心版本。

11.1　列舉支援的檔案系統

問題

你想知道自己的 Linux 系統上裝有哪些檔案系統。

解法

讀取 */proc/filesystems*，看看已安裝檔案系統的清單有哪些：

```
$ cat /proc/filesystems
nodev   sysfs
```

```
nodev    tmpfs
nodev    bdev
nodev    proc
nodev    cgroup
nodev    cgroup2
nodev    cpuset
nodev    devtmpfs
nodev    debugfs
nodev    tracefs
nodev    securityfs
nodev    sockfs
nodev    bpf
nodev    pipefs
nodev    ramfs
nodev    hugetlbfs
nodev    devpts
         ext3
         ext2
         ext4
nodev    autofs
nodev    mqueue
nodev    pstore
         btrfs
         vfat
         xfs
         fuseblk
nodev    fuse
nodev    fusectl
         jfs
         nilfs2
```

探討

看到那些 *nodev* 項目了嗎？這些都是虛擬的檔案系統，只存在於記憶體當中，不附掛在任何像是 */dev/sda1* 之類實體裝置上。Systemd 負責管理所有這些虛擬的檔案系統。

其他檔案系統如 Ext4、XFS 等等，都是我們會在儲存裝置上用來儲存、組織跟保護資料用的檔案系統。

參閱

- 「sysfs, the filesystem for exporting kernel objects」（*https://oreil.ly/QCMN7*）原本是為開發人員所寫的，但仍含有一些對於 Linux 使用者和管理員有用的資訊。

11.2　辨識既有檔案系統

問題

你並不知道系統上、或是可插拔的儲存磁碟中已有何種檔案系統，而你想知道如何將其列舉出來。

解法

利用 *lsblk* 命令。你可以透過 *NAME* 選項，只列出裝置名稱，或再加上 *FSTYPE* 選項，列出檔案系統：

```
$ lsblk -o NAME,FSTYPE
NAME    FSTYPE
sda
├─sda1 vfat
├─sda2 btrfs
├─sda3 xfs
└─sda4 swap
sdb
├─sdb1 ext2
├─sdb2 ext4
├─sdb3 swap
└─sdb4 LVM2_member
sdc
└─sdc1 vfat
sr0
```

若只查詢單一磁碟：

```
$ lsblk -o NAME,FSTYPE /dev/sdb
├─sdb1 ext2
├─sdb2 ext4
├─sdb3 swap
└─sdb4 LVM2_member
```

或只查詢單一分割區：

```
$ lsblk -o NAME,FSTYPE /dev/sda1
NAME FSTYPE
sda1 vfat
```

以下是筆者最愛的 *lsblk* 法術。它會將所有的裝置名稱、檔案系統類型、檔案系統容量、已使用百分比、標籤、以及掛載點，全都條列出來：

```
$ lsblk -o NAME,FSTYPE,LABEL,FSSIZE,FSUSE%,MOUNTPOINT
NAME      FSTYPE    LABEL      FSSIZE FSUSE% MOUNTPOINT
loop0     squashfs             646.5M   100% /run/archiso/sfs/airootfs
sda
├─sda1
└─sda2    ntfs
sdb
├─sdb1    vfat      BOOT
├─sdb2    btrfs     root
├─sdb3    xfs       home
└─sdb4    swap
sdc       iso9660   RESCUE800
└─sdc1    iso9660   RESCUE800    708M   100% /run/archiso/bootmnt
sr0
```

探討

執行 *lsblk --help*，便可觀看所有欄位的清單。有用的資訊相當可觀，包括路徑（PATH）、標籤（LABEL）、UUID、HOTPLUG、MODEL（型號）、SERIAL（序號）和容量（SIZE）等等。

有些發行版會需要動用 root 權限，方可觀看檔案系統類型、UUID 和標籤等資訊。

如果是 FAT16 和 FAT32 兩種檔案系統，*lsblk* 一律顯示為 *vfat* 類型。你可以進一步以 GParted 或是 *parted* 來檢視檔案系統究竟是 FAT16 還是 FAT32。

vfat 代表虛擬 FAT（Virtual FAT），是核心中 FAT16 與 FAT32 檔案系統的驅動程式。

參閱

- Linux Kernel SCSI Interfaces Guide（Linux 核心的 SCSI 介面指南，*https://oreil.ly/beFOx*）
- 區塊與字元裝置的主要與次要編號（*https://oreil.ly/NW2S7*）
- *man 8 lsblk*
- *man 8 parted*
- 第八章
- 第九章

11.3　重劃檔案系統大小

問題

你想放大或縮小檔案系統。

解法

每種檔案系統都有自己專屬的縮放命令。請參閱招式 8.8、8.9 和 9.7，了解如何重劃檔案系統大小。

探討

檔案系統所在的分割區亦須重新縮放，以配合檔案系統。GParted 可以一箭雙鵰（參閱招式 9.7）。

招式 8.8 和 8.9 係運用 *parted* 和檔案系統專有工具，分成兩部份來重劃檔案系統容量、以及其寄居的分割區容量。

參閱

- 招式 8.8
- 招式 8.9
- 招式 9.7
- *man 8 resize2fs*
- *man 8 parted*
- *man 8 xfs_growfs*
- *man 8 btrfs*
- *man 8 fsck.vfat*

11.4　刪除檔案系統

問題

你需要刪除某個檔案系統，以及其寄居的分割區。

解法

如欲刪除檔案系統及其所在的分割區，用 *parted* 就能辦到。在下例中，我們刪除了 */dev/sdb1*。請先確認你要刪除的是哪一個分割區和檔案系統，並確認該檔案系統已經卸載。下例中的掛載點是 */media/duchess/stuff*：

```
$ lsblk -f
sda
├─sdb1 ext4    /media/duchess/stuff
[...]
$ umount /media/duchess/stuff
```

然後便可以用 *parted* 來刪除分割區：

```
$ sudo parted /dev/sdb
GNU Parted 3.2
Using /dev/sdb
Welcome to GNU Parted! Type 'help' to view a list of commands.
(parted) print
Model: ATA SAMSUNG HD204UI (scsi)
Disk /dev/sdb: 2000GB
Sector size (logical/physical): 512B/512B
Partition Table: gpt
Disk Flags:

Number  Start   End     Size    File system  Name  Flags
 1      1049kB  1656GB  1656GB  ext4         stor-1
 2      1656GB  2656GB  1000GB  ext4         stor-2
(parted) rm 1
```

如果你偏好圖型化工具，可改用 GParted（參閱第九章）。

探討

你沒看錯，命令名稱是 *umount*，而非 *unmounts*。*umount* 這命令可上溯自古早的 Unix 年代，因為當時的標準檔案名稱（identifiers）受限於長度最多六個字元。

刪除分割區中所有檔案，並不會一併刪除檔案系統。檔案系統的架構還會留在原位。

參閱

- *man 1 dd*

11.5　使用新檔案系統

問題

你剛才建立了新的檔案系統,現在想要掛載它。

解法

一旦新建了檔案系統,就必須建立掛載點,或是再加上自動掛載的設定。正如本章開頭時的概述所言,新檔案系統務必要掛載(或附掛)至某個運行中的檔案系統,方可為人所用。

Ext4、XFS 和 Btrfs 都具備存取控制機制。如果你希望這些檔案系統中的檔案皆可為 root 使用者以外的任何一方所使用,就必須調整所有權及權限。FAT16/32 和 exFAT 則不具備任何存取控制機制,對任何人都完全開放。

先從掛載新檔案系統開始。首先建立掛載點,亦即某個目錄,再掛載檔案系統如下:

```
$ sudo mkdir -p /mnt/madmax/newfs
$ sudo mount /dev/sdb1 /mnt/madmax/newfs
```

下例會將新檔案系統所有權設給 Mad Max,同時將執行及讀寫權設給群組、唯讀權設給其他人:

```
$ sudo chown -R madmax:madmax /mnt/madmax/newfs
$ sudo chmod -R 0755 /mnt/madmax/newfs
```

現在 Mad Max 可以使用新檔案系統了。該掛載點只會開放到下次系統重啟前為止;若要將檔案系統設為自動掛載,請參閱招式 11.6。

一個掛載點只能有一個檔案系統

每個檔案系統都需要自己獨有的掛載點;你不能將多個檔案系統重複掛在同一個掛載點上。

探討

關於所有權及權限等細節,請回頭參閱第六章。

傳統上用來作為掛載點的目錄，不出 /mnt 和 /media 兩者。/mnt 傳統上屬於靜態掛載（亦即設定在 /etc/fstab 裡），而 /media 則用於自動掛載可插拔媒體。你也可以在任一位置自行指定掛載點。使用傳統目錄的好處在於，讓掛載點固定在幾處較為人所知的位置。

讓多位使用者的掛載點位於同一個共享目錄（其下一人一個掛載點目錄），看起來會像這樣：

```
$ tree /shared
/shared
├── duchess
├── madmax
└── stash
```

在使用者自己的子目錄底下，每個檔案系統都需要有自己的掛載點。例如 Mad Max 就有兩個檔案系統，分別掛載在 *madmax1* 和 *madmax2* 底下：

```
$ tree -L 2 /mnt
/mnt
├── duchess
├── madmax
│   ├── madmax1
│   └── madmax2
└── stash
```

掛載點的名稱可以隨意自訂。舉例來說，Mad Max 的掛載點可以是 *fs1* 和 *fs2*、或是 *fred* 和 *ethel*、或是 *max1* 和 *max2* 亦無妨，只要是便於記憶的名稱，都可以用。

你可以用 *stat* 命令來觀察檔案系統權限，就像下例中 Mad Max 的新檔案系統：

```
$ stat /shared/madmax/madmax1
[...]
Access: (0755/drwxr-xr-x) Uid: ( 0/ madmax) Gid: ( 0/ madmax)
```

要列出所有已掛載的檔案系統，就要用 *mount*：

```
$ mount
sysfs on /sys type sysfs (rw,nosuid,nodev,noexec,relatime)
proc on /proc type proc (rw,nosuid,nodev,noexec,relatime)
udev on /dev type devtmpfs
[...]
```

如果要觀察某個目錄是否為掛載點，就要用 *mountpoint* 命令：

```
$ mountpoint madmax1/
madmax1/ is a mountpoint
```

參閱

- *man 1 chown*

- *man 1 chmod*

- *man 1 stat*

11.6　建立自動掛載的檔案系統

問題

你新建了檔案系統，而且希望它會在系統啟動時自動掛載起來。

解法

這是 */etc/fstab* 檔案的責任。以下範例會在現有的 */etc/fstab* 檔案中加入設定，以便為招式 11.5 中的檔案系統建立靜態掛載，同時在啟動時自動將其掛載起來：

```
#<file system>      <mount point>      <type>   <options>        <dump>   <pass>
LABEL=xfs-ehd       /mnt/madmax/newfs  xfs      defaults,user    0        2
```

請用 *findmnt* 命令測試你的新設定：

```
$ sudo findmnt --verbose --verify
/
    [ ] target exists
    [ ] UUID=102a6fce-8985-4896-a5f9-e5980cb21fdb translated to /dev/sda2
    [ ] source /dev/sda2 exists
    [ ] FS type is btrfs
    [W] recommended root FS passno is 1 (current is 0)
/mnt/madmax/newfs
    [ ] target exists
    [ ] LABEL=xfs-ehd translated to /dev/sdb1
    [ ] source /dev/sdb1 exists
    [ ] FS type is xfs
[...]
0 parse errors, 0 errors, 1 warning
```

看到「recommended root FS passno is 1 (current is 0)」警訊時，不必緊張。如果只有這一條警訊、別無他事，請重啟測試一下，或是執行以下命令，將新的 */etc/fstab* 項目掛載起來：

```
$ sudo mount -a
```

探討

以下一一介紹 *fstab* 中六個欄位的用途：

device

> 這是 UUID 或檔案系統的標籤（LABEL）。注意不要使用 */dev* 之類的名稱，因為它們不是獨一無二的，而且有時會變動。請執行 *lsblk -o UUID,LABEL* 以便列出可供 *device:* 欄位使用的 UUID 和檔案系統標籤。

mountpoint

> 你為檔案系統建立的掛載點。

type

> 檔案系統類型，例如 *xfs*、*ext4* 或是 *btrfs*。你可以用 *auto* 當作檔案系統類型，核心會自動偵測實際的檔案系統類型。

options

> 掛載時的選項，可以是一個以逗點區隔的清單（參閱以下選項清單）。

dump

> 如果你使用 *dump* 命令進行備份，這個欄位會告訴 *dump* 備份所需的間隔，單位以日計算。因此，1 便代表每天備份一次、2 每隔一天備份一次、3 就是三天一次，依此類推。但你可能根本未嘗使用 *dump*，那這一欄便會是 0。

pass

> 這一欄會告訴檔案系統的檢查工具（checker），啟動時要先檢查哪個檔案系統。務必確保根檔案系統的這一欄為 1、而其他的 Linux 檔案系統為 2、非 Linux 檔案系統則為 0。

以下的**選項**（*options*）則定義了權限：

defaults

> 預設值的意思是包括 *rw*、*suid*、*dev*、*exec*、*auto*、*nouser* 和 *async*。*defaults* 的值會被後面附加的額外選項蓋過去，例如 *defaults,user* 就會讓使用者有權掛載跟卸載該檔案系統，將 *defaults* 中原訂的 *nouser* 效用蓋掉。你加上多少額外選項都無所謂，或者乾脆把 *defaults* 拿掉、明確地指定你要的選項。

rw

可以讀 / 寫。

ro

唯讀。

suid

允許使用 setuid 和 setgid。

dev

解譯區塊跟字元裝置。

exec

允許執行二進位檔案。

auto

指定該檔案系統應在開機時啟動。

nouser

非 root 使用者不得掛載或卸載該檔案系統。

async

非同步 I/O，這是 Linux 的標準。

user

非 root 使用者有權掛載該裝置，如果已掛載，就可以卸載。

users

任何使用者皆可掛載或卸載該裝置。

noauto

開機時不得自動掛載。

ro

將檔案系統掛載為唯讀狀態。

noatime

不要更新「time accessed」（已存取時間）這個檔案屬性。以前會用 *noatime* 來提高性能。如果是現代的電腦，可能有沒有它都沒差。

gid

將存取權限制給某群組（根據 */etc/group*）；例如 *gid=group1*。

參閱

- *man 8 mount*
- *man 5 fstab*
- systemd (*https://systemd.io*)

11.7　建立一個 Ext4 的檔案系統

問題

你想在內部或外接磁碟建立一個新的 Ext4 檔案系統。

解法

先啟動一個分割區，其空間正好等同於你要的檔案系統容量。然後使用 *mkfs.ext4* 命令[譯註 1] 來建立新的 Ext4 檔案系統。

以下範例會以新的 Ext4 檔案系統覆蓋既有的 XFS 檔案系統。當你要覆寫既有檔案系統時，必須先將其卸載。在下例中，*/dev/sdb1* 上的檔案系統掛載在 */media/duchess/stuff*，你可以以 *df* 命令觀察[譯註 2]：

```
$ df -Th /media/duchess/stuff/
Filesystem     Type  Size  Used Avail Use% Mounted on
/dev/sdb1      xfs   952M  7.9M  944M   1% /media/duchess/stuff
```

你可能要動用 root 權限才能卸載：

```
$ sudo umount /media/duchess/stuff
```

[譯註 1]　mkfs.ext4 其實只是一個指向 /usr/sbin/mke2fs 命令的符號連結。

[譯註 2]　df 命令常用於觀察指定檔案所在檔案系統的訊息。參數 -T 代表顯示檔案系統類型、-h 代表以便於肉眼判讀的格式顯示（以 1024k 為單位）。

建立新的 Ext4 檔案系統：

```
$ sudo mkfs.ext4 -L 'mylabel' /dev/sdb1
mke2fs 1.44.1 (24-Mar-2018)
/dev/sdb1 contains a XFS file system labelled 'stuff'
        created on Sun Sep 20 19:37:43 2020
Proceed anyway? (y,N) y
Creating filesystem with 466432 4k blocks and 116640 inodes
Filesystem UUID: 99da2e5d-f96a-4fb6-990d-599cf56247a2
Superblock backups stored on blocks:
        32768, 98304, 163840, 229376, 294912

Allocating group tables: done
Writing inode tables: done
Creating journal (8192 blocks): done
Writing superblocks and filesystem accounting information: done
```

你也可以另建新分割區，再於其中放入新檔案系統；請參閱招式 8.4 和 9.4 的新建分割區。

探討

覆蓋檔案系統無疑會將其中原有資料都毀掉。

選項 -L 係用於建立卷冊標籤。內容可以是任何字，最長 16 個字元（若是 FAT32 就只限 11 個字元）。檔案系統標籤並非必要，但仍有其用途，而且有些操作，可以用它來取代冗長的 UUID，例如 /etc/fstab 就是如此。

選項 -n 負責假執行[譯註]，因此你可以用它觀察執行後的結果，卻不會真的新建檔案系統。

mke2fs 的選項為數甚眾，但你可能只會常用其中幾種：裝置名稱、卷冊標籤、假性測試（dry-run）、以及建立外部日誌（external journal）。其預設值皆放在 /etc/mke2fs.conf，而筆者建議，除非你對這些設定有相當程度的了解，不然就別去動它們。

參閱

- man 8 mke2fs
- 招式 8.4
- 招式 11.5

[譯註] -n 這個參數很有趣；你執行 mke2fs 不加參數調閱使用說明，卻看不到有關它的說明，但在 man mke2fs 裡卻有。

11.8　設定 Ext4 的日誌模式

問題

你知道 ext4 預設的日誌模式是 *data=ordered*，這還不算是真正的日誌資料，頂多只能算是中介資料。它是兼顧安全性與速度的平衡設定，但你想把它改成 *data=journal*，後者才是最安全的設定。

解法

使用 *tune2fs* 命令。首先用 *dmesg* 檢查現有的日誌模式，檔案系統必須是已掛載狀態：

```
$ dmesg | grep sdb1
[25023.525279] EXT4-fs (sdb1): mounted filesystem with ordered data mode.
```

以上確認了 */dev/sdb1* 已格式化為 Ext4，而且預設日誌模式確實是 *data=ordered*。現在把它改成 *data=journal* 的模式：

```
$ sudo tune2fs -o journal_data /dev/sdb1
tune2fs 1.44.1 (24-Mar-2018)
```

卸載後再重新掛載，再次以 *dmesg* 檢視：

```
$ dmesg | grep sdb1
[25023.525279] EXT4-fs (sdb1): mounted filesystem with journalled data mode.
```

如果你發現有多行彼此矛盾的訊息，像這樣：

```
[  206.076123] EXT4-fs (sdb1): mounted filesystem with journalled data mode.
[  206.076433] EXT4-fs (sdb1): mounted filesystem with ordered data mode.
```

請重新開機，然後你應該就只會看到「mounted filesystem with journalled data mode」這一行了。

探討

日誌模式命令的選項命名往往淪於混亂，端看你參考的文件來自何處。如果你參照 *man 8 tune2fs*，選項列舉如下：

- journal_data

- journal_data_ordered

- journal_data_writeback

但是在核心文件中，還有很多 how-to 文件，都仍有這樣的選項：

- data=journal
- data=ordered
- data=writeback

data= options 是用來在開機時將選項傳遞給核心、或是放在開機程式（bootloader）的組態裡、或是放在 */etc/fstab*。筆者偏好使用 *tune2fs*，因為它速度快又好用，而且不論掛載設定為何，所有的 Ext4 檔案系統都通用。

以下依資料安全程度（從高到低）列舉各種日誌模式：

data=journal

為你的資料提供最好的防護。所有資料和中介資料都會先寫到日誌中，然後才寫到檔案系統裡。在發生意外時，這會讓你最有機會可以復原損失的資料。但這也是最耗資源的選項，因為任何異動其實都得寫入兩次。

data=ordered

此舉不會將資料寫入日誌。資料會先寫入至檔案系統，然後才將中介資料寫入日誌。中介資料會依邏輯順序分組、並在單一交易中完成動作。當中介資料寫入至磁碟時，會先寫入相關的資料區塊。

data=writeback

這是最迅速的設定方式、但安全性也最差。資料會先寫入至檔案系統，然後才將中介資料寫入日誌。資料順序不會被保留。但筆者不認為這麼一丁點效能的差異就值得讓你去冒風險。

參閱

- *man 8 tune2fs*
- 核心文件中的 Ext4 檔案系統（*https://oreil.ly/Y4ajq*）

11.9　找出你的 Ext4 檔案系統附掛在哪個日誌上

問題

你有好幾個 Ext4 檔案系統，有些使用內部日誌、有些則使用外部日誌，而你想知道它們使用哪些日誌。

解法

請運用新命令 *dumpe2fs*。它是 *e2fsprogs* 套件中眾多 ext2/3/4 工具程式的一部份。請查詢你的 Ext4 檔案系統：

```
$ sudo dumpe2fs -h /dev/sda1 | grep -i uuid
dumpe2fs 1.43.8 (1-Jan-2018)
Filesystem UUID:          8593f3b7-4b7b-4da7-bf4a-cc6b0551cff8
Journal UUID:             f8e42703-94eb-49af-a94c-966e5b40e756
```

Journal UUID 便屬於你的日誌。請執行 *lsblk* 驗證其細節：

```
$ lsblk -f | grep f8e42703-94eb-49af-a94c-966e5b40e756
└─sdb5 ext4    journal1 f8e42703-94eb-49af-a94c-966e5b40e756
```

有了，確實位於外部磁碟 /dev/sdb5。而一個正在使用內部日誌的 Ext4 檔案系統，檢視時就不會有 Journal UUID 這一行：

```
$ sudo dumpe2fs -h /dev/sda2 | grep UUID
dumpe2fs 1.44.1 (24-Mar-2018)
Filesystem UUID:          64bfb5a8-0ef6-418a-bb44-6c389514ecfc
```

探討

在 Linux 裡，總會有辦法找出事物的位置。*dumpe2fs* 命令會顯示大量關於 Ext4 檔案系統的有用資訊，包括 UUID、檔案系統建立時間、區塊數目、可用區塊量、日誌大小等等。

參閱

* *man 8 dumpe2fs*

11.10　透過 Ext4 的外部日誌提升效能

問題

你聽說過，若是把 Ext4 的日誌放到與檔案系統所在位置互異的磁碟，有助於提升效能，你想做到這一點。

解法

當你的日誌模式是 *data=journal* 時，外部日誌確實可以改善效能（參閱探討段落以便進一步理解日誌模式）。你可以新建一個 Ext4 檔案系統和外部日誌，或是將現有的檔案系統改成使用外部日誌。

兩顆磁碟（分別是檔案系統和日誌所在的位置）必須位於同一台機器內，而且讀寫速度必須相近。如果日誌所在磁碟較檔案系統磁碟為慢，效能提升效果便不明顯。你可以使用兩顆相似的固態硬碟（SSD）、兩顆相似的硬碟機（HDD）、或是以一顆小的 SSD 來寫入日誌；另一顆較大的 HDD 則供檔案系統使用，因為 SSD 要比 HDD 快得多。

在另一顆磁碟上指定 Ext4 日誌，需要幾個步驟。下例會建立兩個新分割區，其一供日誌使用、另一則供新的 Ext4 檔案系統用。然後依序建立日誌、檔案系統，並將檔案系統附掛到日誌上。

第一個分割區位於 */dev/sdb5*，供日誌使用，大小是 200 GB，另一個分割區則位於 */dev/sda1*，供 Ext4 檔案系統使用，大小是 500 GB：

```
$ sudo parted
(parted) select /dev/sdb
Using /dev/sdb
(parted) mkpart "journal1" ext4 1600GB 1800GB
(parted) select /dev/sda
Using /dev/sda
(parted) mkpart "ext4fs" ext4 1MB 500GB
```

外部日誌和檔案系統必須使用相同的區塊大小，這可以透過下例中的 *-b 4096* 指定。如果你不知道區塊大小，請用 *tune2fs* 去查。以下命令皆是在 Bash shell 中執行、而不是在 *parted* 的 shell 下執行的：

```
$ sudo tune2fs -l /dev/sda1  | grep -i 'block size'
Block size:              4096
```

現在要建立日誌，這可能要花上幾分鐘，然後再建立新檔案系統：

```
$ sudo mke2fs -b 4096 -O journal_dev /dev/sdb5
mke2fs 1.43.8 (1-Jan-2018)
/dev/sdb2 contains a ext4 file system labelled 'ext4'
        created on Mon Jan  4 18:25:30 2021
Proceed anyway? (y,N) y
Creating filesystem with 48747520 4k blocks and 0 inodes
Filesystem UUID: f8e42703-94eb-49af-a94c-966e5b40e756
Superblock backups stored on blocks:
Zeroing journal device:

$ sudo mkfs.ext4 -b 4096 -J device=/dev/sdb5 /dev/sda1
mke2fs 1.43.8 (1-Jan-2018)
Creating filesystem with 35253504 4k blocks and 8814592 inodes
Filesystem UUID: 8593f3b7-4b7b-4da7-bf4a-cc6b0551cff8
Superblock backups stored on blocks:
        32768, 98304, 163840, 229376, 294912, 819200, 884736, 1605632, 2654208,
        4096000, 7962624, 11239424, 20480000, 23887872

Allocating group tables: done
Writing inode tables: done
Adding journal to device /dev/sdb2: done
Writing superblocks and filesystem accounting information: done
```

完成，你現在可以使用新檔案系統了。

你可以用 *tune2fs* 命令把外部日誌附掛至既有的檔案系統。首先清空既有檔案系統的日誌，然後將檔案系統連結到外部日誌上：

```
$ sudo tune2fs -O ^has_journal /dev/sda1
$ sudo tune2fs -b 4096 -J device=/dev/sdb5 /dev/sda1
```

探討

Ext4 日誌可以為資料提供額外的防護，萬一磁碟或系統故障，它可以追蹤尚未來得及寫入磁碟的資料異動。就算它沒能保住最近的異動內容，仍能保護檔案系統不受損，因此你的損失程度會減少很多，而不是災難性的大幅損失。

當日誌模式為 *data=journal* 時，將日誌移至同一部機器上的其他獨立磁碟，這會顯著地提升效能。Ext4 共分三種日誌模式：*journal*、*ordered* 和 *writeback*。預設模式是 *ordered*。如欲理解這些模式、以及如何選擇要用哪一種，請參閱招式 11.8。

^ 字元會關閉日誌功能。這個招式的範例裡，我們用它來清空既有的內部日誌。

Ext4 日誌不能共用，一個日誌只能讓一個檔案系統使用。

參閱

- *man 8 mke2fs*
- *man 8 tune2fs*
- 第八章
- 第九章

11.11　從 Ext4 檔案系統的保留區塊釋放空間

問題

大部份的 Linux 發行版會預留 5% 的 Ext4 檔案系統，供給 root 使用者及系統服務使用。在現代大容量硬碟中，5% 也是可觀的空間，因此你想從它身上騰出一點空間出來。

解法

利用 *tune2fs* 命令調整 Ext4 檔案系統的可用空間大小。你可以用百分比指定，就像下例那樣，把保留空間降到 1%：

```
$ sudo tune2fs -m 1 /dev/sda1
tune2fs 1.44.1 (24-Mar-2018)
Setting reserved blocks percentage to 1% (820474 blocks)
```

但如果以 4K 的區塊來計算，就算這樣也還是有 3 gigabytes 之多（820,474 × 4,096 = 3,360,661,504 bytes）。請找出你的區塊大小：

```
$ sudo tune2fs -l /dev/sda1  | grep -i 'block size'
Block size:               4096
```

你也可以改以低於百分之一的值來指定：

```
$ sudo tune2fs -m .25 /dev/sda1
tune2fs 1.44.1 (24-Mar-2018)
Setting reserved blocks percentage to 0.25% (205118 blocks)
```

這樣也還是有大約 800 MB 保留。或是乾脆改成以區塊數量來指定：

```
$ sudo tune2fs -r 250000 /dev/sda1
tune2fs 1.44.1 (24-Mar-2018)
Setting reserved blocks count to 250000
```

250,000 個 4K 的區塊，大約折合一個 gigabyte。請檢查成果：

```
$ sudo tune2fs -l /dev/sda1 | grep -i 'reserved block'
Reserved block count:      250000
```

探討

萬一你的磁碟空間耗盡，你還是可以用 root 身分登入、並著手釋出空間，如果沒有保留那
5% 的空間，你就做不到這一點。然而，5% 的值源於那個硬碟容量只有幾個 megabyte 的
年代。但如今的硬碟已經不復那般狹小，你不需要預留這麼多的空間。舉例來說，1 TB 磁
碟的 5% 大約是 50 GB。但預留空間只要能有數百個 megabytes 便已綽綽有餘。筆者自己的
預留空間是一個 gigabyte。這個數字既好記，又可確保充足的空間。

利用 *dumpe2fs* 命令來檢查你的 Ext4 檔案系統中保留區塊的設定：

```
$ sudo dumpe2fs -h /dev/sda1
[...]
Block count:               82047488
Reserved block count:      250000
[...]
```

參閱

- *man 8 dumpe2fs*
- *man 8 tune2fs*

11.12　建立新的 XFS 檔案系統

問題

你很喜歡 XFS，想建立一個新的 XFS 檔案系統。

解法

你需要在系統上安裝 *xfsprogs* 套件，並有一個分割區可供設置新檔案系統。然後便可
用 *mkfs.xfs* 新建 XFS 檔案系統。下例以 Ubuntu 展示所有步驟。範例中的新分割區是
/dev/sda1，而新檔案系統的標籤是 *xfstest*：

```
$ sudo apt install xfsprogs
$ sudo parted /dev/sda mkpart testxfs xfs 1MB 500GB
$ sudo mkfs.xfs -L xfstest /dev/sda1
meta-data=/dev/sdb5               isize=512    agcount=4, agsize=640000 blks
```

```
             =                    sectsz=512    attr=2, projid32bit=1
             =                    crc=1         finobt=1, sparse=0, rmapbt=0,
    reflink=0
    data     =                    bsize=4096    blocks=2560000, imaxpct=25
             =                    sunit=0       swidth=0 blks
    naming   =version 2           bsize=4096    ascii-ci=0 ftype=1
    log      =internal log        bsize=4096    blocks=2560, version=2
             =                    sectsz=512    sunit=0 blks, lazy-count=1
    realtime =none                extsz=4096    blocks=0, rtextents=0
```

請用 *lsblk* 檢查成果:

```
$ lsblk -f | grep -w sda1
├─sda1 xfs      xfstest    bb5dddb3-af74-4bed-9d2a-e79589278e84
```

掛載這個新檔案系統,並調整所有權與權限,便可使用了。下例將其掛載在 */mnt/xfstest*、
並將所有權指派給 Duchess,將讀寫權開放給 Duchess、其他人則只能唯讀:

```
$ sudo mkdir /mnt/xfstest
$ sudo mount /dev/sda1 /mnt/xfstest
$ sudo chown -R duchess:duchess /mnt/xfstest
$ sudo chmod -R -755 /mnt/xfstest
```

探討

新建 XFS 檔案系統的命令輸出中含有一些有用的資訊,像是區塊大小、區塊數量、以及磁
區大小等等。

參閱

- *man 8 mkfs.xfs*

11.13 重劃 XFS 檔案系統大小

問題

你想重劃 XFS 檔案系統容量。

解法

XFS 檔案系統只能擴充容量。如果你想縮小它,只能把資料先複製到一個安全的所在,另
建一個較小的分割區,將其格式化成為 XFS,然後才把資料還原至此。

增加容量就簡單多了。你只需先確認 XFS 檔案系統所在的分割區後端，仍有可用空間。在下例中，分割區的新終點為 2700 GB，而檔案系統掛載在 /media/duchess/xfs。

啟動 parted。先印出分割區資訊，驗證你在操作的是正確的分割區、以及終點位置，然後增加分割區容量、再退出 parted：

```
$ sudo parted /dev/sdb
GNU Parted 3.3
Using /dev/sdb
Welcome to GNU Parted! Type 'help' to view a list of commands.
(parted) p free
Model: ATA SAMSUNG HD204UI (scsi)
Disk /dev/sdb: 4000GB
Sector size (logical/physical): 512B/512B
Partition Table: gpt
Disk Flags:

Number  Start    End      Size     File system  Name   Flags
        17.4kB   1049kB   1031kB   Free Space
1       1049kB   1656GB   1656GB   xfs          files
2       1656GB   1759GB   103GB    xfs          files2
        1759GB   4000GB   242GB    Free Space

(parted) resizepart 2
(parted) Warning: Partition /dev/sdb2 is being used. Are you sure you want to
continue?
Yes/No? Yes
End?  [1759GB]? 1900GB
(parted) q
```

現在可以擴大檔案系統，以便運用已經放大的分割區了：

```
$ sudo xfs_growfs /media/duchess/xfs
```

完成了！請享用空間已經放大過的檔案系統。

探討

你也可以把檔案系統先卸載、再在離線狀態下重劃空間。這樣比較安全。

利用 GParted 來重劃檔案系統容量，既快又簡單；請參閱招式 9.7。

參閱

- 招式 8.8
- 招式 9.7

11.14 建立一個 exFAT 的檔案系統

問題

你的數位相機快閃碟被格式化為 exFAT 檔案系統，抑或是你擁有其他使用 exFAT 的快閃儲存裝置，你想要能從 Linux 系統讀寫和編輯這些裝置上的檔案。

解法

可能的解法有二：其一是採用可以在使用者空間檔案系統（Filesystem in Userspace, FUSE）運行的 exFAT 實作版本。其二則是改採可以在 Linux 核心中運行的 exFAT 原生實作版本、而非使用者空間的半調子版本。在這個招式中，我們要採用 exFAT FUSE，因為在撰寫此書時，核心原生的實作還未出現在大部份的發行版當中。請改用 5.7 版的核心，並關注你的發行版本發行公告及相關新聞（執行 *uname -r* 命令就可以觀察你的核心版本）。

exFAT 套件的版本名稱互異。*exfat-fuse* 和 *exfat-utils* 屬於較老的套件。*exfatprogs* 則是最新的實作，它同時取代了 *exfat-fuse* 和 *exfat-utils*。不論你使用的是何者，只管安裝無妨。

兩者建立新 exFAT 檔案系統的命令是一樣的。下例會將 */dev/sdc1* 格式化為 exFAT：

```
$ sudo mkfs.exfat /dev/sdc1
mkexfatfs 1.2.8
Creating... done.
Flushing... done.
File system created successfully.
```

exFAT 的設計原本就以簡單為目標，因此選項並不多。你可以加上標籤：

```
$ sudo exfatlabel /dev/sdc2 exfatfs
```

以 *lsblk* 檢視成果：

```
$ lsblk -f
NAME    FSTYPE LABEL   UUID
sdc
├─sdc1
├─sdc2 exfat   exfatfs 8178-51D4
└─sdc3
```

探討

你不需要一個特殊的 exFAT 分割區來讀取其他裝置上的 exFAT 檔案,你只需在自己的 Linux 系統上安裝 exFAT。

如果你偏好圖形化的分割工具,很可惜 GParted 不支援 exFAT,這是礙於法律因素。但 GNOME Disks,亦即大部份 GNOME 實作中稱為 Disks(磁碟)的工具,則可以支援 exFAT。但你不需要安裝 GNOME 才能取得 Disks;只需找到 *gnome-disk-utility* 套件來用即可。

微軟在 2019 年公開了 exFAT 規格。於是三星便寫出了 *exfatprogs*,隨即在 2020 年初將之公開。當你讀到這裡時,最新版的 Fedora、Ubuntu 和 openSUSE Tumbleweed 應該都已具備原生的 exFAT 支援了。

參閱

- *man 8 exfat*
- *man 8 exfatlabel*

11.15　建立 FAT16 和 FAT32 的檔案系統

問題

你需要知道如何建立 FAT16 和 FAT32 檔案系統。

解法

你需要用到 *dosfstools* 套件,大部份的 Linux 都會預裝這個套件。下例會展示如何以 *parted* 建立 500 MB 的新分割區,然後將其格式化為 FAT32。

建立新分割區,並注意如何將度量單位改為 MB,以及如何互動操作 *mkpart*:

```
$ sudo parted /dev/sdb
GNU Parted 3.2
Using /dev/sdb
Welcome to GNU Parted! Type 'help' to view a list of commands.
(parted) print
Model: ATA SAMSUNG HD204UI (scsi)
Disk /dev/sdb: 2000399MB
Sector size (logical/physical): 512B/512B
```

```
Partition Table: gpt
Disk Flags:

Number  Start    End      Size     File system  Name   Flags
1       0.00GB   1656GB   1656GB   xfs          files

(parted) unit mb 譯註
mkpart
Partition name?  []?
File system type?  [ext2]? fat32
Start? 1656331MB
End? 1656831MB
(parted) print
Model: ATA SAMSUNG HD204UI (scsi)
Disk /dev/sdb: 2000399MB
Sector size (logical/physical): 512B/512B
Partition Table: gpt
Disk Flags:

Number  Start       End         Size        File system  Name  Flags
1       1.05MB      1656331MB   1656330MB   xfs          bup
2       1656331MB   1656831MB   500MB       fat32

(parted) q
```

分割區（*partition*）名稱並非必要；因此上例將其留白。現在請建立新的 FAT32 檔案系統：

```
$ sudo mkfs.fat -F 32 -n fat32test /dev/sdb2
mkfs.fat 4.1 (2017-01-24)
mkfs.fat: warning - lowercase labels might not work properly with DOS or Windows
```

再以 *lsblk* 驗證：

```
$ lsblk -f /dev/sdb
NAME     FSTYPE  LABEL       UUID                                    FSAVAIL FSUSE% MOUNTPOINT
sdb
├─sdb1   xfs     xfstest     1d742b2d-a621-4454-b4d3-469216a6f01e
└─sdb2   vfat    fat32test   AB39-1808
```

探討

如果你要建立 FAT16 檔案系統，請改用 *-F 16*。

FAT16 的檔案和檔案系統的空間上限都是 4 GB。

譯註 在 parted 的互動式操作介面輸入 help unit 就可以看到說明。

FAT32 支援單一最大檔案容量就只到 4 GB，分割區若採用 4 KB 的磁區、以及 64 KB 的 cluster，上限則是 16 TB。

參閱

- 第八章
- 第九章
- *man 8 mkfs.fat*

11.16　建立 Btrfs 檔案系統

問題

Btrfs 聽起來好酷，你想嘗鮮一番。

解法

它是很酷，但也很複雜。SUSE Linux 企業版伺服器（SLES）和 openSUSE 皆為嘗試 Btrfs 的 Linux 發行版首選。SLES 和 openSUSE 都是 Btrfs 最大的支援暨開發方，而且他們也開發了絕佳的 Snapper 工具，用於管理 Btrfs 的快照。此外還提供了最詳盡的文件。openSUSE/SLES 的預設分割區皆設置了 Btrfs 子卷冊（subvolumes）和自動快照。

首先下載最新的 openSUSE Tumbleweed。啟動安裝程式，然後便會看到 Suggested Partitioning（建議分割方式）的畫面，請注意安裝程式的提議（圖 11-2）。

點選 Guided Setup（引導設定）並進而修改以上提議。跳過「Enable logical volume management (LVM) / Enable disk encryption」（啟用邏輯卷冊管理 / 啟用磁碟加密）畫面，然後停在 Filesystem Options（檔案系統選項）畫面。點選「Propose Separate Home Partition」，然後將其格式化為 Btrfs。

請同時勾選「Propose Separate Swap Partition」，然後點選下一步（圖 11-3）。

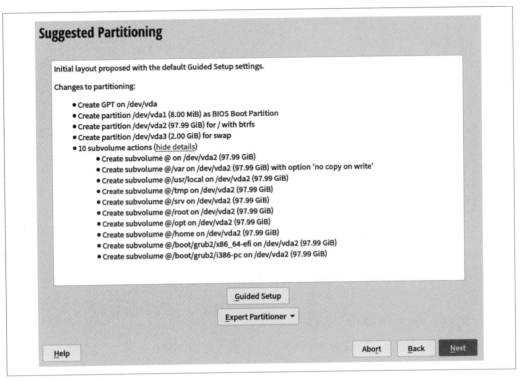

圖 11-2　openSUSE 建議的分割區首選

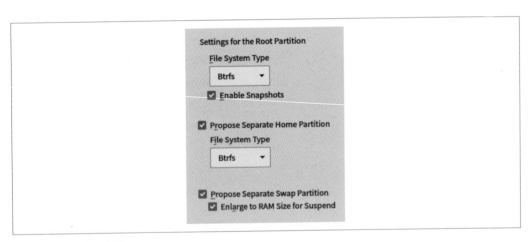

圖 11-3　建立家分割區

這會將你帶回到 Suggested Partitioning 的畫面。如果你還想更改分割區大小,請點選 Expert Partitioner(專家分割)→ Start with Current Proposal(從現有提議開始)(圖 11-4)。不然就點選下一步繼續安裝。

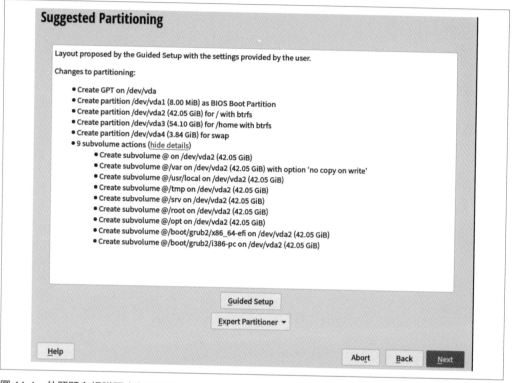

圖 11-4　依照既有提議再自訂分割區

一旦完成,你就有一套現成 Btrfs 可用的 Linux 系統了,完全依理想預設值設置。

探討

手動設置 Btrfs 頗為繁瑣,不過當你有所理解後,也許還是會想要手動設置看看。筆者喜歡從一個可用的實作開始,從中學習新事物。而且說實話,我也沒本事只用幾個招式便寫出有用的 Btrfs how-to 文件。Btrfs 十分有彈性、功能又強,幾乎可以用一本書來專門介紹。而且感謝 SUSE 的熱心人員,還真有這樣的書存在。請參閱入門指南來安裝,再參閱 openSUSE 文件中的「System Recovery and Snapshot Management with Snapper」章節(*https://oreil.ly/1Vi9L*)。Snapper + Btrfs 是管理 Btrfs 和迅速從故障中復原的絕佳拍檔。

參閱

- openSUSE 入門與參考指南（*https://oreil.ly/1Vi9L*）
- SLES 產品手冊中的部署與管理指南（*https://oreil.ly/fX5G9*）

## 第十二章

以 OpenSSH 保障
遠端存取安全

如欲安全地從遠端進行管理，OpenSSH 是首選的工具。在會談過程中，它會將認證及所有的流量都予以加密，以此保障資料傳輸的完整性。如果通訊過程當中有人企圖竄改封包內容，SSH 會察覺。在本章當中，你會學到如何為遠端主機設置 SSH 存取、如何管理 SSH 加密金鑰、如何設定登入多台遠端主機、自訂 Bash 提示以便顯示當下是否正在使用 SSH 會談等等，還有很多高招。

OpenSSH 支援多種可靠的加密演算法。它們都不受專利權的限制，因為 OpenSSH 致力於確保 OpenSSH 不會包含任何受專利或其他方式妨礙引用的程式碼。招式 12.16 會介紹如何列出所有可支援的演算法。

OpenSSH 是一個套件，包含以下遠端傳輸工具：

- *sshd*，這是 OpenSSH 伺服器的 daemon（服務程式）。

- *ssh* 是 secure shell 的縮寫，雖說它其實並未包含 shell 的功能，只不過是在遠端系統為執行命令的 shell 提供一個安全的通道而已。

- *scp* 是 secure copy 的縮寫，可以為檔案傳輸過程加密。

- *sftp* 是 Secure File Transfer Protocol 的縮寫，提供檔案存取。

- *ssh-copy-id* 是一支好用的小程式，可將你的公開金鑰安裝至遠端 SSH 伺服器的 *authorized_keys* 檔案當中。

- *ssh-keyscan* 會找出並蒐集網路上的公開主機金鑰，可以節省一一尋找所耗費的時間。

- *ssh-keygen* 會產生和管理驗證用的金鑰。

- *ssh-add* 會將你的識別資訊置入到驗證代理程式 *ssh-agent* 當中。

在本章當中，你會學習這些工具的用法：*ssh*、*sshd*、*ssh-copy-id*、*ssh-keygen*，以及另外兩種相關的有用工具：*sshfs* 和 *ssh-agent*。

sshfs 會將遠端檔案系統掛載到你的本地 PC，而 *ssh-agent* 則會在多處 SSH 登入的位置，幫你記住你的私密 SSH 金鑰所使用的密語，以便於自動驗證。*ssh-agent* 只能綁在一個登入的會談上，因此一旦登出、或是開啟另一個終端機，就代表一切又重新開始。要將登入操作自動化，比較合適的工具應該是 Keychain（鑰匙圈之意），它是 *ssh-agent* 的前端。Keychain 會重複引用 *ssh-agent*，直到你重啟機器，因此你只需在啟動它時輸入一次密語即可（參閱招式 12.10）。

OpenSSH 支援多種類型的驗證方式：

密碼驗證

以你的 Linux 登入密碼來驗證身分。這是最簡單、也最富彈性的方式，因為你可以從任何機器登入。但你必須注意，不要從不可靠的電腦（如圖書館或網咖）開啟 SSH 會談連線。因為如果這些機器裝有密鑰紀錄工具（keylogger），你的身分可能就會遭竊。

公開金鑰驗證

利用你的私人 SSH 公開金鑰進行驗證。這得多花一點準備來設定，因為你得事先產生和傳播你的公開金鑰（public key），而且你只能從帶有你的私密金鑰（private key）的機器登入遠端 SSH 機器。有些商用服務會要求客戶採用某種形式的公開金鑰驗證。

無密語驗證

這是不具備密語公開金鑰的驗證方式。如果像是指令稿或 cron 作業之類的自動化登入服務，這一點很有利。但任何人只要能竊取你的私密金鑰，就能輕易地偽裝成你，因此你應該非常謹慎地保護沒有密語防護的私密金鑰。

如果使用金鑰時不想每次都要輸入密語，替代方式是改用 Keychain，它會幫你記住你的私密金鑰（參閱招式 12.10）。

金鑰驗證有兩種用途：一種是主機金鑰，用來驗證電腦，另一種則是公開金鑰，用來驗證使用者。SSH 密鑰必定成對出現，亦即私密和公開兩個金鑰。傳輸內容會先以公開金鑰加密、再以私密金鑰解密，這是一個既出色又簡單的作法。你可以放心地將你的公開金鑰對外開放，但你必須謹慎保護自己的私密金鑰，不要洩漏給他人。

伺服器和用戶端則是由交易的方向來決定。伺服器上會執行 SSH daemon，並傾聽連線請求，而用戶端則是任何以 SSH 登入這部機器的一方。

12.1 安裝 OpenSSH 伺服器

問題

你想安裝一套 OpenSSH 伺服器。

解法

大部份的 Linux 發行版都會預先安裝 OpenSSH 用戶端，但伺服器就不一定了。不同的 Linux 發行版都會以不同的方式包裝 OpenSSH，因此請利用你的套件管理程式來列出你的 Linux 套件（參閱本書附錄）。安裝伺服器，然後檢視它是否啟動：

```
$ systemctl status sshd
● sshd.service - OpenSSH Daemon
  Loaded: loaded (/usr/lib/systemd/system/sshd.service; disabled; vendor preset
  Active: inactive (dead)
[...]
```

上例顯示，伺服器並未執行、也並未啟用（disabled）。大部份的 Linux 在裝好後，都不會把 OpenSSH 設為自動啟動。這是一個很好的習慣，因為你必須先妥善地設好伺服器，才能開放它接受外來的連線請求。如果它在你尚未檢視伺服器應有的設定前便已在執行中，請先將其停用、或至少用防火牆先擋住它傾聽的通訊埠。

以下步驟會設定主機加密金鑰、並設定你的伺服器。請參閱招式 12.2 和 12.3。

探討

記住，伺服器和用戶端無關硬體，而是由交易方向來認定的。伺服器端執行了 SSH daemon、並傾聽連線請求，而用戶端則是任何以 SSH 登入該伺服器的一方。任何 Linux PC 都可以擔任伺服器、用戶端、或是兼任雙方的角色。

參閱

- 第十四章
- OpenSSH（*https://openssh.com*）
- sshd (8)
- 本書附錄

12.2　產生新的主機密鑰

問題

你的 Linux 發行版在安裝時並未自動產生主機密鑰，抑或是你想汰換現有的主機密鑰，又或者你複製了某台安裝的機器（也可能是虛擬機），而你需要為複製後的機器產生自己獨有的主機密鑰。

解法

請利用 *ssh-keygen* 命令。密鑰一共有四種類型：RSA、DSA、ECDSA 和 ED25519。首先，若仍有舊的密鑰存在，請先刪除它們：

```
$ sudo rm /etc/ssh/ssh_host*
```

然後以下列命令一口氣建立所有類型的新密鑰：

```
$ sudo ssh-keygen -A
ssh-keygen: generating new host keys: RSA DSA ECDSA ED25519
```

探討

如果你真的閒來無事，想尋點樂子，不妨搜尋一下「Which SSH key formats should I use?」（我該採用哪一種 SSH 密鑰格式？），各種論點保證吵到天翻地覆。簡而言之，最好是採用 RSA、ECDSA 和 ED25519，而避免採用 DSA。請把 DSA 的主機金鑰刪掉，留下其他三種。

RSA 的年代最為悠久。它十分強大，相容性也最好。

ECDSA 和 ED25519 較為新穎，也很強大，而且運算成本較低廉。

某些舊式的 SSH 用戶端無法支援 ECDSA 和 ED25519。希望你沒用到這些老古董，因為 ECDSA 和 ED25519 其實都是在 2014 年隨同 OpenSSH 6.5 一併發表的。讓安全服務保持更新、同時避免使用不安全的舊式用戶端，是極為要緊的事。

參閱

- OpenSSH（*https://openssh.com*）
- ssh-keygen (1)

12.3　設定你的 OpenSSH 伺服器

問題

你想把自己的 OpenSSH 伺服器打造得固若金湯，並安全地測試它。

解法

首先驗證你的伺服器私密主機金鑰是否為 root 所擁有、而且權限僅有唯讀：

```
$ ls -l /etc/ssh/
-r-------- 1 root root    227 Jun  4 11:30 ssh_host_ecdsa_key
-r-------- 1 root root    399 Jun  4 11:30 ssh_host_ed25519_key
-r-------- 1 root root   1679 Jun  4 11:30 ssh_host_rsa_key
```

這是它們應有的外觀。然後請檢查你的公開金鑰，它們應該為 root 所有、而且只有 root 有權讀寫，其他人只能唯讀：

```
$ ls -l /etc/ssh/
-rw-r--r-- 1 root root    174 Jun  4 11:30 ssh_host_ecdsa_key.pub
-rw-r--r-- 1 root root     94 Jun  4 11:30 ssh_host_ed25519_key.pub
-rw-r--r-- 1 root root    394 Jun  4 11:30 ssh_host_rsa_key.pub
```

以上正確無誤。

現在檢查一下 */etc/ssh/sshd_config* 檔案。若你更改這個檔案，請重新載入 *sshd* 以便讓變動內容生效：

```
$ sudo systemctl reload sshd.server
```

如果是你要使用或更動的部份，請把註解字符拿掉。

請設定 *sshd*，令其檢查檔案模式、以及使用者檔案和目錄的所有權，是否都正確無誤，然後才可以接受登入：

```
StrictModes yes
```

如果檔案權限不符要求，以上設定便不允許開放登入。

如果你的機器擁有一個以上的 IP 位址，請定義要從哪些 IP 傾聽對內連線的請求：

```
ListenAddress 192.168.10.15
ListenAddress 192.168.10.16
```

你可以為 *sshd* 指定傾聽非標準通訊埠。請只使用 1024 號以上的通訊埠，並先比對 */etc/services*，確認你指定的通訊埠未為其他功能所佔用，然後才把你的新通訊埠放到 */etc/services* 裡：

```
sshd 2022
sshd 2023
```

然後把它們也放到 */etc/ssh/sshd_config* 裡：

```
Port 2022
Port 2023
```

你可以限定只有特定群組才能取用（請到 */etc/group* 裡先建立群組）：

```
AllowGroups webadmins backupadmins
```

或是乾脆就用 *DenyGroups* 拒絕存取。

不要允許以 root 直接登入。最好是允許只能先以非特權帳號登入，然後再讓他們用 *sudo* 切換身分權限：

```
PermitRootLogin no
```

另一種作法，是讓 root 只能以公開金鑰驗證方式登入：

```
PermitRootLogin prohibit-password
```

你可以對所有使用者停用密碼登入，統一只允許公開金鑰驗證（參閱招式 12.7）：

```
PasswordAuthentication no
```

你可以只拒絕特定使用者連線，不論是以使用者名稱來擋、還是用主機或 IP 位址上的使用者來擋，都是可行的：

```
DenyUsers duchess madmax stash@example.com cagney@192.168.10.25
```

或是從 *AllowUsers* 允許存取。兩者可以混用，不過 *DenyUsers* 一定會被優先考慮。

或是限制伺服器會等待使用者完成登入並建立連線的時間長度。預設值是 120 秒：

```
LoginGraceTime 90
```

甚至可以加上登入嘗試失敗的限制次數。預設值是 6：

```
MaxAuthTries 4
```

探討

任何通訊埠掃描工具都可以偵測你開放的通訊埠，而攻擊者會嘗試以暴力密碼破解法進攻。此外攻擊者仍最常會以 SSH 預設的 22 號通訊埠為目標。將通訊埠改掉並不能完全避開被攻擊的風險，但至少可以讓你的日誌檔裡清靜一點。當你改用替代通訊埠號時，請先檢查 */etc/services* 來找出未曾使用的通訊埠，然後再把你要採用的通訊埠記錄在這個檔案裡。

公開金鑰驗證十分強大，這是密碼登入暴力攻擊法無法攻破的鴻溝（參閱招式 12.7）。缺點則是較不方便，因為你只能從帶有你的私密金鑰的機器登入遠端。

參閱

- OpenSSH（*https://openssh.com*）
- *man 5 sshd_config*
- 招式 12.5
- 招式 12.7

12.4 檢查組態語法

問題

人非聖賢、孰能無過，而你想用一個工具來檢查 */etc/ssh/sshd_config* 中的語法是否有誤。

解法

是有這種工具。更改設定後，請執行此一命令：

```
$ sudo sshd -t
```

如果沒有語法錯誤，它就會默然結束。但如果它發現錯誤，就會直言不諱：

```
$ sudo sshd -t
/etc/ssh/sshd_config: line 9: Bad configuration option: Porotocol
/etc/ssh/sshd_config: terminating, 1 bad configuration options
```

即使 SSH daemon 仍在執行當中，你也可以進行這類檢查，如此便可在發出重新載入或重新啟動的命令前，事先發覺並更正錯誤。

探討

-t 的意思當然是 *test*（測試）。它不會影響到 SSH daemon，而是只檢查 */etc/ssh/sshd_config* 的語法錯誤，因此你隨時都可以使用它。

參閱

- *man 5 sshd_config*
- OpenSSH（*https://openssh.com*）

12.5　設置密碼驗證

問題

你想設定 OpenSSH 用戶端，以它能支援的最簡單方式登入遠端主機，也就是密碼。

解法

密碼驗證是設定 SSH 存取最簡單的方式。你需要做的是：

- 在你要登入的機器上安裝 OpenSSH 伺服器，並正確地設定它（招式 12.3）
- 在遠端機器上執行 SSH daemon，而且 *sshd* 使用的 22 號通訊埠（或其他通訊埠）未為防火牆所阻
- 在你的用戶端機器上，必須裝有 SSH 用戶端
- 你在遠端機器上擁有使用者帳號
- 伺服器上必須有主機密鑰（參閱招式 12.2）

公開主機金鑰必須散佈至用戶端。最簡單的方式便是從用戶端登入一次，讓 OpenSSH 把該金鑰傳給你：

```
duchess@pc:~$ ssh duchess@server1
  The authenticity of host 'server1 (192.168.43.74)' can't be established.
  ECDSA key fingerprint is SHA256:8iIg9wwFIzLgwiiQ62WNLF5oOS3SL/aTw6gFrtVJTx8.
  Are you sure you want to continue connecting (yes/no)? *yes*
  Warning: Permanently added 'server1,192.168.43.74' (ECDSA) to the list of
  known hosts.
  Password: password
  Last login: Wed Jul  8 19:22:39 2021 from 192.168.43.183
  Have a lot of fun...
```

現在 Duchess 可以在 *server1* 上任意操作了，就像她正坐在 *server1* 的螢幕鍵盤前一樣。所有流量和驗證內容都是加密過的。

主機密鑰交換只會進行一次，也就是你初次登入的時候。除非對方更換了私密金鑰、或是你把公開金鑰從自己個人的 *~/.ssh/known_hosts* 檔案中刪除，否則你不會再被問到是否要傳送一次公開金鑰。

探討

server1 的公開主機金鑰位在用戶端 PC 的 *~/.ssh/known_hosts* 檔案裡。這個檔案可以包含任意數量的主機公開金鑰。

以 root 帳號登入 SSH 並不安全；最好是以一般使用者登入，等到登入後再用 *su* 或 *sudo* 切換身分。你可以用遠端機器上的任何使用者帳號登入，只要你知道密碼就行：

```
duchess@pc:~$ ssh madmax@server1
```

如果你在用戶端和遠端機器上都有相同的使用者帳號名稱，就不必多事指名使用者，只需這樣登入即可：

```
duchess@pc:~$ ssh server1
```

但筆者自己則是習於加上使用者名稱，作為萬一搞錯身分時最簡單的防呆措施。

不用糾結於*用戶端*與*伺服器端*。這些都與硬體無涉。伺服器不過是指你要登入的那部機器，而用戶端則永遠是你從其發起登入的這一端。用戶端這一頭毋須執行 *sshd*。

但有一個風險，就是主機的公開金鑰傳輸可能為人攔截，並以偽造的金鑰瓜代，如此一來攻擊者便可能存取你的系統。你應該先驗證這份公開金鑰的指紋，然後才輸入那個接受傳輸金鑰的 **yes** 字樣。請用老派做法，例如手抄和目視比對，來檢查指紋，或是以比較新奇的作法，像是用相機拍下主機金鑰，以便比對，或是以你的真實電話號碼作為通訊工具，打給有權存取遠端機器存取的人，請對方幫你誦讀確認指紋值。

請參閱招式 12.6，以便了解如何取得密鑰的指紋值。

參閱

- 招式 12.6
- OpenSSH（*https://openssh.com*）
- *man 1 ssh*
- *man 1 ssh-keygen*
- *man 8 sshd*

12.6　取得密鑰的指紋

問題

你需要主機密鑰的指紋，以便為客戶端驗證該密鑰是否合法。

解法

在伺服器端使用 *ssh-keygen* 命令，配合檢查你要查詢的主機密鑰^{譯註}：

```
duchess@server1:~$ ssh-keygen -lf /etc/ssh/ssh_host_rsa_key
4096 SHA256:32Pja4+F2+MTdla9cs4ucecThswRQp6a4xZ+5sC+Bf0 backup server1 (RSA)
```

探討

這時便是老派通訊方式派上用場之處，例如以電話溝通或人為攜帶交換（sneakernet）。除非你有另外的加密和驗證方式來產生電子郵件，否則也不要使用電子郵件傳輸密鑰指紋，因為加密郵件也很容易遭到攔截和偷窺。

參閱

- OpenSSH（*https://openssh.com*）
- *man 1 ssh-keygen*

---

^{譯註} -l 就是要找出密鑰指紋的參數，-f 則是指定密鑰檔案名稱。

12.7 使用公開金鑰驗證法

問題

你想採用公開金鑰驗證法，既是因為它比密碼驗證更強韌、又因為它不涉及你的 Linux 密碼。你希望可以有辦法只用單獨一個公開金鑰存取多部系統、或者是為每一部遠端系統產生一個獨特的公開金鑰。

解法

是的，身為 Linux 使用者，以上都可以達成。你可以任意建立多個 SSH 密鑰，而且愛怎麼用都可以。這是筆者最愛用來建立新的 RSA 成對密鑰的一招。當然你也可以加上自己的註記和密鑰名稱（如果你想為私密金鑰加上密語保護，請參閱探討段落）。

```
duchess@pc:~/.ssh $ ssh-keygen -C "backup server2" -f id-server2 -t rsa -b 4096
Generating public/private rsa key pair.
Enter passphrase (empty for no passphrase):
Enter same passphrase again:
Your identification has been saved in id-server2.
Your public key has been saved in id-server2.pub.
The key fingerprint is:
SHA256:32Pja4+F2+MTdla9cs4ucecThswRQp6a4xZ+5sC+Bf0 backup server2
The key's randomart image is:
+---[RSA 4096]----+
|         ..      |
|        ....     |
|         o. . .|
|        + .  o|
|       S* .o o o|
|       +.+..Bo*+|
|        *.+*EX=o|
|       o *o.Oo+.|
|        o.o=+*+.|
+----[SHA256]-----+
```

下一步就是把嶄新簇亮的新密鑰複製到遠端的機器上，就像本例中的本地備份伺服器 server1。你必須已經可以用 SSH 存取該部遠端機器（例如透過主機密鑰驗證），然後利用 ssh-copy-id 命令把你個人的新公開金鑰傳送至該伺服器：

```
duchess@pc:~/.ssh $ ssh-copy-id -i id-server1 duchess@server1
/usr/bin/ssh-copy-id: INFO: Source of key(s) to be installed: ".ssh/id-server1"
/usr/bin/ssh-copy-id: INFO: attempting to log in with the new key(s), to filter
out any that are already installed
/usr/bin/ssh-copy-id: INFO: 1 key(s) remain to be installed -- if you are
```

```
prompted now it is to install the new keys

Number of key(s) added: 1

Now try logging into the machine, with:   "ssh 'duchess@server1'"
and check to make sure that only the key(s) you wanted were added.
```

試著登入：

```
duchess@pc:~/.ssh $ ssh -i id-server1 duchess@server1
Enter passphrase for key 'id-server1':
Last login: Sat Jul 11 11:09:53 2021 from 192.168.43.234
Have a lot of fun...
duchess@server1:~$
```

你可以利用這個新的密鑰存取多部遠端主機，或是為每一部遠端主機都產生獨有的密鑰，亦無不可。在多部主機上使用同一副密鑰較為簡單，麻煩的是有多部主機要更改。如果這一副密鑰遭到破解或是失竊，你就得一次全部換掉。

探討

如果 SSH 密鑰是為人身使用者所建立，務必加上密語保護，因為任何人只要能取得你的私密金鑰，就可以偽稱是你本人，除非你加上密語防護、而對方不知道。

ssh-copy-id 是一種方便的小工具，它可以保證你的公開金鑰會複製到正確的位置，也就是遠端主機的 *~/.ssh/authorized_keys*，同時它也會確保金鑰檔案的格式和權限都正確無誤。它還可以保證你不至於錯把私密金鑰複製到目的地去。

以下是上述兩個命令的其他選項：

- *-C* 用來為密鑰添加註記，有助於記憶該密鑰的用途。

- *-f* 是密鑰名稱，任何名稱都可以。但請留意你執行此命令時的現行工作目錄；如果你還未位於 *~/.ssh* 之下，請記得加上路徑。

- *-t* 指定密鑰的類型：*rsa*、*ecdsa*、或是 *ed25519*。

- *-b* 指定密鑰的位元強度，而且只有 *rsa* 需要此一選項。預設值是 2048，最大值則是 4096。如果位元數越高，處理時消耗的資源便越多，但除非你用的是老古董機器、或是繁忙至極的主機，不然你不太可能注意到採用 4096 位元後的差異。

- *-i* 會告訴 SSH 用戶端，你要使用哪一副密鑰。如果你手上有不只一副密鑰，這個選項就非用不可。當你擁有多組公開金鑰時，如果你沒指定要用哪一副，可能就會看到

「Too many authentication failures」（驗證錯誤過多）的錯誤訊息，因為 SSH 會在未經指定的情況下嘗試全部的密鑰。

參閱

- OpenSSH（*https://openssh.com*）
- *man 1 ssh*
- *man 1 ssh-keygen*

12.8　管理多組公開金鑰

問題

你想為多部伺服器各自使用不同的密鑰。如何管理這些名稱互異的密鑰呢？

解法

當你新建成對密鑰時，請利用 *ssh-keygen* 命令的 *-f* 選項，為密鑰取個獨特的名字：

```
duchess@pc:~/.ssh $ ssh-keygen -t rsa -f id-server2
```

然後，當你登入遠端主機時，必須以 *-i* 選項指定要使用的密鑰：

```
duchess@pc:~/.ssh $ ssh -i id-server2 duchess@server2
```

要更輕鬆地管理多組公開金鑰，請建立一個新檔案 *~/.ssh/config*。這個檔案會為你的各個遠端主機設定登入，如此你才可以只輸入 *ssh foo* 就能登入 foo 主機，而不用鍵入冗長的命令字串。以下範例便為 Duchess 設定了較簡單的登入方式，以便存取 *server2*：

```
Host server2
  HostName server2
  User duchess
    IdentityFile ~/.ssh/id-server2
    IdentitiesOnly yes
```

於是 Duchess 就可以像下面這樣，只需指名 *Host* 的值，便可登入：

```
$ ssh server2
```

請把其他公開金鑰登入的詳情一一加入至這個檔案：

```
Host server3
  HostName server3
  User duchess
    IdentityFile ~/.ssh/id-server3
    IdentitiesOnly yes

Host server3
  HostName server3
  User madmax
    IdentityFile ~/.ssh/id-server3
    IdentitiesOnly yes
```

探討

在以上的解決方案片段中：

- 每一筆設定開頭必須得是 *Host* 這一行。它等同於你用來登入的標籤，內容可以隨意自訂。

- *HostName* 代表遠端機器的主機名稱、或是完整域名，其 IP 位址亦可。

- *User* 代表你在遠端機器的使用者名稱。

- *IdentityFile* 是你的公開金鑰所在的完整路徑。

- *IdentitiesOnly yes* 會告訴 *ssh*，採用 *~/.ssh/config* 裡的設定、或是從命令列傳入的設定，而非來自它處的設定。

SSH 的預設通訊埠是 22。若你需要採用非標準通訊埠，例如 2022，就用 *Port* 指定：

```
Port 2022
```

你愛給密鑰取什麼名字都可以。筆者自己偏好採用望文生義的名稱，這樣我才會知道它們用在哪些機器上。

記得一定要為你的私密金鑰加上密語防護。

參閱

- OpenSSH（*https://openssh.com*）
- *man 1 ssh_config*
- *man 1 ssh*

12.9 更改密語

問題

你想更改其中一組私密金鑰的密語。

解法

請利用 *ssh-keygen* 命令的 *-p* 選項：

```
$ ssh-keygen -p -f ~/.ssh/id-server2
Enter old passphrase:
Key has comment 'backup server2'
Enter new passphrase (empty for no passphrase):
Enter same passphrase again: passphrase
Your identification has been saved with the new passphrase.
```

探討

密語是無法復原的。如果你忘了舊密語，唯一的解法是重新建立一副密鑰、並賦予新的密語。

參閱

- OpenSSH（*https://openssh.com*）

- *man 1 ssh*

- *man 1 ssh-keygen*

12.10 以 Keychain 自動管理密語

問題

你想要有辦法幫你記住私密金鑰的密語，而且便於使用。

解法

Keychain（鑰匙圈）工具便是為此設計的。請安裝 *keychain* 套件，然後把下例的文字複製到你的 *.bashrc* 檔案裡。

在下例中，你想存取 *server1*、*server2* 和 *server3*，但毋須每次登入都鍵入密語。請複製以下文字，但記得改成你自己的密鑰名稱：

```
keychain ~/.ssh/id-server1 ~/.ssh/id-server2 \
~/.ssh/id-server3 . ~/.keychain/$HOSTNAME-sh
```

Keychain 會一直留著你的私密金鑰、直到你關機為止，因此每當你啟動系統，就必須再鍵入一輪密語。

當你開機直接進入圖形介面環境時，你可能不會收到要你鍵入密語的提示。請開啟一個終端機畫面，如果這時 Keychain 還是沒提醒你鍵入密語，就得從 Linux 的主控台（console）著手了。請按下 Ctrl-Alt-F2 並登入。登入後應該就會看到以下的內容：

```
* keychain 2.8.5 ~ http://www.funtoo.org
 * Found existing ssh-agent: 2016
 * Adding 3 ssh key(s): /home/duchess/.ssh/id-server1
/home/duchess/.ssh/id-server2 /home/duchess/.ssh/id-server3
Enter passphrase for /home/duchess/.ssh/id-server1:
Enter passphrase for /home/duchess/.ssh/id-server2:
Enter passphrase for /home/duchess/.ssh/id-server3:
 * ssh-add: Identities added: /home/duchess/.ssh/id-server1
/home/duchess/.ssh/id-server2 /home/duchess/.ssh/id-server3
```

探討

位在 . ~/.keychain/$HOSTNAME-sh 開頭的那個點字符，是引用（*source*）的意思，意思就是要執行後面尾隨的檔名。

$HOSTNAME 會告訴 Keychain，要從這個使用者環境變數取得其主機名稱。請自行試試看：

```
$ echo $HOSTNAME
pc
```

Keychain 兼管 *ssh-agent* 和 *gpg-agent*，它會暫存你的 SSH 和 GPG 密語，直到關機為止。你可以放心地登出再登入而不用煩惱會遺失這些密語快取，只有重啟電腦時才需要重新鍵入所有密語。

另一種便利的替代品，是 *gnome-keyring*，它是運作在圖形介面環境中的。這可以讓你便於在圖形介面中檢視和管理 SSH 與 GPG 密語，它同時也兼任密碼管理員。在大部份的系統上，該工具都是以「Passwords and Keys」（密碼及加密金鑰）名稱示人。但它有兩個缺點：它不適用於無操作介面（headless）的系統，它也無法為 cron 提供密語（參閱招式 12.11）。

參閱

- Funtoo Keychain（*https://oreil.ly/rljaf*）

12.11 以 Keychain 提供密語給 Cron

問題

你需要使用 cron 執行自動化任務，例如執行 rsync 備份遠端主機。但不管你如何嘗試，就是無法成功，備份總是因為驗證沒過而失敗。

解法

要把 Keychain 設定成可以為 cron 作業管理私密金鑰，請撰寫一支命令稿，讓 cron 借用。以下範例專供 rsync 備份使用，而命令稿名稱為 *duchess-backup-server1*：

```
#!/bin/bash
source $HOME/.keychain/${HOSTNAME}-sh
/usr/bin/rsync -ae "ssh -i /home/duchess/.ssh/id-server3" /home/duchess/ \
duchess@server1:/backups/
```

請以 *chmod* 將命令稿設為可供執行：

```
$ chmod +x duchess-backup-server1
```

本例還需要在你的 crontab 加上這麼一行，以便每晚 10:15 執行此一命令稿：

```
15 22 * * * /home/duchess/duchess-backup-server1
```

探討

在示範的命令稿中，以 */usr/bin/rsync* 開頭的必須是完整的一整行。

Cron 運作在它自己的特殊受限環境裡，因此需要透過 Keychain 來提供必需的密鑰和環境變數。

參閱

- *man 1 crontab*
- Funtoo Keychain（*https://oreil.ly/rljaf*）

12.12 以 SSH 通道安全地輸送 X 視窗會談

問題

你想從遠端主機執行圖形介面應用程式。你已經得知 X Window 系統內建網路功能，但它所有的流量皆以明文傳送，這是不安全的，你想改用安全的方式進行。

解法

將 X 的流量放在 SSH 通道中傳送，毋須借助其他軟體。首先以下列命令觀察你的用戶端機器，是否正在執行 X11 或是 Wayland 協定。下例顯示兩種結果：

```
$ echo $XDG_SESSION_TYPE
x11
$ echo $XDG_SESSION_TYPE
wayland
$ loginctl show-session "$XDG_SESSION_ID" -p Type
Type=x11
$ loginctl show-session "$XDG_SESSION_ID" -p Type
Type=wayland
```

loginctl 是 systemd 的一部份。

如果你執行的是 Wayland，就無法透過 SSH 通道輸送，因為它不支援網路功能。

如果你的系統執行的是 X11，請在遠端機器的 */etc/ssh/sshd_config* 中，將 X11 設定成流量轉送：

```
X11Forwarding yes
```

下例會透過 -Y 選項，從 SSH 通道轉送 X 視窗資料：

```
duchess@pc:~$ ssh -Yi id-server1 duchess@server1
Last login: Thu Jul 9 09:26:09 2021 from 192.168.43.80
Have a lot of fun..
duchess@server1:~$
```

現在你可以執行圖形介面應用程式了，雖然一次只能執行一種應用程式，例如圖 12-1 的四川麻將遊戲：

```
duchess@server1:~$ kmahjongg
```

圖 12-1　從遠端伺服器玩麻將遊戲

探討

X server 會按照 /etc/ssh/sshd.conf 裡 X11DisplayOffset 10 指定的偏移（offset）方式運行。這會避免與既有的 X 會談互相衝突。你的一般本地 X 會談是 :0.0，因此你的第一個遠端 X 會談會是 :10.0。你可以自己親眼驗證一下。請在你的本地端機器執行以下命令。第一個是在你的本機命令提示輸入的：

```
duchess@pc:~$ echo $DISPLAY
:0.0
```

第二個範例則是在你的 SSH 命令提示輸入的：

```
duchess@server1:~ssh $ echo $DISPLAY
localhost:10.0
```

遠端系統只需開機即可。你不需要**在遠端**登入任何本地使用者、也毋須執行 X。X 只需在你的用戶端 PC 執行即可[譯註]。

[譯註] 這概念有點詭異，很容易混淆。當遠端 sshd 執行 X 轉送時，遠端是 ssh 伺服器；但是當遠端執行圖形介面程式時，由於該程式對 X 的輸出是被轉送到你執行 ssh 用戶端的這一邊，也就是 X 是利用 ssh 用戶端的顯示卡等硬體呈現畫面，故而從 X 的觀點來看，你執行 ssh 的這一端才是 X 的伺服器。

- *man 1 sshd*
- *man 1 ssh_config*

12.13　開啟一個 SSH 會談並執行單行命令

問題

你有需要在遠端主機執行單一命令，而你覺得，要是能略過登入過程，執行命令並登出就太好了。而且說實話，人家不都說懶惰正是系統管理員最大的美德嗎？

解法

OpenSSH 做得到這一點。下例便教你如何重啟 Postfix：

```
$ ssh mailadmin@server2.example.com sudo systemctl restart postfix
```

你會被要求提供 *sudo* 密碼，但你還是省掉了遠端登入的步驟。

以下是如何開啟 GNOME 數獨小遊戲，但這會用到 X Window 系統[譯註]：

```
$ ssh -Y duchess@laptop /usr/games/gnome-sudoku
```

探討

另一種作法則是讓 root 使用者使用公開金鑰驗證，這樣便不用呼叫 *sudo* 了（參閱招式 12.7）。

參閱

- *man 1 ssh*

[譯註] 這是現學現賣——請參閱前一小節以 -Y 啟用 X 視窗轉送功能。

12.14 以 sshfs 掛載整個遠端檔案系統

問題

OpenSSH 既快速又富於效率，就算通過 OpenSSH 通道運行 X 應用程式，也不至於遲滯。但你還想要有更快速的方式，可以編輯好幾個遠端檔案、但毋須透過 SSH 執行遠端的圖形化檔案管理工具。

解法

sshfs 正是你所需的工具。*sshfs* 可以掛載整個遠端檔案系統，然後你就可以像使用本地檔案系統般操作它，毋須大費周章地設置 NFS 或 Samba 伺服器。

請安裝 *sshfs* 套件，它應該會一併安裝 FUSE，亦即使用者空間的檔案系統。你需要一個本地端目錄，而且你要擁有它的寫入權限，才能作為掛載點：

```
duchess@pc:~$ mkdir sshfs
```

然後把你選定的遠端目錄掛載到本地的 *sshfs* 目錄之下。下例便是把遠端 *duchess@server2* 的家目錄掛載至 *duchess@pc* 的 *sshfs* 目錄之下：

```
duchess@pc:~$ sshfs duchess@server2: sshfs/
```

然後就可以像存取本機一樣存取遠端的檔案系統：

```
duchess@pc:~$ ls sshfs
Desktop
Documents
Downloads
[...]
```

你的命令列提示不會變成遠端的提示字樣。

一旦完事，只需卸載遠端檔案系統即可：

```
duchess@pc:~$ fusermount -u sshfs/
```

以上掛載的是 Duchess 的整個家目錄。你也可以只指定掛載子目錄：

```
duchess@pc:~$ sshfs duchess@server2:/home/duchess/arias sshfs/
```

但你不能使用波浪字符 ~ 作為通往 /home/user 的捷徑，因為 sshfs 不支援解譯這個字符。

若你的網路連線不穩定，請告訴 sshfs 要在從中斷恢復後重新傳輸：

    duchess@pc:~$ **sshfs** *duchess@server2:/home/duchess/arias sshfs/ -o reconnect*

探討

sshfs 的新手總是會有這個疑問：為何不乾脆就在 SSH 中執行 X、或是使用 NFS 就好？答案是這樣的：這樣比在 SSH 中執行 X 要快、也比設置 NFS 簡單，但你還是可以隨意使用 NFS、Samba 或任何你偏好的工具。

參閱

- *man 1 sshfs*

12.15　訂製 SSH 的 Bash 提示

問題

你當然知道，一旦透過 SSH 登入，提示便會改為顯示遠端主機名稱。但這只是一般的提示，很容易會出錯，因此你想訂製一種色彩繽紛的提示，在你登入時能突顯出這時正在使用 SSH。

解法

在遠端機器訂製 Bash 提示。下例會將提示變成紫色、並加上「ssh」的字樣。

請將以下各行複製到你要登入遠端帳號的 *.bashrc* 檔案裡：

```
if [ -n "$SSH_CLIENT" ]; then text="ssh"
fi
export PS1='\[\e[0;36m\]\u@\h:\w${text}$\[\e[0m\] '
```

當你登入這部機器時，提示看起來便會像是圖 12-2 這樣。

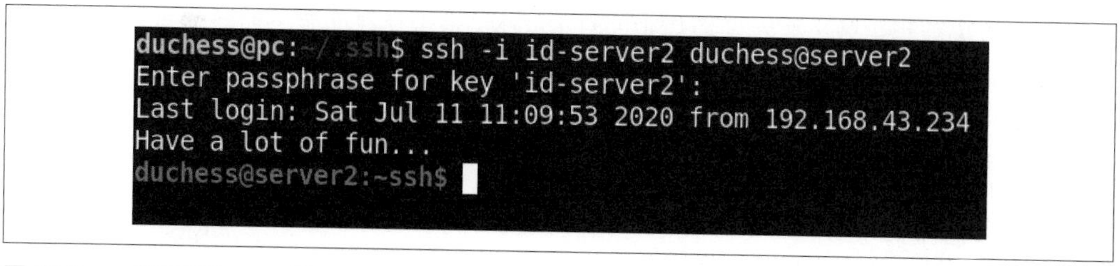

```
duchess@pc:~/.ssh$ ssh -i id-server2 duchess@server2
Enter passphrase for key 'id-server2':
Last login: Sat Jul 11 11:09:53 2020 from 192.168.43.234
Have a lot of fun...
duchess@server2:~ssh$
```

圖 12-2　一個自訂的 SSH 提示

只有提示是青色，所有其他文字都仍是正常的 shell 色調。

探討

光是訂製 Bash 提示這個題材，就夠用一個專門章節說明。你可以把本招的範例拿來修改一下，以便符合自己的偏好。你不見得也要用「ssh」為顯示字樣，也不一定要將變數名稱訂為「text」；這些都可以自訂。如果你愛搞怪，大可以把提示字樣訂為「super duper encrypted session」（超機密會談），同時把變數名稱命名為「sekkret-squirl」。

[\e[0;36m\] 是一個代碼區塊，用來決定文字的顏色。你只需更改數值，就能更改顏色。

[\e[0m\] 則會停用自訂顏色，因此你的命令內容和命令輸出都仍會恢復到正常的 shell 色調。以下列舉顏色的代碼：

- 黑色 0;30
- 藍色 0;34
- 綠色 0;32
- 青色 0;36
- 紅色 0;31
- 紫色 0;35
- 棕色 0;33
- 淺灰色 0;37

- 深灰色 1;30
- 淺藍色 1;34
- 淺綠色 1;32
- 淺青色 1;36
- 淺紅色 1;31
- 淺紫色 1;35
- 黃色 1;33
- 白色 1;37

這段自訂效果能否生效，要看環境變數 *SSH_CLIENT* 是否存在而定，而該變數只有當活動中的 SSH 連線存在時，才會出現。你可以自己從遠端主機驗證一下：

```
$ echo $SSH_CLIENT
192.168.43.234 51414 22
```

Bash 因此知道要使用自訂的 SSH 提示，而非預設的提示式樣。但當你並非以 SSH 會談操作該遠端主機時，變化便無從生效。

參閱

- *man 1 bash*
- Bash Prompt HOWTO，第六章（*https://oreil.ly/QXWmT*）

12.16 列出支援的加密演算法

問題

你必須遵循若干法規，因此必須得知 OpenSSH 支援哪些加密演算法。

解法

OpenSSH 中含有一個命令，可以查詢和列舉所有支援的演算法，*ssh -Q <query_option>*。你可以用 *help* 選項將它們列舉出來：

```
$ ssh -Q help
cipher
cipher-auth
compression
kex
kex-gss
key
key-cert
key-plain
key-sig
mac
protocol-version
sig
```

下例列出 *sig* 簽章演算法：

```
$ ssh -Q sig
ssh-ed25519
```

```
sk-ssh-ed25519@openssh.com
ssh-rsa
rsa-sha2-256
rsa-sha2-512
ssh-dss
ecdsa-sha2-nistp256
ecdsa-sha2-nistp384
ecdsa-sha2-nistp521
sk-ecdsa-sha2-nistp256@openssh.com
```

探討

以下清單概略說明每個選項:

- *cipher* 列出支援的對稱密文(symmetric ciphers)。

- *cipher-auth* 列出同時支援經驗證加密的對稱密文。

- *compression* 列出支援的壓縮類型。

- *mac* 列出支援的訊息正確性編碼(message integrity codes)。這可以保障你的訊息資料正確性和真實性。

- *kex* 列出密鑰交換演算法。

- *kex-gss* 列出 GSSAPI(Generic Security Service Application Program Interface,通用安全服務應用程式介面)密鑰交換演算法。

- *key* 列出密鑰類型。

- *key-cert* 列出憑證密鑰類型。

- *key-plain* 列出非憑證的密鑰類型。

- *key-sig* 列出所有的密鑰類型和簽章演算法。

- *protocol-version* 列出支援的 SSH 協定版本,在本書付梓時,這個值只有第 2 版。

- *sig* 列出支援的簽章演算法。

參閱

- OpenSSH(*https://openssh.com*)

- 由 Jean-Philippe Aumasson 所著的《*Serious Cryptography*》(No Starch 出版)

## 第十三章

以 OpenVPN 進行
安全的遠端存取

Open Virtual Private Network（OpenVPN）可以在分處兩地的兩個網路間建立起一個經過 TLS/SSL 加密的連線，例如讓分公司連線到總公司、或是讓遠端工作者從家中登入公司網路之類。這類連線被稱為經過加密的通道（*tunnel*），是一種安全的傳輸方式，可以保護你的連線不致在危機四伏的網際網路上遇襲。OpenVPN 是根據 OpenSSL 所開發而成，因此先認識一下 OpenSSL，會很有幫助。

如果你對 OpenVPN 知之甚詳，不妨直接跳到招式 13.5、13.6 和 13.7，繼續閱讀如何建立你自己的加密憑證、以及用戶端與伺服器的設定。如果你是 VPN 的新手，請依序嘗試每個招式。不要急著進行，慢慢一步步地來；VPN 相當複雜、而且十分挑剔。因此在部署至正式環境前，請多做些測試。

OpenVPN 概述

VPN 等於是你的網路的安全延伸，它可以讓遠端工作者享有原本只有本地使用者才得以使用的服務，因此遠端使用者就算人不在公司裡，也可以像在公司一樣工作。他們可以取用內網的網頁伺服器、電子郵件、檔案共享、聊天伺服器、視訊會議應用程式、內部維基文件，以及所有你原本與外界隔離、只想讓內部網路使用者使用的事物。VPN 不像 SSH，後者串連的是個別的電腦。VPN 則是把網路和個別主機串連到其他網路。

在本章當中，你會學到如何建置一套 OpenVPN 伺服器、如何設定用戶端、以及如何產生和管理正確的公開金鑰基礎設施（public key infrastructure, PKI），以便作為驗證和加密時運用。你的伺服器會驗證和保護各種用戶端：不論是 Linux、macOS、Windows PC、Android、還是 iOS 裝置。

OpenVPN 是一項開放原始碼專案，兼有免費下載和商用選項。免費的伺服器和用戶端都屬於 *openvpn* 套件，所有的 Linux 發行版都會包含此一套件，或者你也可以從 OpenVPN Community Downloads（社群下載，*https://oreil.ly/vwEAs*）下載。商用選項則包括 OpenVPN Access Server，這是一套內部專用伺服器（premises server），它包含了額外的管理用工具、以及雲端選項。個人託管方案（hosted personal plans）則只會安裝用戶端，作為存取 OpenVPN 伺服器全球網路之用。

真正的 VPN 是相當安全的，因為它只信任經過驗證的端點，而分處連線兩端的伺服器和用戶端雙方都必須驗證對方，除此以外誰也不相信。大部份的商用 TLS/SSL VPN 不會這麼挑剔，而是傾向於信任所有的用戶端，就像購物網站的做法那樣。這種方式較有彈性，讓使用者可以從任何位置、用任何裝置登入。其方便之處，在於不需安裝和設定用戶端軟體、也不用複製加密金鑰。然而你的內部網路便不能採取這種作法——因為你最不想見到的，就是使用者隨便從任何 PC 或手機登入，而這些裝置偏偏又感染了鍵盤側錄或其他惡意軟體，這等於拱手歡迎蠕蟲進入你的區域網路。

憑證頒發機構

憑證頒發機構（certificate authority，簡稱 CA），是運作一套 OpenVPN 伺服器時最重要的一部份。CA 會頒發數位憑證、以及公開金鑰的所有權。你可以從瀏覽器網址列點開某個加密網站的小鎖頭，觀看該網站的公開憑證、以及簽署該憑證的 CA。CA 是具備公信力的機構，這也就是何以許多網站都會採用商用 CA 的緣故。而像是本章示範的自行簽署憑證，只能在你的機構內適用。要開放消費者使用的網站，最好是採用商用的 CA。採用商用 CA 服務，可以省下必須在 OpenVPN 伺服器上保存用戶端憑證副本的麻煩；伺服器只需知道用戶端憑證已經由 CA 驗證過，就已足夠了。

SSL Versus TLS

Secure Sockets Layer（SSL）和 Transport Layer Security（TLS）皆為密文協定。TLS 是從 SSL 衍生而來的。所有版本的 SSL 皆已不受採用，TLS 1.0 和 TLS 1.1 亦然。請採用 TLS 1.2 或是 1.3 的版本，並停用所有其他版本（參閱招式 13.10）。較老舊的版本皆因安全缺陷而被棄用，因此不要再讓人來央求要重啟這些已經棄用的版本。

TUN/TAP

TUN 和 *TAP* 裝置皆為虛擬網路介面。兩者皆已內建在 Linux 核心中，你不需再多費手腳建置它們。*TUN* 裝置適用於路由式網路（routed networks），而 *TAP* 裝置則適用於橋接式網路（bridged networks）。你的伺服器和用戶端組態檔會指定要使用哪一種介面。

安全性並非一蹴可及

良好的安全性需要持續不斷的研究和維護。本章的目的在於教大家如何建立安全的 VPN、同時保有合理的使用者易用程度（user-friendly）。要讓 VPN 更為安全的方法多不勝數，像是生涯期間短的用戶端憑證、額外的驗證程序、硬體裝置、SELinux、chroot jails、更短的密碼逾期時限等等。如果你需要更為安全的架構，請諮詢相關專家。

13.1 安裝 OpenVPN 的伺服器與用戶端

問題

你想知道如何安裝 openVPN。

解法

OpenVPN 網站（*https://openvpn.net*）同時提供了社群開放原始碼版本的 OpenVPN，以及商用的 OpenVPN Access Server。社群版的 OpenVPN 可以免費使用，屬於開放原始碼版本。本章所談的便是社群版的 OpenVPN。

在 Linux 上，請安裝 *openvpn* 套件（一如往常，請自行找出你自己的 Linux 上所參閱的該套件名稱）。請找出最新的版本，至少要 2.4.5 版以上。套件兼具伺服器和用戶端所需的安裝內容。OpenVPN 的社群下載頁面（Community Downloads，*https://oreil.ly/vwEAs*）同時提供 tar 封裝的原始碼檔案和 Windows 安裝檔。

至於用戶端，你可以試用免費的 OpenVPN Access Clients（*https://oreil.ly/vQugl*），它提供 Linux、macOS、Android、iOS 和 Windows 等版本。這些都是針對商用 OpenVPN Access Server 設計的，但也一樣適用於社群版的 OpenVPN 伺服器。

你也可以在 Google Play Store 找到 Android 專用的社群版 OpenVPN 用戶程式。

請參閱招式 13.9，以便學習如何以 .ovpn 參照檔案格式（inline file format）來簡化用戶端管理。

探討

在 Linux 上，在 OpenVPN 伺服器和所有的用戶端都必須安裝 OpenVPN。OpenVPN 同時提供了用戶端和伺服器所需的功能。

Ubuntu、Fedora 和 openSUSE 都含有額外的套件，可以和 NetworkManager 整合，如此一來，就可以輕鬆簡單地管理、連接和切斷 VPN。

NetworkManager-openvpn（Fedora 和 openSUSE 專用）和 *network-manager-openvpn*（Ubuntu 專用）都會把 OpenVPN 和 Network Manager 整合在一起。如果你使用的是 GNOME 環境（例如 GNOME、Xfce、Cinnamon 或是 Mate），你還需要用到 *NetworkManager-openvpn-gnome*（openSUSE 和 Fedora 專用），或是 *network-manager-openvpn-gnome*（Ubuntu 專用）。

OpenVPN Access Server 提供免費下載，如果不購買授權，你可以一次同時連接最多兩個用戶端。該套件附贈額外的功能，像是網頁式管理介面、以及自動設定的免費版用戶端 OpenVPN Access Client 等等。如果你從社群版的 OpenVPN 著手，事後才決定要轉移到 OpenVPN Access Server，那麼原本在社群版 OpenVPN 伺服器上的內容，對於 Access Server 也一樣適用。

參閱

- EasyRSA（*https://oreil.ly/eKbsg*）
- OpenVPN 文件（*https://oreil.ly/Ah124*）
- *man 8 openvpn*
- OpenSSL Cookbook（*https://oreil.ly/Ctm0X*）

13.2　設置一個簡易連線測試

問題

你想進行一次最簡單的 OpenVPN 連線測試，以便體會一下它如何運作、並檢查其連線。

解法

以下的簡易測試會在同一網路上的兩套 Linux 電腦之間，建立一個未加密的通道。兩者都必須安裝 OpenVPN。首先請檢查雙方是否正在執行 OpenVPN daemon，若有的話，先將其停止：

```
$ systemctl status openvpn@.openvpn1.service
● openvpn.service - OpenVPN service
    Loaded: loaded (/lib/systemd/system/openvpn.service; enabled; vendor prese>
    Active: active (exited) since Sun 2021-01-10 13:43:18 PST; 33min ago
[...]
$ sudo systemctl stop openvpn@.openvpn1.service
```

讓 VPN 使用不同的子網路

在 OpenVPN 通道使用不一樣的子網路；舉例來說，host1 和 host2 均位於 192.168.43.0/24，因此請讓 VPN 通道使用 10.0.0.0/24 的私有定址空間。

在下例中，兩部電腦名稱分別是 host1 和 host2。第一個例子會從 host1 到 host2 建立一個 VPN 通道：

```
[madmax@host1 ~]$ sudo openvpn --remote host2 --dev tun0 --ifconfig 10.0.0.1 |
10.0.0.2
Sat Jan  9 14:40:34 2021 disabling NCP mode (--ncp-disable) because not in P2MP
  client or server mode
Sat Jan  9 14:40:34 2021 OpenVPN 2.4.8 x86_64-redhat-linux-gnu [SSL (OpenSSL)]
  [LZO] [LZ4] [EPOLL] [PKCS11] [MH/PKTINFO] [AEAD] built on Jan 29 2020
Sat Jan  9 14:40:34 2021 library versions: OpenSSL 1.1.1d FIPS  10 Sep 2019,
  LZO 2.10
Sat Jan  9 14:40:34 2021 ******* WARNING *******: All encryption and
  authentication features disabled -- All data will be tunnelled as clear text
  and will not be protected against man-in-the-middle changes. PLEASE DO
  RECONSIDER THIS CONFIGURATION!
Sat Jan  9 14:40:34 2021 TUN/TAP device tun0 opened
Sat Jan  9 14:40:34 2021 /sbin/ip link set dev tun0 up mtu 1500
Sat Jan  9 14:40:34 2021 /sbin/ip addr add dev tun0 local 10.0.0.1 peer 10.0.0.2
Sat Jan  9 14:40:34 2021 TCP/UDP: Preserving recently used remote address:
  [AF_INET]192.168.122.239:1194
Sat Jan  9 14:40:34 2021 UDP link local (bound): [AF_INET][undef]:1194
Sat Jan  9 14:40:34 2021 UDP link remote: [AF_INET]192.168.122.239:1194
```

下例則會從 host2 到 host1 建立連結：

```
[stash@host2 ~]$ sudo openvpn --remote host1 --dev tun0 --ifconfig 10.0.0.2 |
10.0.0.1
```

```
Sat Jan  9 14:50:53 2021 disabling NCP mode (--ncp-disable) because not in P2MP
   client or server mode
Sat Jan  9 14:50:53 2021 OpenVPN 2.4.7 x86_64-pc-linux-gnu [SSL (OpenSSL)] [LZO]
   [LZ4] [EPOLL] [PKCS11] [MH/PKTINFO] [AEAD] built on Sep  5 2019
Sat Jan  9 14:50:53 2021 library versions: OpenSSL 1.1.1f  31 Mar 2020, LZO 2.10
Sat Jan  9 14:50:53 2021 ******* WARNING *******: All encryption and
   authentication features disabled -- All data will be tunnelled as clear text
   and will not be protected against man-in-the-middle changes. PLEASE DO
   RECONSIDER THIS CONFIGURATION!
Sat Jan  9 14:50:53 2021 TUN/TAP device tun0 opened
Sat Jan  9 14:50:53 2021 /sbin/ip link set dev tun0 up mtu 1500
Sat Jan  9 14:50:53 2021 /sbin/ip addr add dev tun0 local 10.0.0.2 peer 10.0.0.1
Sat Jan  9 14:50:53 2021 TCP/UDP: Preserving recently used remote address:
   [AF_INET]192.168.122.52:1194
Sat Jan  9 14:50:53 2021 UDP link local (bound): [AF_INET][undef]:1194
Sat Jan  9 14:50:53 2021 UDP link remote: [AF_INET]192.168.122.52:1194
Sat Jan  9 14:51:03 2021 Peer Connection Initiated with
   [AF_INET]192.168.122.52:1194
Sat Jan  9 14:51:04 2021 WARNING: this configuration may cache passwords in
   memory -- use the auth-nocache option to prevent this
Sat Jan  9 14:51:04 2021 Initialization Sequence Completed
```

當兩部主機都顯示「Initialization Sequence Completed」（初始化完畢）的訊息時，便代表連線成功。請用 ping 測試雙方主機的 *tun0* 介面：

```
[madmax@host1 ~]$ ping -I tun0 10.0.0.2
PING 10.0.0.2 (10.0.0.2) from 10.0.0.1 tun0: 56(84) bytes of data.
64 bytes from 10.0.0.2: icmp_seq=1 ttl=64 time=0.515 ms
64 bytes from 10.0.0.2: icmp_seq=2 ttl=64 time=0.436 ms

[stash@host2 ~]$ ping -I tun0 10.0.0.1
PING 10.0.0.1 (10.0.0.1) from 10.0.0.2 tun0: 56(84) bytes of data.
64 bytes from 10.0.0.1: icmp_seq=1 ttl=64 time=0.592 ms
64 bytes from 10.0.0.1: icmp_seq=2 ttl=64 time=0.534 ms
```

兩邊都按下 Ctrl-C 結束 ping 測試，並關閉通道。

探討

此一簡易測試展示了 OpenVPN 是如何運作的。它在雙方主機上都建立了一個虛擬網路介面 *tun0*，然後透過該介面轉送（routes）網路流量。這個簡易測試並不會建立加密連線，正如命令輸出中的「******* WARNING *******: All encryption and authentication features disabled」訊息所警告的那樣（所有加密及驗證功能皆為關閉）。

參閱

- EasyRSA（*https://oreil.ly/eKbsg*）
- OpenVPN 文件（*https://oreil.ly/Ah124*）
- systemd.unit（*https://oreil.ly/2AAEe*）
- *man 8 openvpn*
- OpenSSL Cookbook（*https://oreil.ly/Ctm0X*）

13.3　以靜態密鑰設置簡易加密

問題

你想以簡單的方式建立和管理 OpenVPN 所需的加密方式。

解法

最簡單的辦法便是利用共用的靜態密鑰。共享靜態密鑰（shared static keys）對於測試很方便，但不適於用在正式環境（參閱探討段落以便瞭解其短處。）在這個招式中，你會學到如何產生和共享靜態密鑰，以及如何建立簡單的伺服器和用戶端組態檔案。

遵循以下步驟：

1. 建立共享的靜態密鑰，並發佈給雙方主機。

2. 建立伺服器和用戶端組態檔。

3. 在兩邊的主機啟動 OpenVPN，並參照各自的組態檔。

在下例中，OpenVPN 伺服器位於 *server1*，而用戶端位於 *client1*，新的密鑰名稱是 *myvpn.key*。你可以隨意為密鑰命名。

在 OpenVPN 伺服器上建立一個新目錄，以便存放密鑰，然後建立新的靜態密鑰：

```
$ sudo mkdir /etc/openvpn/keys
$ sudo openvpn --genkey --secret myvpn.key
```

然後把這個密鑰複製到用戶端機器：

```
$ scp myvpn.key client1:/etc/openvpn/keys/
Password:
myvpn.key                        100%  636   142.7KB/s   00:00
```

現在建立伺服器組態檔。範例是 */etc/openvpn/server1.conf*，但你可以自訂檔案名稱。請為 OpenVPN 通道另選不同的子網路；例如，若是 *server1* 和 *client1* 皆位於 192.168.43.0/24，範例便以 10.0.0.0/24 私有定址空間供 VPN 通道使用。伺服器的 *tun* 位址為 10.0.0.1：

```
# server1.conf
dev tun
ifconfig 10.0.0.1 10.0.0.2
secret /etc/openvpn/keys/myvpn.key
local 192.168.43.184
```

local 代表伺服器的 LAN IP 位址。

在用戶端機器也建立用戶端組態檔。用戶端的 *tun* 位址是 10.0.0.2：

```
# client1.conf
dev tun
ifconfig 10.0.0.2 10.0.0.1
secret /etc/openvpn/keys/myvpn.key
remote 192.168.43.184
```

首先確認伺服器和用戶端兩邊都沒有執行 OpenVPN daemon：

```
$ sudo systemctl stop openvpn
```

然後在兩端都啟動 OpenVPN：

```
[server1 ~] $ sudo openvpn /etc/openvpn/server1.conf
```

```
[client1 ~] $ sudo openvpn /etc/openvpn/client1.conf
```

當兩部主機都顯示「Initialization Sequence Completed」（初始化完畢）的訊息時，便代表連線已經建立。請用 ping 測試雙方主機的 *tun* 虛擬網路介面：

```
[server1 ~] $ ping -I tun0 10.0.0.1
[client1 ~] $ ping -I tun0 10.0.0.2
```

兩邊都按下 Ctrl-C 結束 ping 測試，並關閉通道。

探討

如果你在命令輸出中看到「WARNING: INSECURE cipher with block size less than 128 bit (64 bit). This allows attacks like SWEET32. Mitigate by using a cipher with a larger block size (e.g. AES-256-CBC)」（密文區塊容量少於 128 位元（64 位元）。容易遭受類似 SWEET32 的攻

擊。請改用區塊容量較大的密文（例如 AES-256-CBC）），請在伺服器和用戶端兩側的組態檔中加上以下項目，以便修正：

```
cipher AES-256-CBC
```

使用靜態密鑰最大的問題，在於缺乏完善的前向保密性（forward secrecy），因為你的靜態密鑰始終保持不變。如果攻擊者有辦法竊聽並攔截你的網路流量，然後又偷到並破解了你的加密金鑰，該攻擊者便可以把所有攔截到的流量（不論新舊）都予以解密。OpenVPN 的 PKI 採用了複雜的過程來產生會談用的密鑰，而且這密鑰並非持續不變、而是會經常不斷變化。所以，就算攻擊者破解含有你某一段會談的流量，但其他部份又必須從頭再破解一次。

另一個缺點是你必須為每一個用戶端使用不同的密鑰，伺服器上也必須為每一個用戶端保存一份密鑰副本。如果採用正確的 PKI，管理多個用戶端就不用這麼麻煩、而且安全得多。

參閱

- EasyRSA（*https://oreil.ly/eKbsg*）
- OpenVPN 文件（*https://oreil.ly/Ah124*）
- systemd.unit（*https://oreil.ly/2AAEe*）
- *man 8 openvpn*
- OpenSSL Cookbook（*https://oreil.ly/Ctm0X*）

13.4　安裝 EasyRSA 來管理你自己的 PKI

問題

你想採用 EasyRSA 來建置和管理自己的公開金鑰基礎設施（public key infrastructure, PKI），而且要正確地安裝和設定。

解法

PKI 可以設置在任何場所，不一定要跟 OpenVPN 伺服器放在一起。你會在 PKI 中建立伺服端和用戶端所需的憑證，再分別複製到兩端各自的主機。

你可以直接安裝 *easy-rsa* 套件，或是從 GitHub 的 EasyRSA Releases（*https://oreil.ly/LtAKu*）取得最新的版本。

Fedora 和 Ubuntu 都把所有的 EasyRSA 檔案塞在 */usr/share/* 目錄底下。這裡並不適合做為工作目錄，也可能會被系統更新內容所覆蓋。請另外新建一個不需 root 權限就可以讓你控管的目錄，就像我們示範的使用者 Duchess 這樣，她建立了一個 */home/duchess/mypki* 目錄：

```
~$ mkdir mypki
```

在 Fedora 和 Ubuntu Linux 上，請把 */usr/share/easy-rsa* 目錄的內容複製到你剛剛新建的目錄下：

```
~$ sudo cp -r /usr/share/easy-rsa mypki
```

這會建立 *mypki/easyrsa* 目錄。請檢查權限；你應該是這個新目錄和其下所有檔案的擁有者、同時也是群組擁有者。

openSUSE 的安裝則較為妥當，它把組態檔放在 */etc/easy-rsa*，至於 *easy-rsa* 命令則放在 */usr/bin* 底下，只有文件與授權檔才放在 */usr/share/* 底下。這樣就不必擔心權限問題、也不用搬動檔案。

探討

要建立和管理你的 PKI，應該毋須動用到 root 權限。你可以將它放在任何位置，但應該與 OpenVPN 的設定分開來放，可以放在不同目錄、抑或是乾脆放到另一台機器上。開發 OpenVPN 的好心人士建議，將 PKI 放到一部不會在網際網路上暴露、防護良好的機器裡。

參閱

- EasyRSA（*https://oreil.ly/eKbsg*）
- OpenVPN 文件（*https://oreil.ly/Ah124*）
- systemd.unit（*https://oreil.ly/2AAEe*）
- *man 8 openvpn*
- OpenSSL Cookbook（*https://oreil.ly/Ctm0X*）

13.5　建立一套 PKI 機制

問題

你已安裝了一套 EasyRSA（參閱招式 13.4），現在你想知道如何設置妥當的公開金鑰基礎設施（public key infrastructure, PKI）。

解法

架構正確的 PKI，是 OpenVPN 伺服器安全運作的根基。在這個招式裡，我們要用 EasyRSA 來建立一套 PKI，它大幅簡化了整個 *openssl* 命令的使用過程。設置 PKI 牽涉到三個步驟：

1. 建立你自己的憑證頒發機構（Certificate Authority，以下一律以 CA 簡稱）並發行憑證，以便簽署伺服端和用戶端所需的憑證。這部份的內容應該和你的 OpenVPN 伺服器設定分開放在不同目錄裡，或乾脆放到其他機器上。

2. 建立和簽署 OpenVPN 伺服器所需的憑證。

3. 建立和簽署用戶端所需的憑證。

4. 將伺服端憑證和用戶端憑證分別複製到各自對應機器的 */etc/openvpn/keys* 目錄之下（你也可以自己建立目錄，名稱不一定要叫做 *keys*）。

在下例中，所有的命令都是從 */home/duchess/mypki/* 這個目錄下發出的。

請切換到你的 PKI 目錄，並執行命令、以便建立新的 PKI：

```
~$ cd mypki
~/mypki $ easyrsa init-pki

init-pki complete; you may now create a CA or requests.
Your newly created PKI dir is: /home/duchess/mypki/pki
```

這會建立新 PKI 的中空骨架結構。接著你得建立新的 CA。CA 會產生和簽署伺服端與客戶端的憑證。請用安全的密語來保護它，並替這個新的 CA 取一個通用名稱（Common Name）：

```
~/mypki $ easyrsa build-ca
[...]
Enter New CA Key Passphrase:passphrase
Re-Enter New CA Key Passphrase:passphrase
[...]
```

```
Common Name (eg: your user, host, or server name) [Easy-RSA CA]: vpnserver1
[...]
CA creation complete and you may now import and sign cert requests.
Your new CA certificate file for publishing is at:
/home/duchess/mypki/pki/ca.crt
```

 如果你看到「RAND_load_file:Cannot open file:crypto/rand/randfile.
c:98:Filename=/mypki/pki/.rnd」這樣的訊息，先置之不理，因
為它無關緊要。你可以到 *openssleasyrsa.cnf* 檔案裡，把開頭的
RANDFILE 這一行註銷，就可以把這個訊息抵銷掉。

為你的 OpenVPN 伺服器產生一對密鑰和憑證簽發請求。通常伺服器的私密金鑰不會加上
密語保護。但如果你想加上密語保護，只需把 *nopass* 選項拿掉即可。密語可以有效地保護
密鑰，但這樣一來每次當你重啟 OpenVPN 伺服器時、都必須再鍵入一次密語：

```
~/mypki $ easyrsa gen-req vpnserver1 nopass

Using SSL: openssl OpenSSL 1.1.1d  10 Sep 2019
Generating a RSA private key
...........................+++++
..............................................................++++++
writing new private key to '/home/duchess/mypki/pki/private/vpnserver1.key.NYjr5y
c9kj'
[...]
Common Name (eg: your user, host, or server name) [vpnserver1]:

Keypair and certificate request completed. Your files are:
req: /home/duchess/mypki/pki/reqs/vpnserver1.req
key: /home/duchess/mypki/pki/private/vpnserver1.key
```

現在來替用戶端產生一對密鑰和憑證簽發請求。用戶端的私密金鑰應該加上密碼保護，在
行動用戶端上更需如此：

```
~/mypki $ easyrsa gen-req vpnclient1

Using SSL: openssl OpenSSL 1.1.1d  10 Sep 2019
Generating a RSA private key
...............+++++
.............................................................+++++
writing new private key to '/home/duchess/mypki/pki/private/vpnclient1.key.bicpOc
EC5S'
Enter PEM pass phrase:passphrase
Verifying - Enter PEM pass phrase:passphrase
[...]
```

```
Common Name (eg: your user, host, or server name) [vpnclient1]:

Keypair and certificate request completed. Your files are:
req: /home/duchess/mypki/pki/reqs/vpnclient1.req
key: /home/duchess/mypki/pki/private/vpnclient1.key
```

現在用它們各自的通用名稱來簽署請求。這時只輸入名稱；如果你硬要加上路徑名稱，就會導致錯誤訊息：

```
~/mypki $ easyrsa sign-req server vpnserver1
Using SSL: openssl OpenSSL 1.1.1d  10 Sep 2019


You are about to sign the following certificate.
Please check over the details shown below for accuracy. Note that this request
has not been cryptographically verified. Please be sure it came from a trusted
source or that you have verified the request checksum with the sender.

Request subject, to be signed as a server certificate for 1080 days:

subject=
    commonName                = vpnserver1

Type the word 'yes' to continue, or any other input to abort.
  Confirm request details: yes
Using configuration from /home/duchess/mypki/pki/safessl-easyrsa.cnf
Enter pass phrase for /home/duchess/mypki/pki/private/ca.key:
Check that the request matches the signature
Signature ok
The Subject's Distinguished Name is as follows
commonName            :ASN.1 12:'vpnserver1'
Certificate is to be certified until Jan 27 20:09:12 2024 GMT (1080 days)

Write out database with 1 new entries
Data Base Updated

Certificate created at: /home/duchess/mypki/pki/issued/vpnserver1.crt

mypki $ easyrsa sign-req client vpnclient1
[...]
Certificate created at: /home/duchess/mypki/pki/issued/vpnclient1.crt
```

現在產生伺服端所需的 Diffie-Hellman 參數；它需要花上一兩分鐘。你得在自己的 OpenVPN 伺服器上執行以下命令：

```
$ easyrsa gen-dh
Using SSL: openssl OpenSSL 1.1.1d  10 Sep 2019
Generating DH parameters, 2048 bit long safe prime, generator 2
```

```
This is going to take a long time
........................................+..........
..........+..........................................
[...]
DH parameters of size 2048 created at /home/duchess/mypki/pki/dh.pem
```

現在，同樣是在你的 OpenVPN 伺服器上，產生一個雜湊式訊息驗證碼（Hash-based Message Authentication Code, HMAC）密鑰：

```
$ openvpn --genkey --secret ta.key
```

現在，把以上步驟產生出來的 *vpnclient1.key*、*vpnclient1.crt*、*ca.crt*、還有 *ta.key*，都複製到 *client1* 這一端的 */etc/openvpn/keys* 目錄下。

接著把以上步驟產生出來的 *vpnserver1.key*、*vpnserver1.crt*、*ca.crt*、*dh.pem*、以及 *ta.key*，也複製到 *server1* 這一端的 */etc/openvpn/keys* 底下。

當你完成憑證簽署請求的簽發動作後，就可以把所有的 **.req* 檔案清掉了。

表 13-1 應該可以幫你記住這些檔案要放在哪裡。

表 13-1　伺服端和用戶端的密鑰各自應在的位置

名稱	位置	公開	私密
ca.crt	server & clients	X	
ca.key	PKI machine		X
ta.key	server & clients		X
dh.pem	server	X	
server.crt	server	X	
server.key	server		X
client1.crt	client1	X	
client1.key	client1		X
client2.crt	client2	X	
client2.key	client2		X

探討

Diffie-Hellman 是啥玩意？它是一套加密機制，讓一對主機可以產生和共享密鑰。一旦 OpenVPN 用戶端和伺服端彼此驗證過後，便會再產生額外的收發用密鑰，以便為會談內容加密。

HMAC 負責計算訊息驗證碼。HMAC 會檢查訊息的正確性和真實性。

easyrsa init-pki 會建立新的 PKI，你也可以用它來移除和重建既有的 PKI。

你可以將 PKI 設在任何地方，開發 OpenVPN 的善心人士建議，將它放在一台不會暴露在網際網路上、而且防護良好的機器裡，以免有人惡搞你的 PKI。如果你的 CA 遭到破解，攻擊者便能輕易地滲透進入你的網路。很顯然地，你應該採用安全的方式來交付這些檔案：用 USB 隨身碟、或是 *scp* 命令、抑或是從一部安全的伺服器上下載經過加密的 tarball 封裝檔、或是以安全的電子郵件寄給使用者。

請檢視你的 PKI 目錄，看看以上這些內容是如何配置的。

```
~/mypki $ ls */*
pki/ca.crt                  pki/index.txt           pki/index.txt.old
pki/serial                  pki/dh.pem              pki/index.txt.attr
pki/openssl-easyrsa.cnf     pki/serial.old          pki/extensions.temp
pki/index.txt.attr.old      pki/safessl-easyrsa.cnf pki/ta.key

pki/certs_by_serial:
4954C26DB44106B20F1B9DA17CE515E5.pem  DA68CBE53E30923C9BCC3B9F1C5C9011.pem

pki/issued:
vpnclient1.crt  vpnserver1.crt

pki/private:
ca.key  vpnclient1.key  vpnserver1.key

pki/renewed:
certs_by_serial  private_by_serial  reqs_by_serial

pki/reqs:
vpnclient1.req  vpnserver1.req

pki/revoked:
certs_by_serial  private_by_serial  reqs_by_serial
```

簽署請求的副檔名一律都是 *.req*，公開金鑰則是 *.crt*，私密金鑰則是 *.key*。密鑰必定以公開和私密的形式成對存在。

公開金鑰用來加密、私密金鑰則用於解密

公開金鑰用來加密、私密金鑰則用於解密。因此私密金鑰必須防護良好、而且不得分享。公開金鑰則原本就是要用來分享散佈用的。

請在檔案管理工具中點選任何一個已簽發的憑證，以便觀看其內容，如同圖 13-1 所示。其中含有豐富的資訊：包括由哪一個 CA 所簽署、逾期的時限、序號、指紋、簽章等等。

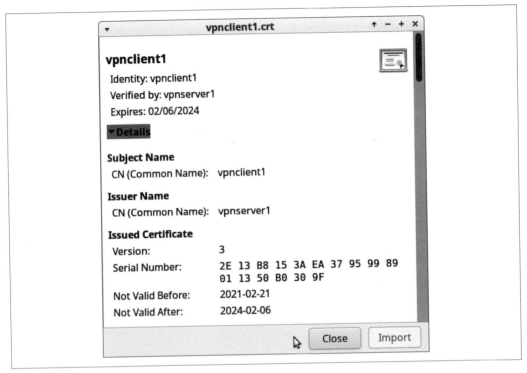

圖 13-1　檢視一份已簽署的憑證

或是以 *openssl* 命令來檢視：

```
$ openssl x509 -noout -text -in vpnserver1.crt
```

所謂憑證，便是一份請求經過 CA 簽發後而得的產物，其中含有公開金鑰、以及 CA 的數位簽章。原本的請求中則含有來自對應私密金鑰的公開金鑰和數位簽章。這些都可以從比較中看出來。

EasyRSA 原為 OpenVPN 的一部份，後來自行分立為獨立的專案。如果你已習慣用 OpenSSL 來管理 PKI，應該就會很欣賞 EasyRSA 簡化流程的方式。

參閱

- EasyRSA（*https://oreil.ly/eKbsg*）

- OpenVPN documentation（*https://oreil.ly/Ah124*）
- *man 8 openvpn*
- OpenSSL Cookbook（*https://oreil.ly/Ctm0X*）

13.6　調整 EasyRSA 的預設選項

問題

EasyRSA 的預設選項不符合你的需求，你想知道如何加以更動。

解法

請找出 *vars.example* 檔案，它是 EasyRSA 的一部份。請把該檔案另存一份副本、並更名為 *vars* 後放到你的 PKI 目錄下（以本章範例來說，就是 */home/duchess/mypki/pki/* 目錄）。*vars* 檔案定義了你自己在產生和簽署憑證時會用到的預設值。

該檔案的註解說明甚為完善。請編輯 # DO YOUR EDITS BELOW THIS POINT 這一行以下的部份。每一個開頭有 *set_var* 字樣的部份都可以更動。凡是你改過的內容，請把註銷用的 # 字符拿掉。

舉例來說，預設的設定只會用到通用名稱（Common Name），而非完整的 *org* 設定。下例則會建立傳統的 *org* 設定：

```
set_var EASYRSA_DN          "org"

set_var EASYRSA_REQ_COUNTRY     "US"
set_var EASYRSA_REQ_PROVINCE    "Oregon"
set_var EASYRSA_REQ_CITY        "Walla Walla"
set_var EASYRSA_REQ_ORG         "MyCo"
set_var EASYRSA_REQ_EMAIL       "me@example.com"
set_var EASYRSA_REQ_OU          "MyOU"
```

當你使用 *org* 設定時，記得要在執行 *easyrsa build-ca* 命令時輸入你的通用名稱（Common Name），不然就會卡在預設的 *Easy-RSA CA* 問答動作：

```
Common Name (eg: your user, host, or server name) [Easy-RSA CA]:myCN
```

探討

請根據你的政策或偏好方式來運用 *cn* 或 *org*；它不會影響伺服器如何運作。

至於如何強化伺服器防禦，請參閱招式 13.10。

參閱

- EasyRSA（*https://oreil.ly/eKbsg*）
- OpenVPN 文件（*https://oreil.ly/Ah124*）
- *man 8 openvpn*
- OpenSSL Cookbook（*https://oreil.ly/Ctm0X*）

13.7 建立並測試伺服端與用戶端的設定

問題

現在你有一套不賴的 PKI 了，你還想知道如何繼續設定 OpenVPN 伺服器和用戶端。

解法

在這個招式裡，我們會在同一子網路上的兩部主機 *server1* 和 *client1* 之間，設置一個簡單的測試案例。這是一個測試伺服器設定的簡單方式，因為其中不用煩惱路由和通過網際網路閘道器等問題。

下例是一個簡單的 OpenVPN 伺服器設定。注意你可以把自己的伺服器密鑰放在伺服器中的任何位置，只要你能從組態檔中正確地參照到它們所在的位置即可：

```
# vpnserver1.conf
port 1194
proto udp
dev tun
user nobody
group nobody

ca /etc/openvpn/keys/ca.crt
cert /etc/openvpn/keys/vpnserver1.crt
key /etc/openvpn/keys/vpnserver1.key
dh /etc/openvpn/keys/dh.pem
tls-auth /etc/openvpn/keys/ta.key 0

server 10.10.0.0 255.255.255.0
ifconfig-pool-persist ipp.txt
keepalive 10 120
persist-key
```

```
persist-tun
tls-server
remote-cert-tls client

status openvpn-status.log
verb 4
mute 20
explicit-exit-notify 1
```

用戶端設定範例則是這樣：

```
# vpnclient1.conf
client
dev tun
proto udp
remote server1 1194

persist-key
persist-tun
resolv-retry infinite
nobind

user nobody
group nobody
tls-client
remote-cert-tls server
verb 4

ca /etc/openvpn/keys/ca.crt
cert /etc/openvpn/keys/vpnclient1.crt
key /etc/openvpn/keys/vpnclient1.key
tls-auth /etc/openvpn/keys/ta.key 1
```

如果你先前有 OpenVPN 伺服器仍在執行中，先把它停止：

```
$ sudo systemctl stop openvpn@.openvpn1.service
```

然後從兩端的主機用 *openvpn* 命令啟動 OpenVPN：

```
$ sudo openvpn /etc/openvpn/vpnserver1.conf
Tue Feb 16 16:50:49 2021 us=265445 Current Parameter Settings:
Tue Feb 16 16:50:49 2021 us=265481    config = '/etc/openvpn/vpnserver1.conf'
[...]
Tue Feb 16 16:50:49 2021 us=270212 Initialization Sequence Completed

$ sudo openvpn /etc/openvpn/vpnclient1.conf
Tue Feb 16 16:56:22 2021 OpenVPN 2.4.3 x86_64-suse-linux-gnu [SSL (OpenSSL)]
[LZO] [LZ4] [EPOLL] [PKCS11] [MH/PKTINFO] [AEAD] built on Jun 20 2017
```

```
Tue Feb 16 16:56:22 2021 library versions: OpenSSL 1.1.1d  10 Sep 2019, LZO 2.10
Enter Private Key Password: *******
[...]
Tue Feb 16 16:56:26 2021 Initialization Sequence Completed
```

兩端設定若都正確無誤，你就會成功建立一個通道連線。兩邊都按下 Ctrl-C 便可結束連線測試。

探討

OpenVPN 會把眾多的設定範例檔案裝在 */usr/share/doc/openvpn/* 底下。其中有豐富的註解說明，是絕佳的參考資料。選項數量有好幾打，但在現實生活中你大概只會用到其中的少數。在這個招式的範例中，有幾處值得留意。

首先，`port 1194` 是預設的通訊埠，而 `proto udp` 則比 `proto tcp` 更為人所愛用。UDP 比較安全，因為它具備若干防禦通訊埠掃描和阻斷式攻擊（denial-of-service attacks）的機制，其吞吐量（throughput）較高、延遲（latency）也較低。當遠端使用者位於公共網路、且其中有防火牆作梗時（例如旅館或咖啡廳網路），TCP 才比較好用。

tls-auth /etc/openvpn/keys/ta.key 在伺服端的值必須始終為 0，在用戶端則是 1。*tls-auth* 會強制只能以 TLS 連線。

verb 4 指的是日誌紀錄的詳盡程度。1 最籠統、9 最詳盡。請將此值設在 4–6 之間，直到你很確定每件事情都運作正確無誤為止。當你從命令列啟動 OpenVPN 時，會看到大量的訊息。

坊間有很多舊說明文件建議，以 *comp_lzo* 選項來進行壓縮。這個建議已經不必考慮，因為用處不大。大部份的流量根本無法壓縮，因為它們要不是在進入前就已經做過壓縮、或者是因為已經加密而無法壓縮。甚至至少有一個安全漏洞是因為壓縮功能而來，就是 VORACLE。

參閱

- 你自行安裝內容中的示範設定
- EasyRSA（*https://oreil.ly/eKbsg*）
- OpenVPN 文件（*https://oreil.ly/Ah124*）
- *man 8 openvpn*
- OpenSSL Cookbook（*https://oreil.ly/Ctm0X*）

13.8　以 systemctl 來控制 OpenVPN

問題

你想按照管理其他 daemon 的方式那樣，用 *systemctl* 來管理 OpenVPN daemon，但你不想用到 OpenVPN 的單元檔案（unit file）。抑或是你看到一個怪異的單元檔案 *openvpn-server@.service*，但是當你企圖啟動它時，卻只收到奇怪的錯誤訊息。

解法

@ 這個字符的意思，代表它建立的是一個經過**參數化**（*parameterized*）的單元檔案。亦即你可以各自呼叫不同的組態檔，輕易地為同一個服務建立多個單元檔案。舉例來說，設想你的伺服器組態檔是 */etc/openvpn/austin.conf*。你的單元檔就會是 *openvpn@austin.service*，由 *systemctl* 所建立：

```
$ sudo systemctl enable openvpn@austin
Created symlink /etc/systemd/system/multi-user.target.wants/openvpn@austin.service
→ /usr/lib/systemd/system/openvpn@.service.
Created symlink /etc/systemd/system/openvpn.target.wants/openvpn@austin.service
→ /usr/lib/systemd/system/openvpn@.service.
```

注意，你不必鍵入 OpenVPN 的 *.conf* 檔案的副檔名。現在你可以用 *systemctl* 來控制 OpenVPN 的 daemon 了，就像控制其他服務一樣。

探討

這是一種相當巧妙的辦法，讓你有彈性可以建立多份組態、卻不用寫出多個單元檔案。任何 systemd 的單元檔案都可以像這樣予以「參數化」。

同一部機器上可以有多個通道同時運作。每份設定都需要不同的 *tun* 裝置，例如 *tun0*、*tun1*、*tun2* 等等，每個通道也都需要自己的子網路、不同的 UDP 通訊埠。你得用不同的組態檔和相應的參數化單元檔案來管理這些通道。

參閱

- EasyRSA（*https://oreil.ly/eKbsg*）
- OpenVPN 文件（*https://oreil.ly/Ah124*）
- systemd.unit（*https://oreil.ly/2AAEe*）
- *man 8 openvpn*
- OpenSSL Cookbook（*https://oreil.ly/Ctm0X*）

13.9 利用 .ovpn 檔案來簡化用戶端設定的發佈

問題

設置用戶端的工作量十分可觀，你想知道是否有辦法可以迅速讓使用者自行設定、不用靠他人協助。

解法

請把用戶端組態和密鑰打包成個別檔案，並以 *.ovpn* 作為副檔名。所有的用戶端，無論是 Linux、Windows、macOS、iOS 和 Android，都可以拿來匯入使用。

首先建立使用者憑證，然後按照以下範本建立他們各自的 *.ovpn* 檔案。本範例係按照招式 13.7 的範例打造而成。只不過不是連結至憑證檔案、而是將憑證檔案的內容複製到此一檔案中。憑證檔案的內容都是純文字，因此你只需把 BEGIN/END 的部份複製到 *.ovpn* 檔案中即可：

```
#vpnclient1.ovpn
client
dev tun
proto udp
remote server2 1194

persist-key
persist-tun
resolv-retry infinite
nobind

user nobody
group nobody
tls-client
remote-cert-tls server
verb 4

# ca.crt
<ca>
-----BEGIN CERTIFICATE-----
MIIDSDCCAjCgAwIBAgIUD2UxdEwgvhhr0zq5fAxIDIueB2EwDQYJKoZIhvcNAQEL
BQAwFTETMBEGA1UEAwwKdnBuc2VydmVyMTAeFw0yMTAyMjExODU1MjNaFw0zMTAy
MTkxODU1MjNaMBUxEzARBgNVBAMMCnZwbnNlcnZlcjEwggEiMA0GCSqGSIb3DQEB
AQUAA4IBDwAwggEKAoIBAQDpQJo+Izt8v0zriSWwrChc1tnVj3E3h3XuyEHub7hj
y4bMu2PqKByFNr+iikEF3u0d6HrCRSDKt1BcLzL3TsTJ/hJBHAlTyqEgVce1knjL
2g9NnDbekRtJSJCxS9j+RWtP43Xdg5edb5hTCZqdNFHD8oNuSMGFBbHN4oi9eDXl
rvyVHJe+UkI1Ow6mW0+ln/IoKNFPovz+l+ds3fJ5+UHe2TaQPQc7tGZ33j7wfJQd
```

es8baFdK+lnmGdUOrW9BQE6ReMSezkz6dKdIZdy7jEs6xoflOzyWlgydmnkAvLnx
MBQDgDUbc5MuooVMAWa4yhtz0B9ZmdJDb8jzHDpTPqdRAgMBAAGjgY8wgYwwHQYD
VR0OBBYEFF8KPhl1xxV0110JiBs5iUEPoJ1IMFAGA1UdIwRJMEeAFF8KPhl1xxV0
110JiBs5iUEPoJ1IoRmkFzAVMRMwEQYDVQQDDAp2cG5zZXJ2ZXIxghQPZTF0TCC+
GGvTOrl8DEgMi54HYTAMBgNVHRMEBTADAQH/MAsGA1UdDwQEAwIBBjANBgkqhkiG
9w0BAQsFAAOCAQEAMnRLz3CBApSrjfUKsWYioNGQGvh77Smh/1hPGIu4eEldQSmZ
Aj7qclEaORdBxmqrVtA3Z9cX1L0xFrg14nLyddmuWHG3ZChc5ZMpYtD2YpOH265B
FFjDp96vK13dpixWKrVpvakLCCA4EvnC8CEjbm0oNFiCgSwKAoJFCcUzwC33swsU
B2w5/iT6CZKuKhSmET1IDpG8krGC/Ib2GNAS0szMI94P0ajZgVznMcXOJ7gUg4rM
sEB8OzM6GBEZTqbAa9uVMZnOZvZA5jGIbBuelUo0bqGdAyx2B68zzuL//qvsHsvw
kZCyKIaXH0NBV7vexMKWcwFLLBzWizFQbbFpFA==
-----END CERTIFICATE-----
</ca>

vpnclient1.cert
<cert>
-----BEGIN CERTIFICATE-----
MIIDVjCCAj6gAwIBAgIQLhO4FTrqN5WZiQETULAwnzANBgkqhkiG9w0BAQsFADAV
MRMwEQYDVQQDDAp2cG5zZXJ2ZXIxMB4XDTIxMDIyMTE4NTYzM1oXDTI0MDIwNjE4
NTYzM1owFTETMBEGA1UEAwwKdnBuY2xpZW50MTCCASIwDQYJKoZIhvcNAQEBBQAD
ggEPADCCAQoCggEBALUFYXwk6JW/hRtoMs0Ug5jMcWXsjMUsCz8L8CeXNOs3wQrf
YBWF1TYCLPd2/vwXsvbqCE85IZwjsJ5mEx9YgQ5M1teDkLZqBn8y7VIyDAAU8RsN
NcrnpeMDV0LgZIBeUrHi4ZTooaw4FdJ5BBYRHR1APVaaHDWx59ohJuBDpriWhvWk
lWX0rpSJltXriIOCzky/yEwfw6ah5jWaTgfe41fXq8j3lx2IbgIL7I4//jhC6JYz
N7huTdT2uB2MUbYX0XWBffMG8wcBZtMI2XryZmPvFYWP7N5nZZsBXkLz/UngAu3k
jkYJOnJy/hdOFLN/yXj7VFydmivUSeekdjjxyAECAwEAAoBoTCBnjAJBgNVHRME
AjAAMB0GA1UdDgQWBBSnLIQoTPLyECbJHfgYBHvQpcmfgzBQBgNVHSMESTBHgBRf
Cj4ZdccVdNddCYgbOYlBD6CdSKEZpBcwFTETMBEGA1UEAwwKdnBuc2VydmVyMYIU
D2UxdEwgvhhr0zq5fAxIDIueB2EwEwYDVR0lBAwwCgYIKwYBBQUHAwIwCwYDVR0P
BAQDAgeAMA0GCSqGSIb3DQEBCwUAA4IBAQBaBpYZXVYUzOcXOVSaijmOZAIVBTeJ
meQz9xBQjqDXaRvypWlQ1gQtO8WnK9ruafc1g/h7LtvqtiALnGiJ0NbshkH8C1KE
yen46UCau5B/Xi0gA7FoPildvYdKSn/jI6KySCsplubjnJK9H/6DjAcEuqFLcsaY
5vpKQGP9Vl7H7hEVs4f1aory1T4Ma/bdXEOqgzHmIARLmxYeJm90sUT/n7e7VXfy
fILZ+8D1fMxCbeQRBkg1e8wJfgEbMRY9aGGt1qAs9gkm9RPelGB18v4iCbyebv3X
4hVHmfjcixdbWiABC7yq/gisooQ0robW/92dgemcwO0awHZX+opNBgwr
-----END CERTIFICATE-----
</cert>

vpnclient1.key
<key>
-----BEGIN ENCRYPTED PRIVATE KEY-----
MIIFHDBOBgkqhkiG9w0BBQ0wQTApBgkqhkiG9w0BBQwwHAQInjFvz5a4mY8CAggA
MAwGCCqGSIb3DQIJBQAwFAYIKoZIhvcNAwcECNsxQXxvMpN0BIIEyEZdgFwPnGup
vyhywXR6l6ihvHK2GRczIgH0mFIiwQDgDjZj2YsEnvSA/P3MHplkU/bgv9DJ5j2T
C5wPDmGN4yG1boHx9BQbKXqxGwdz/UcHwmNKur9qnSFrSVEvMDwvum+rmzWuKykf
gkKKBCT1JZ2DWKtjjDNYG9qhBn3S2zYVq311dDuLbBcruvo1UL031sDDYWTpVuuf
zZc0ozng0Nzb35bNkG6Ib+LYLzJi4stxzw0DTFl52lKv++R6xhmqb81IJE3vBs4H

DOutkYfif01eGqEKksPQRl8n03UVkOtB5pH8VdQeLqEBBaq3qeIfU6FkH9XrPR/E
8VOg9BNpbyuUW7bQu0MzuJ8Ofkjy9K+HHdwFtGPyOatkeaXT/qcKVMvzWcbr8bPc
VncavzXdzo0Sb8FigsKYU1lNjgo00Phd3m0AOfptrweK6ucBds5SmqNrUFXiQ2JA
Ms3LUw4CXBBgvdu5TsA2xLGysip0RPKLyTnUPGnXxbBaaHMv8Jz3XRCrWgZbtAE3
XhE9fKw+ZMEP+2jpC/1mjN/N9VuJfYZEhgA84wzYMu6pt3zPkWZqR6yGTDFEDhvh
OAZYEpqrhe++nxDpuQlpCCl4IndSg9L9oX1ydrvPNHGbRVztd3+r9wr4Ub3fJ1g/
9ckCdanohEymKbjw34HEMmdx+fn5k2T9bLnl8fsYtcESkg04ChON3yOnZFKl6chT
BQ9X2Qmeg7FoawWiUY5o+7OHNKL7QpRt4jXPbXNuXFK9EYvuRzUqubLhL5DdmjuO
Se1vvZg7fT4C8qjYsoCa18idA00EN3ePFFf9AssHCoVW92GiUTTKG+qURCjtNtG6
dnPvxiSf98OBkkjeX3ni0cKdfMGoQTSdEy5GexvfRMF5HJrGO+CWXmqSBsuIlPUe
quqCsPmpaT2Ws/0UU9cKe4qaKjTL7CghtFmUEhH7t6Cd41Ki9gKi33j3541l9w7l
J1bgca4rRUCecp2BPF3IjJc/RnTvHkbUK4mDX9s8xJhYf9WE6JYsk3NBSNNIj/9G
FMJlo71x8H3OAdFzRN5bjV797HByZ+YidZIgGAx2dSko3PQPy7RSxdmzFbxfUvzj
9jcYEu+V9unbtDK2qZ9I+LqXGE+EXjPBui40IWp8XIYNlSLn2qgroH079lXhXKBY
+DzcBzyT7GTX2QeYE+yqqPRIFWHnbnsnD6dMnAa46h+Si+f5sq33rfRsF7UpK4gV
IhzFkncCM47/Taqi0OY04Q40LuSCDjmjFL+VzZOsAtWGRNYNzIgniThEehElJwfI
ErzClcVptjhtCer8BPuO7YaMIHk1hKecHFqw3RrimWzroL1iu9Q29m2oM+bVc6mD
we6r+t8JbaAFxoHBK4i6M0rcdJPICxDTIOjPC3Fg/MeqiCi7F0DFZvXwPGRD+0Of
MBnsDplEUjK06jbE5BjGQ7n7P+dwDxyp/aVO4CfX7ZOco6h9r3b6nqlzPVNE9erw
kS7WwT/TWraw/sfIO9sNSgle7PoRh2s/w/oGVhC6ymlMdXe+mhMzHFnGEbBRh2Rd
kd/EdYNubHg0k9+RLTwbgwZ+176cIJyOpqaoJGv0bsKM8X26Pk/fkyF6xgdQYQOx
8i9Whea8OjUOQAcgc7gUyA==
-----END ENCRYPTED PRIVATE KEY-----
</key>

```
# ta.key
<tls-auth>
```
-----BEGIN OpenVPN Static key V1-----
4eb35b44d1d8a82cfa51af394d4f58f3
69bf8fe8c0a0a032f38b0ee104889628
8a5dc89486736b39d64ad3c6831bf9ba
9f3f96c3307d322a5bf055b9bc3bfa74
929faf361c14de97445f5927794264bb
e3f71c925f2236cfb0109ecfd6406cef
857dfb39783a09ecd56d3cf09ebbc853
0f43b1c787f0db99dbecabcd2090cfbb
54c86d8102a5430fd6a7f37ab5ce8ed9
f6bec8984bde4267f78913ff702dd396
a205b6be9e7ab41cf1ebad3953c27c7c
f3b435345e02aede049ef7c9f1c2704f
2ed91110ccb19d0d3bd46a00f54c73e2
07b31160cdc54c3f5a7989bb999ac5f3
89c6de7e79fc93399924a8d298eab462
231234e690c319d5cbd832788f0dbcfb
-----END OpenVPN Static key V1-----
```
</tls-auth>
```

現在只需把單一檔案交付給用戶端即可（參閱招式 13.1，了解要替 Linux、macOS、Windows、iOS 和 Android 等用戶端安裝些什麼）。

有個簡單的方式可以將新的 *.ovpn* 檔案匯入至 Linux，就是利用 NetworkManager。開啟「VPN Connections」→「Add a VPN connection」（新增 VPN 連線）。這會再開啟「Choose a VPN Connection Type」（選擇 VPN 連線類型）。這時點選「Import a Saved VPN Connection」（匯入既存的 VPN 連線），並點選 Create，然後從檔案選擇介面找出你的 *.ovpn* 檔案。檢視 General 和 VPN 頁面的設定值。

在 General 頁面，確認「All users may connect to this network」（所有人都可以連接至此網路）這個選項沒有打勾。這是一個簡單但重大的安全措施，它需要每個使用者都擁有自己個別的 OpenVPN 設定。

在 VPN 頁面，注意 NetworkManager 會將檔案內的憑證轉換成 *.pem* 檔案（如圖 13-2）。這是正常現象。你可以檢視其內容、並與原始內容比較；只須點選右側的小檔案夾圖示，就可以看到轉換後的檔案所在位置。

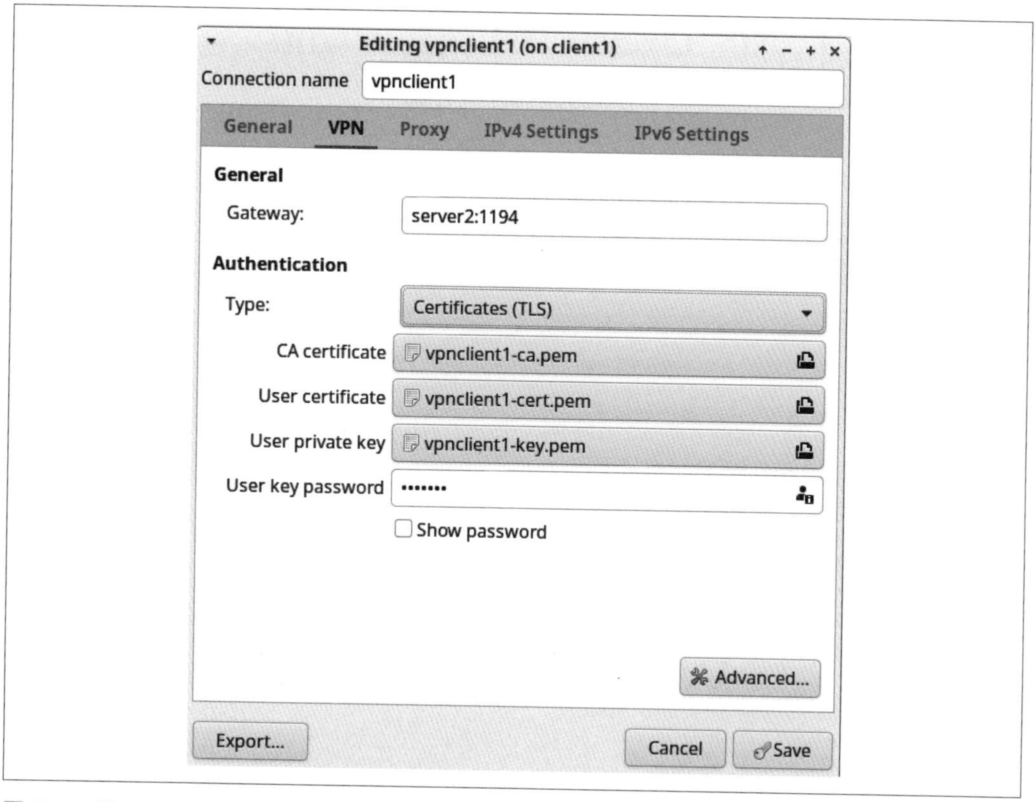

圖 13-2　將 .ovpn 用戶端組態檔匯入至 NetworkManager

所有其他的用戶端做法也都一致。請依指示進行，如果一切順利，你的用戶端應該可以在幾分鐘內就開始運作。

NetworkManager 的匯入功能，同樣也適合用在招式 13.7 當中那些並非直接複製憑證內容、而是以鏈結參照憑證的用戶端組態檔。這種狀況下的憑證不會被轉換，而是仍保持原始檔名。

如果你只會用到 Linux 的用戶端，含有憑證內容的組態檔副檔名應該還是 *.conf*。

參閱

- EasyRSA（*https://oreil.ly/eKbsg*）
- OpenVPN 文件（*https://oreil.ly/Ah124*）
- *man 8 openvpn*
- OpenSSL Cookbook（*https://oreil.ly/Ctm0X*）

13.10　強化你的 OpenVPN 伺服器防禦

問題

你想知道有何選項可以讓你的 OpenVPN 更安全。

解法

OpenVPN 的預設選項已經相當好，但其設計是為了保持最大相容性。你可以加以更改，讓伺服器更安全。

以下範例同時含括伺服端與用戶端組態檔。此外，這些選項會將 TLS 有效性最大化。所有比 TLS 1.2 更早的 SSL 和 TLS 協定都已被棄而不用，不應繼續在此使用。因此請只接受 TLS 1.2 以上的版本：

```
tls-version-min 1.2
tls-version-max 1.3 or-highest
```

使用更安全的資料頻道密文（data channel cipher），並停用密文協調（disabling cipher negotiation），以便達到強制使用較安全方式的效果：

```
AES-128-GCM
ncp-disable
```

TLS 1.3 有許多變動，因此針對 TLS 1.2 和 1.3，必須使用不一樣的設定。以下均為更安全、也更富於效率的加密用密文：

```
# TLS 1.3
tls-ciphersuites TLS_CHACHA20_POLY1305_SHA256:TLS_AES_128_GCM_SHA256
# TLS 1.2
tls-cipher TLS-ECDHE-ECDSA-WITH-CHACHA20-POLY1305-SHA256:TLS-ECDHE-RSA-
WITH-CHACHA20-POLY1305-SHA256:TLS-ECDHE-ECDSA-WITH-AES-128-GCM-SHA256:
TLS-ECDHE-RSA-WITH-AES-128-GCM-SHA256
```

請採用橢圓曲線 Diffie-Hellman 短期交換（Elliptic Curve Diffie-Hellman Ephemeral, CDHE）取代舊式的 Diffie-Hellman 靜態密鑰。你不需像招式 13.5 那般建立 *ta.key* 密鑰：

```
dh none
ecdh-curve secp384r1
# use tls-server on the server, tls-client on the client 譯註
tls-server
```

只需在伺服端設定加上 *float* 選項，只要用戶端能通過所有其他驗證測試，就能漫遊在不同網路之間、而不至於遺失連線。

同樣也只存在於伺服端設定的 *opt-verify* 選項，則會檢查伺服端與用戶端之間的設定相容性，如果兩者不匹配、用戶端便會被切斷。*optverify* 會檢查 *dev-type*、*link-mtu*、*tun-mtu*、*proto*、*ifconfig*、*comp-lzo*、*fragment*、*keydir*、*cipher*、*auth*、*keysize*、*secret*、*no-replay*、*no-iv*、*tls-auth*、*key-method*、*tls-server* 和 *tls-client*。

參閱以下的探討段落，以觀看完整的示範設定。

探討

將上述改善內容全放進伺服端的設定：

```
# vpnserver1.conf
port 1194
proto udp
dev tun
user nobody
group nobody

ca /etc/openvpn/keys/ca.crt
cert /etc/openvpn/keys/vpnserver1.crt
key /etc/openvpn/keys/vpnserver1.key
```

譯註 註解寫得很清楚，若是用戶端設定，請改放 tls-client。

```
server 10.10.0.0 255.255.255.0
ifconfig-pool-persist ipp.txt
keepalive 10 120
persist-key
persist-tun
tls-server

remote-cert-tls client
verify-client-cert require
tls-cert-profile preferred
tls-version-min 1.2
tls-version-max 1.3 or-highest

float
opt-verify
AES-128-GCM
ncp-disable
dh none
ecdh-curve secp384r1

# TLS 1.3
tls-ciphersuites TLS_CHACHA20_POLY1305_SHA256:TLS_AES_128_GCM_SHA256
# TLS 1.2
tls-cipher TLS-ECDHE-ECDSA-WITH-CHACHA20-POLY1305-SHA256:TLS-ECDHE-RSA-
WITH-CHACHA20-POLY1305-SHA256:TLS-ECDHE-ECDSA-WITH-AES-128-GCM-SHA256:
TLS-ECDHE-RSA-WITH-AES-128-GCM-SHA256

status openvpn-status.log
verb 4
mute 20
explicit-exit-notify 1
```

若採用複製憑證內容的檔案格式（參閱招式 13.9），用戶端設定範例會像這樣：

```
# vpnclient1.conf
client
dev tun
proto udp
remote server1 1194

persist-key
persist-tun
resolv-retry infinite
nobind

user nobody
group nobody
tls-client
```

```
remote-cert-tls server
verb 4

# Using inline keys
# ca.crt
<ca>
[...]
</ca>

# client.crt
<cert>
[...]
</cert>

# client.key
<key>
[...]
</key>

tls-version-min 1.2
tls-version-max 1.3 or-highest
AES-128-GCM
ncp-disable
dh none
ecdh-curve secp384r1

# TLS 1.3 encryption settings
tls-ciphersuites TLS_CHACHA20_POLY1305_SHA256:TLS_AES_128_GCM_SHA256
# TLS 1.2 encryption settings
tls-cipher TLS-ECDHE-ECDSA-WITH-CHACHA20-POLY1305-SHA256:TLS-ECDHE-RSA-WITH-
CHACHA20-POLY1305-SHA256:TLS-ECDHE-ECDSA-WITH-AES-128-GCM-SHA256:TLS-ECDHE-RSA-
WITH-AES-128-GCM-SHA256

status openvpn-status.log
verb 4
mute 20
explicit-exit-notify 1
```

以上選項會進一步強化用戶端與伺服端之間的驗證，並強制使用 TLS 1.2 以上的機制。如
果你想知道該採用哪一種密文和套件，請諮詢專家。你還可以進一步地將設置方式收束
得更緊。舉例來說，不准使用者儲存密碼、為用戶端 - 伺服端的驗證加上更多限制、採用
SELinux、或改用 chroot 機制。這些都屬於更為進階的題材，在此不贅述。

參閱

- EasyRSA（*https://oreil.ly/eKbsg*）

- OpenVPN 文件（*https://oreil.ly/Ah124*）

- *man 8 openvpn*

- OpenSSL Cookbook（*https://oreil.ly/Ctm0X*）

13.11 設定網路

問題

你的 OpenVPN 伺服器已能運作，所有的連線測試都如預期般成功，現在你想知道如何設定網路，以便讓遠端用戶端可以找到你的伺服器、並且讓流量可以正常路由運送。

解法

這沒有一定的解法。設定網路時，必須考量到你的區域網路設置方式、你要連結的是個別的用戶端還是整個網段、IPv4、IPv6、你的網際網路閘道器設置方式，多不勝數。請參考 Jan Just Keijser 所著的絕佳參考書籍《*OpenVPN Cookbook* 第二版》（Packt 出版），從中找出你需要的解答。該書談到了 TUN 和 TAP 的比較、Windows 用戶端、PAM 和 LDAP、IPv6、路由、以及站對站（site-to-site）的設定方式等等。

探討

無論是運行何種伺服器，網路都是最富挑戰性的部份，尤其是涉及重大安全的伺服器。這是個值得鑽研的題材、也值得花心思把它做好。OpenVPN 文件中也包含大量關於網路的優良資訊。

參閱

- OpenVPN 文件（*https://oreil.ly/Ah124*）

- *man 8 openvpn*

## 第十四章

以 firewalld 建構
Linux 防火牆

本章將探討以 firewalld 打造主機防火牆的基本作法。不同的主機各自需求也不相同。舉例來說，如果是伺服器，就必須允許各式各樣的對內連線請求，反之如果是不需提供任何服務的個人電腦，便毋須接受此類連線請求。必須使用多樣化網路連線的筆電，則需要用到動態的防火牆管理方式。

firewalld 概述

Firewalld 就像其他種類的防火牆一樣，擁有一長串的特異功能。本章主要是學習如何運用 firewalld 的 *zones*（區域）概念來控管進入我們系統的網路流量。一個區域代表的是一個容器，其中含有某種程度的信任；舉例來說有的區域允許任何樣式的對內連線請求，有些則十分保守。一套系統上的每個網路介面都只能隸屬於一個區域，但一個區域可以套用在多個介面上。

必備的網路知識

在此最需理解的網路觀念，包括了通訊埠、服務、TCP、UDP、通訊埠轉遞（port forwarding）、偽裝（masquerade）、路由、以及 IP 定址。當你了解這些觀念後，就會理解如何設定防火牆。如果你需要一點關於電腦網路的指導，請參閱 Gordon Davies 所著的《*Networking Fundamentals*》（Packt Publishing）、或是 Doug Lowe 所著的《*Networking All-in-One For Dummies* 第 7 版》（For Dummies 系列）。如果你訂閱了 O'Reilly Learning Platform（*https://oreil.ly/mEsNB*），在那裡也可以找到大量的有用資訊。

351

傳統的 Linux 防火牆皆是以 Linux 核心中的 *netfilter* 封包過濾框架建置而成，它會篩選進出的網路流量，另一個元件則是 *iptables*，這是一種用來建立和管理篩選流量規則表單的軟體。

但隨著時光流逝，iptables 逐漸為更新穎的規則管理工具所取代，例如 *ufw*（Uncomplicated Firewall，簡易防火牆[譯註]）、*nftables*（意為 Netfilter tables，表單之意）、以及 *firewalld*（firewall daemon）。Firewalld 就像 iptables 跟 nftables 一樣，皆是以一系列的規則表單來管理流量篩選的工具。它兼具命令列介面與方便的圖形介面 *firewall-config*。firewalld 可同時作為 iptables 和 nftables 的前台。nftables 比 iptables 有更多改進之處，同時也是 firewalld 預設使用的後台，但有些 Linux 發行版仍以 iptables 為預設後台。你可以在 */etc/firewalld/firewalld.conf* 用 *FirewallBackend* 這個選項來自訂偏好的後台（參閱招式 14.4）。

Firewalld 附有若干預設的規則，意即所謂的**區域**（*zones*），適合不同的運用案例，例如不用提供服務的機器、或是需要提供服務的機器，甚至也有適用於同一部機器上不同網路介面專用的不同區域配置。你可以編輯這些區域設定，以便因應你自己的需求。

Firewalld 的區域會管理**服務**，亦即各種常用服務的設定，如 ssh、imaps 和 rsync 之類。大部份的預設服務都只涵蓋了標準通訊埠配置。你可以視自己的需求加以編輯，藉此定義你自己的自訂區域。

firewalld 也與 NetworkManager 整合，因此你毋須擔心如何管理動態連線，就像你四處攜帶筆電、並需要連結不同網路的情況那樣。

> ### *NetworkManager* 服務
>
> 自 2004 年以來，NetworkManager 便已成為 Linux 的重要部件。NetworkManager 取代了繁瑣的網路用戶端工具大雜燴，統一管理你所有的網路介面和網路連線。如果你仍對 NetworkManager 感到陌生，請參閱 GNOME NetworkManager（*https://oreil.ly/hkqaq*）。

如果你是在商用代管環境中運行公用伺服器，你的防火牆設置就必須視服務供應商的支援而定。要保護網頁伺服器或線上商店這類的公用伺服器，無論它們是託管在他處、還是位於你自己的資料中心內，都需要可觀的技能和心思，這些都超越了本書的範疇。請務必自行深入鑽研和進行教育訓練，甚至延請專家代勞。

Firewalls 如何運作

以前 Ubuntu Linux 是不附贈防火牆的，因為它的預設安裝並不包含任何公用服務，因此也沒有正在傾聽中的網路通訊埠。當時的說法是沒有傾聽中的網路通訊埠、就沒有攻擊的藉口。還好，後來的版本翻轉了這個論點，因為使用者還是會更改機器的用途，甚至連箇中老手也可能會出錯，而且攻擊者總是會發現新的弱點。安全是一個涉及多種層面的過程。

我們來了解一下防火牆的運作。基本原則就是一切都先不放行、而是只有必要時才放行需要通過的內容。

而像是 SSH 伺服器這樣的網路服務，便需要開啟網路通訊埠，才能讓遠端使用者登入。你得讓其他人進入你的系統。*sshd* 的預設通訊埠是 TCP 的 22 號埠。你可以用 *netstat* 命令觀察系統上正在傾聽的所有通訊埠。以下這段輸出便顯示了 SSH 通訊埠應有的外觀[譯註]：

```
$ sudo netstat -untap | sed '2p;/ssh/!d'
Proto Recv-Q Send-Q Local Address    Foreign Address  State   PID/Program name
tcp       0      0 0.0.0.0:22        0.0.0.0:*        LISTEN  1296/sshd: /usr/sbi
tcp6      0      0 :::22             :::*            LISTEN  1296/sshd: /usr/sbi
```

上例顯示當下並無活動中的對內連線，因為所有區域對應的遠端位址（Foreign Address）這一欄都是 0、而且狀態欄（State）都顯示為 LISTEN（意為還在傾聽）。*sshd* 在所有的網路介面和 IP 位址上，針對 TCP 的 22 號埠傾聽對內的 IPv4 和 IPv6 連線。而 IP 位址和通訊埠號的組合，會告訴 Linux 核心，要將 SSH 封包送至何處。

下例顯示的則是一個正在活動中的 SSH 連線，因為它的 State 是 ESTABLISHED。它列出了遠端機器連入的本地位址和通訊埠、也列出了遠端機器的位址和通訊埠（Recv-Q 和 Send-Q 欄位已經去除，以便於顯示）：

```
$ sudo netstat -untap | sed '2p;/ssh/!d'
Proto  Local Address         Foreign Address        State        PID/Program name
tcp    0.0.0.0:22            0.0.0.0:*              LISTEN       1296/sshd: /usr/sbi
tcp    192.168.1.97:22      192.168.1.91:56142     ESTABLISHED  13784/sshd: duchess
tcp6   :::22                :::*                   LISTEN       1296/sshd: /usr/sbi
```

要控制哪些 TCP/IP 封包可以取用特定的 IP 位址與通訊埠，方法有好幾種。大多數的伺服器都有設定選項，可以指定只在特定的網路介面或 IP 位址傾聽，也可以只接受來自特定位址、或一段位址範圍的連線請求。而防火牆還會加上額外的控制方式，最好的防禦做法，就是服務伺服器和防火牆這兩種機制都加以運用。

[譯註] 如果你跟譯者一樣用 Ubuntu 實驗，而且使用 systemd，那在 PID/Program name 欄位也許會看不到 sshd 的字樣；這時就得把管線和 sed 那串命令拿掉，就還是可以看到機器在 0.0.0.0:22 傾聽 ssh 連線。

網路通訊埠和編號

在 Linux 系統上，總共有 65,536 個網路通訊埠可資運用，編號為 0 到 65535，但其中有很多會基於特定服務而保留。0 便是保留埠、而且不供使用。你可以在 */etc/services* 檔案中看到它們，每一部 Linux 都有這個檔案。完整的官方清單，請參閱 IANA 的服務名稱與傳輸協定通訊埠編號登錄（IANA Service Name and Transport Protocol Port Number Registry，*https://oreil.ly/CF0bF*）。

以下是通訊埠編號範圍的組織方式：

- 0-1023 統稱為眾所周知的通訊埠（*well-known ports*）。這些都是系統常用服務所需的通訊埠，例如 FTPS（專供安全檔案共享）、SSH（安全遠端登入）、NTP（網路校時協定）、POP3（電子郵件）、HTTPS（加密網頁伺服器）等等。

- 1024-49151 稱為登錄通訊埠（*registered ports*），專供其他的服務使用。

- 49152-65535 則稱為臨時通訊埠（*ephemeral ports*），有時也叫做私有通訊埠（*private ports*）和動態通訊埠（*dynamic ports*）。這些都是專供系統對遠端服務發起連線時使用的。例如，當你上網瀏覽，在 *netstat* 裡看起來便會像這樣（Recv-Q 和 Send-Q 欄位亦已省略以便觀看）：

```
$ sudo netstat -untap
Proto  Local Address          Foreign Address      State        PID/Program name
[...]
tcp    192.168.43.234:50586   72.21.91.66:443      ESTABLISHED  2798/firefox
tcp    192.168.43.234:38262   52.36.174.147:443    ESTABLISHED  6481/chrome
tcp    192.168.43.234:53232   99.86.33.45:443      ESTABLISHED  2798/firefox
[...]
```

上例說明了你的電腦當下對外發出連線請求後的回應。當你造訪網站時，其實就是發起了一個連線請求，而遠端的網頁伺服器便對你的系統上的一個臨時網路通訊埠做出回應。清單中的第一個連線係回到本地示範電腦的 IP 位址 192.168.43.234、通訊埠號 50586。遠端位址則是對方伺服器的 IP 位址和通訊埠號。狀態為 ESTABLISHED，即代表它已成功連結至另一部機器。當會談結束後，瀏覽器一旦關閉，50586 號通訊埠便會被釋出，可再度作為其他用途使用。

臨時通訊埠不會作為服務傾聽連線之用。通往臨時通訊埠的連線都是隨需求臨時建立的，僅供你的電腦對外發出連線請求時（例如瀏覽網站），作為接收回覆使用。防火牆可以阻擋臨時網路通訊埠的使用，但這樣一來你就無法存取自家電腦以外的主機或站點了。

14.1　查詢正在運行何種防火牆

問題

你想知道自己的 Linux 系統正在使用何種防火牆。

解法

先從你的 Linux 發行版的文件著手，因為大多數的 Linux 都會安裝防火牆。三種最常見的 就 是 *iptables*（Internet Protocol tables）。*ufw*（Uncomplicated Firewall）、 以 及 *nftables*（Netfilter tables）。這三種都會以 netfilter 框架來管理過濾規則，而該框架是 Linux 核心的一部份。

接著來看看 systemd 怎麼顯示。下例顯示的是 nftables 正在運行：

```
$ systemctl status nftables.service
  ● nftables.service - Netfilter Tables
   Loaded: loaded (/usr/lib/systemd/system/nftables.service; disabled; vendor>
   Active: active (exited) since Sat 2020-10-17 13:15:05 PDT; 4s ago
     Docs: man:nft(8)
  Process: 3276 ExecStart=/sbin/nft -f /etc/sysconfig/nftables.conf (code=exi>
 Main PID: 3276 (code=exited, status=0/SUCCESS)
[...]
```

如果是 firewalld 正在執行，看起來便會是這樣：

```
$ systemctl status firewalld.service
● firewalld.service - firewalld - dynamic firewall daemon
Loaded: loaded (/usr/lib/systemd/system/firewalld.service; enabled; vendor>
    Active: active (running) since Sat 2020-10-17 12:36:20 PDT; 37min ago
      Docs: man:firewalld(1)
  Main PID: 775 (firewalld)
     Tasks: 2 (limit: 4665)
    Memory: 40.9M
     [...]
```

下例則會檢查 ufw，並顯示它已安裝、但並未運作：

```
$ systemctl status ufw.service
● ufw.service - Uncomplicated firewall
    Loaded: loaded (/lib/systemd/system/ufw.service; disabled; vendor preset:
enabled)
    Active: inactive (dead)
      Docs: man:ufw(8)
```

如果以上任一者都尚未安裝，就只會看到「找不到服務」的訊息。

你可以移除 ufw 和 nftables，或加以遮蔽、以便令其無法啟動：

```
$ sudo systemctl stop ufw.service
$ sudo systemctl mask ufw.service

$ sudo systemctl stop nftables.service
$ sudo systemctl mask nftables.service
```

探討

除非你喜歡拿彼此衝突的防火牆規則來折磨自己，最好是只運行一種防火牆。

參閱

- 第四章

- *https://firewalld.org*

14.2　安裝 firewalld

問題

你想在自己的 Linux 系統上安裝 firewalld。

解法

如果你的系統上沒有 firewalld，只需安裝 *firewalld* 套件，再安裝 *firewall-config* 套件，以便取得操作方便的圖形介面。

探討

謝天謝地，到目前為止，主流的 Linux 發行版都還使用一致的套件名稱，亦即 *firewalld* 和 *firewall-config*。

根據你的 Linux 發行版，firewalld 不見得會在安裝後自動啟動。但它一定得在運作中，你才能建立和測試規則。

如果可以的話，請先停用你的機器的網路連線，直到你完成 firewalld 的初步設定為止。請點開 NetworkManager applet、並斷開網路（大多數的 Linux 發行版都會預先安裝 NetworkManager，如圖 14-1 所示）。

圖 14-1　以 NetworkManager 斷開網路

或是以 *nmcli* 命令代勞。下例會找出並斷開 WiFi 連線。請在命令中用 CONNECTION 欄位顯示的名稱來指明要斷開的連線：

```
$ nmcli device status
DEVICE  TYPE   STATE       CONNECTION
wlan0   wifi   connected   ACCESS_POINTE

$ nmcli connection down ACCESS_POINTE
Connection 'ACCESS_POINTE' successfully deactivated
(D-Bus active path: /org/freedesktop/NetworkManager/ActiveConnection/4)
```

若要還原連線時：

```
$ nmcli connection up ACCESS_POINTE
Connection successfully activated
(D-Bus active path: /org/freedesktop/NetworkManager/ActiveConnection/7)
```

要管理 firewalld，最常用的方式便是透過 systemd。以下為常用命令：

- *systemctl status firewalld.service*

- *sudo systemctl enable firewalld.service*

- *sudo systemctl start firewalld.service*

- *sudo systemctl stop firewalld.service*

- *sudo systemctl restart firewalld.service*

參閱

- 第四章

- *https://firewalld.org*

- 本書附錄

14.3　找出 firewalld 的版本

問題

你想知道自己運行的 fiirewalld 版本編號為何。

解法

以套件管理工具查詢已安裝的套件資訊，或是利用 *firewall-cmd* 命令：

```
$ sudo firewall-cmd --version
0.9.3
```

探討

firewalld 必須已在運作，*firewall-cmd* 命令才會有效。如果你的 firewalld 並未運作，就只會看到「FirewallD is not running」的訊息。

參閱

- *https://firewalld.org*

14.4　將 iptables 或 nftables 設為 firewalld 的後台

問題

你想選擇自己的 firewalld 後台，看是要用 iptables 還是 nftables。

解法

編輯 */etc/firewalld/firewalld.conf*，自己選偏好方式：

```
FirewallBackend=nftables
```

或者改成：

```
FirewallBackend=iptables
```

然後重啟 firewalld 即可。

探討

你可能還得自行安裝偏愛的後台。

就算你不在乎系統使用何種後台，也該採用 nftables，因為它是 firewalld 開發時的參照對象。

參閱

- 先前第 351 頁的「firewalld 概述」一節
- 由 firewalld 開發人員撰寫的 The nftables backend blog post（*https://oreil.ly/xO5eS*），其中詳述了關於這兩種後台的資訊，以及未來的開發方向。

14.5 列出所有的區域、以及每個區域管理的所有服務

問題

你想知道自己的 firewalld 設定了哪些區域、以及每個區域管理的服務內容。

解法

若要列出預設區域：

```
$ firewall-cmd --get-default-zone
public
```

若要列出所有區域：

```
$ firewall-cmd --get-zones
block dmz drop external home internal public trusted work
```

若要列出所有活動中的區域、亦即使用中的區域：

```
$ firewall-cmd --get-active-zones
internal
  interfaces: eth1
work
  interfaces: wlan0
```

若要列出某區域的設定的話：

```
$ sudo firewall-cmd --zone=public --list-all
public
  target: default
  icmp-block-inversion: no
  interfaces:
  sources:
  services: dhcpv6-client ipp ipp-client mdns ssh
  ports:
  protocols:
  masquerade: no
  forward-ports:
  source-ports:
  icmp-blocks:
  rich rules:
```

若要一口氣列出所有區域設定的話：

```
$ sudo firewall-cmd --list-all-zones
[...]
```

探討

firewalld 的區域定義了網路連線的信任程度。每個區域的定義都包含對該區域的描述（zone description）以及其他項目，正如上例的 *public* 區域所示。區域檔案一律採用 XML 格式，同時副檔名也必須是 *.xml*。請參閱 */usr/lib/firewalld/zones* 觀看原始檔案。

以下清單定義了區域的選項：

- *target:* 定義的是，當封包不符任何規則時，預設要如何處置。其設定值只有四者之一：*default*、*ACCEPT*、*DROP*、或是 *REJECT*。舉例來說，當類型屬於 dhcpv6-client、ipp、ipp-client、mdns 或 ssh 的連線請求封包抵達範例中的 *public* 區域時，都會被接受。但其他任何不符允許服務類型的封包，則都會被拒絕、依 *default* 這個目標來處理、並答以拒絕訊息。

── *ACCEPT* 會接受任何未被規則明確阻擋的封包。

　　── *DROP* 會默默地丟棄所有未被明確允許的封包。

　　── *REJECT* 跟 *DROP* 的動作類似，只不過它還會以拒絕訊息告知封包來源。

- *icmp-block-inversion* 會反轉你的 ICMP 請求設定。任何原本被阻擋的請求，都會反轉成不予阻擋、而不予阻擋的請求則被反轉成加以阻擋。此一設定通常都會設為 *no*。

- *interfaces*: 定義了這個區域套用在哪些網路介面上。每個介面只能屬於一個區域，但同一個區域可以套用到多個網路介面上。

- *source*: 可以接受 IP 和 MAC 位址、以及某個範圍的 IP 位址。舉例來說，你可以只接受來自你所在區域網路或來自特定主機的封包，抑或是阻擋某些主機或網路。

- *services*: 列出此一區域管理的服務。

- *ports*: 列出此一區域管理的通訊埠號。

- *protocols*: 列出此一區域管理的其他 TCP 協定，如同 */etc/protocols* 所示內容。

- *masquerade*: 只能設為 *yes* 或是 *no*。偽裝（masquerading）係用於共用一個 IPv4 的網際網路連線。除非是路由器，不然任何主機都應將此項目設為 *no*。

- *forward-ports*: 用來將進入某個通訊埠的封包轉發至另一個通訊埠。

- *source-ports*: 列出來源通訊埠。

- *icmp-blocks*: 列舉需要擋下的 ICMP 類型。

- *rich rules* 代表你撰寫的自訂規則。

參閱

- *https://firewalld.org*

- *man 5 firewalld.zone*

- *man 1 firewall-cmd*

14.6 列舉與查詢服務

問題

你想看看 firewalld 所支援的服務清單。

解法

利用 *firewall-cmd* 命令為之：

```
$ sudo firewall-cmd --get-services
RH-Satellite-6 amanda-client amanda-k5-client amqp amqps apcupsd audit bacula
bacula-client bb bgp bitcoin bitcoin-rpc bitcoin-testnet bitcoin-testnet-rpc
bittorrent-lsd ceph ceph-mon cfengine cockpit condor-collector ctdb dhcp dhcpv6
[...]
```

訊息會相當可觀。請將它轉換成較易閱讀的單一欄位：

```
$ sudo firewall-cmd --get-services| xargs -n1
RH-Satellite-6
amanda-client
amanda-k5-client
amqp
amqps
apcupsd
[...]
```

請用 *xargs -n2*、*xargs -n3* 等方式來取出更多欄位。

firewalld 的服務並不僅限於針對單一通訊埠。以 *bittorrent-lsd* 服務為例，它便可以包括兩個目標 IP 位址：

```
$ sudo firewall-cmd --info-service bittorrent-lsd
bittorrent-lsd
  ports: 6771/udp
  protocols:
  source-ports:
  modules:
  destination: ipv4:239.192.152.143 ipv6:ff15::efc0:988f
  includes:
  helpers:
```

ceph-mon 服務則會開啟兩個傾聽的通訊埠：

```
$ sudo firewall-cmd --info-service ceph-mon
ceph-mon
```

```
ports: 3300/tcp 6789/tcp
[...]
```

你可以把任何預先定義好的服務拿出來重新編輯，以便符合你自己的需求。

探討

當你在某個區域中添加服務時，請按照清單中出現的名稱來註記。但你也可以自訂服務；
請參閱 firewalld 文件中的「Add a Service」（*https://oreil.ly/kvMYY*）^{譯註}。

參閱

- *https://firewalld.org*
- firewalld 文件中的「Add a Service」（*https://oreil.ly/kvMYY*）

14.7　選擇和設定區域

問題

你想知道如何選取和設置正確的區域。

解法

要選擇何種 firewalld 區域，端看你的機器上正在運行何種服務而定。如果你的機器並未
提供任何網路服務、只須對外連線，請選擇 *drop* 或是 *block* 這兩種區域來用。*drop* 區域的
限制最嚴，它會棄置任何對內的連線請求，同時只接受針對本機所發出的請求而產生的回
覆。*block* 跟 *drop* 相仿，只不過它還會發出拒絕的訊息而已。

其他的區域設定方式，則會依不同的 Linux 發行版而各自互異，因此你必須在自己的系統
中觀察它們是如何設定的，例如下例中的 *work* 區域：

```
$ sudo firewall-cmd --zone=work --list-all
work
  target: default
  icmp-block-inversion: no
  interfaces:
  sources:
```

---

^{譯註} 其實所有的 firewall-cmd 命令參數都可以在 firewalld 官網文件 *https://firewalld.org/documentation/man-pages/
firewall-cmd.html* 中找到，非常方便。

```
    services: dhcpv6-client ssh
    ports:
    protocols:
    masquerade: no
    forward-ports:
    source-ports:
    icmp-blocks:
    rich rules:
```

你還得把區域綁到某個網路介面上。以下範例便將 *work* 區域指派給 eth0 介面，然後加以檢驗：

```
$ sudo firewall-cmd --zone=work --permanent --change-interface=eth0
success

$ sudo firewall-cmd --zone=work --list-interfaces
eth0
```

如果你偏好在搞定變動前先加以測試，請先把 *--permanent* 選項拿掉。這會產生一個 *runtime*（執行期間）的設定，並隨即讓變動內容套用生效。像這樣以執行期間形式進行的異動方式，會在 firewalld 重啟時、或是在你執行 *firewall-cmd --reload* 後失效。如欲將執行期間形式的異動改為永久生效的形式：

```
$ sudo firewall-cmd --runtime-to-permanent
```

當你將某個區域綁定到某個網路介面、或是重啟 firewalld 時，皆不需重新載入 firewalld 的設定。

探討

你要如何知道該選用哪一個區域？以下列出的都是 Ubuntu 20.04 版內建 firewalld 所附的、預先訂好的區域，順序從限制最嚴格的、一直到最寬鬆的。你的 Linux 上所包含的區域設定也許略有差異；請回頭參閱招式 14.5，看看如何檢視你的區域設定內容。

以下清單說明幾種預設的區域：

drop

所有未經核實的入內網路封包都會被棄置，而且不予回覆。只有源自本機對外連線的回應封包返回入內時，才允許進入。當你連結在一個不可靠的網路上，而且連對內的 SSH 連線、共享檔案或其他任何外來連線請求都不得入內時，這才是最安全的防護。

block

所有對內的網路連線都會被拒絕,並回以 *icmp-host-prohibited* 的 IPv4 訊息、或是 *icmp6-adm-prohibited* 的 IPv6 訊息。只有源自本防火牆所在系統的網路連線才允許通過。

public

對內的 dhcpv6-client、ipp、ipp-client、mdns 和 ssh 等連線可以接受,其他均予以阻擋。

external

這是簡易的網際網路閘道器,結合防火牆和簡易的路由功能。只有對內的 SSH 連線允許進入,同時啟用 IPv4 偽裝,以便共用網際網路連線。

dmz

適用於位在非軍事區(demilitarized zone, DMZ)、可供公開使用的電腦。只有對內的 SSH 連線允許進入(DMZ 是一個與你的內部網路分離的另一個網路區段,專供需要面對網際網路的伺服器使用)。

work

只有入內的 ssh 和 dhcpv6-client 連線可以接受進入。

home

只有入內的 ssh、mdns、samba-client 和 dhcpv6-client 等連線請求可以接受進入。

internal

只有對內的 ssh、mdns、samba-client 和 dhcpv6-client 等連線請求可以接受進入。

trusted

所有的網路連線請求都接受。

你也可以自訂這些區域的內容、或乾脆另訂新區域;請參閱招式 14.9。

參閱

- 招式 14.9
- *https://firewalld.org*

14.8　更改預設的 firewalld 區域

問題

你不喜歡預設的 firewalld 區域,想要加以變更。

解法

先驗證目前的預設區域為何:

```
$ firewall-cmd --get-default-zone
internal
```

假設因為 *drop* 才是限制最嚴格的區域,而你想改以 *drop* 為預設區域。請用 *firewall-cmd* 命令重新指定預設區域:

```
$ sudo firewall-cmd --set-default-zone drop
success
```

使用以上命令時,毋須重新載入 firewalld 的設定、或是重啟 firewalld。

探討

你也可以從 NetworkManager 指派區域(參閱招式 14.11)。只要是還未明確指定區域的網路連線,NetworkManager 就會把預設區域指派給它們。

參閱

- 參閱招式 14.7 的探討段落,了解 firewalld 的所有區域
- 招式 14.11
- *https://firewalld.org*

14.9　自訂 firewalld 的區域

問題

沒有一個預設區域合乎你的心意,因此你想把預先定義好的區域拿來修改。

解法

假設你對 *internal* 區域較能接受，但你對既有的設定值不甚滿意。目前的設定允許 *ssh*、*mdns*、*samba-client* 和 *dhcpv6-client* 進入：

```
$ firewall-cmd --zone=internal --list-all
internal
  target: default
  icmp-block-inversion: no
  interfaces:
  sources:
  services: ssh mdns samba-client dhcpv6-client
[...]
```

以下範例顯示如何將 *samba-client* 移除，理由是因為你根本不會用到 Samba：

```
$ sudo firewall-cmd --remove-service=samba-client --zone=internal
success
```

此外你還運作了一個小規模的本地目錄伺服器（TCP 389 代表的是未加密版本的 LDAP 目錄伺服器），因此你要加上 LDAPS 服務：

```
$ sudo firewall-cmd --zone=internal --add-service=ldaps
success
```

這些都是暫時性的異動，無法撐過重新開機、或是重新載入設定等動作。但是，它們仍可立即生效，因此你可以立即測試。請先完成測試，如果動作一如預期般進行，請讓它成為永久有效：

```
$ sudo firewall-cmd --runtime-to-permanent
success
```

如欲放棄適才變動的內容，就不要使用 *--runtime-to-permanent*、而是改用 *--reload*，把剛剛以執行期間形式套用的變更棄而不用，並返回到原有的設定：

```
$ sudo firewall-cmd --reload
success
```

探討

--reload 不會導致既有的連線中斷。

--complete-reload 則會徹底重新載入 firewalld，包括重新載入核心模組、並結束既有的連線。萬一你的執行期間變更弄得一團亂，這個方便的選項可以讓你從頭來過。

- 參閱招式 14.7 的探討段落，了解 firewalld 的區域

- *https://firewalld.org*

- 第四章

14.10　建構自己的新區域

問題

你想建立新的自訂區域。

解法

請建立一個 XML 檔案，其中包含你的區域設定值，然後重新載入 firewalld，便可套用生效。

以下範例建立了一個適於本地端名稱服務的區域，在同一部機器上運行 DNS DHCP 等伺服器，同時還允許以 SSH 操作。範例檔案名為 */etc/firewalld/zones/names.xml*：

```
<?xml version="1.0" encoding="utf-8"?>
<zone>
  <short>Name Services</short>
  <description>
    DNS and DHCP servers for the local network, IPv4 only.
  </description>
  <service name="dns"/>
  <service name="dhcp"/>
  <service name="ssh"/>
</zone>
```

執行 *sudo firewall-cmd --get-zones* 命令，但這時你的新建區域不會出現。請加上 *--permanent* 選項，以便觀察任何還未被 firewalld 讀入的新建區域，這時新建的「names」區域才會出現。區域名稱皆以檔案名稱命名，只不過去掉了副檔名 *.xml*：

```
$ sudo firewall-cmd --permanent --get-zones
block dmz drop external home internal names public trusted work
```

重新載入 firewalld：

```
$ sudo firewall-cmd --reload
success
```

這下 firewalld 才能讀到它，然後你才可以跟其他區域一樣看到它：

```
$ sudo firewall-cmd --get-zones
block dmz drop external home internal names public trusted work
```

請列出其設定內容：

```
$ sudo firewall-cmd --zone=names --list-all
names
  target: default
  icmp-block-inversion: no
  interfaces:
  sources:
  services: dhcp dns ssh
  ports:
  protocols:
  masquerade: no
  forward-ports:
  source-ports:
  icmp-blocks:
  rich rules:
```

你的新區域已經可供使用了，而且也可以像其他區域般隨意修改。

探討

請參閱 *man 5 firewalld.zone*，了解各種設定選項、並在 */usr/lib/firewalld/zones/* 檔案中觀察預先定義區域的來源檔案，以便作為示範。唯一需要放到 */etc/firewalld/zones/* 底下的檔案，就是使用者自訂的區域檔案。

只需把 *.xml* 檔案刪掉、再重新載入 firewalld，該區域便會被移除而消失。

參閱

- *man 5 firewalld.zone*
- *https://firewalld.org*
- 招式 14.9

14.11 整合 NetworkManager 與 firewalld

問題

你會在多個網路間移動，就像是擁有多個工作位置一般，咖啡店、旅館、或是偕同辦公的地點等等。你需要知道如何設定 NetworkManager，以便跟上這些變動，並確保新的連線一定都會分配到正確的防火牆區域。

解法

NetworkManager 確實包括與 firewalld 的整合。當你連上某個新網路時，NetworkManager 會將其指派給預設的 firewalld 區域。

你也可以用 NetworkManager 將某個非預設的區域重新指定給特定連線。如果你在面板中有 NetworkManager 的 applet 可用，請點開它，帶出 Edit Connections（編輯連線）的對話框（圖 14-2）。

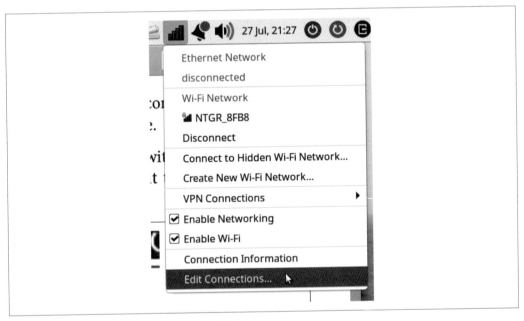

圖 14-2 在 NetworkManager 中編輯網路連線

或是執行 *nm-connection-editor* 命令，以便開啟編輯器。按下 Edit Connections（編輯連線），再點選你要編輯的連線，然後點選齒輪圖示以便開啟編輯器。這會打開一個編輯對話盒（如圖 14-3 所示）。

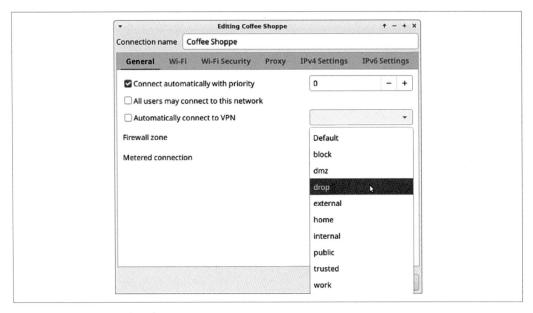

圖 14-3　更改 firewall 的區域

請移到 General（一般）頁面，並點開防火牆區域的下拉式選單，選出你要該連線套用的區域。將變動儲存起來，一切便完成了[譯註]。

參閱

- 參閱招式 14.7 的探討段落，以了解 firewalld 的區域
- 招式 14.9
- NetworkManager 參考手冊（*https://oreil.ly/pvrwj*）

[譯註] 如果你像譯者一樣以 Ubuntu 21.04 測試，而且預裝了 ufw，那你必須先安裝 firewalld（記得要 disable ufw），才能在 NetworkManager 裡看得到 Firewall zone 的整合選項。

14.12　允許和阻擋特定通訊埠

問題

你需要用到非標準通訊埠，例如讓 SSH 伺服器改用 2022 號通訊埠。你想把原本的 22 號通訊埠擋下、改為放行 2022 號通訊埠。

解法

任何並未特別經過允許的通訊埠，都會在所有的 firewalld 區域遭到拒絕，唯一的例外是 *trusted* 區域，因為它一切都會放行。如果你原本使用的是預設的 SSH 服務，也就是 TCP 的 22 號埠，請先將 22 號埠從相關的區域中移除，再添加新的 2022 號通訊埠，然後重新載入 firewalld。在本例中，非標準的通訊埠被指派給了 *work* 這個區域：

```
$ sudo firewall-cmd --zone=work --remove-port=22/tcp
success
$ sudo firewall-cmd --zone=work --add-port=2022/tcp
success
```

列出區域設定，驗證變動內容是否已經加入：

```
$ sudo firewall-cmd --list-all --zone=work
work
  target: default
  icmp-block-inversion: no
  interfaces:
  sources:
  services: ssh
  ports:2022/tcp
[...]
```

一切無誤後，便可讓變動永久生效：

```
$ sudo firewall-cmd --runtime-to-permanent
```

探討

如果你在嘗試移除通訊埠時，看到像是「Warning: NOT_ENABLED: 22:tcp」這樣的訊息，意指該區域根本不曾啟用該通訊埠，因此你可以放心地繼續添加新的通訊埠。

當你使用非標準通訊時，連接此一服務的用戶端必須指定新的通訊埠號。以 SSH 為例：

```
$ ssh -p 2022 server1
```

那你又要如何知道該使用哪個通訊埠呢？每種服務都有自己的預設通訊埠，你可以從該服務的文件中得知，也可以參考 /etc/services 檔案。你可以使用非標準通訊埠，但它們必須屬於 1024 到 49151 的其中一個埠。請將你的異動記錄到 /etc/services 檔案裡。也必須把這個非標準通訊埠加到相應的伺服器設定中。範例請參閱招式 12.3。

參閱

- *https://firewalld.org*
- 招式 12.3

14.13 以 Rich 規則阻擋 IP 位址

問題

你想擋下某些特定的 IP 位址。

解法

建立一條 *rich rule*，它會定義需要阻擋的位址，以及相應的目標動作，亦即本例中的 *reject*。以下範例會阻擋單一位址、並定義在 internal 這個區域中：

```
$ sudo firewall-cmd --zone=internal \
  --add-rich-rule='rule family="ipv4" source address=192.168.1.91 reject'
success
```

你可以試著從被阻擋的主機用 ping 測試看看。從被阻擋的主機，你應該會看到「Destination Port Unreachable」（無法抵達目標通訊埠）的訊息。

如果你不想保留這條規則，只須執行 *sudo firewall-cmd --reload*，便可將其刪除。

要令其永久生效，請改用 *--runtime-to-permanent* 選項：

```
$ sudo firewall-cmd --runtime-to-permanent
```

現在把區域的 rich rules 部份列出來：

```
$ sudo firewall-cmd --zone=internal --list-rich-rules
rule family='ipv4' source address='192.168.1.91' reject
```

如欲刪除已永久生效的 rich rule，請利用 *--remove-rich-rule*：

```
$ sudo firewall-cmd --zone=internal \
    --remove-rich-rule="rule family='ipv4' \
    source address='192.168.1.91' reject"
success
```

有時你並不需要完全阻擋違規的主機，而是只需阻擋特定服務。以下範例便會阻擋特定來源位址不得使用 SSH 服務：

```
$ sudo firewall-cmd --zone=internal --add-rich-rule='rule family="ipv4" \
 source address=192.168.1.91 service name="ssh" protocol=tcp reject'
success
```

探討

你可以在區域中建立多條 rich rules，但最好要小心為之，以免它們彼此衝突。

以前筆者曾有位同事，這位仁兄覺得對同袍進行入侵測試演練應該很有意思。而我們的小組都會在自己的工作站上運行各種測試用的伺服器，並提供給小組內使用。但這位熱心過頭的同事實在煩死人，我們只好出招用防火牆把他變成拒絕往來戶。

參閱

- 參閱招式 14.7 的探討段落，以了解 firewalld 的區域及其選項
- *https://firewalld.org*
- *man 5 firewalld.richlanguage*

14.14　更改區域預設的目標

問題

你想更改某個區域的預設目標。

解法

先列出該區域目前的目標動作：

```
$ sudo firewall-cmd --zone=internal --list-all
internal
  target: ACCEPT
[...]
```

把它從 *ACCEPT* 改成 *REJECT*，然後重新載入並驗證：

```
$ sudo firewall-cmd --permanent --zone=internal --set-target=REJECT
success

$ sudo firewall-cmd --reload

$ firewall-cmd --zone=names --list-all
names
  target: %%REJECT%%
[...]
```

探討

區域的目標動作（target）定義的是，遇到任何規則都無法符合的封包時，預設應如何處置的動作。其值必定為四者之一：*default*、*ACCEPT*、*DROP*、或是 *REJECT*。

參閱

- *https://firewalld.org*
- 參閱招式 14.5 的探討段落，理解 firewalld 的區域
- 招式 14.11

## 第十五章

Linux 的列印

Linux 仰賴所謂的 CUPS，亦即通用 Unix 列印系統（Common Unix Printing System），來管理印表機。在本章當中，你會學到如何安裝和管理印表機、以及如何在網路上共享印表機。各位也會學到 Linux 列印未來的**無驅動**（*driverless*）形式，這時的印表機將可供使用者裝置使用、毋須安裝驅動程式。

概覽

要在 Linux 上放心地列印，關鍵在於選擇品質良好、而且對 Linux 有完善支援的印表機和多功能事務機（multifunction devices，亦即印表機、掃描器、影印機和傳真機的合體，簡稱 MFD）。謝天謝地，如今的條件已比古早以前好得太多了。如果你選用了支援完善的裝置，代表 CUPS 已含有它的驅動程式，而你就不必為了尋找和下載原廠驅動程式而煩惱。

其次的選擇，就是購買原廠會提供 Linux 驅動程式的機種。這並非筆者的首選，因為這類的驅動程式通常淪於老舊、又缺乏維護，你還得自己手動安裝。這種情形在上述的多功能事務機身上很常見。以筆者自己擁有的兄弟牌（Brother）MFC-J5945DW 機器為例，它就沒有原生的 CUPS 驅動程式，不過它卻支援無驅動式列印。這個機型很划算、墨水又便宜，不過筆者還是覺得當初應該買一部具有原生 Linux 支援的機種。原生的支援意味著更為可靠，因為一旦 CUPS 宣布支援某種裝置，它就會一直得到支援，你也不必再求爺爺告奶奶地乞求原廠要繼續維護驅動程式，或是擔心他們哪天放棄不玩了、害你無處下載驅動程式。

最下等的選擇，就是完全不做功課、直接盲目地買一台印表機，賭它能不能用在 Linux 上的佛系作法。這時你也許還可以靠 macOS 的驅動程式（亦即 PPD 檔案）來設定 Linux 不支援的印表機，不過萬一麥金塔的 PPD 裡有 macOS 專屬的內容，像是呼叫 macOS 的可執行檔、程式庫或過濾器（filters）之類，你就得費點手腳修改。它們必須都換成 Linux 中對應的部份，不過前提是得有對應的內容存在才行。如果你真的想這樣搞上一回，請參閱 cupsFilter（*https://oreil.ly/w3Oqd*），這裡會有一些有用的資訊。

如果你還想把裝置分享出來共用，最省事的方式是弄一台內建網路介面的機種，而且最好還內建複印控制、網路設定、墨水殘量檢視、噴頭清潔，以及其他諸多設定和維護作業等便於直接操作的功能。這樣就比你還得從電腦設定和控制該裝置要方便得多。

找出受支援的印表機和掃描器

惠普（HP）的印表機和多功能事務機提供了最佳的 Linux 支援，包括 *hplip*、*hplip-hpijs*、*hplip-sane* 和 *hplip-scan-utils* 等套件。當然每一家的 Linux 都還有自己獨家的套件名稱，像是 *hpijs-ppds*、*hplip-data*、*printer-driver-hpcups*、*hplip-common* 和 *libsane-hpaio* 等等。請用 *hplip* 字樣來搜尋，應該就能找出來。

並非所有的 HP 印表機和多功能事務機都支援 Linux；請參閱以下的連結，查詢 HP 的 Linux 支援資料庫。

兄弟牌出品的機器都很不錯、客服支援也很好、墨水又划算。他們的機器有些具備原生的 Linux 支援、有些則需要該廠發行的 Linux 驅動程式。

至於 Canon、Epson、Honeywell、Fujitsu、IBM、Lexmark、Kodak、Tektronix、Samsung、Sharp、Xerox、Toshiba 及眾多其他的品牌，對 Linux 都多少有某種程度的支援。不過要知道哪些機種確實支援，則可能有點難度。有些廠商會在產品規格中明述。網路上有好些網站可以參考，雖說內容總是會有些東缺西少、要不就是資訊過時，不過總還是個好的起點：

- HP 印表機支援（*https://oreil.ly/y9z4J*）

- OpenPrinting.org 的印表機清單（*https://oreil.ly/7JbPH*）

- H-node 的印表機和多功能事務機（*https://oreil.ly/Hwy0w*）

- ThinkPenguin 商店（*https://oreil.ly/54H5F*）

- Ubuntu 支援的印表機頁面（*https://oreil.ly/03SV3*）

- IPP Everywhere Printers（*https://oreil.ly/l7pFz*）

CUPS 印表機驅動程式

Linux 的印表機驅動程式來自 CUPS（Common Unix Printing System，通用 Unix 列印系統）。從 2000 年以來，CUPS 就已成為 Linux 採用的標準列印子系統。蘋果電腦從大約 2002 年開始採用 CUPS，又聘用了 CUPS 的設計者 Michael Sweet，並在 2007 年時買下了原始碼。後來 Sweet 在 2019 年離開了蘋果電腦，自此蘋果電腦對 CUPS 的參與便停滯不前——各位可以參考 GitHub 上的 apple/cups 便知端倪（*https://oreil.ly/HgUX8*）。不過 Sweet 離職後可沒閒著；他反而又致力於 OpenPrinting.org 的 CUPS 分支專案，詳情可以參閱 GitHub 的 OpenPrinting/cups（*https://oreil.ly/uP0CJ*）。

CUPS 的專案任務不僅是在專寫程式碼而已。Michael Sweet、Till Kamppeter 等人還投注許多心力，讓市面上的廠商們參與通用列印標準和 API 的開發。CUPS 和列印標準開發的要角，是 The Printer Working Group（*https://oreil.ly/yEMad*）和 OpenPrinting（*https://oreil.ly/caH6b*）兩個機構。

CUPS 裡的印表機驅動程式，通常含有一個以上的印表機專屬過濾器，並封裝成 PPD（PPD 是 PostScript Printer Description 的縮寫）檔案格式。CUPS 裡所有的印表機，甚至是非 PostScript 格式的印表機，都需要自己的 PPD。PPD 裡描述了印表機、它的命令、以及過濾器等資訊。

過濾器會將列印作業（print jobs）的內容轉換成印表機可以理解的格式，例如 PDF、HPPCL、raster 和影像檔等等，也可以傳入操作命令，如頁面選擇、紙張尺寸、顏色、對比和材質類型等等。PPD 是純文字檔案，所有可支援印表機的 PPD 都集中在 */usr/share/cups/model/*。已安裝的印表機，其 PPD 則放在 */etc/cups/ppd/* 底下。

PPD 已經過氣

CUPS 從一開始便仰賴 PPD 運作，而且成效卓著。然而，外界已開始開發一種新的手法，稱為*無驅動式*（*driverless*）列印。它不再仰賴靜態的 PPD 檔案，而是由印表機宣告其功能、且不需在用戶端機器安裝驅動程式。這種方式可以簡化與新印表機的連接，就像是以 NetworkManager 連到新網路一樣簡單，後者可以自動找到可用的網路，因此毋須安裝驅動程式、或是手動設定每個新發現的網路。這對於手機或平板電腦之類的行動裝置尤為有利，因為它們的儲存空間有限、可供操作的螢幕又小，不利於安裝驅動程式。

無驅動程式功能始於 CUPS 2.2.0 版。你應該至少要安裝到 CUPS 2.2.4 版以上（2017 年 6 月發表）譯註，才可確保效能穩定。以下資源可提供更多資訊：

譯註 譯者在 Ubuntu 21.04 上看到預設就已裝有 CUPS 2.3.3op2，因此讀者們毋須自行安裝。

- 印表機應用：新的 Linux 列印之道（Printer Applications: A New Way to Print in Linux）
  （*https://oreil.ly/clNC3*）
- CUPS 的無驅動式列印（*https://oreil.ly/yaj5q*）

15.1　使用 CUPS 的網頁式介面

問題

你需要找出 CUPS 的管理工具。

解法

從網頁瀏覽器開啟 CUPS 網頁式介面，網址為 *http://localhost:631/*（如圖 15-1）。

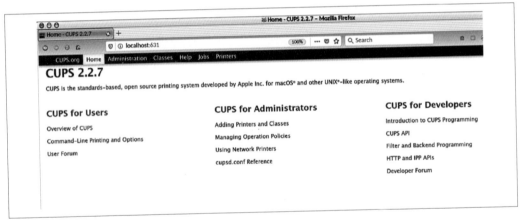

圖 15-1　CUPS 的網頁式控制面板

探討

管理印表機的介面多不勝數，例如 openSUSE 的 *system-config-printer* 和 YaST 的印表機模組。不過 CUPS 網頁式管理頁面提供了最完善的管理選項，而且其外觀在所有的 Linux 發行版上都是一致的。

參閱

- CUPS 文件（*https://oreil.ly/OlCzV*）

15.2　安裝本地附掛的印表機

問題

你需要安裝一部連接在你的 PC 上的新印表機。而且你已經很乖覺地挑了一個具備原生 CUPS 支援的機型。

解法

利用 CUPS 的網頁式控制面板。你的印表機應該已經連線、也已開機。以下以 Linux Mint 系統進行示範。

進入 Administration（管理）頁面、並點選 Add Printer（新增印表機）。它應該會先要求你登入（如圖 15-2）。（如果你的登入無法運作、而且只有 root 能登入，請參閱招式 15.7，以便了解如何將 CUPS 設定成可以接受非 root 身分登入。）在新增印表機之前，請先在 Administration 頁面右邊勾選「Save debugging information for troubleshooting」（儲存除錯資訊以備排除故障時所需），同時也勾選「Share printers connected to this system」（分享直接連接至此系統的印表機），以便將本機直接掛載的印表機分享出去。這只會啟用分享功能，你事後還是得為每一部要分享的印表機都一一設定分享功能。

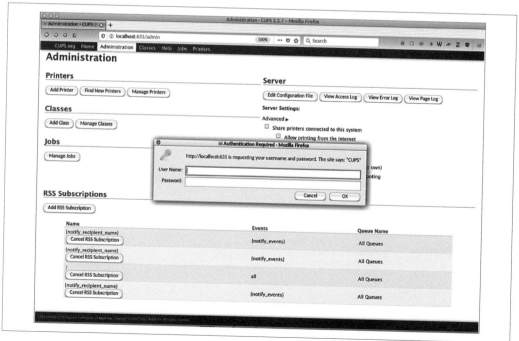

圖 15-2　新增印表機

下一個畫面，CUPS 會找到你的印表機，並在 Local Printers 區段將其列出（本地印表機區段，如圖 15-3）。勾選你的印表機、然後點選 Continue（繼續）。

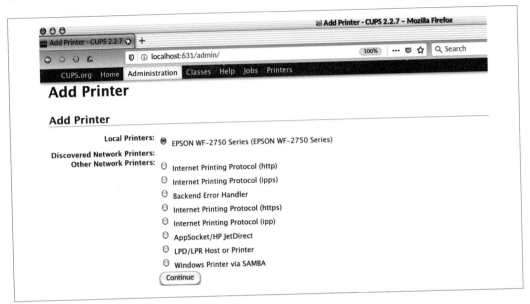

圖 15-3　CUPS 會找到你的本機印表機

接下來的畫面會像圖 15-4 一樣，含有 Name（名稱）、Description（說明）和 Location（位置）等欄位。Name 和 Description 欄位都會自動填入資訊，但你仍可任意更改這兩個欄位的內容。當你列印文件時，Name 欄位的內容會出現在印表機對話框當中。

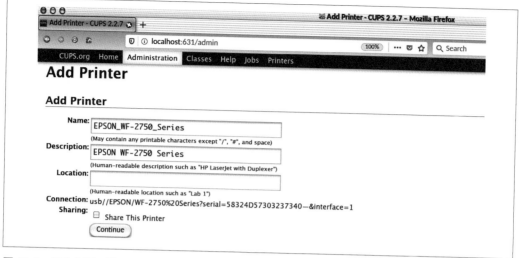

圖 15-4　指定名稱、說明文字、以及位置等資訊

挑選印表機驅動程式。CUPS 會顯示一份冗長的清單，內有可供選擇的機型。請找出你的印表機型號所需的驅動程式。如圖 15-5 所示，驅動程式來自於 *epson-inkjet-printer-escpr* 套件（等同於 Ubuntu 的 *printer-driver-escpr*），適用於 Seiko Epson 的彩色噴墨印表機。

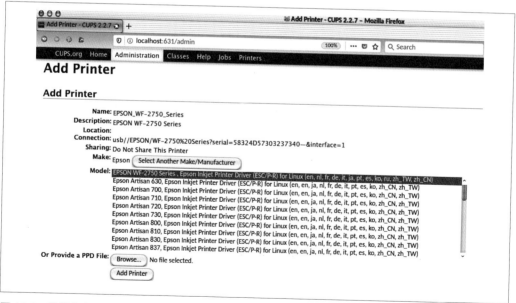

圖 15-5　挑選印表機驅動程式

最後一個頁面是設定預設選項，例如紙張類型、彩色或黑白、列印品質、以及其他雜七雜八的選項，視你的印表機和驅動程式支援內容而定。一旦完成，請點選 Set Default Options（設置預設選項，如圖 15-6）。

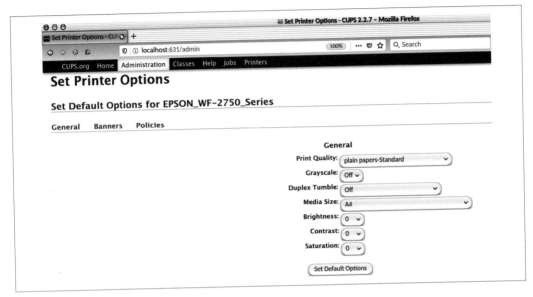

圖 15-6　設定印表機預設選項

完成後，你就會看到 Printers 頁面列出了你所有已安裝的印表機（圖 15-7）。

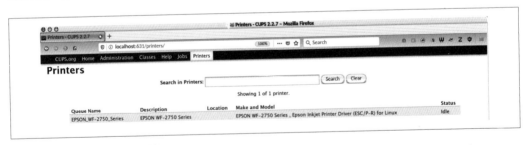

圖 15-7　所有已安裝的印表機

點選你的新印表機，並從 Maintenance（維護）的下拉式選單列印一張測試頁。只要正確列印出來，就算是成功了。

探討

在圖 15-2 裡，你會看到 Add Printer（新增印表機）和 Find New Printers（尋找新印表機）這兩個按鈕。兩者其實無甚差異，只不過發現到的印表機，其顯示組織方式略有不同而已。

你或許有一個以上的印表機驅動程式可選；舉例來說，同一種印表機常會有 CUPS+Gutenprint 和 Foomatic 兩種驅動程式。Gutenprint 較適用於彩色印表機，你可以兩種都試試，看你喜歡哪一種的效果。比起完整版本，CUPS+Gutenprint 的簡易驅動程式會包含較少的功能和選項。

參閱

- CUPS 文件（*https://oreil.ly/OlCzV*）

15.3 替印表機取個有意義的名字

問題

當你在文件中開啟印表機對話盒時，也許會出現好幾個印表機可供挑選，其中有些可能看起來很相似，這時你就無所適從了。

解法

安裝印表機時，請在 Name 欄位輸入有意義的名稱（如圖 15-8 所示）。你必須在安裝時就做好這個動作，因為一旦完成安裝便無法再更改。

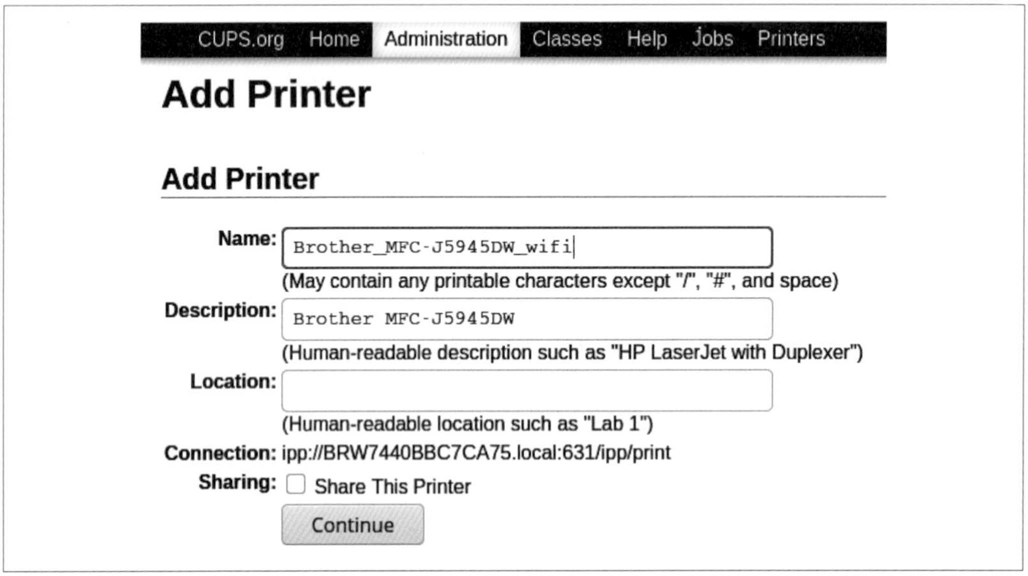

圖 15-8　利用印表機名稱來識別你的印表機

探討

當你透過 CUPS 的網頁式面板首次安裝某部印表機時，你可以在 Description（說明）和 Location（位置）等欄位填入說明文字。然而很多要使用列印功能的應用程式都不會參閱這兩個欄位，而是只會讀入 Name 欄位的印表機資訊。少數的例外是像電子郵件用戶端 Evolution、或是 Firefox 和 Chromium 等網頁瀏覽器程式，它們會明白地顯示印表機的名稱、位置和狀態等資訊。

參閱

- CUPS 文件（*https://oreil.ly/OlCzV*）

15.4　安裝一部網路印表機

問題

你的網路上有一部網路式印表機，你想把它掛載到你的電腦上。

解法

過程其實跟安裝本地端連接的 USB 印表機相去不遠（參閱招式 15.2），唯一的差別是你得挑選一台已經找到的網路印表機。該印表機必須已經接電開機，而且要跟你的電腦位於相同的網路上。你會在 Discovered Network Printers（已發現的印表機，如圖 15-9 所示）看到可資挑選的目標。

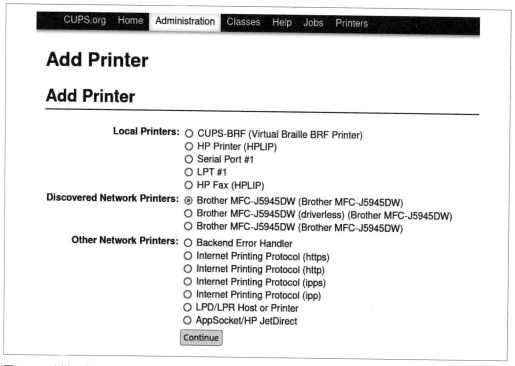

圖 15-9　安裝一部可資共用的網路印表機

你需要在所有用戶端的防火牆上開啟 631 號 TCP 通訊埠。

探討

要是 CUPS 沒找到你的印表機呢？請參閱招式 15.11，了解如何排除問題。如果 CUPS 看不到你的印表機，便無從安裝。

參閱

- CUPS 文件（*https://oreil.ly/OlCzV*）

15.5　使用無驅動式列印

問題

CUPS 不支援你的印表機，因此你想試試無驅動式列印選項。抑或是你想把 Android 或
iOS 裝置連到印表機。

解法

你也許已經在 CUPS 的印表機驅動程式選單裡看過無驅動式的選項了。以下範例是以筆者
的兄弟牌 MFC-J5945DW 進行的，它沒有原生的 CUPS 支援。

請在 CUPS 網頁式面板中進入 Administration → Add Printer。CUPS 會在 Discovered
Network Printers（已發現的印表機）看到我的兄弟牌機器（如圖 15-10）。此外也有無驅
動（driverless）的選項，而這正是我們要選擇的項目。

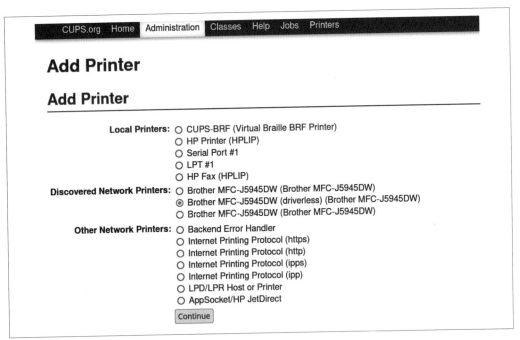

圖 15-10　CUPS 已看到筆者不受 CUPS 支援的網路印表機

繼續進行安裝，並挑選合適的驅動程式，如圖 15-11 所示，亦即「Brother MFC-J5945DW,
driverless, cups-filters 1.25.0 (en)」。

列印一張測試頁，如果看起來 OK，就表示安裝已經完成。

圖 15-11　挑選無驅動式的印表機驅動程式

探討

嚴格來說，這還不算是無驅動式，而是 CUPS 在 /etc/cups/ppd 下，為你的「無驅動式」的印表機建立了 PPD 檔案。然而，你毋須維護充斥著 OpenPrinting.org 和 Gutenprint 的 PPD 檔案的大量目錄。

你的印表機必須支援無驅動式列印，亦即它得能支援 Mopria、AirPrint、IPP Everywhere、或是 WiFi Direct Print 等標準。這些標準的運作方式都很類似：印表機必須經由 Avahi daemon 公佈它自己的存在、它的網路位址、以及其基本功能。Avahi 利用 mDNS/DNS-SD 協定套件，在你的區域網路上提供搜尋服務（Apple 則將這類服務稱為 Bonjour 和 Zeroconf）。

CUPS 的無驅動式列印非常適合 Android 和 iOS 等裝置。你只需安裝印表機 app 即可。如果你的印表支援無驅動式列印，尤其是如果它已通過 Mopria 認證，那麼你的行動裝置不用費什麼功夫就可以找到這部印表機。Mopria 認證代表你的印表機支援來自行動裝置的無線列印要求。如果你的印表機文件並未明示它是否通過 Mopria 認證，請執行以下命令，以便觀察印表機是否通過 Mopria 認證：

```
$ avahi-browse -rt _ipp._tcp
[...]
txt = ["mopria-certified=1.3"
[...]
```

參閱

- Debian Wiki，Driverless Printing（*https://oreil.ly/d2Qw8*）
- CUPS 文件（*https://oreil.ly/OlCzV*）

15.6　共享沒有網路連接的印表機

問題

你想把一台沒有內建網路功能的印表機分享出來。

解法

CUPS 可以分享不具備網路功能的印表機，只要這部印表機已連接到一部位於網路上的 PC 即可。首先，你必須確認名稱解析服務（name services）已確實運作，這樣一來你的區域網路主機才能透過 ping 彼此識別。

在設定印表機時，確認要在 Administration 畫面勾選「Share printers connected to this system」（將連結至此一系統的印表機分享出去），以便啟用印表機分享。然後在你要分享的印表機上設定共享（如圖 15-12 所示）。

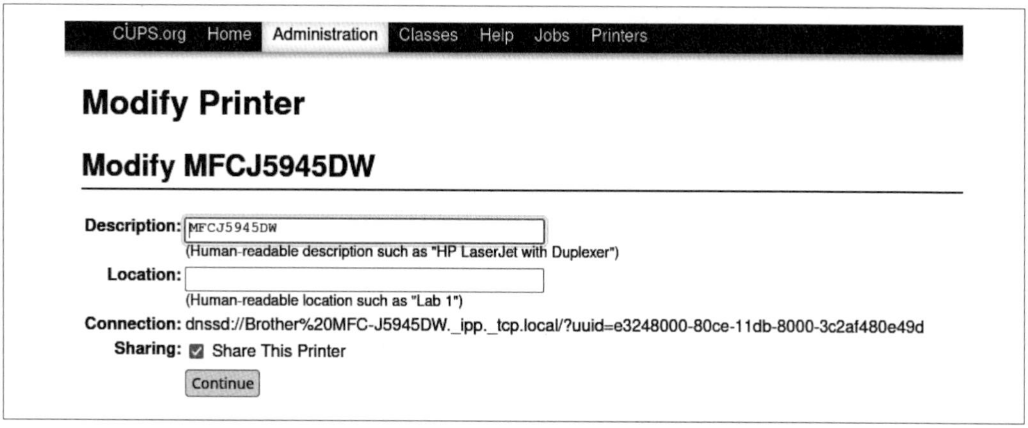

圖 15-12　啟用印表機共享

CUPS 會將印表機公佈到網路上。位在你網路上的任何 Linux 用戶端，只要是想使用這部印表機，就可以按照一般安裝網路印表機或本地印表機的方式進行；從 Administration → Add Printer 開始，然後照著平常的安裝程序進行即可。

你也可以將印表機分享給 Windows 和 macOS 用戶端。macOS 原本就支援透過 DNS-SD/mDNS 和 IPP 尋找印表機的方式。在 Linux 上，DNS-SD/mDNS 是經過 Avahi 提供的，在麥金塔電腦上，這項服務則被稱為 Bonjour。請使用麥金塔的控制台（control panel）來尋找和安裝 CUPS 分享出來的印表機。

Windows 10 也支援 DNS-SD/mDNS。較舊版的 Windows 就只能支援經由 Internet Printing Protocol（網際網路列印協定，IPP）分享的印表機。請利用 Windows 的印表機控制台來尋找和安裝 CUPS 分享出來的印表機。

探討

在古早的年代，當時具備網路介面的印表機還未普及、價格也不斐，那時的管理員必須架設專屬的印表機伺服器。往往都是舊 PC、舊筆電、小型的單主機板電腦、或是商用型的印表機伺服器專用裝置。

如今大部份的印表機都已內建網路介面，管理起來也容易多了。

參閱

- CUPS 文件（*https://oreil.ly/OlCzV*）

15.7 修正「Forbidden」的錯誤訊息

問題

當你嘗試在 CUPS 的網頁式控制板進行任何管理任務時，例如新增印表機，但你的登入卻失敗了、而且出現「Add Printer Error Unable to add printer: Forbidden」（無法新增印表機的錯誤：禁止）的錯誤訊息。

解法

有些發行版的 Linux 預設只允許 root 使用者執行 CUPS 管理任務，openSUSE 便是一例。請編輯 /etc/cups/cups-files.conf，允許非 root 使用者也能執行 CUPS 管理任務。請找出以下幾行：

```
# Administrator user group, used to match @SYSTEM in cupsd.conf policy rules...
# This cannot contain the Group value for security reasons...
SystemGroup root
```

這便是何以只有 root 才能登入之故。你可以把自己的私有使用者群組加進來，就像我們示範的使用者 Duchess 這樣，她的私有群組就是 duchess：

```
SystemGroup root duchess
```

將變更寫入 /etc/cups/cups-files.conf 並存檔，然後重啟 CUPS 服務：

```
$ sudo systemctl restart cups.service
```

現在 Duchess 也可以執行 CUPS 管理任務了。

另一種方式是建立一個專供此一用途的系統群組。在 Ubuntu 的 Linux 發行版上，這個群組叫做 lpadmin，若是在 Fedora 上則稱為 sys 和 wheel 群組。你可以建立自己的 CUPS 管理專屬群組，就像下例中的 cupsadmin 群組那樣，再將使用者 Mad Max 加到該群組中：

```
$ sudo groupadd -r cupsadmin
$ sudo usermod -aG cupsadmin madmax
```

隨後 Mad Max 必須先登出、再重新登入，才能讓新的群組關係生效。接著要把 cupsadmin 群組放到 /etc/cups/cups-files.conf 檔案的 SystemGroup 語句裡：

```
SystemGroup root duchess cupsadmin
```

重啟 CUPS，於是 Mad Max 就可以上工了。

探討

在 */etc/cups/cups-files.conf* 檔案裡應該還有這樣的段落::

```
# Default user and group for filters/backends/helper programs; this cannot be
# any user or group that resolves to ID 0 for security reasons...
#User lp
#Group lp
```

先前列名在 *SystemGroup* 的群組，沒有一個和 *Group* 列名的群組雷同。如果你嘗試像上例那樣在 *SystemGroup* 加入 *lp*，CUPS 便不會啟動，而且你會在 */var/log/cups/error_log* 或是 syslog 中看到錯誤訊息，這都要看你的 */etc/cups/cups-files.conf* 如何設置而定。

如果你的 Linux 採用 SysV init 而非 systemctl，請如此重啟 CUPS：

```
$ sudo /etc/init.d/cups restart
```

參閱

- CUPS 文件（*https://oreil.ly/OlCzV*）
- 第四章

15.8　安裝印表機驅動程式

問題

你想要知道，安裝 CUPS 後是否也會一併安裝整套的印表機驅動程式，或是是否還需要再加上 CUPS 未曾包含的其他內容。

解法

大多數的 Linux 都只會安裝一部份的列印選項，而非照單全裝。每一家的 Linux 發行版所提供的印表機驅動程式都不太一樣，預設安裝會包含哪些也不盡相同，甚至套件特定名稱可能也不太相似，這種差異在 Ubuntu 和其他發行版之間尤為明顯。

以下清單包含基本的 CUPS 套件和印表機驅動程式集合：

- *cups*（伺服器與用戶端）
- *cups-filters*（OpenPrinting 的 CUPS 過濾器和後端）

- *gutenprint*（Gutenprint 的印表機驅動程式）

- *foomatic*（Foomatic 的印表機驅動程式）

- OpenPrinting.org 的 PPD；例如 OpenSUSE 會提供：

  — *OpenPrintingPPDs*

  — *OpenPrintingPPDs-ghostscript*（以 PostScript 語言撰寫的印表機驅動程式直譯器）

  — *OpenPrintingPPDs-hpijs*（HP 印表機）

  — *OpenPrintingPPDs-postscript*

- *cups-client*（設定和管理印表機用的命令列工具程式）

OpenPrinting.org 會包括 Foomatic。Fedora 和 Ubuntu 會附上 *foomatic* 套件，但 OpenSUSE 提供的則是 *OpenPrinting* 套件。名稱不同，不過功能卻是一樣的。

這些套件可能已足敷所需。以下則是你可能會需要的額外印表機套件：

- *gimp-gutenprint*（提供功能更豐富的 GIMP 印表機對話盒，GIMP 就是 GNU Image Manipulation Program（GNU 影像處理程式））

- *bluez-cups*（連接藍牙印表機專用）

- *cups-airprint*（與 iOS 裝置共用印表機）

- *ptouch-driver*（兄弟牌的 P-touch 標籤機）

- *rasterview*（檢視 Apple 的 raster 影像，例如 GIF、JPEG 和 PNG，請參閱 MSweet.org/rasterview（*https://oreil.ly/zZZAp*））

- *c2esp*（適於部份柯達出品的多合一印表機）

Ubuntu 包括了最多樣化的印表機驅動程式。但其中很多套件名稱都是以 *printer-driver* 的字樣開頭的：

- *openprinting-ppds*（OpenPrinting 支援的印表機、PostScript 的 PPD 檔案等等）

- *printer-driver-all*（印表機驅動程式中繼套件 metapackage）

- *printer-driver-brlaser*（部份的兄弟牌雷射印表機）

- *printer-driver-c2050*（Lexmark 2050 彩色噴墨印表機）

- *printer-driver-foo2zjs*（ZjStream 系列的印表機）

- *printer-driver-c2esp*（柯達 ESP AiO 彩色噴墨系列）

- *printer-driver-cjet*（Canon LBP 雷射印表機）

- *printer-driver-cups-pdf*（透過 CUPS 寫入 PDF）

- *printer-driver-dymo*（DYMO 標籤機）

- *printer-driver-escpr*（使用 ESC/P-R 的 Epson 噴墨）

- *printer-driver-foo2zjs*（ZjStream 系列的印表機）

- *printer-driver-fujixerox*（Fuji Xerox 的印表機）

- *printer-driver-gutenprint*（CUPS 的印表機驅動程式）

- *printer-driver-hpcups*（HP Linux 列印與成像專用 CUPS Raster 驅動程式（hpcups））

- *printer-driver-hpijs*（HP Linux 列印與成像專用印表機驅動程式（hpijs））

- *printer-driver-indexbraille*（CUPS 列印 Index Braille 印表機）

- *printer-driver-m2300w*（Minolta magicolor 2300W/2400W 彩色雷射印表機）

- *printer-driver-min12xxw*（KonicaMinolta PagePro 1[234]xxW）

- *printer-driver-oki*（OKI Data 印表機）

- *printer-driver-pnm2ppa*（HP-GDI 印表機）

- *printer-driver-postscript-hp*（HP 印表機的 PostScript 描述檔）

- *printer-driver-ptouch*（兄弟牌 P-touch 標籤機專用印表機驅動程式）

- *printer-driver-pxljr*（HP Color LaserJet 35xx/36xx）

- *printer-driver-sag-gdi*（Ricoh Aficio SP 1000s/SP 1100s）

- *printer-driver-splix*（Samsung 和 Xerox 的 SPL2 與 SPLc la）

探討

如果你在 CUPS 的網頁式介面中並未看到你的印表機出現在驅動程式選單中，請嘗試從套件管理工具中搜尋印表機品牌名稱的字樣。找出來的東西可能千奇百怪，但無論是何種運算平台，設置印表機向來都沒那麼簡單（不是只有在 Linux 上會麻煩而已）。

參閱

- CUPS 文件（*https://oreil.ly/OlCzV*）

- Ghostscript 文件（*https://oreil.ly/CHZpP*）
- OpenPrinting（*https://oreil.ly/jpYIW*）
- The Printer Working Group（*https://oreil.ly/Q5BUh*）

15.9 修改已安裝的印表機

問題

你想更改已安裝的印表機設定。舉例來說，你想把不曾分享的印表機重新分享出去。

解法

在 CUPS 的網頁式控制面板中開啟印表機，然後點選 Administration → Modify Printer^{譯註}。這和先前安裝新印表機的動作很類似，唯一例外的不同之處，是這時會顯示印表機的既有設定。圖 15-13 便是啟用印表機分享的畫面（你得先在 Administration → Advanced 頁面啟用印表機共享功能）。

圖 15-13　更改已安裝的印表機

譯註 譯者在 Ubuntu 21.04 的 CUPS 2.3.3op2 上實驗已安裝的網路印表機（以 socket://<IP>:9100 連線），此一畫面得先從已安裝的印表機進入，亦即 Administration → Manage Printers → 點選你已安裝及意欲修改的印表機 → 打開 Maintenance 選單旁邊的 Administration 選單，才會看到有 Modify Printer 選項；然後要再點選 Continue，這時才看到如同圖 15-13 的畫面，有 Share This Printer 可以勾選。

396 | 第十五章：Linux 的列印

探討

任何內容幾乎都可以修改，唯一的例外是印表機名稱。

參閱

- CUPS 文件（*https://oreil.ly/OlCzV*）

15.10 經由列印至 PDF 檔案來儲存文件

問題

你想把某個網頁或任何文件儲存成為 PDF 檔案，而不是送往印表機列印。

解法

在任何應用程式裡，進入 File → Print 對話盒，你會看到 print to a PDF file 這個選項（印成 PDF 檔案，如圖 15-14 所示）。

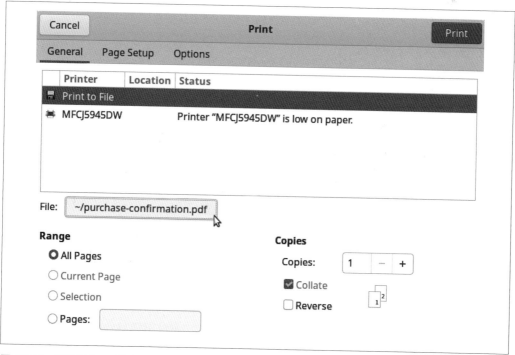

圖 15-14　列印至 PDF 檔案

所有尋常選項一應俱全，如檔名和位置、列印品質、彩色或單色、列印方向為直印或橫印等等。在不同的應用程式中，印表機對話盒的外觀也許會有所不同；以 Firefox 瀏覽器為例，它的印表機對話盒便包含了文件預覽畫面。而其他的應用程式，則通常要另外用預覽鍵才能看到。

探討

列印至檔案這個功能，十分適於用來將網頁格式的確認表單和收據等畫面儲存起來，以及從任何形式的文件建立 PDF 格式檔案。

參閱

- CUPS 文件（*https://oreil.ly/OlCzV*）

15.11　故障排除

問題

無法列印了！如何修復呢？

解法

以下是 Linux 上最常見的印表機問題：

- 如果是共享的印表機，請確認網路設定正確無誤、而且防火牆也允許 TCP 的 631 號埠通過。如果你的網段不只一個，確認印表機跟你的電腦位在相同網段上。

- 如果是以 USB 連線的印表機，試試另一個不同的 USB 埠、或是乾脆換一條纜線看看。

- 檢查是否使用正確的印表機驅動程式，或是乾脆用無驅動程式的模式來試試。

- CUPS daemon 是由 systemd 管理的。試試重啟這個 daemon：

  ```
  $ sudo systemctl restart cups.service
  ```

  或乾脆重啟電腦，記得印表機也必須重新開關一次電源。

- 檢查 CUPS 網頁管理頁面裡的日誌檔案；你可以檢查錯誤日誌（error log）和使用日誌（access log）。請將紀錄等級調到 Debug，以便取得最詳盡的資訊（在 Administration 頁面點選 Edit Configuration File，再把第一行設定為 *LogLevel debug*（預設值是 *LogLevel warn*））。

探討

最要緊的是選用對 Linux 有良好支援的印表機。這可以防範大部份的問題。

參閱

* CUPS 文件（*https://oreil.ly/OlCzV*）

## 第十六章

以 Dnsmasq 和 hosts 檔案
管理本地名稱解析服務

Dnsmasq（*https://oreil.ly/MUa4U*）是提供區域網路名稱解析服務的絕佳伺服器，它兼具網域名稱系統（Domain Name System, DNS）與動態主機設定協定（Dynamic Host Discovery Protocol, DHCP）兩種功能。Dnsmasq 同時也提供 BOOTP、PXE 與 TFTP 等服務，這些都是網路式開機以及從網路伺服器安裝作業系統所需的輔助功能。Dnsmasq 同時支援 IPv4 與 IPv6，也提供本地 DNS 快取功能，同時還能擔任末端解析者（stub resolver）的功能。

本章將介紹如何以 Dnsmasq 和 */etc/hosts* 協同設置本地網路端的 DNS 和 DHCP 服務。*/etc/hosts* 是設置 DNS 最為古老的作法，它會將主機名稱和 IP 位址配對，並放在一個靜態檔案裡。對於小型網路而言，*/etc/hosts* 本身便足以應付需求。

Dnsmasq 則是設計用來提供區域網路名稱解析服務的。跟主流的 DNS 伺服器 BIND 相比，它非常精簡、設定又簡單，相對之下，BIND 就屬於重量級產品，而且學習曲線相對陡峭。

Dnsmasq 與 */etc/hosts* 可以搭配無間。Dnsmasq 可以將 */etc/hosts* 的資料讀入 DNS 資料庫。

Dnsmasq 裡的 DHCP 伺服器會自動與 DNS 整合。要讓 Dnsmasq 為 DHCP 用戶端建立 DNS 資料，你只須將 DHCP 用戶端設為將自己的主機名稱送回給 DHCP 伺服器即可，大多數的 Linux 發行版皆以此為預設模式。

DNS 伺服器共分四種類型：遞迴解析者（recursive resolver）、根名稱伺服器（root name server）、頂層網域名稱伺服器（top-level domain (TLD) name server）、以及權威名稱伺服器（authoritative name server）。

遞迴解析者會回覆 DNS 的解析請求。但是像 Dnsmasq 跟 systemd-resolved 之類的末端解析者，則只會把任何自己無法透過快取內容回覆的解析請求，轉發給上游的解析者。當你造訪某個網站時，遞迴解析者會查詢另外三種 DNS 伺服器，藉此嘗試解譯該網站的 DNS 資訊。接著遞迴解析者會將查得的結果放在快取中，以便隨後能迅速做出回覆。像你的 ISP 所架設的名稱解析伺服器、或是像 OpenDNS（*https://oreil.ly/oCRsV*）、Cloudflare（*https://oreil.ly/9Fgqc*）、以及 Google 的公共 DNS（*https://oreil.ly/lc9ep*）這樣的服務，也都屬於遞迴式解析者。

根名稱伺服器共分 13 大類，其位置遍佈全球，目前為數大約在數百台之譜。根名稱伺服器會接受來自遞迴解析者的查詢，再按照頂層網域類型，把這些查詢請求轉發給適合的頂層網域伺服器：如 .com、.net、.org、.me、.biz、.int、.biz、.gov、.edu 等等。網際網路名稱與數字位址分配機構（Internet Corporation for Assigned Names and Numbers，簡稱 ICANN，*https://icann.org*）會監督所有的這些伺服器和網域。

權威名稱伺服器則是網域資料的來源，通常是由持有網域的一方所掌控。Dnsmasq 也可以擔任權威名稱伺服器，不過筆者覺得，這種任務還是交給 BIND 比較穩妥。詳情請參閱 *man 8 dnsmasq* 中的 Authoritative Configuration 一節。

氾濫的名稱解析服務工具

各家的 Linux 發行版還在陸續從傳統的 *resolvconf* 過渡到 NetworkManager 和 *systemd-resolved* 當中，長久以來，*resolvconf* 始終都扮演著 Linux 系統中預設 DNS 解析者的角色。但由於不斷地改版，加上各家發行版過渡的步調不一，對 Linux 使用者造成了不少麻煩。請隨時留意你所使用的 Linux 的相關文件、論壇、以及發行說明等資訊。

以 Dnsmasq 作為 NetworkManager 的 DNS 後台應無問題，因為 NetworkManager 中有一個外掛程式可支援這種搭配。但是有些 Linux 發行版仍無法正確運作（參閱招式 16.5）。

在你的 Dnsmasq 伺服器上則*毋須*執行 systemd-resolved，因為兩者會互相衝突、爭相成為系統的末端 DNS 解析者。

當你讀到這裡時，事態也許又有新的進展了，但目前本書中所有的招式，皆以穩定可靠為優先，而不追求新穎。

16.1 以 /etc/hosts 簡單地解析名稱

問題

你想要以一種簡單、迅速的方式提供名稱解譯功能，但不需仰賴 DNS 伺服器。

解法

這就是 /etc/hosts 檔案的原始目標。你的區域網路電腦必須擁有靜態 IP 位址。以下便以三部電腦為例：

```
127.0.0.1 localhost
::1 localhost ip6-localhost ip6-loopback
192.168.43.81 host1
192.168.43.82 host2
192.168.43.83 host3
```

請把以上資料複製到所有三部主機當中，然後試著去 ping 每部主機的名稱，就像下例中從 *host3* 用 ping 去檢測 *host2* 那樣：

```
host3:~$ ping -c2 host2
PING host2 (192.168.43.82) 56(84) bytes of data.
64 bytes from host2 (192.168.43.82): icmp_seq=1 ttl=64 time=3.00 ms
64 bytes from host2 (192.168.43.82): icmp_seq=2 ttl=64 time=3.81 ms

--- host2 ping statistics ---
2 packets transmitted, 2 received, 0% packet loss, time 1001ms
rtt min/avg/max/mdev = 3.001/3.403/3.806/0.402 ms
```

/etc/hosts 同時也可以管理網域名稱，因此你可以為區域網路指定一個很酷的網域。下例中便以 *sqr3l.nut* 為網域名稱。請先輸入 IP 位址，再輸入完整網域名稱（fully qualified domain name, FQDN），最後則是主機名稱：

```
127.0.0.1 localhost
::1 localhost ip6-localhost ip6-loopback
192.168.43.81 host1.sqr3l.nut host1
192.168.43.82 host2.sqr3l.nut host2
192.168.43.83 host3.sqr3l.nut host3
```

現在你的主機可以同時透過主機名稱（如 *host1*）或 FQDN（如 *host1.sqr3l.nut*）來連接檔案中的每部主機了。

共用與個別的主機紀錄

在 /etc/hosts 裡，你可以分別設置共通或私有的紀錄。任何你想要大家共同看到的紀錄，就該複製到所有相關的主機上。相反地，任何未曾從你的主機檔案複製到其他主機的內容，就只對你有用。詳情請參閱招式 16.2。

探討

127.0.0.1 localhost 和 *::1 localhost ip6-localhost ip6-loopback* 都是不可省略的內容。你的檔案寫法或許略有差異，但無論寫法如何，這兩行都動不得。它們是專供繞回（loopback）裝置參考的，後者是一種特殊的虛擬網路介面，你的 Linux 系統透過它對自身進行通訊。

你可以 ping 這種介面、也可以透過它連接自身的伺服器。舉例來說，當你使用 CUPS 的網頁式管理頁面時，就是透過繞回裝置操作的。所以你只需輸入 *127.0.0.1:631* 或是 *localhost:631* 就能開啟頁面（圖 16-1）。

圖 16-1 透過繞回裝置開啟本機網頁

繞回裝置的虛擬網路介面名稱是 *lo*。請用 *ip* 命令加以觀察：

```
$ ip addr show dev lo
1: lo: <LOOPBACK,UP,LOWER_UP> mtu 65536 qdisc noqueue state UNKNOWN group
  default qlen 1000
    link/loopback 00:00:00:00:00:00 brd 00:00:00:00:00:00
    inet 127.0.0.1/8 scope host lo
      valid_lft forever preferred_lft forever
    inet6 ::1/128 scope host
      valid_lft forever preferred_lft forever
```

系統毋須透過實體網路介面，也能讓繞回裝置運作。

請以 *hostname* 命令確認你的設定無誤。請檢查你電腦的主機名稱：

```
$ hostname
host1
```

再檢查 FQDN：

```
$ hostname -f
host1.sqr3l.nut
```

只檢查網域名稱部份：

```
$ hostname -d
sqr3l.nut
```

但 */etc/hosts* 的擴展性，網路規模越大就越差，不過對於小型網路而言，它所需的本地 DNS 功能有時只要這樣就已足夠。

參閱

- *man 5 hosts*
- *man 8 ping*
- 招式 16.2

16.2　以 /etc/hosts 測試及阻擋討厭的事物

問題

你正在開發用的伺服器上作業，而你想要省事一點的 DNS 管理方式。或是你想要能簡單地擋下煩人的網站。

解法

假設你正在作業的開發伺服器名稱是 *dev.stashcat.com*。請在你的 */etc/hosts* 檔案裡加上這一筆：

```
192.168.10.15 dev.stashcat.com
```

你不用打擾網路管理員、也不必動到你的 DNS 伺服器，只需視需求在 */etc/hosts* 檔案裡增減紀錄即可。

另一項有趣的技巧，便是把討厭的網站對應到虛構的 IP 位址：

```
12.34.56.78   badsite.com
12.34.56.78   www.badsite.com
```

這會使得你的電腦無法抵達以上網址。大部份的 how-to 文件這時都會利用繞回位址 127.0.0.1，而且確實有用，但筆者偏好把惱人的網站徹底斷絕。不論惱人的網站有多少，都可以用一樣的假 IP 位址來加以阻斷。

但若是你的網頁瀏覽器在改過 /etc/hosts 後，仍能抵達這些網站時，請先清除瀏覽器的快取內容，然後再試一次。

探討

當你在本地網路上運作 Dnsmasq 伺服器時，記住該伺服器中所有的 /etc/hosts 內容都會被套用到全部的 Dnsmasq 用戶端，因此切勿在你的開發用伺服器上運行名稱伺服器[譯註]。

Linux 帶有數種 DNS 管理工具，而它們都會優先參考 /etc/hosts。這個參考順序是由 /etc/nsswitch.conf 檔案中的 hosts 這一行所決定的。以下範例引用自 Ubuntu 20.04：

```
hosts: files mdns4_minimal [NOTFOUND=return] dns mymachines
```

files 指的就是 /etc/hosts 檔案。

mdns4_minimal 則是利用 Avahi 這項自動搜尋服務來找出其他的網路服務。

[NOTFOUND=return] 的意思是，如果 mdns4_minimal 確實有在運作、卻找不到要尋找的主機時，就應停下 DNS 尋找的動作，並傳回一個錯誤訊息。如果 mdns4_minimal 服務不存在，便繼續進行搜尋。

dns 則會使用任何能找得到的 DNS 伺服器。

mymachines 會參照 systemd-machined 服務，該服務會追蹤本地的虛擬機器和容器（container）。

在你的 Dnsmasq 伺服器上，你應該把 files dns 放在前面。

參閱

- *man 5 hosts*
- *man 5 nsswitch.conf*
- *man 8 systemd-machined.service*

[譯註] 因為此舉會讓你放進 /etc/hosts 的測試內容被 Dnsmasq 伺服器照單全收、進而被其他 Dnsmasq 用戶端參照，引起誤解。

16.3 找出你的網路上所有的 DNS 和 DHCP 伺服器

問題

你想知道在自己的單域網路上除了你的 Dnsmasq 伺服器之外，是否有任何其他的 DNS 和 DHCP 伺服器存在。

解法

用 *nmap* 偵測你的區域網路。下例會搜尋本地網路所有開放的 TCP 通訊埠、並找出開放的 53 號 TCP 埠，亦即 DNS 使用的通訊埠。結果中會看到「53/tcp open domain」的字樣：

```
$ sudo nmap --open 192.168.1.0/24
Starting Nmap 7.70 ( https://nmap.org ) at 2021-05-23 13:25 PDT
[...]
Nmap scan report for dns-server.sqr3l.nut (192.168.1.10)
Host is up (0.12s latency).
Not shown: 998 filtered ports
Some closed ports may be reported as filtered due to --defeat-rst-ratelimit
PORT    STATE SERVICE
22/tcp open   ssh
53/tcp open   domain
[...]

Nmap done: 256 IP addresses (3 hosts up) scanned in 81.38 seconds
```

依照預設方式，*nmap* 只會偵測 TCP 埠。但是 DNS 伺服器會同時傾聽 TCP 和 UDP 的 53 號埠，而 DHCP 則會傾聽 UDP 的 67 號埠。以下範例只會搜尋 UDP 的 53 和 67 號埠：

```
$ sudo nmap -sU -p 53,67 192.168.1.0/24
Starting Nmap 7.80 ( https://nmap.org ) at 2021-05-27 18:05 PDT

Nmap scan report for dns-server.sqr3l.nut (192.168.1.10)
Host is up (0.085s latency).

PORT    STATE         SERVICE
53/udp open          domain
67/udp open|filtered dhcps

Nmap done: 256 IP addresses (3 hosts up) scanned in 13.85 seconds
```

nmap 找到了一部 DNS/DHCP 伺服器，位於 dns-server.sqr3l.nut 這部機器上。

以下命令會搜尋網路上所有開啟的 TCP 和 UDP 通訊埠：

```
$ sudo nmap -sU -sT 192.168.1.0/24
```

這得花上幾分鐘才會完成，然後你就可以得到一份網路上活躍的主機服務清單，包括任何並非以標準通訊埠運作的服務。

探討

進行通訊埠掃描時，請謹慎從事，而且只在你獲許進行的網路上進行。對他人的網路進行通訊埠掃描常被認為是不懷好意的行為，因為看起來像是正在刺探可供入侵的漏洞一樣。

多部名稱解析伺服器可能會彼此造成衝突，因此你還是應該知道你的使用者是否私下運行自己的伺服器。

在大部份的 Linux 系統上，你只需安裝 *nmap* 套件就能進行以上操作。

參閱

- *man 1 nmap*

16.4　安裝 Dnsmasq

問題

你想安裝 Dnsmasq，並先處理好所需的先決條件。

解法

安裝 *dnsmasq* 套件即可。在這個招式中，我們將 Dnsmasq 伺服器命名為 *dns-server*。你會同時用到 Dnsmasq 和 */etc/hosts* 檔案來設定你的 DNS 伺服器。

安裝完畢後，如果 Dnsmasq 已在執行中，請先將其停止：

```
$ systemctl status dnsmasq.service
● dnsmasq.service - dnsmasq - A lightweight DHCP and caching DNS server
    Loaded: loaded (/lib/systemd/system/dnsmasq.service; enabled; vendor
    preset: enabled)
    Active: active (running) since Mon 2021-05-24 05:49:36 PDT; 6h ago
[...]
$ sudo systemctl stop dnsmasq.service
```

如果你還未替這部 Dnsmasq 伺服器設置靜態 IP 位址,請為它指定一個。這可以用 NetworkManager 的圖形控制面板來做(*nm-connection-editor*)、或是它的文字模式命令 *nmcli*。

下例便是以 *nmcli* 來找出活動中的連線:

```
$ nmcli connection show --active
NAME       UUID                        TYPE       DEVICE
1local     3e348c97-4c5f-4bbf-967e     wifi       wlan1
1wired     0460d735-e14d-3c3f-92c0     ethernet   eth1
```

然後請指派你希望讓 DNS 伺服器使用的靜態 IP 位址,這時請以 NAME 欄位的內容來識別你要設定的連線:

```
$ nmcli con mod "1wired" \
  ipv4.addresses "192.168.1.30/24" \
  ipv4.gateway "192.168.1.1" \
  ipv4.method "manual"
```

接著重啟 NetworkManager:

```
$ sudo systemctl restart NetworkManager.service
```

接下來請檢查你的 Linux 是否正在執行 *systemd-resolved.service*:

```
$ systemctl status systemd-resolved.service
```

如果它確實在運作中,請參閱招式 16.5,然後再設定 Dnsmasq,同時也請弄清楚如何在你的 Dnsmasq 伺服器上設定 NetworkManager。

探討

各家的 Linux 實作 systemd 的方式互有出入。舉例來說,open-SUSE Leap 15.2 便不會使用 *systemd-resolved.service*,因此你毋須更改 systemd,就能啟用 Dnsmasq 來控制你的區域網路 DNS。但 Fedora 33 以後的版本、以及 Ubuntu 17.04 以後的版本,則都會使用 *systemd-resolved.service*,這時你就必須在你的 Dnsmasq 伺服器上停用 *systemd-resolved.service*。

參閱

- 招式 16.5

- Dnsmasq(*https://oreil.ly/vvfHg*)

16.5 讓 systemd-resolved 和 NetworkManager 可以配合 Dnsmasq 運作

問題

systemd-resolved 和 NetworkManager 都會與 Dnsmasq 有所衝突，你希望加以排解^{譯註}。

解法

先檢查 *systemd-resolved.service* 是否正在執行：

```
$ systemctl status systemd-resolved.service

● systemd-resolved.service - Network Name Resolution
    Loaded: loaded (/usr/lib/systemd/system/systemd-resolved.service; enabled;
    vendor preset: enabled)
    Active: active (running) since Sat 2021-05-22 12:57:34 PDT; 1min 21s ago
[...]
```

顯然它仍在運作。*systemd-resolved.service* 十分適合在用戶端機器上作為末端 DNS 解析者，但對於 DNS 伺服器來說便不是如此。請先將其停用：

```
$ sudo systemctl stop systemd-resolved.service
$ sudo systemctl disable systemd-resolved.service
```

然後檢查 */etc/resolv.conf*，它應該是一個符號連結：

```
$ ls -l /etc/resolv.conf
lrwxrwxrwx 1 root root 39 May 21 20:38 /etc/resolv.conf ->
    ../run/systemd/resolve/stub-resolv.conf
```

只要它是符號連結，便代表它是被 *systemd-resolved.service* 控制的。要脫離 *systemd-resolved.service* 的控制，就必須刪除符號連結，並建立一個同名的純文字檔案：

```
$ sudo rm /etc/resolv.conf
$ sudo touch /etc/resolv.conf
```

現在 */etc/resolv.conf* 是檔案而非符號連結了，亦即它已改由 NetworkManager 控制。請再打開 NetworkManager 設定檔、並找出 *[main]* 區段，然後加入（或更改）*dns=* 的值，將其設為 *none*：

譯註　這一小節的目的，是不讓 systemd-resolved 和 NetworkManager 在執行 Dnsmasq 的伺服器上以原有的方式介入 DNS 解譯；同時還強迫 NetworkManager 要向所在伺服器自身的 Dnsmasq 請求 DNS 解譯資訊。因為這樣會讓 DNS 伺服器本身在扮演遞迴解析者的角色時，有太多不同的功能介入解譯動作。

```
$ sudo nano /etc/NetworkManager/NetworkManager.conf
```

```
[main]
dns=none
```

然後在 /etc/resolv.conf 中加上你的 Dnsmasq 伺服器的 IPv4 和 IPv6 格式的 localhost 等位址，
如果你有本地網域，也一併添上：

```
search sqr3l.nut
nameserver 127.0.0.1
nameserver ::1
```

然後重啟並設定你新安裝的 Dnsmasq。

探討

NetworkManager 和 *systemd-resolved* 在用戶端機器上都是優秀的工具。但是在你的 Dnsmasq
伺服器上，你必須控制 /etc/resolv.conf，而且 Dnsmasq 必須是唯一的末端解析者。

參閱

- man 8 systemd-resolved.service
- man 8 networkmanager

16.6　設定 Dnsmasq 為區域網路提供 DNS 服務

問題

你要設定 Dnmasq 作為區域網路的 DNS 伺服器。

解法

任何放在 /etc/hosts 裡的主機都必須擁有靜態 IP 位址，而 Dnsmasq 會自動將它們都讀入到
DNS 資料庫當中。至少要輸入你的 Dnsmasq 伺服器資料。以下範例會包括一部 Dnsmasq
伺服器、一部備份伺服器、以及一部內部網頁伺服器：

```
127.0.0.1 localhost
::1 localhost ip6-localhost ip6-loopback
192.168.43.81 dns-server
192.168.43.82 backups
192.168.43.83 https
```

從 DHCP 設定靜態主機

參閱招式 16.12，了解如何管理由 DHCP 指派的靜態 IP 位址，而不是透過 */etc/hosts*。

現在可以設定 Dnsmasq 了。請將預設的組態檔改名，這樣你才能以一個全新的空檔案從頭開始設定，原本的檔案則供作參考之用：

```
$ sudo mv /etc/dnsmasq.conf /etc/dnsmasq.conf-old
$ sudo nano /etc/dnsmasq.conf
```

複製以下的設定，但把第二個 *listen-address* 改成你自己的伺服器 IP 位址，並改成你自己的網域名稱。範例中的上游名稱解析伺服器為 OpenDNS 所提供，但你可以自行指定任何一部上游名稱解析伺服器。Dnsmasq 預設會先參考 */etc/resolv.conf*，但在此明確指定也沒什麼壞處：

```
# global options
resolv-file=/etc/resolv.conf
domain-needed
bogus-priv
expand-hosts
domain=sqr3l.nut
local=/sqr3l.nut/
listen-address=127.0.0.1
listen-address=192.168.43.81

# upstream name servers
server=208.67.222.222
server=208.67.220.220
```

執行一次 Dnsmasq 的語法檢查工具：

```
$ dnsmasq --test
dnsmasq: syntax check OK.
```

語法檢查工具無法偵測出設定上的錯誤，它只能偵測錯字而已。這時請啟動 Dnsmasq，如果其中有錯誤，它便不會啟動。下例便是一次成功的啟動：

```
$ sudo systemctl start dnsmasq.service
$ systemctl status dnsmasq.service
● dnsmasq.service - dnsmasq - A lightweight DHCP and caching DNS server
   Loaded: loaded (/lib/systemd/system/dnsmasq.service; enabled; vendor preset:
   enabled)
   Active: active (running) since Mon 2021-05-24 17:13:48 PDT; 1min 0s ago
  Process: 11023 ExecStartPre=/usr/sbin/dnsmasq --test (code=exited,
   status=0/SUCCESS)
```

```
          Process: 11024 ExecStart=/etc/init.d/dnsmasq systemd-exec (code=exited,
           status=0/SUCCESS)
          Process: 11033 ExecStartPost=/etc/init.d/dnsmasq systemd-start-resolvconf
           (code=exited, status=0/SUCCESS)
         Main PID: 11032 (dnsmasq)
            Tasks: 1 (limit: 18759)
           Memory: 2.5M
           CGroup: /system.slice/dnsmasq.service
                   └─11032 /usr/sbin/dnsmasq -x /run/dnsmasq/dnsmasq.pid -u dnsmasq -7
                     /etc/dnsmasq.d,.dpkg-dist,.dpkg-old,.dpkg-new --local->

May 24 17:13:48 dns-server systemd[1]: Starting dnsmasq - A lightweight DHCP and
 caching DNS server...
May 24 17:13:48 dns-server dnsmasq[11023]: dnsmasq: syntax check OK.
May 24 17:13:48 dns-server systemd[1]: Started dnsmasq - A lightweight DHCP and
 caching DNS server.
```

請用 *nslookup* 命令、加上你的伺服器主機名稱及完整網域名稱,測試一下你的 Dnsmasq 伺服器[譯註]:

```
$ nslookup dns-server
Server:        127.0.0.1
Address:       127.0.0.1#53

Name:    dns-server
Address: 192.168.43.81

$ nslookup dns-server.sqr3l.nut
Server:        127.0.0.1
Address:       127.0.0.1#53

Name:    dns-server.sqr3l.nut
Address: 192.168.43.81

$ nslookup 192.168.43.81
18.43.168.192.in-addr.arpa        name = host1.sqr3l.nut.
```

再以 *ss* 命令驗證正在傾聽的通訊埠。在下例中,Recv-Q、Send-Q 和 Peer Address:Port 等欄位都已省略、以便讓頁面清爽些:

```
$ sudo ss -lp "sport = :domain"
Netid  State   Local Address:Port    Process
udp    UNCONN      127.0.0.1:domain   users:(("dnsmasq",pid=1531,fd=8))
udp    UNCONN   192.168.1.10:domain   users:(("dnsmasq",pid=1531,fd=6))
```

[譯註] 記得嗎?上一小節我們才在 /etc/resolv.conf 裡加上了 nameserver 127.0.0.1 跟 nameserver ::1,這樣 nslookup 便會向本機所在的 Dnsmasq 查詢了!

```
tcp    LISTEN    127.0.0.1:domain    users:(("dnsmasq",pid=1531,fd=9))
tcp    LISTEN    192.168.1.10:domain    users:(("dnsmasq",pid=1531,fd=7))
```

你應該會看到自己的伺服器位址、localhost 的位址,而且在 Process 欄位只會有 *dnsmasq* 的字樣。若加上 *-r* 選項,就可以把 IP 位址換成主機名稱來顯示。

這些命令若都執行成功,你的設定便都正確無誤。

探討

如果 Dnsmasq 啟動失敗,請執行 *journalctl -ru dnsmasq* 分析其原因(如果你的 Dnsmasq 日誌是送到別處紀錄的,請參閱招式 16.14)。

注意 *nslookup* 必須透過安裝 *bindutils* 套件才能使用。

ss 命令是 socket statistics 的簡寫,它屬於 *iproute2* 套件。

如果你的 *nslookup* 命令執行失敗,請先試著重啟網路,然後重啟 Dnsmasq。如果還是不行,請重新開機。要是這招還不靈,請把所有設定再檢查一遍。

/etc/dnsmasq.conf 檔案裡的 *domain-needed* 這一行設定,可以防止 Dnsmasq 把你要查詢的本地主機名稱(亦即不帶有網域名稱的部份)轉給上游名稱解析伺服器去處理。如果從 */etc/hosts* 或 DHCP 都無法取得這種主機名稱資訊,就傳回「not found」作為答覆。這可以避免你的區域網路位址查詢請求洩漏到外部,而且要是你的區域網路網路名稱正好跟公共網域名稱相同,可能會得到錯誤的解析結果。

bogus-priv 這一行設定則會擋下偽裝的私有反向查詢。所有查詢私有 IP 範圍的反向搜尋,只要是在 */etc/hosts* 或 DHCP 的租約檔裡查不到的,一律以「no such domain」(查無此網域)處置,而不會再轉交給上游去查詢。

expand-hosts 會自動把你的私有網域名稱附加到 */etc/hosts* 的純文字主機名稱後面。

domain= 指的便是你的本地網域名稱。

local=/[domain]/ 會告訴 Dnsmasq 直接解析對於本地網域的查詢,而不要轉發到上游去。

參閱

- *man 5 hosts*
- Dnsmasq(*https://oreil.ly/vvfHg*)

16.7 設定 firewalld 以便讓 DNS 和 DHCP 通過

問題

你得開啟 Dnsmasq 伺服器的防火牆，以便讓區域網路用戶端使用。

解法

開放 TCP 和 UDP 的 53 號埠供 DNS 通訊使用，同時也開放 UDP 的 67 號埠供 DHCP 使用。如果你使用的是 *firewalld*，請使用以下命令：

```
$ sudo firewall-cmd --permanent --add-service=\{dns,dhcp\}
```

探討

當你遇上連線問題時，首要檢查的事項之一，便是你的防火牆設定。

參閱

- 第十四章

16.8 從用戶端機器測試你的 Dnsmasq 伺服器

問題

你想從用戶端電腦測試新設置的 Dnsmasq DNS 伺服器。

解法

從任何位在你的網路上的主機、透過你的 Dnsmasq 伺服器的 IP 位址，用 *dig* 命令查詢任何網站：

```
$ dig @192.168.1.10 oreilly.com

; <<>> DiG 9.16.6 <<>> @192.168.1.10 oreilly.com
; (1 server found)
;; global options: +cmd
;; Got answer:
;; ->>HEADER<<- opcode: QUERY, status: NOERROR, id: 29387
;; flags: qr rd ra; QUERY: 1, ANSWER: 2, AUTHORITY: 0, ADDITIONAL: 1
```

```
;; OPT PSEUDOSECTION:
; EDNS: version: 0, flags:; udp: 4096
;; QUESTION SECTION:
;oreilly.com.                    IN      A

;; ANSWER SECTION:
oreilly.com.          240       IN      A       199.27.145.65
oreilly.com.          240       IN      A       199.27.145.64

;; Query time: 108 msec
;; SERVER: 192.168.1.10#53(192.168.1.10)
;; WHEN: Mon May 24 17:49:32 PDT 2021
;; MSG SIZE   rcvd: 72
```

測試成功，因為有「status: NOERROR」字樣、而且 SERVER 這一行顯示的正是你的
Dnsmasq 伺服器的 IP 位址。

探討

你也可以用你的伺服器名稱和完整網域名稱（FQDN）來測試：

```
$ dig @dns-server oreilly.com
$ dig @dns-server.sqr3l.nut oreilly.com
```

參閱

• *man 1 dig*

16.9　以 Dnsmasq 管理 DHCP

問題

你的 DNS 已經上軌道了，現在你想設置 DHCP 服務。

解法

當然不成問題。請在 */etc/dnsmasq.conf* 檔案裡加上這幾行，藉以定義一個位址段落
（pool），以你自己想配發的位址來填寫：

```
# DHCP range
dhcp-range=192.168.1.25,192.168.1.75,12h
dhcp-lease-max=25
```

然後重啟 Dnsmasq：

```
$ sudo systemctl restart dnsmasq.service
```

試著從區域網路電腦取得一個位址看看。首先確認它的確已設為會以 DHCP 取得 IP 位址：

```
$ nmcli con show --active
NAME    UUID                             TYPE      DEVICE
1net    de7c00e7-8e4d-45e6-acaf          ethernet  eth0

$ nmcli con show 1net | grep ipv..method
ipv4.method:            auto
ipv6.method:            auto
```

從 *auto* 字樣便可確認它的確是 DHCP 用戶端（如果它顯示 *manual* 就不是了）。請將該網路介面停用、再重新啟用：

```
$ sudo nmcli con down 1net
Connection '1net' successfully deactivated (D-Bus active path: /org/freedesktop/
NetworkManager/ActiveConnection/11

$ sudo nmcli con up 1net
Connection successfully activated (D-Bus active path: /org/freedesktop/NetworkMan
ager/ActiveConnection/15)
```

接著檢查 Dnsmasq 伺服器的日誌：

```
$ journalctl -ru dnsmasq
-- Logs begin at Sun 2021-02-28 14:35:01 PST, end at Mon 2021-05-31 17:36:04
PDT. --
May 31 17:34:56 dns-server dnsmasq-dhcp[8080]: DHCPACK(eth0) 192.168.1.45
9c:ef:d5:fe:01:7c client2
May 31 17:34:56 dns-server dnsmasq-dhcp[8080]: DHCPREQUEST(eth0) 192.168.1.45
9c:ef:d5:fe:01:7c
```

以上顯示，已經成功地從 *dns-server* 分配了一個 IP 位址給 *client2*。

探討

你可以不用透過 *nmcli*，而是利用 NetworkManager 面板的 applet、或是以 *nm-connection-editor* 命令叫出 NetworkManager 的圖形介面設定工具，點幾下滑鼠就能完成斷開連線及重新連線的動作（圖 16-2）。

圖 16-2　以 nm-connection-editor 管理網路連線

大多數的 Linux 發行版都已採用 NetworkManager 來控制用戶端的 DHCP。如果你的 Linux 還不是這樣做的，可能它還在使用 *dhclient*。請找找看是否有 *dhclient.conf* 檔案存在，然後用 *dhclient* 命令要求新的租期：

```
$ sudo dhclient -v
Internet Systems Consortium DHCP Client 4.3.6-P1
Copyright 2004-2018 Internet Systems Consortium.
All rights reserved.
For info, please visit https://www.isc.org/software/dhcp/

Listening on LPF/eth0/9c:ef:d5:fe:01:7c
Sending on   LPF/eth0/9c:ef:d5:fe:01:7c
Sending on   Socket/fallback
DHCPREQUEST on eth0 to 255.255.255.255 port 67 (xid=0xec8923)
DHCPACK from 192.168.1.10 (xid=0xec8923)
bound to 192.168.1.27 -- renewal in 1415 seconds.
```

你可以透過 DHCP 發送若干用戶端機器所需的資訊，以便協助取得網路服務。詳情請參閱招式 16.10。

dhcp-range=192.168.1.25,192.168.10.75,24h 定義了一個為數 50 個 IP 位址的可租用範圍，一次至少租用 24 小時。這個範圍不能涵蓋你的 Dnsmasq 伺服器所使用的 IP 位址，也不能與任何主機的靜態 IP 位址重疊。你可以用秒數、分鐘數或時數來指定租期。預設的單位是

小時，最短初期至少要兩分鐘。如果你要指定絕不逾期的租用關係，只需省略租期的定義即可。

dhcp-lease-max=25 指定的是同時最多有幾份租約可以成立。你可以訂出一個很大的位址範圍，但限制可以租用的 IP 數量。

參閱

- 招式 16.10
- Dnsmasq（*https://oreil.ly/vvfHg*）
- *man 8 dhclient*

16.10 透過 DHCP 廣播重大服務

問題

你想透過 DHCP 將各種伺服器的服務廣播給區域網路用戶端。

解法

像是通往網際網路閘道器的預設路徑、DNS 伺服器、以及 NTP 伺服器等服務，是可以廣播給區域網路用戶端，好讓它們自動引用的。下例顯示的就是如何設定 */etc/dnsmasq.conf* 來廣播若干服務。

要設定預設路由器的話：

```
dhcp-option=3,192.168.1.1
```

要廣播 DNS 伺服器的話：

```
dhcp-option=6,192.168.1.10
```

下例會指向你的本地 NTP 伺服器：

```
dhcp-option=42,192.168.1.11
```

但你要如何得知哪些服務該用何種選項編號呢？請用命令來列舉：

```
$ dnsmasq --help dhcp
Known DHCP options:
  1 netmask
  2 time-offset
```

```
3 router
6 dns-server
7 log-server
9 lpr-server
[...]
```

探討

dnsmasq --help dhcp 會列出所有已知的 DHCPv4 設定選項。請參閱招式 16.11 的探討小節，
了解有哪些 DHCPv4 的設定選項可用。

參閱

- Dnsmasq（*https://oreil.ly/vvfHg*）

16.11 為子網路建立 DHCP 區域

問題

你有兩個子網路，而你想設定 Dnsmasq 以便為每個子網路套用不同的選項，像是不一樣
的預設路由器和伺服器等等。

解法

用你自訂的名稱來建立區域（zones），例如 *zone1* 和 *zone2* 之類，然後設定它們各自的位址
範圍：

```
dhcp-range=zone1,192.168.50.20,192.168.50.120
dhcp-range=zone2,192.168.60.20,192.168.60.50,24h
```

兩個區域有各自不同的路由器：

```
dhcp-option=zone1,3,192.168.50.1
dhcp-option=zone2,3,192.168.60.2
```

但參考的 DNS 伺服器一致：

```
dhcp-option=zone1,6,192.168.1.10
dhcp-option=zone2,6,192.168.1.10
```

zone2 有自己的 NTP 伺服器：

```
dhcp-option=zone2,42,192.168.60.15
```

探討

有用的 DHCP 選項並不多。而且十分老舊，有些還很神祕，例如：

```
option default-url string;
The format and meaning of this option is not described in any standards document,
but is claimed to be in use by Apple Computer. It is not known what clients may
reasonably do if supplied with this option. Use at your own risk.
```

—man 5 DHCP options

很多選項的用戶端支援方式並不一致。筆者自己會用到的也只有 NTP、路由器跟 DNS 伺服器這幾種。

參閱

- *man 5 dhcp*
- Dnsmasq（*https://oreil.ly/vvfHg*）

16.12　從 DHCP 指派靜態 IP 位址

問題

你想儘可能地集中管理 IP 定址，包括對靜態 IP 位址的分配。

解法

請利用 */etc/dnsmasq.conf* 裡的 *dhcp-host* 選項。先找出用戶端機器的主機名稱，再從你的區域網路位址區段中指定一個未曾使用的位址給它（你並不一定要以先前在 */etc/dnsmasq.conf* 中用 *dhcp-range=** 選項定義的 DHCP 位址範圍來定義靜態位址）。下例便把 192.168.3.0/24 網路中的某一位址指派給 *server2*：

```
dhcp-host=server2,192.168.3.45
```

重啟 Dnsmasq，下一次當 *server2* 來要位址時，它便會收到經由 *dhcp-host=* 選項指派的位址。

如果你需要設定多個用戶端，就要以多筆 *dhcp-host=* 逐一設定，一行一筆。

當然也可以透過用戶端的 MAC 位址來指派，而不一定要用主機名稱來配對。

探討

一般而言，集中管理任務一定可以節省若干時間與精力。

參閱

- Dnsmasq（*https://oreil.ly/vvfHg*）

16.13　設定 DHCP 用戶端以便自動登錄為 DNS 紀錄

問題

你想讓 DHCP 用戶端自動登錄進入 Dnsmasq 的 DNS 資料庫。

解法

用戶只需將自己的主機名稱回傳給 Dnsmasq 的 DHCP 伺服器，就可以辦到這一點，大部份 Linux 預設都會這樣做。

假設有一部 DHCP 用戶端、位於本地的 *sqr3l.nut* 網域，其主機名稱為 *client4*。*client4* 啟動後、便從 Dnsmasq 收到 IP 位址及其他網路資訊。接著 Dnsmasq 會取得 *client4* 的主機名稱、並將其置入 DNS 資料庫。現在網路上其他主機就可以透過 *client4* 和 *client4.sqr3l.nut* 這些名稱來存取該用戶端了。

但 */etc/hosts* 當中不能有與 *client4* 名稱重複的紀錄。

要檢查你的 DHCP 用戶端設定，一共有三種不同的方式：包括 *dhclient.conf*、NetworkManager 的圖形介面設定工具（*nm-connection-editor*）、以及 *nmcli* 命令。

首先請檢查 *dhclient*，它長年以來都一直扮演著 Linux 的預設 DHCP 用戶端。大部份的 Linux 系統都將 *dhclient* 的組態檔放在 */etc/dhcp/dhclient.conf*。請找出以下這一行，它會自動找出系統的主機名稱、並將其傳回給 DHCP 伺服器：

```
send host-name = gethostname();
```

或是乾脆直接填入系統主機名稱：

```
send host-name = myhostname
```

如果沒有 *dhclient.conf* 檔案存在，那麼 NetworkManager 就是你的 DHCP 用戶端管理工具。
你可以在你的圖形介面工具 *nm-connection-editor*（圖 16-3）中檢查。

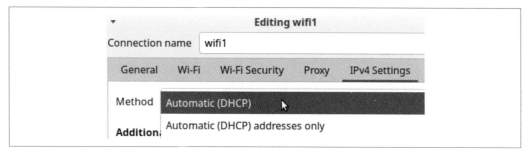

圖 16-3　NetworkManager 會將用戶端主機名稱送回給 DHCP 伺服器

如果連線方式是「Automatic (DHCP)」，就代表 NetworkManager 會將主機名稱送回給
DHCP 伺服器。「Automatic (addresses only)」就代表不會將主機名稱送回給 DHCP 伺服
器，而是只由 DHCP 伺服器提供 DNS 資訊給用戶端。

你也可以透過 *nmcli* 命令來檢查。首先找出使用中的網路連線：

```
$ nmcli connection show --active
NAME     UUID                                    TYPE    DEVICE
wifi1    3e348c97-4c5f-4bbf-967e-7624f3e1e4f0    wifi    wlan1
```

然後驗證它是否會把主機名稱回傳給你的 DHCP 伺服器。下例便確認了這一點：

```
$ nmcli connection show wifi1 | grep send-hostname
ipv4.dhcp-send-hostname:            yes
ipv6.dhcp-send-hostname:            yes
```

如果答案是 *no*，請執行以下命令將它改成 *yes*。然後重新載入設定：

```
$ sudo nmcli con mod wifi1 ipv4.dhcp-send-hostname yes
$ sudo nmcli con mod wifi1 ipv6.dhcp-send-hostname yes
$ sudo nmcli con reload
```

探討

如果你偏好用圖形介面工具來管理 NetworkManager，最好就只用 *nm-connection-editor* 來
管理，而不要再以其他圖形工具來操作，像是 GNOME 控制面板的網路模組之類。*nm-connection-editor* 提供的設定選項最為完備，而且在所有的 Linux 發行版上都是一致的。

參閱

- *man 1 nmcli*
- *man 1 nmcli-examples*
- *man 5 nm-settings*

16.14　管理 Dnsmasq 的日誌

問題

Dnsmasq 有一個選項，可以選擇透過傳統的 *syslog* daemon，把它的訊息送往你指定的檔案，而非使用 *journalctl*，你想知道何者為佳。

解法

哪一個都無妨：因為它們記錄的資訊都是一樣的。預設行為是記錄到 systemd 的 journal 當中。

但若能將 Dnsmasq 的日誌獨立放在它自己的目錄下會方便得多，例如 */var/log/dnsmasq/dnsmasq.log*。請以 */etc/dnsmasq.conf* 中的 *log-facility=* 選項來指定你要使用的日誌檔案，然後重啟 Dnsmasq。該檔案必須已經存在，否則 Dnsmasq 會無法啟動。

如果你沒有設置日誌輪替（log rotation），假以時日這個日誌檔便會變得碩大無比。以下範例便會設定 */etc/logrotate.d/dnsmasq* 做簡單的每週輪替^{譯註}：

```
/var/log/dnsmasq/dnsmasq.log {
    missingok
    compress
    notifempty
    rotate 4
    weekly
    create
    }
```

然後用 *logrotate* 命令來測試：

```
$ sudo logrotate /etc/logrotate.conf --debug
[...]
rotating pattern: /var/log/dnsmasq/dnssmasq.log  weekly (4 rotations)
```

---

^{譯註} weekly 就是每週替換一個新檔案，但 rotate 4 則是代表只保留四份檔案，亦即週備份只保留大約一個月。

```
empty log files are not rotated, old logs are removed
switching euid to 0 and egid to 4
considering log /var/log/dnsmasq/dnssmasq.log
Creating new state
  Now: 2021-06-01 13:08
  Last rotated at 2021-06-01 13:00
  log does not need rotating (log has been already rotated)
switching euid to 0 and egid to 0
[...]
```

以上並未發生錯誤，因此它運作正常。

探討

systemd 同時支援 *journalctl* 和 *syslog* daemon 兩種日誌機制。它們可能會並存很長一段時間，因此你大可自行選一種偏好的日誌機制來使用。

參閱

- *man 8 rsyslog*
- Dnsmasq（*https://oreil.ly/vvfHg*）
- *man 1 journalctl*
- 第二十章

16.15　設定萬用字元網域

問題

你想在 Dnsmasq 裡建立一個萬用字元（wildcard）網域，而且就算你沒有在 DNS 資料庫中手動設定它底下的每個子網域，所有對該網域底下子網域的查詢請求，仍能正確解析。

解法

在 */etc/dnsmasq.conf* 中，利用 *address* 選項建立頂層網域（top-level domain (TLD)）：

```
address=/wildcard.net/192.168.1.35
```

重啟 Dnsmasq，然後用 *nslookup* 來測試：

```
$ sudo systemctl restart dnsmasq.service
$ nslookup foo.wildcard.net
Server:        127.0.0.1
Address:       127.0.0.1#53

Name:    foo.wildcard.net
Address: 192.168.1.35
```

foo.wildcard.net 可以正常解析，代表它運作無誤。

探討

使用 DNS 萬用字元時必須謹慎。當你在 Kubernetes 這樣繁瑣的服務中進行開發時，萬用字元十分好用。但請確認你使用的位址範圍與區域網路名稱解析伺服器上的位址範圍有所不同，而且只有區域網路用戶端可以用得到。

參閱

- Dnsmasq（*https://oreil.ly/vvfHg*）

## 第十七章

以 ntpd、chrony 和 timesyncd 管理時間資訊

要讓你的電腦及網路上所有主機都保持正確的時間資訊，用 NTP（Network Time Protocol，網路時間協定）就可以輕鬆地自動達成。在 Linux 上，NTP 是以 *ntpd* 這個 NTP daemon 實作而成，此外還有其他兩種實作，亦即 *chrony* 這個 *ntpd* 的現代化替代品、和 systemd 的 *timesyncd*。你沒看錯，一共有三種（至少）方式，再算一次，你有三種方式可以自動管理 Linux 電腦上的時間資訊。

ntpd 和 *chrony* 都可以擔任區域網路的校時伺服器，而 *timesyncd* 則只是單純的輕量型用戶端，不具備伺服器功能。*ntpd* 和 *chrony* 都實作了完整的 NTP 功能，但 *timesyncd* 就只使用了 SNTP，也就是簡易型網路時間協定（Simple Network Time Protocol）。

大部份的 Linux 發行版都提供了預設的設定，會指向發行者維護的時間伺服器。這些伺服器的名稱會像 *2.fedora.pool.ntp.org* 和 *0.ubuntu.pool.ntp.org* 這樣。你不需要做什麼，只要確保在安裝時別把這個功能停用即可。在這一章當中，你會學到如何檢查既有的設定、以及如何更改設定、還有如何設置一部區域網路的校時伺服器。

全球各地都有由校時伺服器組成的網路，供所有人自由使用，它們都是按層級（*strata*）配置的，從 stratum 0 開始。Stratum 0 是所有訂時的來源，這個校時網路由原子鐘、隨原子鐘調校的無線電接收器、以及會接收 GPS 衛星廣播訊號的 GPS 接收器所組成。

下一層則是 stratum 1，這些屬於主要校時伺服器。stratum 1 的主要校時伺服器皆直接通往 stratum 0 的訂時來源。

Stratum 2 則含有上千部公用伺服器，它們都會與 stratum 1 同步。連往 stratum 2 的伺服器是較好的做法，因為可以避免 stratum 1 的伺服器超載、並防止無謂地使用 stratum 1 的伺服器。

這個階層式架構仍會向下繼續延伸，例如 stratum 4、5 跟 6 的公用伺服器，以及與它們同步的私有區域網路伺服器。不過次序並不是絕對的；你可以把自己的私有區域網路 LAN NTP 伺服器放在 stratum 10，但並非只能連到 stratum 9 的伺服器，而是可以指向任何它找得到的上層伺服器。你不必煩惱要選擇哪一部伺服器才對，因為目標是*一整群的*（*pool*）伺服器，亦即由 NTP 伺服器組成的叢集，而非單一的伺服器。

當你越是深入研究電腦的校時方式，就越可能感到困惑和無所適從，也可能會深陷其中無法自拔，這都要看你有多宅而定。請參閱 NTP Pool Project（*https://ntppool.org*）和 NTP: The Network Time Protocol（*http://ntp.org*）網站，了解其中的枝微細節、還有如何運作你自己的公用校時伺服器。

你的 Linux 系統上共有兩種計時機制。其一是主機板上的硬體時鐘，又稱為實時時鐘（real-time clock, RTC）。另一種則是系統時間，由你的 Linux 核心所管理。RTC 必須有電源才能管理，即使你的電腦關閉電源，它也會透過主機板的電池或電容器保持運作。當你的 Linux 電腦開機時，你選用的 NTP 用戶端便會從 RTC 取得時刻資訊。然後當網路可使用時，它會再根據上游的校時伺服器來訂正時刻資訊。

你的 RTC 時間是由 BIOS/UEFI 設定的，本章中會學到若干設定它的命令。你應該將時間設為 UTC，也就是全球協調時間（Coordinated Universal Time），Linux 核心會在事後計算出你所在時區與 UTC 的時間差。UTC 就像格林威治標準時間（Greenwich Mean Time, GMT），只不過兩者並不是同一碼事。UTC 是時間的標準、而 GMT 則是時區的名稱。而且 UTC 跟 GMT 都不會隨著日節約時間（daylight saving time, DST）而變動。

時區的資訊則來自於 IETF.org Timezones（*https://oreil.ly/gUnet*）。這是會不斷變化的資訊，因為各個國家可能會修改自己的 DST 日期、或是退出或加入 DST。大多數的 Linux 都會將這份資訊儲存在 */usr/share/zoneinfo/*。網際網路工程任務小組（Internet Engineering Task Force, IETF）會追蹤這些異動，並無償公開相關的資料庫。

17.1 查出你的 Linux 系統使用何種 NTP 用戶端

問題

你讀完了以上的本章簡介，現在你已知道 Linux 的時間同步是由 *ntpd*、*chrony* 或是 *timesyncd* 所管理，而你想知道自己的 Linux 系統使用何種工具。

解法

利用 *ps* 命令來觀察是否有以上任何一種時間同步用的 daemon 正在執行，如 *ntpd*、*chronyd* 或是 *timesyncd*：

```
$ ps ax|grep -w ntp
$ ps ax|grep -w chrony
$ ps ax|grep -w timesyncd
```

如果以上其中之一確實在執行當中，請往下逕自跳到本章相關的招式，繼續讀下去，看看如何管理你的時間 daemon。

如果任何之一都未執行，檢查你的系統是否使用 *timedatectl*，亦即 systemd 的一部份：

```
$ timedatectl status
               Local time: Sun 2020-10-04 10:59:48 PDT
           Universal time: Sun 2020-10-04 17:59:48 UTC
                 RTC time: Sun 2020-10-04 17:59:48
                Time zone: America/Los_Angeles (PDT, -0700)
System clock synchronized: no
systemd-timesyncd.service active: no
              RTC in local TZ: no
```

以上輸出顯示，*timedatectl* 確實在執行，但沒有任何 time daemons，這是從 *systemd-timesyncd. service active: no* 這一行看出來的。請再查詢 *systemd-timesyncd* 的狀態以便仔細檢查：

```
$ systemctl status systemd-timesyncd
● systemd-timesyncd.service - Network Time Synchronization
   Loaded: loaded (/lib/systemd/system/systemd-timesyncd.service; disabled;
vendor preset: enabled)
   Active: inactive (dead)
     Docs: man:systemd-timesyncd.service(8)
```

以上顯示 *systemd-timesyncd* 並未執行，亦即你的系統沒有時間同步機制，而且是從你的系統實時時鐘（RTC）取得時間資訊的。這時你就該設置一套 *ntpd*、*chrony* 或 *timesyncd* 了。

探討

有些 Linux 發行版並不使用 systemd；請參閱招式 4.1 複習如何得知你的 Linux 是否使用 systemd。如果你的 Linux 系統中沒有 systemd，你可以選的 NTP 就只剩 *ntpd* 或是 *chrony* 了。

如果你發現同一系統上同時執行了 *ntpd* 和 *chrony*，請把 *ntpd* 關掉，因為 *chrony* 比較新穎、快速、也更穩定。同時運行兩者反會造成衝突。

timedatectl 的輸出含有許多有用的資訊。上例中顯示，RTC 已依全球協調時間（UTC）協定正確設定，系統時區則是太平洋時區（Pacific Daylight Time, PDT）。*systemd-timesyncd.service* 並未執行，而系統也未曾與他處時間同步。

參閱

- Timedatectl：控制系統時間與日期（*https://oreil.ly/QddJ7*）

- *man 1 ps*

17.2 利用 timesyncd 簡單達成時間同步

問題

你想知道如何設置最簡單的 NTP 用戶端，以便在電腦上保持正確的時間資訊。

解法

利用 *systemd-timesyncd* 這個 daemon 來啟用與公用 NTP 伺服器的時間同步，這需要用到 systemd。請檢查 *systemd-timesyncd* 的狀態：

```
$ systemctl status systemd-timesyncd
● systemd-timesyncd.service - Network Time Synchronization
    Loaded: loaded (/usr/lib/systemd/system/systemd-timesyncd.service;
      disabled; vendor preset: enabled)
    Active: inactive (dead)
      Docs: man:systemd-timesyncd.service(8)
```

以 *timedatectl* 將其啟用，再驗證 *systemd-timesyncd* 是否已啟動：

```
$ timedatectl set-ntp true
$ systemctl status systemd-timesyncd
● systemd-timesyncd.service - Network Time Synchronization
```

```
   Loaded: loaded (/lib/systemd/system/systemd-timesyncd.service; enabled;
vendor preset: enabled)
   Active: active (running) since Sun 2020-10-04 18:17:51 PDT; 16min ago
     Docs: man:systemd-timesyncd.service(8)
 Main PID: 3990 (systemd-timesyn)
   Status: "Synchronized to time server 91.189.89.198:123 (ntp.ubuntu.com)."
    Tasks: 2 (limit: 4915)
   CGroup: /system.slice/systemd-timesyncd.service
           └─3990 /lib/systemd/systemd-timesyncd

Oct 04 18:17:51 pc systemd[1]: Starting Network Time Synchronization...
Oct 04 18:17:51 pc systemd[1]: Started Network Time Synchronization.
Oct 04 18:33:01 pc systemd-timesyncd[3990]: Synchronized to time server
91.189.89.198:123 (ntp.ubuntu.com).
```

如果 *systemd-timesyncd* 並未啟動，啟動它：

```
$ sudo systemctl start systemd-timesyncd
```

現在看看 *timedatectl* 回報些什麼：

```
$ timedatectl status
               Local time: Sun 2020-10-04 18:35:56 PDT
           Universal time: Mon 2020-10-05 01:35:56 UTC
                 RTC time: Mon 2020-10-05 01:35:56
                Time zone: America/Los_Angeles (PDT, -0700)
System clock synchronized: yes
systemd-timesyncd.service active: yes
              RTC in local TZ: no
```

看起來都正常。你的系統已經同步時間，所有時刻都準確，而且 *systemd-timesyncd.service* 也在活動中。

為了容錯備援起見，最好是設定多部校時伺服器。請編輯 */etc/systemd/timesyncd.conf*，把 NTP 這一行的註解符號拿掉、再增加其他的 NTP 伺服器，這時請輸入以空格區隔的一群公用伺服器：

```
[Time]
NTP=0.north-america.pool.ntp.org 1.north-america.pool.ntp.org
2.north-america.pool.ntp.org
#FallbackNTP=ntp.ubuntu.com
#RootDistanceMaxSec=5
#PollIntervalMinSec=32
#PollIntervalMaxSec=2048
```

探討

在原本的 */etc/systemd/timesyncd.conf* 檔案裡，被註解的選項都仔細地說明了預設的設定。

成群的伺服器更為穩定，因為它們是將多部伺服器集中為一群、而非個別的伺服器。為達到最佳效能起見，請採用你所在地域的伺服器群，不論是洲際的（*https://oreil.ly/iEipo*）或是國際的都可以，點選以上連結即可參考。

你的 Linux 發行版可能已自行指定多個伺服器群，例如：

```
0.opensuse.pool.ntp.org 1.opensuse.pool.ntp.org 2.opensuse.pool.ntp.org
```

這是對的，你不用再去更改，不過設定越是多樣化、通常就越可靠。

參閱

- 第四章
- NTP Pool Project（*https://ntppool.org*）
- *man 5 timesyncd.conf*

17.3　以 timedatectl 手動設定時間

問題

你想手動設定系統和 RTC 的時間。

解法

用 *timedatectl* 就可以。它只需一道命令就可以設定日期、系統時間、以及 RTC 時間：

```
$ timedatectl set-time "2020-10-04 19:30:00"
Failed to set time: Automatic time synchronization is enabled
```

如果 *systemd-timesyncd* 尚在執行，就無法使用這道命令，因此你得先將前者停止：

```
$ sudo systemctl stop systemd-timesyncd
```

然後依照範例格式輸入你的新設定，亦即 YYYY-MM-DD HH:MM:SS，然後再驗證結果：

```
$ timedatectl set-ntp false
$ timedatectl set-time "2020-10-04 19:30:00"
$ timedatectl status
```

```
          Local time: Sun 2020-10-04 19:30:06 PDT
      Universal time: Mon 2020-10-05 02:30:06 UTC
            RTC time: Mon 2020-10-05 02:30:06
           Time zone: America/Los_Angeles (PDT, -0700)
System clock synchronized: no
systemd-timesyncd.service active: no
      RTC in local TZ: no
```

如果你重啟 *systemd-timesyncd*，便會覆蓋你的手動設定值。

探討

timedatectl 自己就擁有一小組的子命令。如果你以前就慣於使用 *date* 命令來設定時間、並進行其他的時間與日期操作，*timedatectl* 給你的感覺會較為精簡。因為它的設計原本就以簡單為目標，你還是可以使用 *date* 和它的大量選項來進行更複雜的任務。

參閱

- *man 5 timesyncd.conf*

17.4　以 chrony 作為 NTP 用戶端

問題

你想要有一套功能完備的 NTP 用戶端 / 伺服器，而且你想知道如何以 *chrony* 作為 NTP 用戶端。

解法

首先請檢查 *ntpd* 是否已經安裝。如果有，先將其移除。如果你執行了 *systemd-timesyncd*，先將其停用：

```
$ sudo systemctl disable systemd-timesyncd
$ sudo systemctl stop systemd-timesyncd
```

然後安裝 *chrony*。在大部份的 Linux 上，該套件的名稱都是 *chrony*。安裝後，請使用 *chronyc* 命令檢查其狀態：

```
$ chronyc activity
200 OK
8 sources online
```

```
0 sources offline
0 sources doing burst (return to online)
0 sources doing burst (return to offline)
0 sources with unknown address
```

成功了！它已在執行當中，因為你已看到 *8 sources online* 這行訊息（如果未啟動，請參閱以下的探討小節）。找出你的 *chrony.conf* 檔案所在位置，例如 Fedora 的 */etc/chrony.conf*、或是 Ubuntu 的 */etc/chrony/chrony.conf*，並觀察其中的設定值。要以 chrony 作為用戶端，需要改的地方並不多。請檢查其中的 NTP 伺服器清單，你會看到像是 *server* 或是 *pool* 之類的選項。下例來自 Ubuntu 系統，內含預設的 Ubuntu NTP 伺服器群和本地區域網路的伺服器：

```
pool 0.ubuntu.pool.ntp.org iburst
pool 1.ubuntu.pool.ntp.org iburst
pool 1.ubuntu.pool.ntp.org iburst
server ntp.domain.lan iburst prefer
```

你可以用若干公共的伺服器群取代 Ubuntu 的伺服器群，以較多樣化的伺服器群來提升可靠度：

```
pool 0.ubuntu.pool.ntp.org iburst
pool 1.ubuntu.pool.ntp.org iburst
pool 0.north-america.pool.ntp.org iburst
pool 1.north-america.pool.ntp.org iburst
server ntp.domain.lan iburst prefer
```

改完組態檔之後，重啟 *chronyd*。

探討

iburst 意指要在網路發生間斷後立即進行同步，而 *prefer* 意指除非此一伺服器無法使用，否則一律使用它。

用戶端設定大致就這樣了。*chrony* 完整地實作了 NTP，其選項包羅萬象；完整說明請參閱 *man 5 chrony.conf*。

管理 *chronyd* 就跟其他服務一般並無二致，命令如下：

- *systemctl status chrony*

- *sudo systemctl stop chrony*

- *sudo systemctl start chrony*

- *sudo systemctl restart chrony*

比起 *ntpd*，chrony 有幾個優勢。作為用戶端，chrony 較能妥善地處理間斷的網路連線，而在網路連線恢復時更快速地重新同步。

參閱

- Chrony（*https://oreil.ly/1S41c*）
- *man 5 chrony.conf*
- *man 1 chronyc*

17.5　以 chrony 作為區域網路的校時伺服器

問題

你想將 *chrony* 設置成區域網路校時伺服器。

解法

如同招式 17.4 所述，請先停用 *systemd-timesyncd*，如果系統上有 *ntpd*，也請將其一併移除，然後安裝 *chrony* 套件。

找出組態檔，例如 */etc/chrony.conf*（如 Fedora 和 openSUSE）、或是 */etc/chrony/chrony.conf*（如 Ubuntu）。下例便是基本的設定：

```
pool 0.north-america.pool.ntp.org iburst
pool 1.north-america.pool.ntp.org iburst
pool 2.north-america.pool.ntp.org iburst

local stratum 10
allow 192.168.0.0/16
allow 2001:db8::/56

driftfile /var/lib/chrony/chrony.drift
maxupdateskew 100.0
rtcsync
logdir /var/log/chrony
log measurements statistics tracking
leapsectz right/UTC
makestep 1 3
```

然後你的用戶端必須把這個伺服器名稱放到它們的 *chrony.conf* 檔案中：

```
server ntp.domain.lan iburst prefer
```

prefer 選項代表只要它參考的伺服器可用，就應始終參考該伺服器。使用本地伺服器的理由之一，是為了減輕公用校時伺服器的負荷。透過 *prefer* 選項，你可以設定若干公用伺服器作為備用，以備本地伺服器無法運作時所需，這樣就不用擔心造成過多負擔，就像這樣：

```
server ntp.domain.lan iburst prefer
pool 1.north-america.pool.ntp.org iburst
pool 2.north-america.pool.ntp.org iburst
```

探討

local stratum 10 會把 *chrony* 設為持續擔任你的本地 NTP 伺服器，這樣一來，即使你的網際網路連線中斷，它也能讓校時功能繼續運作，*stratum 10* 會讓你的伺服器安全地待在階層式架構的外圍，讓它的等級遠低於任何你用到的外部 NTP 伺服器。可設定值為 1–15（但請避免使用 10 這個值，因為本書這一招可能讓很多人如法炮製而使得 *stratum 10* 用量爆增）。

allow 選項定義的是允許使用這台 NTP 伺服器的來源網段。

rtcsync 則會告訴 *chrony* 要讓你的 RTC 與系統時間同步。

log 會啟用日誌功能、並定義你想記錄何種事件。

你可以在 *man 5 chrony.conf* 中觀察其他選項，或是透過預設的 *chrony.conf* 檔案觀察亦可，因為它有豐富的註解說明。

參閱

- chrony（*https://oreil.ly/1S41c*）
- *man 5 chrony.conf*
- *man 1 chronyc*

17.6 檢視 chrony 的統計資訊

問題

你想調閱一些 *chrony* 的即時活動及統計資訊，像是有哪些上游 NTP 伺服器、補償值（offsets）、偏移值（skew）、以及你正在同步的伺服器等資訊。

解法

利用 *chronyc* 命令。其子命令 *tracking* 會顯示進行過多少次的校正、RTC 時間、偏移值及其他資訊：

```
$ chronyc tracking
Reference ID    : A29FC87B (time.cloudflare.com)
Stratum         : 4
Ref time (UTC)  : Tue Oct 06 02:20:23 2020
System time     : 0.002051390 seconds fast of NTP time
Last offset     : +0.002320110 seconds
RMS offset      : 0.017948814 seconds
Frequency       : 28.890 ppm fast
Residual freq   : +0.252 ppm
Skew            : 1.250 ppm
Root delay      : 0.069674924 seconds
Root dispersion : 0.003726898 seconds
Update interval : 838.2 seconds
Leap status     : Normal
```

或是列出現有的來源伺服器：

```
$ chronyc sources
chronyc sources
210 Number of sources = 19
MS Name/IP address         Stratum Poll Reach LastRx Last sample
===============================================================================
^- golem.canonical.com          2    9     0    37m  +55ms[  +58ms] +/-  209ms
^- alphyn.canonical.com         2    9     0    34m  +23ms[  +25ms] +/-  158ms
^- pugot.canonical.com          2    9     0    44m  +92ms[  +80ms] +/-  229ms
^- chilipepper.canonical.com    2    9    11    31  +48ms[  +48ms] +/-  181ms
[...]
```

列出現有的來源伺服器及其描述：

```
$ chronyc sources -v
210 Number of sources = 19

  .-- Source mode  '^' = server, '=' = peer, '#' = local clock.
 / .- Source state '*' = current synced, '+' = combined , '-' = not combined,
| /   '?' = unreachable, 'x' = time may be in error, '~' = time too variable.
||                                                 .- xxxx [ yyyy ] +/- zzzz
||      Reachability register (octal) -.           |  xxxx = adjusted offset,
||      Log2(Polling interval) --.      |          |  yyyy = measured offset,
||                             \  |      |          |  zzzz = estimated error.
||                              | |      |          |
MS Name/IP address       Stratum Poll Reach LastRx Last sample
===============================================================================
```

```
^- golem.canonical.com          2    9    0    46m    +67ms[  +58ms]  +/-   209ms
^- alphyn.canonical.com         2    9    0    44m    +35ms[  +25ms]  +/-   158ms
^* pugot.canonical.com          2    9    1    54m   +104ms[  +80ms]  +/-   229ms
^- chilipepper.canonical.com    2    9   11   587    +60ms[  +48ms]  +/-   181ms
^- ntp.wdc1.us.leaseweb.net     2    7    4   327    +26ms[  +15ms]  +/-   198ms
^- 216.126.233.109              2    9    1   459   +106ms[  +95ms]  +/-   171ms
^- 157.245.170.163              3    9    1   476  +1191us[  -10ms]  +/-   145ms
```

星號指出你的系統目前正與該伺服器同步。

探討

chrony 會根據用戶端機器的網路延遲、間斷性的連線、以及睡眠與休眠模式進行調節。*chrony* 時鐘從不停止,即使沒有外部名稱解析伺服器可用,它也能讓你的網路保持時間同步。

參閱

- *man 1 chronyc*
- chrony.tuxfamily.org (*https://oreil.ly/1S41c*)

17.7 以 ntpd 作為 NTP 用戶端

問題

是的,你已熟悉了 *chrony* 和 *timesyncd*,也知道他們的優點,但你還是想繼續使用 *ntpd* 作為 NTP 用戶端。

解法

沒問題,因為 *ntpd* 仍然持續維護中、而且進展良好。首先確認你的系統上只有 *ntpd* 一種 NTP 用戶端(參閱招式 17.1)。在大多數的 Linux 發行版上,只須找出 *ntp* 套件、安裝該套件即可。

在大多數的 Linux 發行版上,*ntpd* 都會附上一份很有用的設定,而且在安裝後就會啟動。請用 *ps* 命令檢查:

```
$ ps ax | grep -w ntpd
3754 ?        Ssl    0:00 /usr/sbin/ntpd -u ntp:ntp -g
```

如果它未自動未啟動，就啟動它：

```
$ systemctl start ntpd
```

如果 *ntpd* 已在運作，請檢查你的組態檔案，通常就是 */etc/ntp.conf*。就算不做調整，你的 Linux 發行版中的預設組態應該就能運作得很好。如果你的網路上有自己的區域網路校時伺服器，以下設定就會將本地伺服器設為主要伺服器，並將一個 Fedora 的 Linux 伺服器群設為後備伺服器：：

```
server ntp.domain.lan iburst prefer
pool 2.fedora.pool.ntp.org iburst
```

你也可以保持原本預設的設定，它在大多數的情況下都可以運作得很好。各家 Linux 發行版通常都會維護自己的 NTP 伺服器群，並將其放進預設的設定。如果你想加以更換，或是再加上一些外部的公用伺服器，請參閱洲際伺服器群（*https://oreil.ly/W70Ba*），看看清單中有哪些洲際 NTP 伺服器群可用，或是使用你國內的伺服器群，它們應該都可以在洲際伺服器群的連結裡找得到。

當你更改過 */etc/ntp.conf* 後，必須重啟 *ntpd*：

```
$ systemctl restart ntpd
```

```
$ sudo /etc/init.d/ntp restart
```

用 *ntpq* 檢查它是否運作。星號顯示機器正在與該部區域網路的 NTP 伺服器同步：

```
$ ntpq -p

        remote          refid      st t when poll reach   delay   offset  jitter
==============================================================================
 2.fedora.pool.n .POOL.           16 p    -   64    0   0.000   +0.000   0.000
*ntp.domain.lan. 172.16.16.3       2 u   34  256  203  80.324  -49.772  54.508
+138.68.46.177 ( 80.153.195.191    2 u   92  256  123  90.932  -15.534  39.947
+vps6.ctyme.com  216.218.254.202   2 u  453  256   46  69.927  -29.296  84.811
+ec2-3-217-79-24 132.163.97.6      2 u  426  256  202 165.888  -51.442  93.224
```

探討

iburst 會告訴 *ntpd* 要在系統啟動時迅速同步。

prefer 意指優先使用該部伺服器，並只有當它無法使用時才改用其他伺服器。

參閱

- *man 5 ntp.conf*
- *man 8 ntpd*
- *man 8 ntpq*
- NTP 文件（*https://oreil.ly/lpDgk*）

17.8 以 ntpd 作為 NTP 伺服器

問題

你想知道如何在區域網路上運行 *ntpd* 伺服器。

解法

以 *ntpd* 作為區域網路的校時伺服器，與把它當成 NTP 用戶端時的做法差不多。設定幾乎都一樣，只不過再加上一些存取控制。下例便是完整的 */etc/ntp.conf* 設定內容：

```
driftfile /var/lib/ntp/drift

restrict default nomodify notrap nopeer noquery
restrict -6 default nomodify notrap nopeer noquery
restrict 127.0.0.1
restrict ::1

pool 0.north-america.pool.ntp.org
pool 1.north-america.pool.ntp.org
pool 2.north-america.pool.ntp.org

leapfile /usr/share/zoneinfo/leap-seconds.list

statistics clockstats loopstats peerstats
filegen loopstats file loopstats type day enable
filegen peerstats file peerstats type day enable
filegen clockstats file clockstats type day enable
statsdir /var/log/ntpstats/
```

探討

driftfile 是 *ntpd* 拿來追蹤主機板上的石英震盪器頻率波動引起的時間漂移用的。你有以下選項可供修訂：

- *restrict default* 會拒絕一切要求，而只允許明確允許的動作，並訂為預設值。

- *nomodify* 不允許其他校時伺服器更改本系統。但允許查詢。

- *notrap* 會停用遠端紀錄。

- *nopeer* 不允許對等校正（peering）。同儕（peer）伺服器會彼此同步，因此唯一允許提供校時服務的伺服器，便是由 *server* 或 *pool* 指令所指定的。

- *noquery* 不接受遠端查詢和遠端紀錄。

- *restrict 127.0.0.1* 和 *restrict ::1* 意指信任本機（localhost）。

statistics 區段會記錄你選定的統計值，並記錄在 */var/log/ntpstats/* 裡。這並非必要動作，不過追蹤哪一個上游 NTP 伺服器的效能最好，也許會很有意思。

參閱

- *man 5 ntp.conf*

- *man 8 ntpd*

- *man 8 ntpq*

- NTP 文件（*https://oreil.ly/lpDgk*）

17.9 以 timedatectl 管理時區

問題

你想列出所有的時區資料、觀察你目前設定的時區、以及更改時區設定。

解法

用 *timedatectl* 就能做到。如要檢視目前的時區：

```
$ timedatectl | grep -i "time zone"
      Time zone: America/Los_Angeles (PDT, -0700)
```

如要列出所有時區：

```
$ timedatectl list-timezones
Africa/Abidjan
Africa/Accra
Africa/Addis_Ababa
```

```
Africa/Algiers
[...]
```

以上清單長度會超過 400 行。如果你知道自己要找的部份時區資訊，請利用 *grep* 命令來篩選。若要列出主要城市時區，例如柏林：

```
$ timedatectl list-timezones | grep -i berlin
Europe/Berlin
```

如要設定你的時區：

```
$ sudo timedatectl set-timezone Europe/Berlin
```

變更會立即生效。請再度執行 *timedatectl* 以便驗證。

探討

當你與處在不同時區的人們一起工作時，請以 UTC 來安排會議時程。線上有好幾種類似 Time Zone Converter（*https://oreil.ly/NyLj7*）的時區轉換工具。

你必須以地域 / 城市（region/city）的格式，也就是參照 *timedatectl list-timezones* 所列的內容來指定時區。這是依據 ISO 8601 標準實施的，該項標準明確地定義了時區、時間與日期的表達方式。它使用所謂的「降冪註記法」（descending notation），也就是依序從大寫到小。舉例來說，時區的順序必依洲別 / 國家 / 城市（continent/country/city）排列。美國的慣例是寫成年 - 日 - 月（year-day-month），這與標準不符。標準寫法是年 - 月 - 日（year-month-day），而且年份必須以四位數字表示，亦即 YYYY-MM-DD。時間格式則是 HH:MM:SS，並採用 24 小時制寫法。

官方發佈的 ISO 8601 標準是要收費的，但只需搜尋一下網路，應該都有免費資訊可供參考。

參閱

- *man 1 timedatectl*

17.10　不用 timedatectl 也能管理時區

問題

你的 Linux 系統裡沒有 systemd，而你想知道還有哪種命令可以管理時區設定。

解法

利用 *date* 命令檢視目前的時區：

```
$ date
Wed Oct  7 08:32:40 PDT 2020
```

或是觀察 */etc/localtime* 的連結：

```
$ ls -l /etc/localtime
lrwxrwxrwx 1 root root 41 Oct  7 08:06 /etc/localtime ->
../usr/share/zoneinfo/America/Los_Angeles
```

/usr/share/zoneinfo 目錄中包含了所有的時區：

```
$ ls /usr/share/zoneinfo
total 324
drwxr-xr-x  2 root root  4096 May 21 23:02 Africa
drwxr-xr-x  6 root root 20480 May 21 23:02 America
drwxr-xr-x  2 root root  4096 May 21 23:02 Antarctica
drwxr-xr-x  2 root root  4096 May 21 23:02 Arctic
[...]
```

檢視其中的子目錄，找出最接近你的城市，例如馬德里：

```
$ ls /usr/share/zoneinfo/Europe
[...]
-rw-r--r-- 1 root root 2637 May  7 17:01 Madrid
-rw-r--r-- 1 root root 2629 May  7 17:01 Malta
lrwxrwxrwx 1 root root    8 May  7 17:01 Mariehamn
-rw-r--r-- 1 root root 1370 May  7 17:01 Minsk
[...]
```

然後把連結指向 */etc/localtime*，即可更改時區：

```
$ sudo ln -sf /usr/share/zoneinfo/Europe/Madrid/etc/localtime
```

改完便會立即生效。

探討

以下這個很酷的單行命令可以依字母順序列出所有時區：

```
$ php -r 'print_r(timezone_identifiers_list());'
Array
(
    [0] => Africa/Abidjan
    [1] => Africa/Accra
```

```
    [2] => Africa/Addis_Ababa
    [3] => Africa/Algiers
    [4] => Africa/Asmara
  [...]
```

php 命令來自 *php-cli* 套件。

你的圖形化桌面應該也會提供方便的圖形工具程式來管理時間、日期和時區。如果你的 Linux 桌面上有時鐘顯示，請試著以滑鼠右鍵點它，帶出其屬性或是設定面板。

參閱

- *man 1 date*
- *man 1 ln*

## 第十八章

以樹莓派建構
網際網路防火牆 / 路由器

用樹莓派（Raspberry Pi, RPi）可以為小型網路打造出絕佳的網際網路防火牆 / 路由器，而且造價低廉。你可以使用任何一款樹莓派，但筆者建議使用 Raspberry Pi 4B，因為它比舊型的 Pi 更富威力，同時也是首款具備專用 gigabit 乙太網路埠的樹莓派。

概述

在本章當中，你會學到如何安裝 Raspberry Pi OS、並將你的樹莓派連接到電腦監視器或電視上，使用 Raspberry Pi OS 的復原模式，以無終端機模式（headless）運作樹莓派、增加第二個乙太網路埠、共用網際網路連線，並以樹莓派提供區域網路名稱解析服務。

> 本章範例皆以 Raspberry Pi 4 Model B 和 Raspberry Pi OS 進行。Raspberry Pi OS 以前稱為 Raspbian。源自 Debian Linux，因此如果你很熟悉 Debian、Ubuntu、Mint 或任何 Debian 的變種體系，其實都是同一種 Linux。

樹莓派防火牆 / 路由器的優缺點

樹莓派屬於通用型電腦，而非專用的防火牆 / 路由器。它具備 WiFi、乙太網路、和藍牙等介面，而且執行的是 Linux。相較之下，一個小型網路通常會採用小型的防火牆 / 路由器 / 無線基地台 / 乙太網路交換器，像是 Linksys AC1900 或是 TP-Link Archer AX20 之類。這些產品也具備 WiFi、gigabit 乙太網路、多重天線、並支援像是 Alexa 和智慧手機管理用的 apps 等「智慧型」服務。

這些裝置的缺點是它們較缺乏彈性，尤其是有限的儲存空間與作業系統支援。如果你想更換廠商的軟體，就得使用特製的路由器版本，例如 OpenWRT、DD-WRT、pfSense 或 OPNsense 等等，這些都是很優越的軟體，但使用起來並不簡單，而且你還得找得到它們支援的裝置。

以下是樹莓派與多合一裝置相較的優勢：

- 彈性，就像任何通用型的 Linux 電腦一樣

- 記憶體與儲存空間更大

- 可連接電腦用的監視器或電視、鍵盤與滑鼠

- 可執行數種發行版的 Linux，因此你大可使用你已有的知識，毋須從頭學習陌生的新介面或指令集

- 可運行數種 *bsd 系列的作業系統、甚至是 Windows 10、Android、Chromium 及其他作業系統

- 可連接行動熱點

- 支援 64 位元

你可以透過圖形化桌面運行樹莓派，也可以省略圖形化桌面，甚至以無終端機模式（headless）的 SSH 操作，就像其他的 Linux 系統一樣。

樹莓派的缺點：

- 無法像其他多合一裝置一般，作為乙太網路交換器使用

- WiFi 不像其他多合一裝置的訊號那樣強

- Raspberry Pi models 3 和更早期的型號，其乙太網路效能不甚理想，因為它們的乙太網路埠皆與 USB 共用匯流排之故；但 RPi 4 修正了這一點，改採專用的 gigabit 乙太網路埠

有好幾種特製的 Linux 作業系統可供樹莓派採用。官方的作業系統是 Raspberry Pi OS，這是以 Debian Linux 打造而成的。SUSE、Ubuntu、Fedora、Arch Linux ARM 和 MX Linux 都有針對樹莓派改裝的變體版本。此外也有針對媒體伺服器或遊戲機特製的發行版。在本章當中，我們將專注在 Raspberry Pi OS 上，因為它已針對 Pi 做過最佳化，而且就算是較老舊的 RPi 機型，也可以擁有完整的圖形化桌面和可接受的效能。Raspberry Pi OS 就像其他任一種 Linux 一樣，任何你在大型 Linux 機器上做的事，在樹莓派上也可以做。

硬體架構

RPi 採用的是 Broadcom 的單晶片系統（system-on-a-chip, SoC）。亦即將 CPU、GPU 和 I/O 都整合在單一晶片當中。在 Raspberry Pi 4 Model B 上這一點尤為突出，因為它可以支援同時輸出兩個螢幕畫面。它能處理高解析度的影片而毫無遲滯。

Broadcom SoC 屬於 ARM 晶片，而非主宰 PC 市場的 x86_64 架構。ARM 的處理器較不那麼複雜，採用的是精簡指令集（reduced instruction set, RISC）。x86_64 處理器則是 CISC 處理器，即複雜指令集電腦（complex instruction set computers）。x86_64 處理器的運作繁瑣得多，相對較為複雜，耗用的功率也更高。

樹莓派大會串

每一種曾上市的樹莓派，至今都仍可取得，包括更新過的 Raspberry Pi 1，models A 和 B 皆有。所有版本的 A models 均較便宜，而 B models 則稍貴一點，但功能也較豐富。

你有很多種 Pi 可以選擇，例如：

- Raspberry Pi Zero，尺寸最小、只需美金 5 元
- Raspberry Pi Zero W 含有 WiFi 功能，美金 10 元
- Raspberry Pi 400 個人電腦套件，這是一套完整的系統，整合在一個精簡鍵盤大小的空間當中（你只要加上螢幕就能用了），美金 100 元

自從首款 RPi 推出以來，其價格就十分穩定，當然將來可能還是會有所變動。

其配件種類繁多：外殼、觸控螢幕、散熱片、擴充接線板（breakout board）、附加硬體卡（hat）、各種纜線和轉換器、馬達、攝影機、音效卡、附觸控板的小型無線鍵盤、遊戲模擬器、發光半導體 RGB 陣列面板、附電源驅動的 USB 集線器、即時時鐘、小型螢幕…堪稱是有史以來最有趣的實驗遊樂場。

發展使用史與目的

樹莓派堪稱是獨領一時風騷。其原始設計人 Eben Upton，一開始只是希望做出一種小型的廉價電腦，用來鼓勵年輕學子研究電腦運算，特別是買不起 PC 的孩子們。第一部樹莓派的 Version 1 Model B，價值約 35 元美金。加上鍵盤和滑鼠、再接到電視或監視器上，只需不到一部 PC 十分之一的成本，就可以擁有一部完整運作的 Linux 電腦，具備音效、影像、乙太網路、以及 USB 等功能。開放的硬體設計、結合開放原始碼軟體，完全鼓勵使用者自行鑽研和學習。

驅動 Pi 的 Broadcom 晶片並未開放其設計內容。自從第一套 Pi 發行以來，就一直是為人所詬病的一點。樹莓派的架構圖可以從 RaspberryPi.org 取得，是完全開放的，而作業系統與 BIOS 也都採用開放原始碼。以筆者淺見，完全開放原始碼的平台自然為人所樂見，不過手上能先有一些能取得而且可用的東西，總比手邊沒有東西能運作要好。

首款樹莓派立刻就獲得了成功，從 2012 年 2 月上市後，半年內便售出了 50 萬組。從那之後總共售出了約 3 千萬組樹莓派。目前的 Version 4 Model B 版本，更是規格大升級，是目前為止功能最強的型號，包括：

- 2 個 USB 2 埠

- 2 個 USB 3 埠

- 2 個 micro HDMI 埠，支援 2 組 4K 螢幕輸出

- 1 個專屬的 gigabit 乙太網路埠

- 支援從 2 GB 到 8 GB 的 RAM 容量

- Broadcom BCM2711、1.5 GHz 四核心 Cortex-A72 (ARM v8) 64 位元單晶片系統

- 2.4 GHz 與 5.0 GHz IEEE 802.11ac 的 WiFi

- 藍牙

- 40-pin GPIO header

與現代的 Intel 及 AMD 的 CPU 相比，以上規格並不起眼，但已足夠推動 Linux 的圖形化桌面，播放音樂、電影，瀏覽網頁，撰寫文件⋯以其尺寸與價位而言，已經算是相當可觀。

樹莓派是由樹莓派基金會研發及生產，該基金會是登記有案的非營利慈善機構。基金會贊助各種師生教育專案；現有的教育素材及資訊，請參閱 *https://raspberrypi.org*。

18.1　啟動與關閉樹莓派

問題

你在樹莓派（RPi）上沒看到電源鍵，而你想知道如何開關電源。

解法

只需插上電源，就可啟動樹莓派。若要關機，則須從作業系統畫面選單關機，然後才拔除電源。

探討

關閉 RPi 時，你得把電源拔掉，若再插回去，就可再將其啟動。

如果市面上出現 RPi 專用的電源開關，筆者可是一點都不意外。另一種方式則是將電源插在帶有開關的延長線上。

參閱

- *https://raspberrypi.org*

18.2　找出搭配的硬體和 How-To 文件

問題

你新買了一套 Raspberry Pi 4 Model B，你想知道還要買些什麼硬體裝置來搭配使用。

解法

想必你手邊已有電腦螢幕或電視、滑鼠跟鍵盤了。你還需要的是：

- 樹莓派電源供應器
- HDMI 對 micro-HDMI 轉換線材
- 至少 16 GB 的 Micro SD 卡片
- 冷卻風扇，或 CPU、RAM 模組和 USB 控制器的散熱片
- 外殼
- Micro SD 讀卡機

先從另一部機器把 Raspberry Pi OS 安裝到 micro SD 卡片上。在準備安裝媒體時，請順便把硬體組裝起來。一旦全部齊備，接上電源、觀看系統啟動過程（參閱招式 18.4 與 18.5，學習如何安裝 Raspberry Pi OS）。

要學習 RPi 的一切，所有的架構圖、規格、how-to 說明文件、以及各種奇招妙術，都有大量的來源可供查詢。本招式的「參閱」小節便列出了許多適合幫你起步的地方。

探討

如果你的螢幕沒有 HDMI 埠，請參閱招式 18.6。

你可以使用任一種 micro SD 記憶卡，只要容量大於 16 GB 即可。高速卡片有助於大幅提升效能。16 GB 還算小的，你愛用多大的記憶卡都可以。

RPi 4B 有三種記憶體規格選項，2 GB、4 GB 跟 8 GB。它無法升級擴充，因此你買到哪一款，記憶體就只有那麼多了。如果要做為網際網路閘道器，2 GB 已綽綽有餘，也足以作為輕量型的 Linux 桌面環境了。記憶體越多，自然越有利於多媒體處理、編譯程式碼、玩遊戲、及其他亟需記憶體的任務。

RPi 4B 的功能比舊型的 Pi 更為強大，因此發熱的現象也越明顯。請參閱招式 18.3 理解如何將其冷卻。

RPi 4B 的 4 組 USB 埠帶來更多彈性。你可以使用標準的 USB 鍵盤和滑鼠、或帶有觸控板的鍵盤、或是以 USB 對 PS/2 轉換器沿用老式的鍵盤和滑鼠。你也可以插上 USB 介面的硬碟，以擴充儲存空間、或作為備份之用，或是像一般電腦一樣接上任何其他的 USB 裝置。40-pin 的 GPIO 排插更可支援幾乎任何擴充卡。

坊間有許多優越的套件，內含初學者起步所需的一切。筆者最愛的商家是 Adafruit.com（*https://adafruit.com*），你也可以從 *https://raspberrypi.org* 找到相關的商家清單。

參閱

以下網站都有十分優質的樹莓派教材：

- 樹莓派基金會（The Raspberry Pi Foundation，*https://oreil.ly/Ji4j2*）
- Adafruit（*https://oreil.ly/5qwn5*）
- MagPi（*https://oreil.ly/EuMY7*）
- Hackspace（*https://oreil.ly/5KY5B*）
- Maker Pro（*https://oreil.ly/NQcB0*）
- Makezine（*https://oreil.ly/foZqS*）

18.3　冷卻樹莓派

問題

你的樹莓派燙到觸手不得，因此你想安裝某種冷卻裝置。

解法

在機殼上裝個風扇，或是在 CPU、RAM 模組和 USB 控制器上裝散熱片。Raspberry Pi 4 更需要安裝風扇與散熱片，因為它比舊型的樹莓派更容易發熱。

請利用內建的 *vcgencmd* 命令來測量 CPU 溫度，並比較冷卻零件安裝前後、還有執行重度運算（像是編譯程式碼或播放影片）前後的溫度差異。以下範例便是一片沒有風扇的機板，在移除機殼上蓋並待機時的命令執行結果，以及以 1080p 播放影片五分鐘後的命令執行結果：

```
$ vcgencmd measure_temp
temp=48.3'C

$ vcgencmd measure_temp
temp=61.9'C
```

下例顯示的則是以相同方式播放相同影片；但有安裝冷卻風扇後的結果比較：

```
$ vcgencmd measure_temp
temp=52.1'C
```

溫度不得超過攝氏 70 度。攝氏 40 度至 60 度才是可以接受的運作範圍。

參閱

- 樹莓派基金會（*https://oreil.ly/Ji4j2*）
- Adafruit（*https://oreil.ly/5qwn5*）
- MagPi（*https://oreil.ly/EuMY7*）

18.4 以 Imager 和 dd 安裝 Raspberry Pi OS

問題

你已準備好硬體，現在你想要安裝作業系統。

解法

你可以從另一部電腦製作可開機的 micro SD 卡片，然後將這片 SD 卡插到樹莓派上開機。

以下是四種製作可開機 SD 記憶卡的方式：

- 利用 Raspberry Pi Imager（目前只供 .deb 系統使用，例如 Debian、Ubuntu 或 Mint）
- 利用 NOOBS 安裝程式（參閱招式 18.5）
- 用 dd 命令將安裝用映像檔複製到 micro SD 卡片裡
- 買一張已經預先載入安裝程式的 micro SD 卡片

筆者偏好 NOOBs，因為它適用於所有的 Linux，而且會順便建立救援開機模式（rescue boot mode）。

如欲從 .deb 套件安裝 Raspberry Pi Imager，請從 *https://raspberrypi.org* 下載。然後安裝套件：

```
$ sudo dpkg -i imager_1.5_amd64.deb
```

抑或是 Ubuntu 使用者也可以用 *apt* 安裝 Raspberry Pi Imager：

```
$ sudo apt install rpi-imager
```

將 SD 卡片插到已裝好 Imager 的電腦上。然後用 *lsblk –p* 找到裝置所在位置（參閱招式 10.9）。

從你的系統選單啟動 Raspberry Pi Imager，就可以看到令人開心的樹莓派標誌。點選 Operating System（作業系統）以便選出你要安裝的作業系統，然後 Imager 就會下載該作業系統並複製到你的 SD 卡當中。如果你已下載了映像檔，請把選單捲動到 Use Custom（使用自訂），以便選出你已下載的映像檔。你看到的畫面會像圖 18-1 一樣。

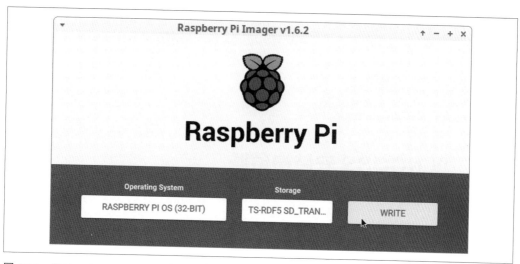

圖 18-1　用 Raspberry Pi Imager 製作可開機的 micro SD 卡片

點選 SD Card 作為你要安裝的裝置，然後點選 Write（寫入）便可將作業系統寫到卡片裡。

如果你使用的不是 Ubuntu 系統，請改從 *https://raspberrypi.org* 下載你選擇的作業系統映像檔，再以 *dd* 將其複製到你的 SD 卡片裡。下例便會將 *2021-03-24-raspios-buster-armhf.zip* 檔案解壓縮，隨即複製到 SD 卡片裡：

```
$ sudo unzip -p 2021-03-24-raspios-buster-armhf.zip | \
  sudo dd of=/dev/foo bs=4M conv=fsync status=progress
```

當 SD 卡片寫入完畢，請把它插到你的樹莓派上，並通電開機。一旦啟動，你會需要完成一小段設定工作，然後就可以使用了。

預設使用者名稱是 *pi*。請檢視 */home/pi/Bookshelf*，內有一份 PDF 格式、由 Gareth Halfacree 所寫的《*The Official Raspberry Pi Beginner's Guide*》（官方樹莓派入門指南，由 Raspberry Pi Press 出版）。

探討

當你利用 *dd* 複製檔案時，毋須先行格式化 SD 卡片。

Imager 工具會建立兩個分割區：一個 256 MB、FAT32 格式的 */boot* 分割區，以及一個 Ext4 格式的 *rootfs* 分割區，其空間足以容納檔案系統。在筆者的測試系統上，這個空間為 3.4 GB，卡片中剩下的是未分配的空間。

當你首度開機進入新系統時，根檔案系統會擴展並填滿全部尚未分配的空間。你可以透過 GParted（第九章）或 *parted*（第八章）縮減根檔案系統、或建立更多分割區。

參閱

- 樹莓派基金會（*https://oreil.ly/Ji4j2*）

18.5 以 NOOBS 安裝樹莓派

問題

你想用 NOOBS 來安裝樹莓派。

解法

NOOBS（New Out Of the Box Software）是較早期的安裝程式。它適用於所有的 Linux 發行版，同時還會建立復原開機模式，而這是 Raspberry Pi Imager 做不到的。

將 NOOBS 下載到任何電腦上，將下載的檔案解壓縮，再將所有解開的內容複製到一片 micro SD 卡片上，然後將 SD 卡片插入樹莓派並開機。

請從 *https://raspberrypi.org* 下載 NOOBS。版本分兩種：NOOBS 和 NOOBS Lite。NOOBS 包含了 Raspberry Pi OS 及其他作業系統的網路安裝程式。NOOBS Lite 則只含有網路安裝程式。

下載 NOOBS 後，請先解壓縮：

```
$ unzip NOOBS_lite_v3_5.zip
```

將 SD 卡插入電腦。然後用 *lsblk -p* 找出卡片位置（參閱招式 10.9）。

將 micro SD 卡片格式化成為單一 FAT32 分割區。

然後將所有的 NOOBS 檔案複製到 SD 卡片裡，然後用它來啟動你的樹莓派。首先你會看到一個漂亮的彩虹配色畫面，然後 NOOBS 就會開機進入安裝選單（圖 18-2）。設定網路以便使用網路安裝程式、或是取得安裝後的更新。挑選你的作業系統，然後就可以放著去做別的事，直到它完成安裝。

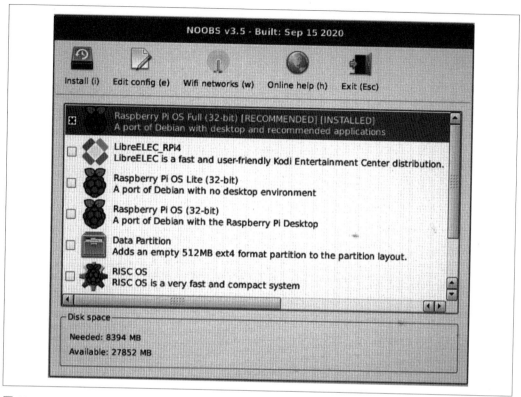

圖 18-2　NOOBS 的安裝畫面

安裝完成後，你只需完成一小段設定程序，然後樹莓派就可以用了。

預設使用者名稱是 *pi*。請檢視 */home/pi/Bookshelf*，內有一份 PDF 格式、由 Gareth Halfacree 所寫的《*The Official Raspberry Pi Beginner's Guide*》（官方樹莓派入門指南，由 Raspberry Pi Press 出版）。

探討

NOOBS 的動作只是解壓縮和複製而已，因此在任何電腦上都可以做得到。

將 NOOBS 檔案複製到你的 SD 卡片上可能耗時甚久。通常先把 ZIP 檔案複製到 SD 卡上會比較快，然後再於卡片上解壓縮即可。你可以在完成安裝後再移除 ZIP 檔案。

參閱

- 第九章
- 樹莓派基金會（*https://oreil.ly/Ji4j2*）

18.6　沒有 HDMI 也能連接影像顯示裝置

問題

你有一部電視機或電腦螢幕，但兩者都沒有 HDMI 埠，可是你還是想把樹莓派接上畫面顯示。

解法

要把 RPi 4B 接上畫面，有四種做法。你可以使用：

- 樹莓派專用的小螢幕
- DVI 對 HDMI 轉接頭
- VGA 對 HDMI 轉接頭
- RCA 複合 AV 端子（請使用樹莓派專用纜線）

專為 RPi 製作的螢幕千奇百怪：觸控式螢幕、LED、LCD、OLED、eInk——幾乎只要是你想得到的規格，就可能會有適於 RPi 的版本。請依螢幕所附的指示來安裝。

只需把 DVI 對 HDMI 以及 VGA 對 HDMI 的轉接頭接到你的螢幕上，再把 HDMI 對 micro-HDMI 的轉換線材插到轉接頭上。當你只把單一 HDMI 顯示器連接到 RPi 4B 時，請接到 HDMI 0 埠，亦即最靠近電源埠的那一個。

複合 AV 端子則需要在 RPi 4B 上多做幾個步驟後才能使用，因為預設的輸出是停用的。簡單點的做法是，先找一台 HDMI 螢幕讓你可以把 Pi 開機，並完成初次安裝。安裝完畢後，再開啟設定工具、啟用複合 AV 端子輸出：

```
$ sudo raspi-config
```

用方向鍵移到 6 Advanced Options，然後點選 A8 HDMI/Composite。選擇 V2 Enable Composite。然後離開 *raspi-config*、關閉你的 Pi、再把你的 Pi 接到複合 AV 端子輸出的螢幕上，然後再次開機。這時預設輸出畫面應該就是複合 AV 端子螢幕了。

探討

舊型的平面螢幕通常都只有 VGA 和複合 AV 端子接頭可用，因此你可以選用複合 AV 端子或是 VGA 對 HDMI 轉換頭來輸出畫面。技術上來說，HDMI 提供的是高畫質影像，比複合 AV 端子畫質要好，不過大部份的人眼睛也沒那麼利就是了。

圖 18-3 顯示的便是一個 Rocketfish 的 DVI 對 HDMI 轉接頭、一條複合 AV 端子線材、一片裝在頂蓋已移除的 CanaKit 機殼裡的 Rasberry Pi 4B，還有一片 micro SD 卡片。

圖 18-3　Raspberry Pi 4B 與配件

RCA 複合音效 / 影像（audio/video）纜線組，就是帶有黃、白、紅三色插頭的線材，可以插在 RPi 精巧的小小 3.5 毫米 TRRS 埠上。你需要使用專為 RPi 設計的接頭線材，因為 TRRS 插頭上的配線順序並無標準可言。有些線材拿來不見得就能通用，雖然一樣是以黃色插頭接收影像、紅白插頭接收音效。請避免使用從攝影機和 MP3 播放器拿來的複合 AV 端子線材，因為它們有自己獨特的配線方式，特別是接地那一圈的位置會不一樣。TRRS（tip-ring-ring-sleeve）插頭的配置應該是這樣：

```
Tip          Ring 1        Ring 2    Sleeve
Left audio   Right audio   Ground    Video
左聲道        右聲道         接地       影像
```

在 */boot/config.txt* 裡有幾個選項可供調整複合 AV 影像設定。如果你打算使用複合 AV 端子作為影像輸出,請使用 NOOBS 安裝程式。然後如果你想更改設定,可以開機進入復原模式(參閱招式 18.7),然後就可以修改 */boot/config.txt* 檔案了。

sdtv_mode= 指定的是 TV 訊號標準。*sdtv_mode=0* 是北美地區的預設訊號類型。但有很多地方使用 PAL;其設定請參閱表 18-1。

表 18-1　sdtv_mode 的設定值

值	模式
0	一般 NTSC(預設)
1	日本版 NTSC
2	一般 PAL
3	巴西版 PAL
16	循序掃描 NTSC
18	循序掃描 PAL

sdtv_aspect= 命令定義的則是畫面比例(表 18-2)。

表 18-2　sdtv_aspect 的畫面比例設定

值	比例
1	4:3(預設)
2	14:9
3	16:9

參閱

- config.txt 裡的影像選項(*https://oreil.ly/yp7Mu*)

18.7　開機進入復原模式

問題

你想知道如何開機進入復原模式，以備發生問題時可以因應。

解法

你必須事先用 NOOBS 安裝作業系統，因為只有這種安裝程式會設置復原模式。請打開 Pi 電源並盯著啟動畫面。接著便會短暫出現樹莓派標誌和「For recovery mode, hold Shift」（要進入復原模式，請壓住 Shift 鍵）的訊息。請壓住 Shift 鍵，直到出現復原用畫面為止（圖 18-2；復原用畫面與 NOOBS 安裝畫面是一樣的）。

復原畫面其實就是一個十分方便的工具程式，可以用來進行一些基本操作。你可以連上網際網路、瀏覽線上說明、編輯 */boot/config.txt*、或是把你的安裝全部洗掉另行安裝。

探討

復原畫面跟 NOOBS 安裝畫面是一樣的。但只有當你是用 NOOBS 安裝樹莓派時，才有這個復原選項可用，不過當你看到這裡時，也許事情又有所變化了也說不定。

參閱

- 樹莓派基金會（*https://oreil.ly/Ji4j2*）

18.8　加裝第二個乙太網路介面

問題

你想把樹莓派當成網際網路防火牆 / 路由器來使用，但它只有一個乙太網路埠，你需要兩個乙太網路埠。

解法

增加第二個乙太網路埠的做法有二：利用 USB 對乙太網路轉接線、或是安裝一個可以接在 GPIO 腳位排線上的乙太網路埠。

USB 對乙太網路轉接線很容易使用，插到 USB 埠上就是了。

接線式的乙太網路埠就比較費些手腳。你需要一片由 ENC28J60 乙太網路控制器模組驅動的乙太網路卡（圖 18-4）。

圖 18-4　ENC28J60 的乙太網路卡

圖中的 HanRun HR911105A 介面卡需要七支母對母的跳線，才能接通 GPIO 接腳排線。你可以買一整包的各色跳線，既便宜又容易分辨。

接通跳線前，請先在你的樹莓派上執行 *pinout* 命令，產生一份便於參照的配線圖（圖 18-5）。

圖 18-6 顯示的則是由 RaspberryPi.org 提供的腳位圖，它清楚標示了 GPIO 接腳排線的號碼和說明標籤。

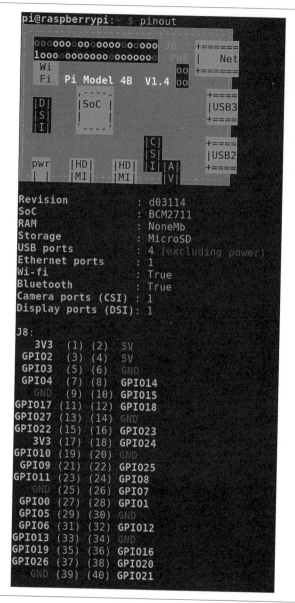

```
pi@raspberrypi:~ $ pinout
┌───────────────────────────────────────┐
│ oooooooooooooooooooo  J8  +======      │
│ 1ooooooooooooooooooo  PoE  |    Net     │
│ Wi                         oo  +======  │
│ Fi  Pi Model 4B  V1.4      oo            │
│ ┌─┐ ┌─────┐                    +====    │
│ │D│ │ SoC │                    |USB3     │
│ │S│ │     │                    +====    │
│ │I│ └─────┘                              │
│                  ┌─┐       +====         │
│                  │C│       |USB2         │
│                  │S│       +====         │
│ pwr |HD|  |HD|  │I│ |A|                │
│     |MI|  |MI|      |V|                  │
└───────────────────────────────────────┘

Revision          : d03114
SoC               : BCM2711
RAM               : NoneMb
Storage           : MicroSD
USB ports         : 4 (excluding power)
Ethernet ports    : 1
Wi-fi             : True
Bluetooth         : True
Camera ports (CSI) : 1
Display ports (DSI): 1

J8:
    3V3  (1) (2)  5V
  GPIO2  (3) (4)  5V
  GPIO3  (5) (6)  GND
  GPIO4  (7) (8)  GPIO14
    GND  (9) (10) GPIO15
 GPIO17 (11) (12) GPIO18
 GPIO27 (13) (14) GND
 GPIO22 (15) (16) GPIO23
    3V3 (17) (18) GPIO24
 GPIO10 (19) (20) GND
  GPIO9 (21) (22) GPIO25
 GPIO11 (23) (24) GPIO8
    GND (25) (26) GPIO7
  GPIO0 (27) (28) GPIO1
  GPIO5 (29) (30) GND
  GPIO6 (31) (32) GPIO12
 GPIO13 (33) (34) GND
 GPIO19 (35) (36) GPIO16
 GPIO26 (37) (38) GPIO20
    GND (39) (40) GPIO21
```

圖 18-5　以 pinout 命令產生的接腳排線圖

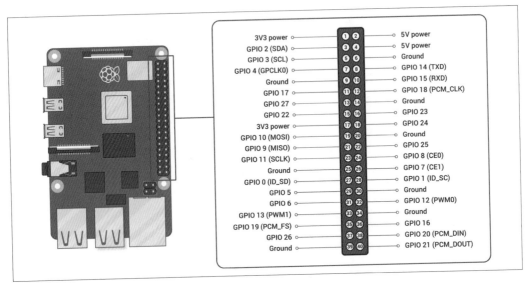

圖 18-6　由 RaspberryPi.org 提供的接腳排線圖

編輯 */boot/config.txt* 檔案，以便啟用新的乙太網路埠、並載入驅動程式：

```
dtparam=spi=on
dtoverlay=enc28j60
```

請印出接腳排線圖，並關閉樹莓派電源。依下表把跳線分別接到你的 RPi 和 ENC28J60 模組的對應腳位上：

```
RPi             ENC28J60
-----------------------------
+3V3            VCC
GPIO10          SI
GPIO9           SO
GPIO11          SCK
GND             GND

GPIO25          INT
CE0#/GPIO8      CS
```

注意 GPIO 腳位的方向：pin #1 位在 RPi 板子上的 SD 卡插槽這一端。請從 pin 17 的 3V3 開始接線，然後其他所有跳線的位置都在四周附近，這樣便可把另一個 3V3 pin 留給機殼風扇使用。

一旦所有跳線皆已就位，請接通 RPi 的電源。執行 *ip* 觀察你的新乙太網路介面。它的名字應該是 *eth1*：

```
$ ip link show dev eth1
2: eth1: <NO-CARRIER,BROADCAST,MULTICAST,UP> mtu 1500 qdisc fq_codel
state DOWN mode DEFAULT group default qlen 1000
    link/ether d0:50:99:82:e7:2b brd ff:ff:ff:ff:ff:ff
```

它出現了，因此一切都已齊備可供設定。

探討

ENC28J60 乙太網路控制器只支援 10 MBps。如果你的網際網路連線速度不超過 10 MBps，那麼這樣應該就已夠用。但是在 Raspberry Pi 4 上，就算是 USB 3.0 的乙太網路卡，也能達到 900 MBps 的速度。

舊型的樹莓派所使用的乙太網路較慢，因為它們都是借道 USB 2.0 匯流排運作的。RPi 4B 則是首款採用獨立乙太網路匯流排的樹莓派。

各位不妨翹首期待具備雙重乙太網路選項的新產品推出，也許很快便會面世。

pinout 命令來自 *python3-gpiozero* 套件。Raspberry Pi OS desktop 映像檔預設就會安裝它，但 Raspberry Pi OS Lite 則否。請用 *apt install python3-gpiozero* 安裝它。

參閱

- GPIO 接腳圖（*https://oreil.ly/0pgXZ*）

- ENC28J60 控制器的技術資訊及規格表（*https://oreil.ly/HjlAM*）

18.9 以 firewalld 設置網際網路連線共用防火牆

問題

你想要在樹莓派上設置一個簡易防火牆，以便分享網際網路連線、並將惡意通訊阻隔在外。

解法

我們要用 *firewalld* 來過濾對內流入的封包，並且只允許由內部區域網路發起連線的回應返還進入，不允許外部對內的主動連線請求。

你的網際網路閘道器設定會像圖 18-7 所示。

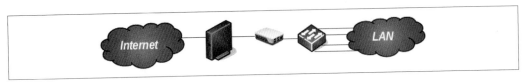

圖 18-7　樹莓派的防火牆／路由器

只要是任何連上 ISP 的裝置，危機四伏的網際網路便能乘虛而入，但你可以將樹莓派安插在內外網路之間，藉以過濾和繞送進入區域網路端乙太網路交換器的流量。

你的 RPi 需要兩個網路介面，其一連接到上網裝置、另一個 RPi 介面則接到區域網路。在這個招式裡，我們要用到這兩個乙太網路介面。

先安裝 *firewalld*，然後視個人喜好安裝 *firewall-config* 和 *firewall-applet*。*firewall-config* 可提供圖形化的設定工具，而 *firewall-applet* 則位於面板當中、可做為迅速取得某些命令的管道，像是 panic button（緊急按鈕）和 lockdown（鎖定）之類：

```
$ sudo apt install firewalld firewall-config firewall-applet
```

先找出預設的路由器／閘道器：

```
$ ip r show
default via 192.168.1.1 dev eth0 proto dhcp src 192.168.1.43 metric 303 mtu 1500
192.168.1.0/24 dev eth0 proto dhcp scope link src 192.168.1.43 metric 303 mtu
1500cat
```

default via 192.168.1.1 就是你的預設閘道器。

請把 *eth1* 連到你的上網裝置，讓它扮演對外介面。*eth0* 則是你的對內介面，將其連接到你的區域網路交換器。這兩個介面必須分屬不同的子網路。*eth1* 必須與你的上網裝置處在同一個子網路。假設你的上網裝置的對內區域網路介面是 192.168.1.1，那麼 *eth1* 就應設為192.168.1.2。

eth0 必須屬於你的區域網路的網段，例如 192.168.2.1。

在 /etc/dhcpcd.conf 檔案中設定兩個介面：：

```
# external interface
interface eth1
static ip_address=192.168.1.2/24
static routers=192.168.1.1

# internal interface
interface eth0
static ip_address=192.168.2.1/24
static routers=192.168.1.1
```

重新開機以便套用異動內容。

下一步便是設置 firewalld。兩個介面必須位於不同的防火牆區域（zone）。將 eth1 歸為對外（external），而 eth0 則歸為對內（internal），然後請驗證你的更動內容：

```
$ sudo firewall-cmd --zone=external --change-interface=eth1
success
pi@raspberrypi:~ $ sudo firewall-cmd --zone=internal --change-interface=eth0
success
pi@raspberrypi:~ $ sudo firewall-cmd --get-active-zones
external
  interfaces: eth1
internal
  interfaces: eth0
```

接著列出每個區域的設定：

```
$ sudo firewall-cmd --zone=external --list-all
external (active)
  target: default
  icmp-block-inversion: no
  interfaces: eth1
  sources:
  services: ssh
  ports:
  protocols:
  masquerade: yes
  forward-ports:
  source-ports:
  icmp-blocks:
  rich rules:

$ sudo firewall-cmd --zone=internal --list-all
internal (active)
  target: default
  icmp-block-inversion: no
```

```
interfaces: eth0 wlan0
sources:
services: dhcpv6-client mdns samba-client ssh
ports:
protocols:
masquerade: no
forward-ports:
source-ports:
icmp-blocks:
rich rules:
```

注意，*ssh* 是對外區域預設唯一允許的操作。你可以自行增減任何服務。但 *masquerade* 必須保持啟用，因為這樣才能保障網際網路連線運作。

請將你更動的內容調為永久性異動：

```
$ sudo firewall-cmd --runtime-to-permanent
success
```

IPv4 forwarding 也是對外區域預設啟用的項目，你可以參閱 */proc* 驗證這一點。IPv4 forwarding 啟用的是路由繞送；若非如此，所有進入你 RPi 的封包就無法被轉送給內網的其他主機。

```
$ cat /proc/sys/net/ipv4/ip_forward
1
```

1 代表它是啟用的，0 則代表被停用。

探討

IPv4 偽裝（masquerading）代表的是網路位址轉譯（network address translation），亦即 NAT。NAT 的緣由是為了要延伸有限的 IPv4 位址（全球各地的 IPv4 位址均已正式宣告耗盡）。NAT 讓我們可以在內部網路自由地使用私有的 IPv4 定址空間，而無須另購公用的 IPv4 位址。你的網際網路供應商會提供至少一組公用的 IPv4 位址給你。而你的來源私有位址在外出時會被轉譯，看起來就像是來自這個唯一的公用 IPv4 位址一般；若非如此，你的內部主機便無法使用網際網路。

你可以任意在區域中增刪服務；請參閱第十四章。

參閱

- 第十四章
- Debian Bug report logs - #914694（*https://oreil.ly/SuHLL*）

18.10　以無終端機模式運作你的樹莓派

問題

你把樹莓派當成網際網路防火牆 / 路由器、區域網路路由器、或是某種輕型區域網路伺服器來使用，而你想去掉它的圖形化桌面、藉以減輕其負載。

解法

請依以下步驟進行：

1. 在你的 RPi 上設置 SSH 連線（參閱第十二章）。

2. 執行 *raspi-config* 以便停用圖形化桌面。

3. 重新開機。

4. 啟動 *sudo raspi-config*，然後瀏覽至 1 System Options → S5 Boot / Auto Login（參閱圖 18-8）。

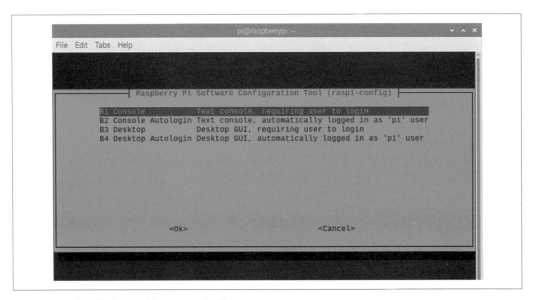

圖 18-8　將次回開機介面設為 console 而非 GUI

5. 設定下次開機進入 console（主控台）、而非 GUI 介面，然後再度重新開機。

只要你能以 SSH 會談連線進入 RPi，就算沒有螢幕你也能操作它了。

當然，你只需鍵入 **startx** 命令，仍可從文字主控台啟動圖形化環境。

探討

raspi-config 使用所謂的 *ncurses* 介面。*ncurses* 其實也是一個 console 介面，只是外觀就像簡化的 GUI。

當你以無終端機模式運作樹莓派時，它就只需電源和網路連線便已足夠，因為你是透過 SSH 會談、從另一部電腦來控制它的。

參閱

- 第十二章
- 樹莓派基金會（*https://oreil.ly/Ji4j2*）

18.11　用樹莓派建置一台 DNS/DHCP 伺服器

問題

你的網際網路上機裝置未提供充足的管理功能，但你想要控制自己本地端的名稱解析服務，如 DNS 和 DHCP。

解法

請停用你上網裝置內的名稱解析服務，並設置另一台樹莓派，用 Dnsmasq（參閱第十六章）來提供區域網路名稱解析服務。同時以 DHCP 來提供區域網路伺服器的所有服務和位址，包括靜態位址在內，但排除你的網際網路閘道器，因為後者應與任何內部服務無關。

探討

你當然可以把名稱解析伺服器裝在你的網際網路防火牆／閘道器上，但是將對內的服務放在一部會直接觸及網際網路的主機上，並不符合良好的安全作法。你的樹莓派上的 DNS／DHCP 伺服器只需用到單獨一個網路介面，就像任何其他的區域網路伺服器一樣。

參閱

- 第十六章

## 第十九章

以 SystemRescue
進行系統救援與復原

SystemRescue 的 DVD 或 USB 隨身碟是非常十分基本的工具，你可以靠它救援無法開機的 Linux 和 Windows 系統。你可以在本章中學到如何製作 SystemRescue 的開機媒體、如何找出自己運用 SystemRescue 的方式、自訂開機選項、修復 GRUB、從故障磁碟中取出檔案、重設 Linux 和 Windows 的密碼、以及將 SystemRescue 從唯讀檔案系統轉換成具備資料分割區的可讀寫檔案系統。

任何 Linux 都可以擔任救援用的 Linux。但 SystemRescue 的優點在於小巧，以及它專為救援操作而設計的本質。

SystemRescue 的根檔案系統是唯讀的，因此只要一關機，你所做的任何異動都不會保留下來。讀者們會學到如何更改設定、以便保存你異動的部份，例如設定、外觀、還有添加軟體等等。

SystemRescue 原本源於 Gentoo Linux，從 6.0 版起改以 Arch Linux 製作。Arch Linux 原就以穩定和高效率的 Linux 發行版而聞名，而且它的文件也是一流的。相關文件和論壇，請參閱 *https://archlinux.org*。

筆者自己偏好 USB 裝置型態的 SystemRescue，不論是隨身碟還是 USB 外接硬碟皆然。它們的速度都夠快，也都具備充足容量、足供複製檔案。

19.1　製作可開機的 SystemRescue 裝置

問題

你想要製作一套 SystemRescue 的 DVD 或 USB 隨身碟。

解法

請從 *https://system-rescue.org* 下載最新版 SystemRescue 的 *.iso* 檔案。

要製作可開機的 SystemRescue USB 隨身碟，最可靠的做法就是利用 *dd* 命令（參閱招式 1.6）。招式 1.4 和 1.5 則可複習製作可開機 DVD 的說明。第一章同時還說明了如何開機進入新的媒體、以及如何停用 Secure Boot 功能。SystemRescue 不支援簽章用的金鑰，因此，你必須先關閉 Secure Boot 功能。

當你要從 USB 隨身碟開機時，請將它插入電腦的 USB 埠，但中間不要經過 USB 集線器，因為透過集線器可能就無法辨識到開機隨身碟。

探討

用完 SystemRescue 後，記得要重新啟用 Secure Boot。

參閱

- *https://system-rescue.org*
- 第一章

19.2　開始使用 SystemRescue

問題

你已開機進入 SystemRescue，但它停在一個純文字的主控台提示，你想知道下一步該怎麼辦。

解法

SystemRescue 會在初始登入畫面提供指示（圖 19-1）。你會自動以 root 身分登入，而且不需要 root 的密碼。

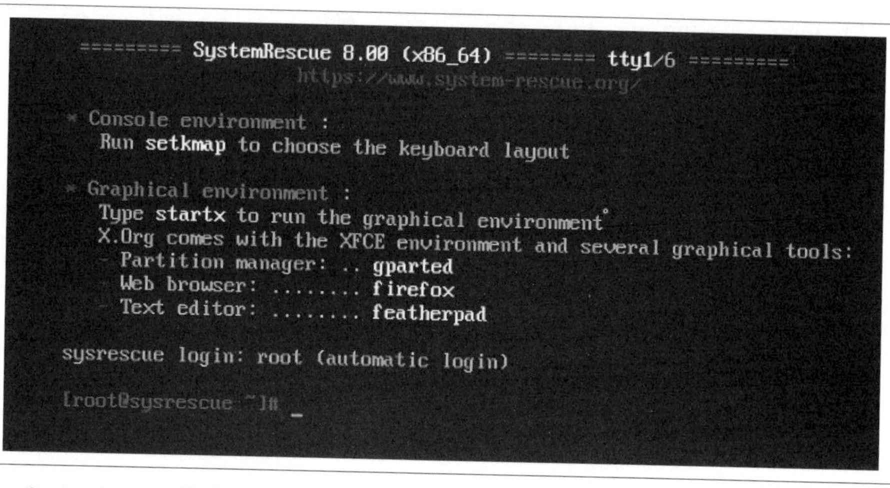

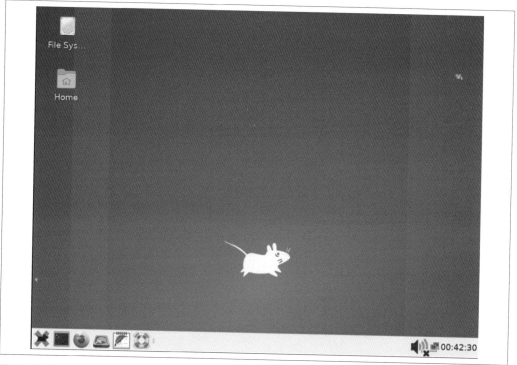

```
========= SystemRescue 8.00 (x86_64) ======== tty1/6 =========
                        https://www.system-rescue.org/

* Console environment :
  Run setkmap to choose the keyboard layout

* Graphical environment :
  Type startx to run the graphical environment
  X.Org comes with the XFCE environment and several graphical tools:
    - Partition manager: .. gparted
    Web browser: ........ firefox
    Text editor: ........ featherpad

sysrescue login: root (automatic login)

[root@sysrescue ~]#
```

圖 19-1　SystemRescue 的登入畫面

你可以就這樣從主控台開始操作，或是鍵入 **startx** 啟動一個陽春的 Xfce4 桌面環境（圖 19-2）。

圖 19-2　SystemRescue 的 Xfce4 桌面環境

觀察一下 applications menu（應用程式選單），試著調整 Xfce 的外觀、或是用 NetworkManager 連上網路，然後像一般的 Linux 系統一樣將它關機或是重啟。

探討

有一件無法用 SystemRescue 映像檔做的事，就是永久地變更它自身的設定。任何你改過的內容，都無法維持到重新開機之後，因為 SystemRescue 是透過一個經過壓縮的唯讀式 SquashFS 檔案系統運作的。然而你還是可以設法將它改成可以保存你做的變更；這一點請參閱招式 19.14。

許多 live 版本的 Linux 發行版均以 SquashFS 為基礎，像是 Ubuntu、Debian、Mint、Fedora 和 Arch 皆是如此。很多開放原始碼的路由器韌體專案亦是如此，像是 DDWRT 和 OpenWRT。SquashFS 非常輕便、而且快速。

筆者很喜歡使用 Xfce4，因為它提供了輕便簡易的圖形環境和應用程式，也有 X 終端機讓你操作命令列。

參閱

- *https://system-rescue.org*
- *https://xfce.org*

19.3　了解 SystemRescue 的兩種開機畫面

問題

在測試 SystemRescue 時，你注意到有兩種不同的開機畫面，而你想知道其差異。

解法

依照你開機進入 SystemRescue 的方式，會有兩種開機畫面。若以傳統 BIOS 開機，會看到其中一種開機畫面（圖 19-3），若以 UEFI 開機則會看到另一種畫面（圖 19-4）。

當筆者 Dell 系統的 UEFI 將它自己設為可以用傳統裝置開機時，一次性開機選單（在開機時按下 F12 就會出現）便會顯示所有可能的開機選項（圖 19-5）。SystemRescue 支援 UEFI，因此不必特意啟用傳統開機方式（記住，Secure Boot 仍須先停用，才能用 SystemRescue 開機）。

讀者們的系統裡的 BIOS/UEFI 不見得與筆者的相似，它們多少都有點差異。

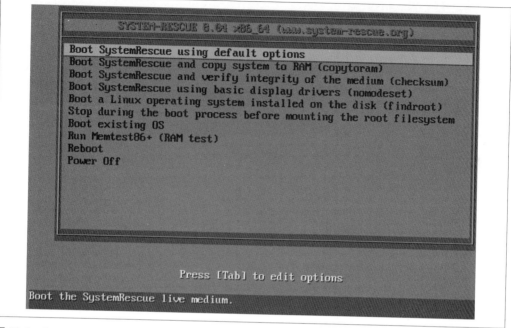

圖 19-3　SystemRescue 的傳統 BIOS 開機畫面

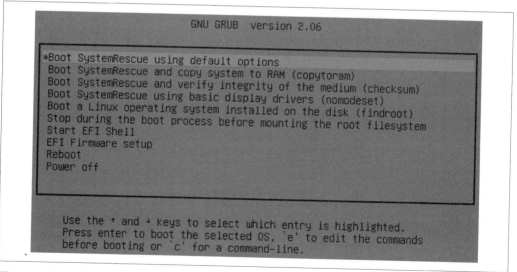

圖 19-4　SystemRescue 的 UEFI 開機畫面

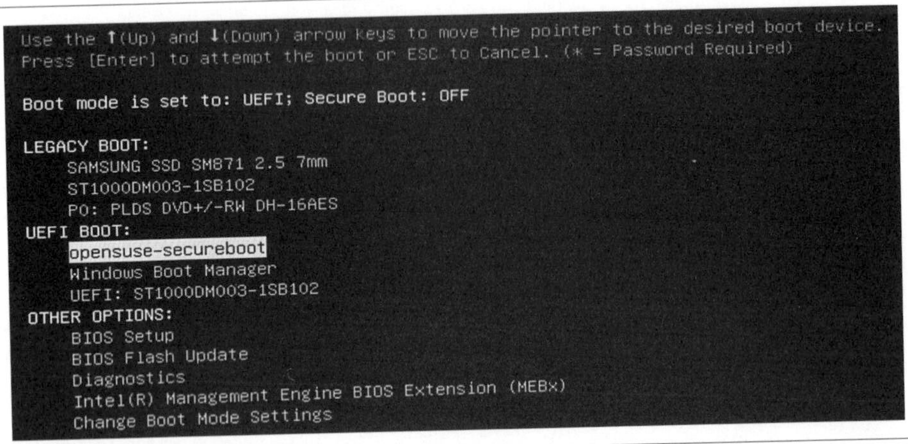

```
Use the ↑(Up) and ↓(Down) arrow keys to move the pointer to the desired boot device.
Press [Enter] to attempt the boot or ESC to Cancel. (* = Password Required)

Boot mode is set to: UEFI; Secure Boot: OFF

LEGACY BOOT:
    SAMSUNG SSD SM871 2.5 7mm
    ST1000DM003-1SB102
    P0: PLDS DVD+/-RW DH-16AES
UEFI BOOT:
    opensuse-secureboot
    Windows Boot Manager
    UEFI: ST1000DM003-1SB102
OTHER OPTIONS:
    BIOS Setup
    BIOS Flash Update
    Diagnostics
    Intel(R) Management Engine BIOS Extension (MEBx)
    Change Boot Mode Settings
```

圖 19-5　Dell 的一次性開機選單會顯示所有可能的開機選項

兩種開機畫面的主要差異,在於 SystemRescue 的 UEFI 開機畫面裡有「Start EFI Shell」和「EFI Firmware Setup」等選項,這些在傳統 BIOS 開機方式中是看不到的。

傳統的 BIOS 開機畫面不具備這兩種 EFI 選項,但它會有測試系統記憶體用的 Memtest86+ 選項。

參閱招式 19.4 以便了解 SystemRescue 的各種開機選項用途。

探討

你不妨將可插拔媒體先訂為預設開機裝置。然後你就不必還得特地進入 BIOS/UEFI 啟用不同的開機裝置、或是等待特定時機進入一次性開機選單;只需在需要時插好可插拔開機媒體即可。

如果你使用的是沒有 UEFI 的較老舊系統,就毋須煩惱 Secure Boot 的問題。

參閱

- *https://system-rescue.org*
- 第一章
- 招式 19.4

19.4 了解 SystemRescue 的開機選項

問題

你想知道所有這些 SystemRescue 開機選項的用途（參閱招式 19.3）。

解法

開機選單的選項皆為各種最常見開機選項的捷徑，可以節省你另行編輯選單或手動鍵入選項的麻煩。大多數情況下都是直接使用第一個開機選項「Boot SystemRescue Using Default Options」（以預設選項啟動 SystemRescue）。

第二個選項「Boot SystemRescue and copy to RAM (copytoram)」（啟動 SystemRescue 並複製到 RAM (copytoram)）可以加速啟動後操作的效能，因為它會把 SystemRescue 完全載入到記憶體當中。當你是透過 DVD 執行 SystemRescue 時，這一點尤其有用。它需要大概 2 GB 的 RAM。

第三個選項「Boot SystemRescue and verify integrity of the medium (checksum)」（啟動 SystemRescue 並驗證媒體正確性 (checksum)）會測試它自身是否受損。請利用它來檢查你的 SystemRescue 是否健康無虞。

第四個選項「Boot SystemRescue using basic display drivers (nomodeset)」（以基本顯示驅動程式啟動 SystemRescue (nomodeset)）會使用較低解析度的基本影像驅動程式。如果 SystemRescue 因為缺乏正確繪圖驅動程式而無法支援你的影像卡時，就選這個選項。

第五個選項「Boot a Linux operating system installed on the disk (findroot)」（開機進入安裝在本機磁碟上的 Linux 作業系統 (findroot)），若要在一部無法開機的 Linux 安裝上測試 bootloader 是否為問題起源，這個選項最合適。它會找出可開機的分割區，如果這種分割區還不只一個，它會全數列出，讓你選擇要從哪一個分割區開機。

第六個選項「Stop during the root process before mounting the root filesystem」（在掛載根檔案系統前停止開機過程），算是一種萬一 SystemRescue 無法開機時的修復模式。不過筆者認為與其費心修復一套壞掉的 SystemRescue，倒不如另外準備幾套備用的 SystemRescue 開機碟，還比較實在。

UEFI 的開機畫面會多出兩個選項「Start EFI Shell」和「EFI Firmware Setup」。「Start EFI Shell」可以讓你使用眾多的 EFI 工具程式，而「EFI Firmware Setup」則會直接將你帶到系統的 UEFI 設定畫面。

然後就是重新開機和關機兩個選項了。

BIOS 版的開機畫面也有兩個額外選項：「Boot existing OS」和「Run Memtest86+」。「Boot existing OS」無疑是診斷 bootloader 問題用的，因為它會繞過系統自身的 bootloader，而「Memtest86+」則會測試系統記憶體。

兩種開機畫面都會包括「Reboot」和「Power off」，當然就是用來重新開機、或是關閉 SystemRescue 不再重啟的意思。

探討

筆者私心覺得 EFI shell 沒啥大用途，因為它支援的進階操作已經遠遠超過了原本單純要救援一台無法開機系統的目的。請參閱 Intel 的 Basic Instructions for Using the Extensible Firmware Interface（使用 EFI 的基本說明，*https://oreil.ly/dktzy*），就能略窺其堂奧。

這些選單裡的選項，都只不過是 SystemRescue 若干開機選項的捷徑而已，它們在 *https://system-rescue.org* 裡都有文件說明。你可以替任何 SystemRescue 的開機選單項目再加上其他開機選項，讀者們會在本章後面的若干招式中學到作法。

你可以在啟動 SystemRescue 後執行這些任務、或是以開機選項直接傳入。在傳統的 BIOS 開機畫面中，請選擇你的開機項目、然後按 Tab 鍵，就會開啟一個編輯欄位。請鍵入 **rootpass=*yourpassword* nofirewall**，然後按下 Enter 鍵就可以繼續進行開機。

在 UEFI 的開機畫面裡，按下 E 鍵便可傳入你自訂的開機選項。

參閱

- *https://system-rescue.org*

19.5 識別檔案系統

問題

你必須知道如何識別自己硬碟上的檔案系統，這樣才能確定誰才是要救援的對象。

解法

利用老派的 *lsblk* 命令：

```
# lsblk -f
NAME        FSTYPE  FSVER LABEL      UUID                  SAVAIL FSUSE% MOUNTPOINT
loop0       squashfs 4.0                                        0   100% /run/archiso/sf
s/airootfs
sda
├─sda1
└─sda2 ntfs                          5E363
sdb
├─sdb1 vfat         FAT16 BOOT       5E2F-1E75
├─sdb2 btrfs              root       02bfdc9a-b8bb-45ac-95a8
├─sdb3 xfs                home       cc8acf0b-529e-473c-b484
└─sdb4 swap         1                7a5519ae-efe6-45e6-b147
sdc    iso9660            RESCUE800  2021-03-06-08-53-50-00
└─sdc1 iso9660            RESCUE800  2021-03-06-08-53-50-00     0   100% /run/archiso/
bootmnt
```

探討

善用檔案系統的標籤，有助於找出正確的檔案系統。你也可以用標籤來取代 UUID，例如
/etc/fstab。至於如何管理檔案系統標籤，請參閱招式 9.4 和第十一章。

lsblk 不需要 root 特權，也可以顯示出大部份你需要知道的區塊裝置資訊。

參閱

- 招式 9.4
- 招式 11.2
- 第十一章

19.6　重設 Linux 的 Root 密碼

問題

你忘了 Linux 的 root 密碼，想要重設它。

解法

開機進入 SystemRescue，然後掛載正確的檔案系統。在下例中，root 檔案系統位於 */dev/
sdb2*。請在 */mnt* 下建立一個掛載點，然後掛載你的檔案系統：

```
# mkdir /mnt/sdb2
# mount /dev/sdb2 /mnt/sdb2
```

然後從 SystemRescue 的根檔案系統切換到你掛載的檔案系統：

```
# chroot /mnt/sdb2/ /bin/bash
:/ #
```

這時可以重設 root 密碼了：

```
:/ # passwd root
New password:
Retype new password:
passwd: password updated successfully
:/ #
```

鍵入 **exit** 以回到 SystemRescue 的根檔案系統。

重新開機、登入、試試你剛重設的密碼看看。

探討

你無法復原已忘記的密碼，只能重設一組新的。

任何使用者的密碼都可以這樣重設。

靠著切換到主機系統的根檔案系統，你可以執行部份命令，但也不是全都可以，因為這還不算是完整的檔案系統。它不包含那些只存在於記憶體中、所謂的偽檔案系統（pseudofilesystems），如 *sysfs* 和 *proc* 等等。參閱招式 19.9，看要如何設置一套更完整的 *chroot* 環境。

以前你還可以靠著刪除 */etc/shadow* 裡的密碼雜湊值來重設 root 的密碼。但曾幾何時，如今的 *pam* 子系統遠較以往複雜，它控制了授權的過程。如果你有心深究一番，請研讀 SystemRescue 的 *pam* 設定，看看它是如何設置才能讓你不用輸入密碼便取得 root 身分的。

參閱

- *https://system-rescue.org*
- 第五章
- *man 7 pam*

19.7 在 SystemRescue 中啟用 SSH

問題

你想要用 SSH 操作 SystemRescue。

解法

SystemRescue 預設已經啟用 SSH，防火牆也一樣。請停用防火牆以便允許 SSH 會談對內連線。

啟動 SystemRescue 後，以 *systemctl* 停用防火牆：

```
[root@systemrescue ~]# systemctl stop iptables.service
```

根據預設模式，SystemRescue 的 root 沒有密碼。因此你必須為它指定一組密碼，才能啟用 SSH 會談：

```
[root@systemrescue ~]# passwd root
New password:
Retype new password:
passwd: password updated successfully
```

現在你可以從其他電腦登入 SystemRescue 了：

```
$ ssh root@192.168.10.101
ssh root@192.168.1.91
The authenticity of host '192.168.1.91 (192.168.1.91)' can't be established.
ECDSA key fingerprint is SHA256:LlUCEngz5NHg98xv.
Are you sure you want to continue connecting (yes/no/[fingerprint])? yes
Warning: Permanently added '192.168.1.91' (ECDSA) to the list of known hosts.
root@192.168.1.91's password:
[root@sysrescue ~]#
```

探討

每當你用 SystemRescue 開機時，它都像是一部全新安裝的電腦，而且 SSH 的主機金鑰都會變動。如果你用 SystemRescue 重新開機，並從剛剛以 SSH 遠端連線過的電腦，再次用 SSH 連接這部用 SystemRescue 開機的電腦，就會看到以下警訊：

```
@@@@@@@@@@@@@@@@@@@@@@@@@@@@@@@@@@@@@@@@@@@@@@@@@@@@@@@@@@@
@    WARNING: REMOTE HOST IDENTIFICATION HAS CHANGED!     @
@@@@@@@@@@@@@@@@@@@@@@@@@@@@@@@@@@@@@@@@@@@@@@@@@@@@@@@@@@@
IT IS POSSIBLE THAT SOMEONE IS DOING SOMETHING NASTY!
```

再往下看幾行，它會提出解法：

```
Offending ECDSA key in /home/duchess/.ssh/known_hosts:12
  remove with:
  ssh-keygen -f "/home/duchess/.ssh/known_hosts" -R "192.168.10.101"
```

照做之後^{譯註}，你就可以用 SSH 連入 SystemRescue 了。

你也可以從開機選單就把防火牆關掉。只需按下 Tab 鍵（在傳統開機畫面）、或按下 E 鍵（在 UEFI 開機畫面），就可以加上 *nofirewall* 這個開機選項（參閱圖 19-6 中螢幕下方的開機參數那一行）。

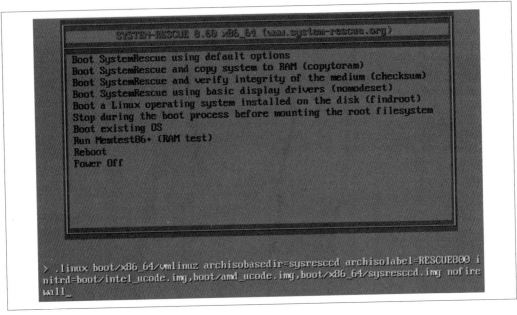

圖 19-6　在開機時便停用防火牆

參閱

- *https://system-rescue.org*

- 招式 19.4

- 第十二章

---

^{譯註} 這等於把 SystemRescue 所在主機加入信任主機清單。

19.8　在網路上用 scp 和 sshfs 複製檔案

問題

你要救援的系統已經以 SystemRescue 開機運作了，接著你想從網路把救援用的檔案複製過來。

解法

當然不成問題，就像操作一般的 Linux 那樣做就行了。首先啟用 SSH（招式 19.7）。然後用 *scp* 或 *sshfs* 把你要救援的檔案移出來。所有本招式中的命令，都是從 SystemRescue 這一端執行的。

首先用 *lsblk* 找出你要複製的檔案所在的檔案系統。如果你不記得你要操作的是哪一個分割區，不妨把每一個都掛載起來檢查看看，直到你找到救援的目標檔案所在的分割區為止：

```
# lsblk -f
NAME    FSTYPE   FSVER LABEL   UUID                 SAVAIL FSUSE% MOUNTPOINT
loop0   squashfs 4.0                                    0    100% /run/archiso/sf
s/airootfs
sda
├─sda1
└─sda2  ntfs                   5E363E30363E0993
sdb
├─sdb1  vfat     FAT16 BOOT    5E2F-1E75
├─sdb2  btrfs          root    02bfdc9a-b8bb-45ac-95a8
├─sdb3  xfs            home    cc8acf0b-529e-473c-b484
└─sdb4  swap     1             7a5519ae-efe6-45e6-b147
sdc     iso9660        RESCUE800 2021-03-06-08-53-50-00
└─sdc1  iso9660        RESCUE800 2021-03-06-08-53-50-00    0    100% /run/archiso/b
ootmnt
sr0
```

下例會把含有 */home* 的分割區掛載到我們正在用 SystemRescue 救援的系統上的 */mnt*，並列出掛載點的檔案，然後用 *scp* 把整個 */home* 目錄複製到 Duchess 的 PC 上：

```
# mkdir /mnt/sdb3
# mount /dev/sdb3 /mnt/sda3
# ls /mnt/sdb3
bin   dev   home   lib64      media   opt    root   sbin   sys   usr
boot  etc   lib    lost+found mnt     proc   run    srv    tmp   var
# scp -r /mnt/sdb3/home/ duchess@pc:
```

結果就是你會得到 /home/duchess/home 和全部該目錄中的內容。.

務必要在 /mnt 下建立子目錄

絕對不要把任何檔案系統直接掛載到 /mnt 下面，這會把 SystemRescue 弄到當掉。務必要建立子目錄來擔任掛載點。

你也可以複製一連串以空格區分的檔案名稱清單、甚至同時複製檔案和目錄。下例便是將來源複製到 *duchess@pc* 的 *rescue* 目錄底下。遠端目錄必須事先便已存在：

```
# cd /mnt/sdb3/home/
# scp -r file1.txt directory1 file2.txt duchess@pc:rescue/
```

sshfs 之所以方便，是因為它會把遠端檔案系統掛載進來，這樣就可以像在使用本機檔案系統一般地操作，你複製檔案的方式就像在對待本機檔案一樣。在 SystemRescue 底下建立一個掛載點，然後把遠端目錄掛載進來，但後者必須已經存在。然後你就可以從SystemRescue 把檔案複製到遠端系統：

```
# mkdir /mnt/remote
# sshfs duchess@pc:rescue/ /mnt/remote/
# ls /mnt/remote
rescue
```

現在你可以在 SystemRescue 上直接使用 *cp* 命令、或是用圖形的檔案管理工具來複製檔案了（圖 19-7）。

完事之後，請執行 **fusermount -u remote** 徹底地將 *sshfs* 檔案系統卸載下來。

探討

如果你已把檔案複製目的地系統的 SSH 密碼認證關掉，請先把 */etc/ssh/sshd_config* 裡的 *PermitRootLogin no* 用註解字符註銷，以便暫時啟用密碼認證。

連接到遠端目錄的語法，是相對於你所登入使用者帳號的家目錄。*duchess@pc:* 的意思其實等同於 *duchess@pc:/home/duchess*。*duchess@pc:/* 會連到根檔案系統。當你需要編輯系統組態檔案時，請寫成 *duchess@pc:/etc*；要操作開機用檔案時，請寫成 *duchess@pc:/boot*，依此類推。

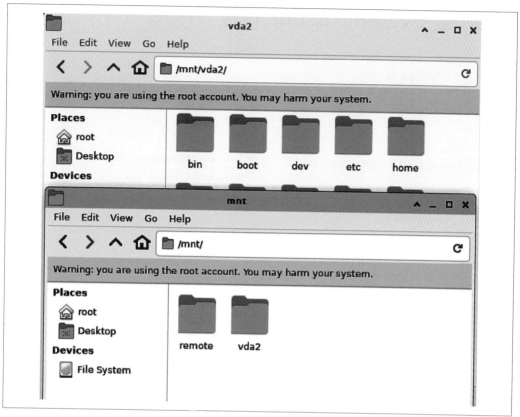

圖 19-7　用圖形檔案管理工具從 SystemRescue 複製檔案

你可以用 *ssh* 從 SystemRescue 建立遠端目錄：

```
# ssh duchess@pc
duchess@pc's password:
duchess@pc:~$ mkdir remote
```

參閱

- 招式 6.5
- 第十二章

19.9 從 SystemRescue 修復 GRUB

問題

你的 GRUB bootloader 損毀，因此系統無法開機。

解法

以 SystemRescue 開機，建立一個 *chroot* 環境，然後重新安裝 GRUB。

在啟動 SystemRescue 後，為該主機上的根檔案系統建立一個 *chroot* 環境：

```
# mkdir /mnt/linux
# mount /dev/sdb2 /mnt/linux
# mount -o bind /proc /mnt/linux/proc
# mount -o bind /dev /mnt/linux/dev
# mount -o bind /sys /mnt/linux/sys
```

然後進入 *chroot* 環境：

```
# chroot /mnt/linux /bin/bash
:/ #
```

如果 */boot* 自成一個分割區，把它也掛載起來：

```
:/ # mount /dev/sdb1 /boot/
```

現在可以重新安裝 GRUB 了：

```
:/ # grub-install /dev/sda
```

完成後，請鍵入 **exit** 退出 *chroot* 的環境，然後卸載所有剛剛掛載的檔案系統。重新開啟系統，這時 GRUB 應該能運作如常了。

探討

建立 *chroot* 環境時，務必十分小心，而且要確認你使用了正確的分割區及檔案系統。*chroot* 是 change root 的簡寫，這是一個很厲害的工具，毋須重新開機便能切換到不同的根檔案系統。

你必須卸載所有 *chroot* 的檔案系統，才能確保它們都乾淨地卸載。當然直接重新開機亦無不可，但事先手動將其一一卸載，仍是較保險的做法。

參閱

- *man 1 chroot*

19.10　重設 Windows 的密碼

問題

你的 Windows 密碼弄丟了，又不想搞 Windows 那套麻煩的重設把戲。

解法

當然可以，因為 SystemRescue 瞬間便能讓你恢復運作。只需在你的 Windows 機器上以 SystemRescue 開機，然後掛載 Windows 的系統目錄：

```
# mkdir /mnt/windows
# mount /dev/sda2 /mnt/windows
```

瀏覽到 */mnt/windows/Windows/System32/config* 目錄底下，然後利用 *chntpw*（change NT password，更改 NT 密碼之意）命令來列舉使用者：

```
# cd /mnt/windows/Windows/System32/config
# chntpw -l SAM
chntpw version 1.00 140201, (c) Petter N Hagen
Hive <SAM> name (from header): <\SystemRoot\System32\Config\SAM>
ROOT KEY at offset: 0x001020 * Subkey indexing type is: 686c <lh>
File size 65536 [10000] bytes, containing 7 pages (+ 1 headerpage)
Used for data: 318/31864 blocks/bytes, unused: 29/12968 blocks/bytes.


| RID -|---------- Username -----------| Admin? |- Lock? --|
| 01f4 | Administrator                 | ADMIN  |          |
| 03e9 | duchess                       | ADMIN  |          |
| 01f7 | DefaultAccount                |        | dis/lock |
| 01f5 | Guest                         |        | dis/lock |
| 01f8 | WDAGUtilityAccount            |        | dis/lock |
```

檢視你要更改密碼的使用者資訊：

```
# chntpw -u Administrator SAM
chntpw version 1.00 140201, (c) Petter N Hagen
Hive <SAM> name (from header): <\SystemRoot\System32\Config\SAM>
ROOT KEY at offset: 0x001020 * Subkey indexing type is: 686c <lh>
File size 65536 [10000] bytes, containing 9 pages (+ 1 headerpage)
Used for data: 321/33816 blocks/bytes, unused: 34/27336 blocks/bytes.
```

```
================= USER EDIT ====================

RID     : 0500 [01f4]
Username: Administrator
fullname:
comment : Built-in account for administering the computer/domain
homedir :

00000220 = Administrators (which has 2 members)

Account bits: 0x0210 =
[ ] Disabled        | [ ] Homedir req.    | [ ] Passwd not req. |
[ ] Temp. duplicate | [X] Normal account  | [ ] NMS account     |
[ ] Domain trust ac | [ ] Wks trust act.  | [ ] Srv trust act   |
[X] Pwd don't expir | [ ] Auto lockout    | [ ] (unknown 0x08)  |
[ ] (unknown 0x10)  | [ ] (unknown 0x20)  | [ ] (unknown 0x40)  |

Failed login count: 0, while max tries is: 0
Total   login count: 5

- - - - User Edit Menu:
 1 - Clear (blank) user password
 2 - Unlock and enable user account [probably locked now]
 3 - Promote user (make user an administrator)
 4 - Add user to a group
 5 - Remove user from a group
 q - Quit editing user, back to user select
Select: [q] ^
```

按下 **1** 以移除既有密碼：

```
Select: [q] ^ 1
Password cleared!
[...]
```

按下 **q** 即可退出，再按下 **y** 以便「write hive files」，這樣才能確保以上的異動內容都確實寫入。

現在 Administrator 或任一你選擇的使用者，都必須立即登入以重設新密碼。

探討

你無法從 *chntpw* 重設新密碼或還原舊密碼，只能將密碼清空。然後你就可以毋須密碼便登入，同時設置新密碼，如果你的使用者還在一旁，請他們自行重設亦可。

參閱

- *https://system-rescue.org*
- *man 8 chntpw*

19.11 以 GNU ddrescue 救回故障硬碟

問題

你懷疑自己的硬碟已經快不行了，想在它壽終正寢之前，從中把資料複製出來。

解法

你得借助優秀的 GNU 工具 *ddrescue*。*ddrescue* 會嘗試先複製所有正常的磁碟區塊，儘量將資料保存下來，同時先跳過損毀的區塊，並在日誌檔案中記錄損毀區塊的位置。你可以重複數次這個動作，以求儘量取得更多可用的資料。

你嘗試救援的這顆硬碟必須處於卸載狀態。此外你還需要另一個未掛載的磁碟，例如 USB 外接儲存裝置、或其他內部硬碟，作為資料救援出來之後的暫棲之地。而且你的目的地分割區，必須比你嘗試救援的分割區還要大上至少 50% 的額外容量。

下例會將 */dev/sdb1* 複製到 */dev/sdc1*：

```
# ddrescue -f -n /dev/sdb1 /dev/sdc1 ddlogfile
GNU ddrescue 1.25
Press Ctrl-C to interrupt
     ipos:   100177 MB, non-trimmed:  0 B    current rate:    207 MB/s
     opos:   100177 MB, non-scraped:  0 B    average rate:  83686 kB/s
non-tried:    47868 MB,  bad-sector:  0 B,     error rate:      0 B/s
  rescued:   100177 MB,   bad areas:  0,        run time:    23m 56s
pct rescued:   66.77%, read errors:  0,    remaining time:     6m 4s
                           time since last successful read:        0s
Copying non-tried blocks... Pass 1 (forwards)
```

這會跑上好一段時間。一旦完成，最後一行會顯示「Finished」。

上例只會嘗試一輪的複製，將最容易讀出的磁碟區塊儘快複製出來。如果磁碟錯誤情形嚴重，這個做法未嘗不可，因為 *ddrescue* 不會在嘗試修復損毀最嚴重的磁碟區塊這碼事上虛耗光陰。第一輪嘗試過後，你可以再嘗試三輪，看看能否復原更多資料：

```
# ddrescue -d -f -r3 /dev/sdb1 /dev/sdc1 ddlogfile
```

一旦完成，請對復原而得的磁碟進行檔案系統檢查，該磁碟仍應保持卸載狀態。下例會檢查並自動修復 Ext4 檔案系統：

```
# e2fsck -vfp /dev/sdc1
```

即使 *e2fsck* 認定檔案系統乾淨無虞，*-f* 仍會強制進行檢查。*-p* 則是進行修復之意（preen），*-v* 則是詳盡模式之意。如果它真的發現需要你介入的問題，就會印出問題說明，然後才退出執行。

e2fsck -vf [device] 則只會啟動一個互動式的檢查與修復動作[譯註]。

fsck.vfat -vfp [device] 則是修復 FAT16/32 檔案系統專用。

xfs_repair [device] 則是用來修復 XFS 檔案系統的。

如果你復原的檔案系統通過了檔案系統檢查，請繼續著手將救出的檔案複製到最後保存的目的地。如果還是有問題，請將它以唯讀方式掛載：

```
# mkdir /mnt/sdc1-copy
# mount -o ro /dev/sdc1 /mnt/sdc1-copy
```

然後儘可能地將還能複製的檔案都搬到另一顆磁碟上去。

探討

務必確認你取得的是由 Antonio Diaz Diaz 設計的 GNU *ddrescue*，而非 Kurt Garloff 所寫的 *dd-rescue*。*dd-rescue* 也是很好的工具，但它用起來要複雜得多。

ddrescue 會在區塊層級進行複製，因此它並不在乎你要救援的是何種檔案系統。*ddrescue* 會無視你的 Linux 所支援的檔案系統，直接進行一模一樣的對拷動作。

如果 *ddrescue* 將空間耗盡，最後便會以失敗告終，因此你必須確保復原用的磁碟有充足的空間。

不論是 USB 隨身碟、CompactFlash 和 SD 記憶卡片，*ddrescue* 都可以運作無虞。

參閱

- GNU ddrescue（*https://oreil.ly/mMxQf*）
- *man 8 fsck (e2fsprogs)*

[譯註] 亦即每發現一個錯誤都會問你要不要處理。

19.12 從 SystemRescue 管理分割區與檔案系統

問題

你想在硬碟上畫出分割區，或是調整檔案系統，而且必須仰賴另一套外部 Linux 系統來做這些事。

解法

利用 SystemRescue 來達成任務。SystemRescue 內同時含有 GParted 和 *parted* 等工具。你不需要掛載任何檔案系統，SystemRescue 可以直接對主機系統上的區塊裝置進行操作。請先用 *lsblk* 觀察主機上的區塊裝置：

```
[root@systemrescue ~]# lsblk -p -o NAME,FSTYPE,LABEL
NAME            FSTYPE      LABEL
/dev/loop/0     squashfs
/dev/sr0
/dev/sr1        iso9660     RESCUE800
/dev/sda
├─/dev/sda1     vfat
├─/dev/sda2     xfs         osuse15-2
├─/dev/sda3     xfs         home
├─/dev/sda4     xfs
└─/dev/sda5     swap
/dev/sdb
└─/dev/sdb1     xfs         backups
/dev/sr0
```

請依循第八、九和十一章的招式，管理分割區與檔案系統。

參閱

- 第八章
- 第九章
- 第十一章

19.13 在 SystemRescue 的 USB 隨身碟上 建立資料分割區

問題

你覺得 USB 隨身碟裡的 SystemRescue 很好用，但你想知道如何將這個開機裝置再畫出其他分割區，然後把 SystemRescue 的根檔案系統裝在第一個分割區，再把另一個可寫入的檔案系統放在第二個分割區。這樣只靠一個開機裝置也能複製檔案。

解法

只需幾個步驟就能做到。

一般的 SystemRescue 映像檔無法從分割區開機。它其實只佔用不到 1GB 的空間，因此常見的 USB 隨身碟其實在安裝 SystemRescue 之後還有很充裕的空間。要讓 SystemRescue 可以從分割區開機，訣竅在於把 SystemRescue 的 ISO 改成可以從分割區開機、加上 Master Boot Record（MBR），並安裝開機程式碼 *mbr.bin*。

你需要 *isohybrid* 和 *mbr.bin*，這些都可以從 *syslinux* 取得。Fedora 和 openSUSE 的相關套件名稱是 *syslinux*，Ubuntu 的相關套件名稱則是 *syslinux-utils* 和 *install-mbr*。

在下例中，請將 */dev/sdc* 換成你自己的裝置名稱。

首先，請把 SystemRescue 映像檔改成可以從分割區開機：

```
$ isohybrid --partok systemrescuecd-8.01-amd64.iso
```

然後在你的 USB 隨身碟上建立一個 *msdos* 分割表。用 GParted（參閱招式 9.2）或 *parted* 都可以：

```
$ sudo parted /dev/sdc
(parted) mklabel msdos
```

在 USB 隨身碟上建立兩個分割區。將第一分割區的檔案系統類型設為 FAT32、並加上 *boot* 旗標。下例便會建立一個大約 2 GB 的開機分割區：

```
(parted) mkpart "sysrec" fat32 1MB 2000MB
(parted) set 1 boot
```

再加上第二分割區作為資料儲存用，這時用任何檔案系統都可以。下例會再建立另一個 2 GB 的分割區，然後離開 *parted*：

```
(parted) mkpart "data" xfs 2001MB 4000MB
(parted) q
```

現在建立檔案系統。第一分割區是 FAT32、標籤則是 *SYSRESCUE*；第二分割區為 XFS、標籤是 *data*：

```
$ sudo mkfs.fat -F 32 -n SYSRESCUE /dev/sdc1
$ sudo mkfs.xfs -L data /dev/sdc2
```

現在把 SystemRescue 裝到第一個分割區：

```
$ sudo dd status=progress if=systemrescuecd-8.01-amd64.iso of=/dev/sdc1
```

在 Ubuntu 上，請把 MBR 裝到 USB 隨身碟裡：

```
$ sudo install-mbr /dev/sdc
```

其他的 Linux 則用 *dd* 這樣做：

```
$ sudo if=/usr/share/syslinux/mbr.bin of=/dev/sdc
```

mbr.bin 可能要從不同的目錄取得，看你使用何種 Linux 而定。

用你新製作的 SystemRescue 隨身碟開機，應該可以正常啟動。

探討

你的檔案系統其實不需要標籤；但它們有助於讓你記得其用途。

第一分割區其實使用任何檔案系統都可以。但 FAT32 是通用的，因此你可以透過 FAT32，在 Linux、macOS 和 Windows 上以 SystemRescue 開機。若要從 macOS 和 Windows 複製檔案，請把資料分割區格式化為 FAT32 或 exFAT。

你必須手動掛載第二分割區，然後就可以隨心所欲地運用它。可以從主機系統上將檔案複製出來當然很方便，但這個可寫入分割區最棒的一點，是你可以將它當成後預備儲存空間，用來存放你調整過的 SystemRescue 內容，像是設定變更或安裝軟體等等。詳細內容請參閱招式 19.14。

參閱

- 第八章

- 第十一章

- *https://system-rescue.org*

- man 1 isohybrid

- man 1 dd

19.14　保留 SystemRescue 下的異動內容

問題

SystemRescue 很好用，但你還希望可以保留一些異動的內容，這樣下次再以 SystemRescue 啟動時，就不必從頭再改一遍。

解法

先參閱招式 19.13，學習如何在你 SystemRescue 的 USB 隨身碟中加上一個可寫入的分割區。為該分割區加上一個檔案系統標籤，例如 *data*。一旦設置完畢，請啟動 SystemRescue，從選單中選擇你的開機選項，按下 Tab 鍵，並在開機選項後面加上 **cow_label=data**（圖 19-8）。

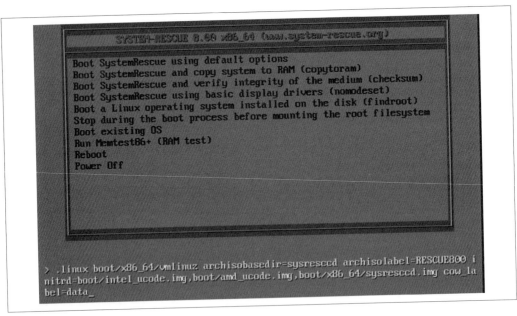

圖 19-8　加上開機選項

SystemRescue 會把你的兩個分割區都掛載到 */run/archiso/*：

```
# lsblk -p
lsblk
NAME     MAJ:MIN RM   SIZE RO TYPE MOUNTPOINT
[...]
sdc       8:32   1   3.7G  0 disk
├─sdc1    8:33   1     2G  0 part /run/archiso/bootmnt
└─sdc2    8:34   1   152G  0 part /run/archiso/cowspace
```

任何你對 SystemRescue 做出的更動，都會存放在 */run/archiso/cowspace/persistent_RESCUE800*，而根檔案系統仍保持不變。每種 SystemRescue 版本的 *RESCUE800* 皆有所不同，視版本而定。

你可以像任何 Linux 一樣地設定 SystemRescue：啟用和停用服務、設定 root 密碼、更改外觀、安裝新軟體、更改網路設定、或是寫入新文件等等。

探討

大容量的 USB 隨身碟如今真是物美價廉，而且只用一支救援隨身碟就可以處理一切事務，也很方便。USB 隨身碟或 USB 外接硬碟都可以用。

參閱

- *https://system-rescue.org*

## 第二十章

Linux PC 的故障排除

Linux 含有大量有助於診斷和修復問題的工具，其篇幅足以寫出好幾本厚得像磚頭的專書。在本章中，我們將專注於運用系統日誌來找出問題所在，並建置中央式 systemd 日誌紀錄伺服器、監視硬體健康程度、找出和停止有問題的程序、將硬體調校至最佳效能等等，同時介紹各種診斷硬體問題的竅門。

概覽

徹底了解你的系統日誌，就能找出問題根源所在。如果知道起因但找不出解法，至少也有線索可以據以求助，不論是查產品文件、發行版文件、付費支援、或是社群支援皆同。

好好閱讀你的 Linux 發行版文件，特別是變更紀錄與發行聲明，以及你所使用的伺服器和應用程式文件。Ubuntu、Fedora 和 openSUSE 都非常善於維護自家文件、並提供詳盡的發行聲明。同時請掌握你的發行版、伺服器及應用程式的所有相關論壇、維基文庫、以及聊天區。你遇到的每個問題，很可能早就有人經歷過也解決了。

預防

大部份的錯誤都是軟體造成的。如今就算是一般消費電子等級的硬體也很穩固耐用，就算壞掉也多半是因為使用不當或老舊引起。最常見的硬體故障多半出現在具有可動零件的部份：

- SATA 和 SCSI 磁碟機
- CPU 風扇
- 電源供應器

- 機殼風扇

- CD/DVD 光碟機

你可以採取一些簡單的措施來延長硬體壽命。過熱和供電不穩定都是電子產品的頭號殺手。有效的通風散熱，是保持電腦健康的基礎。設計良好的機殼才能提供適當的氣流通道、散熱器和 CPU 風扇，還有特定風向的機殼風扇，這樣才能正確地通風，散熱才會有效。當然也許有點吵，但你可以買到低噪音的機殼和風扇。定期用靜音吸塵器清理電腦內部，並清潔機殼濾網。如果你喜歡用壓縮空氣罐把灰塵吹掉，請小心清理風扇部份。因為若是吹得太急，扇葉旋轉過快可能導致軸承損壞。

電源調節器可以持續地防護電壓驟降和突升，也可以預防電波和電磁干擾。一般的突波保護器（surge protector）較便宜，但它只能提供突波保護。電壓驟降跟突升一樣有破壞性。電源調節器則較超值，因為它耐用、使用起來又穩定之故。

耐心

在排除問題時，耐心是你最好的助手。你最好捺住性子、按部就班地進行：

- 檢視所有的指示，確保你沒有漏掉任何一個步驟、或是犯任何錯誤。

- 是否需要更新？有時這就是必要的解答。

- 把錯誤訊息和日誌檔案內容記錄下來，然後到網路上搜尋、或是與報修案件比對。

- 在出現錯誤前、發生的最後一個動作是什麼？哪些步驟導致錯誤？是否有辦法加以重現？

- 最後發生的事件，能否加以反轉？如果是，請把最後的動作逐一還原，同時每還原一個動作便進行檢查。若是一次進行多個變動，可能就無法看出是何者導致的錯誤。

- 最後的大絕招，就是重新開機。這是真的！很多時候這一招對解決問題都超有效，不過這樣一來可能就找不出問題源頭就是了。

有些圖形介面應用程式，例如相片管理與編輯工具 digiKam，如果你從終端機啟動它，它就會把所有各式各樣的訊息都送到終端機顯示，就像以下這個 digiKam 無法啟動時的訊息片段：

```
$ digikam
Object::connect: No such signal org::freedesktop::UPower::DeviceAdded(QString)
Object::connect: No such signal org::freedesktop::UPower::DeviceRemoved(QString)
digikam: symbol lookup error: digikam: undefined symbol:
_ZNK11KExiv2Iface14AltLangStrEdit8textEditEv
```

我也不知道這段訊息的意思，但總有人會知道，所以我只需上網查一下這段訊息，或是拿到 digiKam 的論壇上發問就行了。

當你求助時，記得要保持耐心和彬彬有禮。若有人要求提供更多線索，不要拐彎抹角或不知所云。一旦你解決了問題，就把你的解法分享出來、而且要感謝幫過你的所有人。

20.1　從日誌檔案裡找出有用的資訊

問題

發生了怪事，你需要知道可以從何處展開調查。

解法

事無鉅細地記錄下來，然後查詢你的日誌檔案。*/var/log* 下有日誌檔案，而 *dmesg* 和 *journalctl* 命令則可顯示日誌訊息。Systemd 係透過 *journald* 管理所有的日誌，因此你會在 *dmesg* 和 */var/log* 看到許多雷同的訊息。

dmesg 會讀取核心層（kernel ring）的緩衝區，這是一段特殊的記憶體位置，專門用來記錄核心活動。透過 *dmesg* 可以看到所有開機時發生的事情；以及開機後的硬體活動；例如安插或移除 USB 裝置；以及網路介面的活動等等。核心層緩衝區的大小是固定的，因此新進的紀錄會把最舊的紀錄擠掉。但核心日誌的內容並不會遺失，而仍是紀錄在 */var/log/messages*、*/var/log/dmesg* 和 *journalctl* 等目錄之下。

請這樣檢視 *dmesg*：

```
$ dmesg | less
[    0.000000] microcode: microcode updated early to revision 0x28,
date = 2019-11-12
[    0.000000] Linux version 5.8.0-45-generic (buildd@lcy01-amd64-024) (gcc
(Ubuntu 9.3.0-17ubuntu1~20.04) 9.3.0, GNU ld (GNU Binutils for Ubuntu) 2.34)
#51~20.04.1-Ubuntu SMP Tue Feb 23 13:46:31 UTC 2021
(Ubuntu 5.8.0-45.51~20.04.1-generic 5.8.18)
[...]
```

如果你要查詢特定內容，就要利用 *grep*，假設說是某個儲存裝置的問題：

```
$ dmesg | grep -w sd
[11236.888910] sd 7:0:0:0: [sdd] Attached SCSI removable disk
[11245.095341] FAT-fs (sdd1): Volume was not properly unmounted. Some data may
be corrupt. Please run fsck.
```

用 *grep* 找出完整的字詞

當你想用 *grep* 找出一整個字詞時,請打開 -w 這個開關。舉例來說,當你用 grep 找 *ping* 這個詞時,你會連同 piping、escaping、sleeping 等詞都找出來。但若加上 -w,就可以找出精確的字眼。

若執行 *dmesg –T*,就可以切換成易於人眼判讀的時間戳記:

```
$ dmesg -T | less
[Tue Mar 23 15:25:17 2021] PCI: CLS 64 bytes, default 64
[Tue Mar 23 15:25:17 2021] Trying to unpack rootfs image as initramfs...
[Tue Mar 23 15:25:17 2021] Freeing initrd memory: 56008K
[...]
```

原本預設的時間顯示格式,是開機後經過的秒數、以奈秒(nanoseconds)為單位。若執行 *dmesg --follow* 便可持續跟監新近發生的事件,例如插拔某個 USB 裝置之類。按下 Ctrl-C 便可中斷跟監。

若要檢視特定等級的紀錄,例如 errors 跟 warnings:

```
$ dmesg -l err,warn
```

執行 *dmesg –h* 可以檢視有哪些命令選項可用。

/var/log 是傳統上的日誌檔案位置所在地,按照你的 Linux 發行版管理的方式,你還是可以在此看到大量的日誌。在 */var/log* 下很容易進行搜尋,因為大部份的檔案都只不過是純文字檔罷了。若你不確定自己要從哪一個檔案著手,乾脆就對整個目錄進行 *grep* 也無妨。

舉例來說,設想你明明記得自己安裝了 *graphicsmagick*,但卻四下找不到它。大略地掃視了一下 */var/log*,還真的發現了它的安裝紀錄:

```
$ sudo grep -ir graphicsmagick /var/log
apt/history.log:Install: libgraphicsmagick-q16-3:amd64 (1.4+really1.3.35-1,
automatic), graphicsmagick:amd64 (1.4+really1.3.35-1)
[...]
/var/log/dpkg.log:2021-03-11 17:00:57 install libgraphicsmagick-q16-3:amd64
1.4+really1.3.35-1
[...]
```

Systemd 會把所有的日誌紀錄都交給 *journalctl*,因此你只需靠它就可以了,不用還要傷腦筋去記憶 *dmesg* 和 */var/log*:

```
$ journalctl
```

你可以在執行它時加上 *sudo* 看看是否資訊會多一點。不過通常沒差。

journalctl 預設會從最早的紀錄開始顯示。按下空格鍵或是上下頁鍵就可以來回逐頁審視，或是用上下方向鍵也可以逐行審視。Ctrl-End 會一口氣跳到底部最新的一筆記錄，而 Ctrl-Home 則會回到最舊的一筆。按下 Q 鍵則可離開。

若要反過來從最新的一筆顯示：

```
$ journalctl -r
```

它預設並不會將超過畫面寬度的部分摺到下一行顯示，因此你必須利用方向鍵左右切換來閱讀過長的行數。如果要跨行反摺顯示，請把輸出導向給 *less* 處理：

```
$ journalctl -r | less
```

也可以在檢視有無任何最新的紀錄時一併檢視說明訊息。以下便是帶有說明訊息的例子：

```
$ journalctl -ex | less

-- The unit grub-initrd-fallback.service has successfully entered the 'dead'
state.
Mar 27 10:14:29 client4 systemd[1]: Finished GRUB failed boot detection.
-- Subject: A start job for unit grub-initrd-fallback.service has finished
successfully
-- Defined-By: systemd
```

若要搜尋特定服務，例如 MariaDB：

```
$ sudo journalctl -u mariadb.service
Mar 19 16:07:27 client4 /etc/mysql/debian-start[7927]: Looking for 'mysql' as:
/usr/bin/mysql
Mar 19 16:07:27 client4 /etc/mysql/debian-start[7927]: Looking for 'mysqlcheck'
as: /usr/bin/mysqlcheck
[...]
```

如欲挑選特定日期範圍，定義方式也有好幾種：

```
$ journalctl -u mariadb.service -S today
$ journalctl -u ssh.service -S '1 week ago'
$ journalctl -u libvirtd.service -S '2021-03-05'
$ journalctl -u httpd.service -S '2021-03-05' -U '2021-03-09'
$ journalctl -u nginx.service -S '2 hours ago'
```

如果未指定時刻，預設便是 00:00:00 午夜子時。指定時間的格式是 HH:MM:SS：

```
$ journalctl -u httpd.service -S '2021-03-05 13:15:00' -U now
```
譯註

譯註 -S 是 since 的意思（從何時起），-U 自然就是 until 的意思（迄至何時）。

如果要觀察從一小時前起、直到五分鐘前的動態，而且要顯示單元檔案名稱，就這樣做：

```
$ journalctl -S '1h ago' -U '5 min ago' -o with-unit
```

journalctl 會從系統開機起、對日誌排序。要查看最近一次開機以來 HTTP 伺服器的動態，並限制顯示行數為最近 50 筆紀錄：

```
$ journalctl -b -n 50 -u httpd.service
```

若要看從現在起倒數第三次開機時發生的事：

```
$ journalctl -b -2 -u httpd.service
```

若要列出所有紀錄有案的開機對話、並加上時間戳記：

```
$ journalctl --list-boots
```

你可以篩選出特定嚴重等級的訊息。如果像下例一樣只指定單一的 *crit* 字樣，它便會顯示從 *crit* 等級開始、直到最嚴重等級 *emerg* 的所有訊息：

```
$ journalctl -b -1 -p "crit" -u nginx.service
```

如果要定義出你自己的嚴重範圍等級，例如從 *crit* 到 *warning* 等級的訊息：

```
$ journalctl -b -3 -p "crit".."warning"
```

如要從最近十次的相關事件開始跟監紀錄：

```
$ journalctl -n 10 -u mariadb.service -f[譯註]
```

一樣 Ctrl-C 就可以中止。

當然了，傳統的 *grep* 還是最方便的搜尋工具，例如使用者名稱或任何其他你想搜尋的字眼：

```
$ journalctl -b -1 | grep madmax
```

探討

嚴重等級皆採標準的 syslog 等級分類，從 0 到 7，其中 0 是最嚴重等級、7 則最為輕微：

```
emerg     (0)
alert     (1)
crit      (2)
err       (3)
```

[譯註] -n 是 lines 的意思（紀錄筆數），-f 則是 follow 的意思（跟監）。

```
warning    (4)
notice     (5)
info       (6)
debug      (7)
```

journalctl 提供了成打的方式來篩選和剖析輸出內容，詳情可請參閱 *man 1 journalctl*。

參閱

- *man 3 syslog*

- *man 1 journalctl*

- *man 1 dmesg*

- *https://systemd.io*

20.2 設定 journald

問題

你不太確定 *journal* 的預設設定值為何，而且你想知道如何檢視相關設定、還有如何調整它們。

解法

journal 的設定放在 */etc/systemd/journald.conf*。其中部份預設的設定值已經被註解符號註銷，而所有編譯時即已建立的預設值，在 *man 5 journald.conf* 裡都有清楚的說明。我們接下來就要略述一下幾個最常用的選項。

在不同的 Linux 發行版上，*Storage=auto* 的意思可能會不同。在 Ubuntu 和 Fedora，它們使用 */run/log/journal/* 作為非永久性（volatile）儲存位置，至於永久性儲存位置則是 */var/log/journal*。你可以用 *systemctl* 觀察日誌檔案位置、已使用空間、以及剩餘可用空間等資訊：

```
$ systemctl status systemd-journald.service
● systemd-journald.service - Journal Service
    Loaded: loaded (/usr/lib/systemd/system/systemd-journald.service; static;
    vendor preset: disabled)
    Active: active (running)
    [...]
Mar 27 15:04:40 server2 systemd-journald[508]: Runtime journal (/run/log/journal/
1181e27c52294e97a8ca5c5af5c92e20) is 8.0M, max 2.3G, 2.3G free.
Mar 27 15:04:55 server2 systemd-journald[508]: Time spent on flushing to /var is
```

```
381.408ms for 1176 entries.
Mar 27 15:04:55 server2 systemd-journald[508]: System journal (/var/log/journal/
1181e27c52294e97a8ca5c5af5c92e20) is 16.0M, max 4.0G, 3.9G free.
```

至於 openSUSE 則是把非永久性儲存訂在 */run/log/journal/*，而永久性儲存則改在 */var/log/messages*。不過你若是偏好放到 */var/log/journal*，則可自行建立它，再把它的群組擁有者改成 *systemd-journal*：

```
$ sudo mkdir /var/log/journal
$ sudo chgrp /var/log/journal/ systemd-journal
```

其他內容都不用改，重新開機後該儲存方式自會改過來。其他的選項還包括 *volatile*、*persistent* 和 *none*。

volatile 代表日誌只存在記憶體當中，亦即 */run/log/journal/*。

persistent 則是把日誌一律存到磁碟當中，若是像開機過程中尚無磁碟可用時，則儲存到 */run/log/journal/*。

none 則是關閉一切的本地儲存，你還會有一個選項可以把日誌訊息送往集中式日誌伺服器。

SystemMaxUse= 控制的則是磁碟儲存日誌的容量，而 *RuntimeMaxUse=* 則控制了非永久性儲存的容量。預設值為檔案系統可用空間的 10%，最大不超過 4 GB。

SystemKeepFree= 和 *RuntimeKeepFree=* 控制的是要保留多少磁碟空間給其他使用者。預設值分別是 15% 和 4 GB。你可以用位元組的數量來指定這個值，或是以 K、M、G、T、P 和 E 為單位亦可；例如 25 G（gigabytes）。

MaxRetentionSec= 控制了檔案要保留的期限。預設值為 0，亦即沒有保留期限限制，檔案會按照以上的設定來設定保留限制，亦即可用的磁碟空間之類。你可以用不同的時間單位來指定期限值，如 year、month、week、day、h 或 m，例如 6 month（6 個月）。

探討

journald 會自動地處理日誌保留問題。活動中的檔案會被輪替成歸檔檔案，而已歸檔的檔案則會視設定予以清除。

參閱

- *man 5 journald.conf*

20.3 以 systemd 建置日誌伺服器

問題

你想設置一部集中式日誌伺服器,以便在各系統離線時仍能保存日誌,同時便於集中管理。

解法

systemd 的確提供了一個紀錄遠端日誌用的 daemon,就是 *journald*。用戶端的機器可將其日誌訊息送往 *journald* 的伺服器。所需的前提包括:

* 一部用於託管日誌檔案的機器

* 日誌伺服器必須為用戶端提供網路存取

* 日誌伺服器和所有用戶端均需安裝 *systemd-journal-remote* 套件

* 你的公開金鑰基礎設施(public key infrastructure, PKI)必須已經齊全(參閱招式 13.5),且金鑰和憑證均已發放給相關的伺服器和用戶端

裝好 *systemd-journal-remote* 之後,請編輯伺服器端的 */etc/systemd/journal-remote.conf* 檔案。筆者自己偏好將日誌傳輸加密用的金鑰和憑證都放到 */etc/pki/journald/*:

```
[Remote]
Seal=false
SplitMode=host
ServerKeyFile=/etc/pki/journald/log-server.key
ServerCertificateFile=/etc/pki/journald/log-server.crt
TrustedCertificateFile=/etc/pki/journald/ca.crt
```

接著請替伺服器私密金鑰和憑證設定權限:

```
$ sudo chmod -R 0755 /etc/pki/journald
$ sudo chmod 0440 /etc/pki/journald/log-server.key
```

然後把伺服器私密金鑰的群組擁有者改為 *systemd-journal-remote*:

```
$ sudo chgrp systemd-journal-remote /etc/pki/journald/
logserver.key
```

接著啟用並啟動 *systemd-journal-remote* 服務,記得要先從 *systemd-journal-remote.socket* 啟動;

```
$ sudo systemctl enable --now systemd-journal-remote.socket
$ sudo systemctl enable --now systemd-journal-remote.service
```

然後檢查兩者的狀態，確認它們都已正確啟動。記得伺服器的防火牆上要打開必要的通訊埠：

```
$ sudo firewall-cmd --zone=internal --add-port=19532/tcp
$ sudo firewall-cmd --zone=internal --add-port=80/tcp
$ sudo firewall-cmd --runtime-to-permanent
$ sudo firewall-cmd --reload
```

在每一部用戶端，請建立一個新使用者 *systemd-journal-upload*。這是 *systemd-journal-upload* 程序用來將日誌訊息傳往集中式日誌伺服器所憑據的使用者身分：

```
$ sudo useradd -r -d /run/systemd -M -s /usr/sbin/nologin -U \
systemd-journal-upload
```

一樣也要為用戶端的私密金鑰和憑證加上權限：

```
$ sudo chmod -R 0755 /etc/pki/journald
$ sudo chmod 0440 /etc/pki/journald/client.key
```

編輯 */etc/systemd/journal-upload.conf* 檔案，加入日誌伺服器的相關 URL 和 TCP 通訊埠等資訊，以及用戶端私密金鑰與憑證的所在位置：

```
[Upload]
URL=https://logserver.example.com:19532
ServerKeyFile=/etc/pki/journald/client1.key
ServerCertificateFile=/etc/pki/journald/client1.crt
TrustedCertificateFile=/etc/pki/journald/ca.crt
```

重啟 *systemd-journal-upload.service* 服務：

```
$ sudo systemctl restart systemd-journal-upload.service
```

如果重啟無誤，請執行以下步驟，測試用戶端是否會將日誌紀錄送往伺服器。首先檢查伺服器的日誌目錄：

```
$ sudo ls -la /var/log/journal/remote/
total 7204
drwxr-xr-x  2 systemd-journal-remote systemd-journal-remote       6 Mar 26 16:41 .
drwxr-sr-x+ 4 root                   systemd-journal             60 Mar 26 16:41 ..
rw-r-----   1 systemd-journal-remote systemd-journal-remote 8388608 Mar 26  1
10:46 'remote-CN=client1.example.com'
```

看起來一切正常。現在從用戶端向伺服器送出一筆訊息：

```
$ sudo logger -p syslog.debug "Hello, I am client1! Do you hear me?"
```

在伺服器上施展你最愛的 *journalctl* 符咒，叫出最近的紀錄來看。如果你看到了來自用戶端的訊息，就知道所有設定都正確無誤：

```
Mar 27 18:30:11 client1 madmax[15228]: Hello, I am client1! Do you hear me?
```

探討

集中式日誌伺服器會保存用戶端的日誌、並集中儲存所有日誌，以便維護和分析。伺服器會為每個用戶端保有一個專屬目錄。

Seal=false 會關閉日誌紀錄的加密簽章。如果要試驗，請參閱 *man 1 journalctl* 裡的 *--setup-keys* 選項。筆者自己是沒找到什麼此一選項特別優越的證據，不過試一試也無妨。

SplitMode=host 會將每一個用戶端的日誌個別儲存在自己的檔案裡。如果設為 *false*，就會把所有日誌內容都傾卸在同一個檔案裡。

ServerKeyFile=、*ServerCertificateFile=* 和 *TrustedCertificateFile=* 代表的都是你的加密金鑰和憑證的位置。

參閱

- *man 5 journal-remote.conf*
- *man 5 journald.conf*
- *man 1 journalctl*

20.4　以 lm-sensors 監視溫度、風扇、和電壓

問題

你想測量電腦機殼內的溫度、風扇轉速和電壓等資料。

解法

利用 *lm-sensors* 來持續監視 CPU、硬碟、以及機殼的溫度。這支工具分別來自於 openSUSE 的 *sensors* 套件、Fedora 的 *lm_sensors* 套件、以及 Ubuntu 的 *lm-sensors* 套件。

裝好 *lm-sensors* 之後，請執行 *sensors-detect* 命令，讓 *lm-sensors* 校正你的硬體：

```
$ sudo sensors-detect
# sensors-detect version 3.6.0
# Board: ASRock H97M Pro4
# Kernel: 5.8.0-45-generic x86_64
# Processor: Intel(R) Core(TM) i7-4770K CPU @ 3.50GHz (6/60/3)

This program will help you determine which kernel modules you need
to load to use lm_sensors most effectively. It is generally safe
and recommended to accept the default answers to all questions,
unless you know what you're doing.

Some south bridges, CPUs or memory controllers contain embedded sensors.
Do you want to scan for them? This is totally safe. (YES/no):
[...]
```

一直按 Enter 鍵，接受所有的預設值。完成時你會看到這樣的訊息：

```
To load everything that is needed, add this to /etc/modules:
#----cut here----
# Chip drivers
coretemp
nct6775
#----cut here----
If you have some drivers built into your kernel, the list above will
contain too many modules. Skip the appropriate ones!

Do you want to add these lines automatically to /etc/modules? (yes/NO) yes
Successful!
```

下次重新開機時便會載入相關模組，但你也可以立即載入它們：

```
$ sudo systemctl restart systemd-modules-load.service
```

現在可以執行 *sensors* 命令，看看有什麼線索：

```
$ sensors
coretemp-isa-0000
Adapter: ISA adapter
Package id 0:  +42.0°C  (high = +86.0°C, crit = +96.0°C)
Core 0:        +34.0°C  (high = +86.0°C, crit = +96.0°C)
Core 1:        +35.0°C  (high = +86.0°C, crit = +96.0°C)
Core 2:        +32.0°C  (high = +86.0°C, crit = +96.0°C)
Core 3:        +31.0°C  (high = +86.0°C, crit = +96.0°C)

nouveau-pci-0300
Adapter: PCI adapter
GPU core:      +1.01 V  (min =  +0.70 V, max =  +1.20 V)
fan1:          2850 RPM
```

```
temp1:          +51.0°C  (high = +95.0°C, hyst =  +3.0°C)
                         (crit = +105.0°C, hyst =  +5.0°C)
                         (emerg = +135.0°C, hyst =  +5.0°C)

dell_smm-virtual-0
Adapter: Virtual device
Processor Fan: 1070 RPM
Other Fan:       0 RPM
Other Fan:     603 RPM
CPU:           +41.0°C
SODIMM:        +25.0°C
SODIMM:        +35.0°C
SODIMM:        +34.0°C
```

這會顯示關於 CPU 核心、繪圖卡、風扇和記憶體模組等資訊。你會看到目前的溫度，以及有關於偏高（high）、危險（critical）及緊急（emergency）程度的溫度範圍定義。CPU 有內建的自我保護機制，會在過熱時關閉自己。

請利用 *watch* 命令，每兩秒鐘觀察一次更新的資訊，凡有更新部位便會被標示出來：

```
$ watch -d sensors
```

你可以修改更新頻率，例如每隔 10 秒顯示：

```
$ watch -d -n 10 sensors
Every 10.0s: sensors
[...]
```

按下 Ctrl-C 便可停止。

探討

lm_sensors 並不是什麼魔法，它只不過是讀取那些兼具溫度計和 Linux 驅動程式的裝置讀數罷了。大多數的溫度計都不算十分精確，所以就算讀數小有波動也無須太過在意。

監視溫度、電壓和風扇轉速等資訊，有助於讓你提前發覺問題的癥兆。更換一顆風扇可比重建整台燒壞的伺服器要划算得多。電壓驟降則可能代表有電源供應器故障、或是接觸不良等問題。

在你著手修改 */etc/modules* 檔案之前，請先檢查你的核心設定，看看 *sensors-detect* 所建議的模組是否已經載入，或是已經靜態編譯在內。你的核心組態檔位於 */boot* 目錄下，檔名是 *config-kernel-version*，如 *config-5.8.0-45-generic* 之類。舉例來說，請搜尋 *nct6775* 模組試試：

```
$ grep -i nct6775 config-5.8.0-45-generic
CONFIG_SENSORS_NCT6775=m
```

m 代表它是可載入的核心模組。若要看它是否已經載入的話：

```
$ lsmod | grep nct6775
```

如果全無聲息，你就可以動手編輯 */etc/modules* 將其加入。如果它原本就已編譯在核心當中，它在 *config-** 裡看起來就會像這樣：

```
CONFIG_SENSORS_NCT6775=y
```

y 意指它是內建在核心當中的，因此毋須再將它加到 */etc/modules* 當中。

參閱

- *man 1 watch*
- *man 1 sensors*
- *man 8 lsmod*
- *https://kernel.org*

20.5 為 lm-sensors 加上圖形介面

問題

你想使用具有可調整圖形顯示的 *lm-sensors*，而且要會自動更新其內容。

解法

有幾種不錯的選擇。*lm-sensors* 的圖形前端可支援其他的監視工具，如 *smartmontools* 和 *hddtemp* 等等。Psensor 則可支援大螢幕與彩色繪圖，同時只需簡單的設定就能為標籤更名、並保留你需要的內容（圖 20-1）。

Psensor 也支援警訊（alarms）。只需點選個別的監視器，像是 CPU 核心和風扇之類，就可以帶出偏好選單（Preferences，如圖 20-2），藉此啟用警訊。

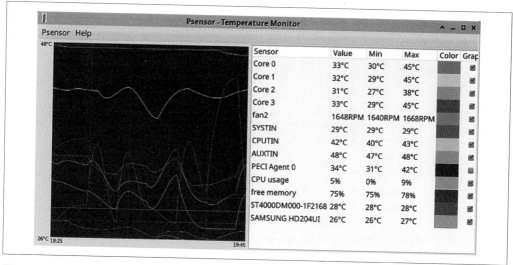

圖 20-1　Psensor 可追蹤多個硬體監視器

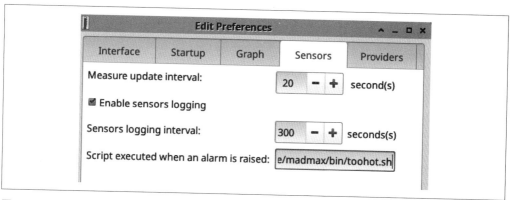

圖 20-2　啟用警訊及警訊的臨界門檻值

你需要寫一段簡單的指令碼來設置警訊，就像下例一樣：

```
#!/bin/bash
# toohot.sh, plays a mad klavichord riff when a sensor monitor
# exceeds its upper limit

play /home/madmax/Music/klavichord-4.wav
```

請安裝 *sox* 套件，才有 *play* 命令可用。請把命令稿改為可以執行：

```
$ chmod +x toohot.sh
```

先測試它一下：

```
$ play toohot.sh
```

一旦你對它已經滿意，請設定 Psensor 來引用它。開啟 Psensor → Preferences → Sensors（圖 20-3）。

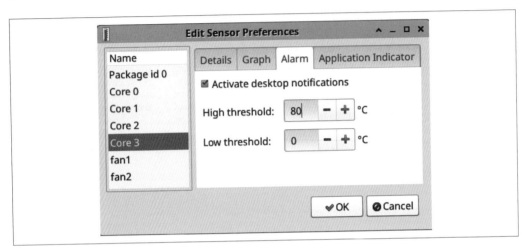

圖 20-3　設置一個警訊

要在 Psensors 中測試你的警訊，最簡單的做法就是把高溫警訊門檻值調低一點，好故意觸發它。

很多桌面環境，像是 Xfce4、GNOME 跟 KDE 等等，皆提供小巧的工具列 plug-in，例如圖 20-4 顯示的 Xfce4 小工具。

圖 20-4　Xfce 工具列的 lm-sensors 專用 plug-in

這些圖形元件所屬的套件名稱皆帶有 *sensor* 字樣，唯一例外是 *gnome-shell-extension-freon*。

探討

你可以撰寫自己的指令碼，以便在觸發警訊時自動關閉系統，就像下例這樣：

```
#!/bin/bash
echo "Help, too hot, I am shutting down right now!" && shutdown -h now
```

參閱

- *man 1 play*

- *man 1 sensors*

- Psensor（*https://oreil.ly/IcRok*）

20.6 以 smartmontools 監視硬碟健康

問題

你需要知道硬碟何時發生故障，或者能預知就更好了，這樣就可以在資料遺失前先予以更換作為預防。

解法

大多數的硬碟和固態磁碟都內建了 S.M.A.R.T.（自我偵測分析與報告技術，Self-Monitoring Analysis and Reporting Technology）功能。S.M.A.R.T. 會追蹤和紀錄特定的效能屬性，讓你可以加以監視和即時預測（希望啦）故障現象。Linux 使用者可以透過 *smartmontools* 來讀取這類資訊，並提出警告。

smartmontools 來自 *smartmontools* 套件。它應該會自動安裝並啟動一個 systemd 服務，這些都可以用 *systemctl* 檢查：

```
$ systemctl status smartd.service
```

請用 *smartctl* 命令來檢查你的磁碟是否支援 S.M.A.R.T.。請找出帶有 *SMART* 字樣的行數：

```
$ sudo smartctl -i /dev/sda
smartctl 7.1 2019-12-30 r5022 [x86_64-linux-5.8.0-45-generic] (local build)
Copyright (C) 2002-19, Bruce Allen, Christian Franke, www.smartmontools.org

=== START OF INFORMATION SECTION ===
Model Family:     Seagate Desktop HDD.15
Device Model:     ST4000DM000-1F2168
[...]
SMART support is: Available - device has SMART capability.
SMART support is: Enabled
```

你可以用 *smartctl* 開關每個磁碟的監視與否：

```
$ sudo smartctl -s on /dev/sda
$ sudo smartctl -s off /dev/sda
```

或是用 *-x* 旗標來傾卸全部資料：

```
$ sudo smartctl -x /dev/sda
```

執行簡短的健康檢查：

```
$ sudo smartctl -H /dev/sda
smartctl 7.1 2019-12-30 r5022 [x86_64-linux-5.8.0-45-generic] (local build)
Copyright (C) 2002-19, Bruce Allen, Christian Franke, www.smartmontools.org

=== START OF READ SMART DATA SECTION ===
SMART overall-health self-assessment test result: PASSED
```

或是以 *-Hc* 旗標觀看完整的報告。

要檢視日誌檔案時：

```
$ sudo smartctl -l error /dev/sda
smartctl 7.0 2019-05-21 r4917 [x86_64-linux-5.3.18-lp152.66-preempt] (SUSE RPM)
Copyright (C) 2002-18, Bruce Allen, Christian Franke, www.smartmontools.org

=== START OF READ SMART DATA SECTION ===
SMART Error Log Version: 1
No Errors Logged
```

自我測試分成長短兩種。它們會告知各自需要多久時間完成測試：

```
$ sudo smartctl -t long /dev/sda
[...]
=== START OF OFFLINE IMMEDIATE AND SELF-TEST SECTION ===
Sending command: "Execute SMART Extended self-test routine immediately in
off-line mode".
Drive command "Execute SMART Extended self-test routine immediately in off-line
mode" successful.
Testing has begun.
Please wait 109 minutes for test to complete.
Test will complete after Thu Mar 25 17:06:33 2021

Use smartctl -X to abort test.
```

它完成時不會告知，你可以隨時檢視日誌檔案觀察結果：

```
$ sudo smartctl -l selftest /dev/sda

[sudo] password for carla:
[...]
=== START OF READ SMART DATA SECTION ===
SMART Self-test log structure revision number 1
Num  Test_Description   Status                          Remaining  LifeTime(hours)
# 1  Extended offline   Self-test routine in progress 70%  7961
# 2  Short offline      Completed without error         00%        7960
# 3  Short offline      Completed without error         00%        7952
[...]
```

記得定期更新硬碟資料庫：

```
$ sudo update-smart-drivedb
/usr/share/smartmontools/drivedb.h updated from branches/RELEASE_7_0_DRIVEDB
```

探討

S.M.A.R.T. 的可靠性大約在 6 成。它可以再精準些，不過 S.M.A.R.T. 標準為闡釋方式預留了很大的空間，而且每家硬碟製造商的實作都略有不同。相關的製造商文件甚為稀少，筆者看過最好的資源仍是維基百科和 *https://smartmontools.org* 二者。一如往常的是，最好的保險仍是經常性的備份。

即便如此，它還是免費的、用起來又簡單，而且總能派上用場。請留意 *Pre-fail* 這項屬性（如以下片段所示），並回頭複習本章的概覽一節，看要如何讓系統效能更好、可靠性更佳。

執行 *sudo smartctl -a /dev/sda* 傾卸所有的 S.M.A.R.T. 資料。容易發覺警報的是這個段落：

```
SMART Attributes Data Structure revision number: 10
Vendor Specific SMART Attributes with Thresholds:
ID# ATTRIBUTE_NAME          FLAG    VALUE WORST THRESH TYPE     UPDATED
  1 Raw_Read_Error_Rate     0x000f  119   099   006    Pre-fail Always
  3 Spin_Up_Time            0x0003  092   091   000    Pre-fail Always
  4 Start_Stop_Count        0x0032  099   099   020    Old_age  Always
  5 Reallocated_Sector_Ct   0x0033  100   100   010    Pre-fail Always
  7 Seek_Error_Rate         0x000f  059   057   030    Pre-fail Always
  9 Power_On_Hours          0x0032  089   089   000    Old_age  Always
 10 Spin_Retry_Count        0x0013  100   100   097    Pre-fail Always
 12 Power_Cycle_Count       0x0032  099   099   020    Old_age  Always
183 Runtime_Bad_Block       0x0032  100   100   000    Old_age  Always
184 End-to-End_Error        0x0032  100   100   099    Old_age  Always
187 Reported_Uncorrect      0x0032  100   100   000    Old_age  Always
188 Command_Timeout         0x0032  100   099   000    Old_age  Always
```

189	High_Fly_Writes	0x003a	100	100	000	Old_age	Always
190	Airflow_Temperature_Cel	0x0022	072	059	045	Old_age	Always
191	G-Sense_Error_Rate	0x0032	100	100	000	Old_age	Always
192	Power-Off_Retract_Count	0x0032	100	100	000	Old_age	Always
193	Load_Cycle_Count	0x0032	096	096	000	Old_age	Always
194	Temperature_Celsius	0x0022	028	041	000	Old_age	Always
197	Current_Pending_Sector	0x0012	100	100	000	Old_age	Always
198	Offline_Uncorrectable	0x0010	100	100	000	Old_age	Offline
199	UDMA_CRC_Error_Count	0x003e	200	200	000	Old_age	Always
240	Head_Flying_Hours	0x0000	100	253	000	Old_age	Offline
241	Total_LBAs_Written	0x0000	100	253	000	Old_age	Offline
242	Total_LBAs_Read	0x0000	100	253	000	Old_age	Offline

TYPE 欄位代表屬性的類型，其值可能是 Pre-fail 或是 Old_age。當你看到這些 Pre-fail 和 Old_age 標籤時，並不代表你的硬碟已經注定完蛋了，那些只不過是該行的屬性類型而已。

Pre-fail 屬於危急的類型，它可能代表即將發生故障，而且健康診斷中一定會包含這類訊息。

Old_age 則是不危急的屬性；它不會包含在磁碟健康報告當中。

ID# 和 ATTRIBUTE_NAME 係用於辨識每一項屬性。隨著製造廠商不同，這些項目也會變化。

FLAG 則是處理屬性的旗標，與磁碟健康並無關聯。

VALUE 欄位顯示的則是屬性目前的值。範圍從 0 到 255，但 0、254 和 255 為保留值、有自己的意義。253 的意思是「unused」，就像是一顆全新的磁碟那樣。VALUE 是一個從好到壞的評量值，數值越高越好、越低則越差，唯一的例外是溫度，因為它以攝氏度數顯示，自然越高越不好。

WORST 是該屬性曾記錄到的最低值（也是最差值）。

THRESH 是每一種屬性的最低門檻值，當 Pre-fail 屬性的值低於 THRESH 的值時，磁碟故障可能已迫在眉睫。

UPDATED 原應指出屬性在何時可以更新。Always 同時包括 online 和 offline，而 Offline 原應代表只有離線時才能測試。通常這部份並不準確，在任何情況下都不甚有用。

如果某一屬性為故障狀態，故障時刻會記錄在 *WHEN_FAILED*。

RAW_VALUE 屬於各家廠商獨有。可以忽略不計。

參閱

- *man 8 smartctl*
- *man 8 smartd*
- *man 8 update-smart-drivedb*
- *man 5 smartd.conf*

20.7　設定 smartmontools 以便用電郵發送報告

問題

你想要讓 *smartd* 將任何問題以電子郵件的形式寄給你、作為提醒。

解法

首先檢查你的系統是否已設置郵件功能，並對系統上其他使用者送出一封郵件做為測試，如寄給 root：

```
$ echo "Hello, this is my message" | mail -s "Message subject" root@localhost

[root@localhost ~]# mail
"/var/mail/root": 1 message 1 unread
>U "/var/mail/root": 1 message 1 new
>N   1 stash    Mon Mar 29 15:26  13/429    Message subject
?
```

按下 1 便可閱讀郵件訊息，按 q 就能離開。這代表系統郵件功能已經設定完畢。如果不是如此，請安裝 *mailx* 和 *postfix*。*mailx* 是一支郵件使用者代理程式（mail user agent, MUA），它屬於郵件用戶端，就像 Evolution、Thunderbird、KMail、Mutt 等工具一樣。*postfix* 則屬於郵件傳輸代理程式（mail transfer agent, MTA）。兩者你都需要用到。安裝完畢後，請用 *systemctl* 檢查它們是否在執行中：

```
$ systemctl status smartd.service
$ systemctl status postfix.service
```

如果尚未執行，請啟用和啟動它們。然後再度寄送測試訊息。

```
$ sudo systemctl enable --now smartd.service
$ sudo systemctl enable --now postfix.service
```

smartd 的設定檔是 */etc/smartd.conf* 或是 */etc/smartmontools/smartd.conf*。預設會掃描所有可能的裝置、並將錯誤報告寄給 root 使用者。但最好還是為它設定需要監視的裝置。每一套 Linux 都有自己獨特的設定。以下設定應該都適用,當然你也可以加上自己獨有的硬碟和電郵地址:

```
DEFAULT -a -o on -S on -s (S/../../../02|L/../../5/01):
/dev/sda
/dev/sdb
/dev/sdc
DEFAULT -H -m root -M test
```

請儲存你的變更,再重新載入 *smartd.service*:

```
$ sudo systemctl reload smartd.service
```

探討

smartd.conf 的預設行為,是掃描所有可用的磁碟。但若能只指定需要監視的磁碟,效率會好得多。

旗標 *-a* 的意思等同於結合以下所有選項:

- *-H* 指檢查 S.M.A.R.T. 健康狀態

- *-f* 指回報 Usage 屬性(*VALUE* 和 *WORST*)的故障徵兆

- *-t* 指回報 Prefailure 和 Usage 等屬性的變化

- *-l* 指回報增加的 ATA 錯誤

- *-l selftest* 指回報增加的 Self-Test 日誌錯誤

- *-l selfteststs* 指回報有變動的 Self-Test 執行狀態

- *-C 197* 會回報目前磁區數的非零值

- *-U 198* 會回報目前離線磁區數的非零值

這已經涵蓋所有重大的內容了,當然你還是可以加以調整,讓它回報你需要的任何屬性。

-M test 會在每次啟動時都對特定使用者(前例中我們使用的是 *-m root@localhost*)送出一段測試訊息。一旦你很肯定它已如你預期般運作時,就可以移除這一段。

好幾種套件都提供 *mail* 的二進位執行檔:*mailutils*、*mailx*、*bsd-mailx*、以及 *s-nail* 等等,這些不過其中寥寥幾種。對於僅供系統 daemons 使用的簡易本地郵件程式而言,以上任一者都能勝任,而且它們都對 *mail* 二進位執行檔提供相同的選項。

你不一定要用到 *postfix*，而是任何你慣用的 MTA 都可以，Exim 或 Sendmail 皆然。

參閱

- *man 8 smartd*
- *man 5 smartdconf*

20.8 以 top 診斷緩慢的系統

問題

你的系統原本一切正常，但現在卻突然慢了下來、好像什麼動作都要跑很久。例如應用程式啟動或關閉都慢到不行，或是對你的輸入動作反應遲緩。你想找出原因，然後加以排除。

解法

啟動 *top* 命令，觀察哪一個程序使用了過量的系統資源。大量消耗 CPU 和記憶體會讓原本順暢的系統頓時陷入牛步：

```
$ top
Tasks: 284 total,   1 running, 283 sleeping,   0 stopped,   0 zombie
%Cpu(s):  6.4 us,  4.8 sy,  0.0 ni, 88.9 id,  0.0 wa,  0.0 hi,  0.0 si,  0.0 st
MiB Mem :  15691.4 total,   6758.9 free,   4913.0 used,   4019.6 buff/cache
MiB Swap:  15258.0 total,  15258.0 free,      0.0 used.  10016.5 avail Mem

    PID USER      PR  NI    VIRT    RES    SHR S  %CPU  %MEM    TIME+ COMMAND
   1299 duchess    9   0 2803912  22296  17904 S  80.5   0.1 172:25 Web Content
   1685 duchess   20   0 3756840 543124 241296 S   7.6   3.4  27:53 firefox
  15926 libvirt+  20   0 5151504   2.3g  25024 S   1.7  15.3   1:39 qemu
[...]
```

top 會一直執行到你將它停止為止，而且會持續每隔幾秒便更新畫面、並依照活躍程度由高至低列出。按下 q 字鍵即可退出。

這會顯示可觀的資訊。重點是 Web Content 這一項就占用了 80.5% 的 CPU 時間。結構差勁的網站是造成系統停滯的常見元凶。最快的修正方式便是將有問題的程序立即清除（kill）。

左邊的欄位是所謂的程序代號（Process ID, PID）。按下 K 鍵即可開啟清除對話盒。如果它預設顯示要清除的 PID 就是你的問題來源，按下 Enter 鍵繼續。這時若再按一次 Enter 鍵，便會接受預設的清除方式，以 *15/sigterm* 來終止這個程序：

```
PID to signal/kill [default pid = 1299]
Send pid 1299 signal [15/sigterm]
```

如果此舉無法清除該程序，就要出大絕招，也就是選項 9，它等同於 *sigkill*：

```
PID to signal/kill [default pid = 1299]
Send pid 1299 signal [15/sigterm] 9
```

如果你沒有足夠的權限清除某個程序，請改以 *sudo* 來啟動 *top*。或是在另一個終端機畫面直接執行 *sudo kill <pid>*。

探討

直接清除某個程序並不一定是最好的應對方式。如果該程序係由 systemd 掌控，systemd 可能會立刻將它重啟，又或許有其他程序必須仰賴它運作，強制清除它可能造成意料外的後果。可能的話還是以 *systemctl stop <service name>* 來停止它。如果問題程序不是由 systemd 所控制，那麼就動手清除它。

預設清除對象的 PID 一定是位於頂端的那一個，亦即佔用最多系統資源的程序。如果它不是你要清除的目標，也可以自行鍵入你要清除的 PID。

你可能會問，那 *sigterm* 是什麼玩意？訊號（*signals*）是源於 Unix 的概念，而且並不方便，多年以來已不斷添加了大量的變化，你可以從 *man 2 signal* 中略窺其堂奧，包括 *SIGHUP*、*SIGINT*、*SIGQUIT* 及其他內容。

與使用者及系統管理員最休戚相關的兩種訊號，就是 *SIGKILL* 和 *SIGTERM*。平時務必優先使用 *SIGTERM*，因為它會以較溫和的方式停止程序，並確保其子程序（child process）都會移交給 *INIT* 而不至於變成無主孤兒，而其母程序（parent process）則會收到告知。但 *SIGTERM* 仍有一個缺點，就是收到它的程序可以對其置之不理。

只有當 *SIGTERM* 不靈光時，才能動用 *SIGKILL*。程序不能對 *SIGKILL* 忽略不處理，而且它會將子程序一併清除，這可能會影響到其他程序。同時由於母程序未被告知，有可能會形成所謂的殭屍程序（zombie process）。殭屍程序本身沒什麼妨礙，它們只是殘留在母程序的紀錄中，不會有任何動作。如果真的出現殭屍程序，你會在 *top* 頂端 Task 那一行的右側看到它。下例便指出有兩個殭屍程序存在：

```
Tasks: 249 total, 1 running, 248 sleeping, 0 stopped, 2 zombie
```

你不需採取任何行動，因為殭屍程序所屬的上層應用程式應該會自動加以清除。就算它沒有這樣做也不必在意，除非它產生了大量的殭屍程序。那樣意味著該應用程式一定有問題。殭屍程序是無法 kill 的，因為它已經不算是活的程序。它們佔用的系統資源甚寡，但如果你真想清除它們，試著送出 SIGCHLD：

```
$ sudo kill -s SIGCHLD 1299
```

如果該程序仍佔用過量的系統資源，請檢視其組態檔或程式設定，看看是否設定有誤，或是你可以將它調校得有效率一點。相關線索請檢察日誌檔（參閱招式 20.1）。

參閱

- *man 1 top*
- *man 1 kill*

20.9　在 top 中檢視選定的程序

問題

你想追蹤某一個、或一小群少數的程序。

解法

啟動 *top*，並加上以逗點區隔的目標程序清單：

```
$ top -p 4548, 8685, 9348
top - 10:57:39 up 44 min,  2 users,  load average: 0.10, 0.11, 0.21
Tasks:   3 total,   0 running,   3 sleeping,   0 stopped,   0 zombie
%Cpu(s):  0.2 us,  0.2 sy,  0.0 ni, 99.6 id,  0.0 wa,  0.0 hi,  0.0 si,  0.0 st
MiB Mem :  15691.4 total,  12989.5 free,   1467.4 used,   1234.4 buff/cache
MiB Swap:  15258.0 total,  15258.0 free,      0.0 used.  13601.1 avail Mem

    PID USER      PR  NI    VIRT    RES    SHR S  %CPU  %MEM     TIME+ COMMAND
   2907 mysql     20   0 1775688  78584  18396 S   0.0   0.5   0:00.22 mysqld
    927 root      20   0 1569764  39072  29320 S   0.0   0.2   0:00.16 libvirtd
    822 root      20   0   11040   6384   4732 S   0.0   0.0   0:00.02 smartd
```

現在你可以專注在自己要檢查的對象上了，不需要在大量無關的程序間遊走尋找目標。若按下等號鍵（=），就可以回到完整的程序清單。

參閱

- *man 1 top*
- *man 1 kill*

20.10　從已無反應的圖形桌面逃脫

問題

你原本工作得好好地，突然間你的圖形桌面凍住了。滑鼠游標雖還會動，但不是十分遲緩就是幾乎動彈不得。

解法

這是筆者最喜愛的 Linux 功能之一：從圖形會談退出、回到主控台。按下 Ctrl-Alt-F2，你應該就發現自己已處於純文字主控台，它就藏身在你的圖形會談背後（圖 20-5）。

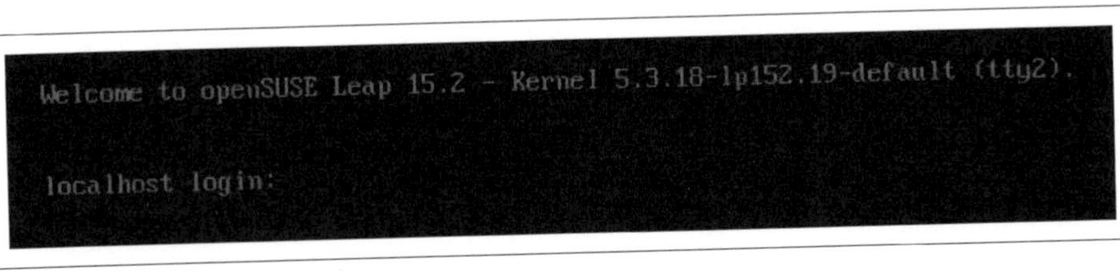

```
Welcome to openSUSE Leap 15.2 - Kernel 5.3.18-lp152.19-default (tty2).


localhost login:
```

圖 20-5　Linux 主控台

請登入，現在你可以使用故障排除的命令了。先用 *top* 找出拖垮系統的問題程序，並將其清除，再檢查日誌檔，執行其他診斷，把該做的動作都做完。一旦問題解決，按下 Alt-F7 回到你原本的圖形桌面。最差的狀況不過就是下令關機或重啟，但這樣也比一開始就按下電源鍵強制關機要好得多。

不同的 Linux 會以不同的方式組合按鍵來達成以上功能。Alt-F7 是傳統的圖形會談虛擬終端機。Fedora 則是以 Alt-F1 返回。萬一不靈，從 F1 一個個試過去都無妨。

探討

另一種方式，是從另一部電腦開啟 SSH 會談、連線到你當機的電腦，看看能否把你凍結的圖形桌面解救出來。

對筆者而言，同時可以擁有主控台和圖形環境，這是再好不過的功能了。

如今強制關機已經不像以往那樣可能造成災難了，尤其是當你已啟用日誌式檔案系統，例如 Ext4、XFS 或 Btrfs 的時候。

標準的配置是七個主控台，從 F1 到 F7。每一個都有自己獨立的登入會談。

利用 Ctrl-Alt-F*n* 退出圖形會談並進入主控台，當你已處於主控台時，就改以 Alt-F*n* 切換^{譯註}。

20.11　排除硬體故障

問題

你覺得硬體有問題，想知道如何進行檢測。

解法

當你懷疑硬體有問題時，先試試本章跟硬體監控有關的招式。有些系統的 UEFI 韌體也含有硬體健康偵測工具。

如果監視工具無法指出一條明路，請關閉機器，打開機殼，清除灰塵，並清理任何濾網，然後把每個可拆卸的零件都重新插緊：不論是電源線、SATA 纜線、繪圖卡和其他 PCI 介面擴充卡、記憶體模組、以及風扇插頭。每個部份都要小心地插回，而且尤其要注意插回記憶體模組時的排列位置。

如何不要搞壞你的硬體、甚至受傷

小心！在碰任何電腦零件前，務必確認自己先摸過別處、做過接地釋放靜電的動作。或戴上防靜電手環，並將零件放在一片防靜電的墊子上。把機器電源拔除，如果還接著電源，切勿觸摸任何機殼內的部位。

如果你懂一點萬用電表的操作，用它來測試你的電源供應器，或是換一台電源供應器試試。以萬用電表檢測相當簡單，坊間也有很多資料可供參考。如果你有備用零件，不妨把可疑的零件換掉，有時就能找出故障的硬體。

譯註　譯者自己在 Ubuntu 21.04 實驗按鍵組合，只要是 Alt-Ctl-F2 以後的鍵，Alt-Ctl-F3 就會進入 tty3、Alt-Ctl-F4 就會進入 tty4，以此類推。若已進入文字終端，要返回圖形終端時，按下 Alt-F2 即可（亦即此處的 X WINDOW 是以 tty2 為圖形會談虛擬終端機）。

完成以上動作，並將各部件組回後，看看問題是否已排除。筆者自己的一些怪問題，就是靠重插記憶體模組、或是更換其位置就能解決。注意，多數的主機板都必須以成對的方式安裝 RAM、而且插槽是有順序組合的。其他跟 RAM 有關的問題還包括資料受損、開機過程不完整和其他怪異現象，例如你按下電源開關啟動系統時卻無法開機，感覺就像電源供應器故障那樣。

確認機身風扇的方向正確。空氣應從機身外向內、通常是從正面吸入，然後向背面排出。

Linux 環境裡有很多硬體測試工具。有些廠商還提供自家的硬體和系統測試工具；例如聯想的 ThinkPads 就提供了完善的測試工具，可以偵測系統中每一個元件。

GtkStressTesting（*https://oreil.ly/7gEST*）是一種絕佳的壓力測試工具，可以測試 CPU、記憶體及其他元件，它可以取得詳盡的主機板資訊。請按照它的設定指南，將其安裝到你的系統上。它包含了類似 *lm-sensors* 的監視工具。

但它缺乏 I/O 監視功能，這是你觀察效能瓶頸時不可或缺的一部份。這時必須仰賴 *iotop*，它會監控磁碟效能、並提供近似 *top* 的介面。

探討

有時會難以確認究竟是軟體還是硬體問題。這時務必注意檢查手法的系統化和徹底程度，因為急就章有時反而讓事態惡化。善用你的 Linux 發行版既有的協助資源，因為有些問題的確只跟特定版本有關。務必詳讀發行公告。

參閱

- *man 8 iotop*
- GtkStressTesting（*https://oreil.ly/7gEST*）
- 你的硬體元件相關文件
- 你的 Linux 發行版文件、論壇、維基文件、以及發行公告
- 第十章
- 招式 20.6

## 第二十一章

網路故障排除

要查出網路的問題，跟任何故障排除的方式並無二致。首先必須瞭解你的網路、也了解如何好好地利用基本工具，再來就是要有耐心、並循序漸進。

在本章當中，你會學到如何運用 *ping*、FPing、Nmap、*httping*、*arping* 和 *mtr* 來測試連線、對照網路、找出假好心的偽服務、測試網站效能、找出重複的 IP 位址、以及辨識路由瓶頸等等。

診斷硬體

如果你發覺自己正身陷在一團混亂、缺乏標示的乙太網路與電話纜線迷陣之中，請設法弄一台乙太網路 / 電話專用的纜線測線器，最好是還帶有音頻追蹤功能的那種款式。坊間有很多這類產品，多數都不超過 100 塊美金。它通常分成兩個部件：其中之一發出訊號、另一方則負責接收和顯示。如果同時能有兩個人同時位在測試線材的兩端進行測試，過程便會順暢得多。一旦你找出纜線的兩端，請明確地加上標示、再繼續進行。當然獨自一人進行亦無不可，只不過兩人合作會快得多。

多用途電表則可勝任多種工作，像是找出短路或斷路點、測試連續性和衰減程度、找出芯線是否正確接通、測試電源插座、以及測試電腦的電源供應器和主機板等等。要找到關於多用途電表以及電子學的詳盡教學，Adafruit（*https://adafruit.com*）是絕佳的參考網站。

如果可以的話，手邊多留一些備用零組件。有時直接換掉網路卡、或是抽換一條網路纜線、甚至是換裝一顆交換器，反而能更快地分辨出發生問題的硬體部件。

21.1　用 ping 來測試連通性

問題

在你的網路上，有些服務或主機無法使用，或是間接性發生問題。你想判斷出它是否為硬體問題、還是名稱解析問題、抑或是路由或其他問題。

解法

當你檢修網路問題時，先從近處著手、再循序漸進地由近而遠一一檢查。這意味著裝置間的實際距離、以及途中要經過多少路由器。先從你本地端的區域網路區段著手。如果你掌控了多個區域網路區段，就跨過路由器進行到下一個。然後再循著途經的路由器一個個地查下去。

先用最簡單的老工具 *ping* 來測試連通性。首先 ping 的目標是 *localhost*：

```
$ ping localhost
PING localhost (127.0.0.1) 56(84) bytes of data.
64 bytes from localhost (127.0.0.1): icmp_seq=1 ttl=64 time=0.065 ms
64 bytes from localhost (127.0.0.1): icmp_seq=2 ttl=64 time=0.035 ms
```

按下 Ctrl-C 便可中斷 *ping* 的動作。一開始就去 ping *localhost*，可以確認你的網路卡是否正常運作。如果你看到「connect: Network is unreachable」之類的訊息，就表示你的網卡有毛病了。請預備一些備用的 USB 網卡在手邊，以便迅速地診斷出是否原本的網路介面有問題。

一旦檢查過網路介面，接著便是 ping 你自己的主機名稱，藉此測試名稱解析，此時只需要求 *ping* 在三個回合後便結束：

```
$ ping -c 3 client4
PING client4 (192.168.1.97) 56(84) bytes of data.
64 bytes from client4 (192.168.1.97): icmp_seq=1 ttl=64 time=0.087 ms
64 bytes from client4 (192.168.1.97): icmp_seq=2 ttl=64 time=0.059 ms
64 bytes from client4 (192.168.1.97): icmp_seq=3 ttl=64 time=0.061 ms

--- client4 ping statistics ---
3 packets transmitted, 3 received, 0% packet loss, time 2046ms
rtt min/avg/max/mdev = 0.059/0.069/0.087/0.012 ms
```

如果傳回的 IP 位址無誤，便代表你的名稱解析機制設置是正確的。萬一傳回的是本機位址 127.0.1.1、或是「Name or service not known」，就代表你的 DNS 設定應該不太對勁。

一旦處理好你的本地 DNS，請再 ping 你網路上任一部主機的名稱。如果 *ping* 不成功，出現像是「Destination Host Unreachable」的訊息，請重新嘗試去 ping 同一主機的 IP 位址。

如果此舉成功，請再檢查你的 DNS。如果 ping IP 位址也失敗、並出現相同的錯誤訊息，就代表你提供的主機名稱和位址可能有誤、或是目標主機離線。

如果你無法抵達的是外部的 IP 位址、而你的網卡健康無虞，那麼問題也許出在上游：例如你的乙太網路線、無線存取點、或是交換器。「Network is unreachable」意味著你的機器並未連接到網路上。

當你要檢查間歇性的網路斷線起源時，請設定讓 *ping* 跑一段時間，例如 500 個回合、每回間隔 2 秒，這樣才不至於讓主機或網路超載，同時還要把 ping 的結果寫到文字檔案裡。下例便會將新增的資訊附加至檔案中，因此你可以隨時停下、再繼續進行：

```
$ ping -c 500 -i 2 server2 >> server2-ping.txt
```

或是以 *tee* 同時觀察輸出及記錄到檔案裡：

```
$ ping -c 500 -i 2 server2 | tee server2-ping.txt
```

若是在一部多網卡主機上，請改用 *ping -i interface-name* 來指定要使用哪一個網路介面來發出 ping。

探討

不要阻擋 *echo-request*、*echo-reply*、*time-exceeded* 或是 *destination-unreachable* 這些 ping 的訊息。有些管理者會在防火牆端擋下所有的 ping 訊息，這有些矯枉過正，因為許多網路功能至少都需要這四個 ping 訊息才能正常運作。

如果你為 *ping* 命令加上 -a 選項（發聲），它便會真的發出乒乓響的音效，不過要讓電腦發出這類音效，你還得多花點工夫。以前的老電腦會在機殼內建 PC 揚聲器，它是直接接到主機板的，而核心模組會在開機時自動載入及啟動機身的揚聲器。你也許對這類蜂鳴器發出的低階嗶剝音效並不陌生，或許還可以搞點花招來用它播放音樂。

但時至今日，機殼揚聲器可能已不復存在，而且筆電的主機板也不會發出蜂鳴音了。但大部份的 PC 主機板仍可支援此一功能，而且現在的蜂鳴器都很小巧（如圖 21-1）。你可能要自己買一組來裝。

一旦你裝了蜂鳴器，請載入 *pcspkr* 核心模組，並確認它已載入：

```
$ sudo modprobe pcspkr
$ lsmod|grep pcspkr
pcspkr                 16384  0
```

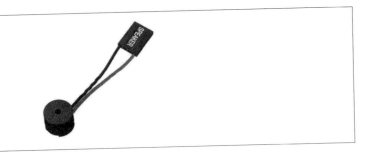

圖 21-1　電腦主機板的蜂鳴器

現在試用看看。請用 Ctrl-Alt-F2 切換到另一個純文字主控台，或是啟動一個 X 終端，然後以 *echo* 命令來播放 ASCII 的鐘鳴字元。以下三個例子做的都是同一件事，只是它們各自以不同的方式呈現 ASCII 的 code 7 字元：

```
$ echo -e "\a"
$ tput bel
$ echo -e '\007'
```

或直接按 Ctrl-G 也行。

如果你在圖形終端無法聽到任何聲音，請檢查其設定以啟動音效。*xfce4-terminal* 和 *gnome-terminal* 均支援 ASCII 響鈴。*Konsole* 甚至可以支援播放你指定的提示音效檔案，但它反而不支援蜂鳴器。

參閱

- *man 8 ping*
- IANA 的 ICMP 參數清單（*https://oreil.ly/pWYWE*）

21.2　用 fping 和 nmap 側寫你的網路

問題

你想製作一份網路上所有主機和 IP 位址的清單，同時一併偵測 MAC 位址和開放的通訊埠。

解法

利用 *fping* 和 *nmap* 來偵測你的區域網路，並記錄偵測結果。

---

fping 會循序去 ping 某段範圍內的所有位址。下例便是 ping 一個子網路，並回報哪些主機在線上，同時也查詢 DNS 以便解其主機名稱，然後印出摘要：

```
$ fping -c1 -gAds 192.168.1.0/24 2>1 | egrep -v "ICMP|xmt" >> fping.txt
client1.net (192.168.1.15)   : [0], 84 bytes, 3.12 ms (3.12 avg, 0% loss)
server2.net (192.168.1.91)   : [0], 84 bytes, 5.34 ms (5.34 avg, 0% loss)
client4.net (192.168.1.97)   : [0], 84 bytes, 0.03 ms (0.03 avg, 0% loss)

    254 targets
      3 alive
    251 unreachable
      0 unknown addresses

    251 timeouts (waiting for response)

0.03 ms (min round trip time)
2.83 ms (avg round trip time)
5.34 ms (max round trip time)
      3.575 sec (elapsed real time)
```

若想觀看未經篩選的輸出，請拿掉 *2>1 | egrep -v "ICMP|xmt"* 的部份。任何已離線的機器都不會在此出現，因此你可以在不同時段執行此命令，以便捕捉全貌。每一輪執行時，*>> fping.txt* 都會把新的結果附加在檔案後。

以下的 *nmap* 示範了一個類似的任務，但輸出較簡略：

```
$ sudo nmap -sn 192.168.1.0/24 > nmap.txt
Starting Nmap 7.70 ( https://nmap.org ) at 2021-03-31 18:30 PDT
Nmap scan report for client1.net (192.168.1.15)
Host is up (0.0052s latency).
MAC Address: 44:A5:6E:D7:8F:B9 (Unknown)
Nmap scan report for BRW7440BBC7CA75.net (192.168.1.39)
Host is up (1.0s latency).
MAC Address: 74:40:BB:C7:CA:75 (Unknown)
Nmap scan report for client4.net (192.168.1.97)
Host is up (0.47s latency).
MAC Address: 9C:EF:D5:FE:8F:20 (Panda Wireless)
Nmap scan report for server2.net (192.168.1.91)
Host is up.
Nmap done: 256 IP addresses (6 hosts up) scanned in 15.19 seconds
```

資訊全都擠成一團，因此我們在每部主機段落前塞入一行空白，再重新輸出至一個新檔案：

```
$ awk '/Nmap/{print ""}1' nmap.txt > nmap2.txt
```

現在資訊清楚地分成群了：

```
Nmap scan report for client1.net (192.168.1.15)
Host is up (0.0052s latency).
MAC Address: 44:A5:6E:D7:8F:B9 (Unknown)

Nmap scan report for BRW7440BBC7CA75.net (192.168.1.39)
Host is up (1.0s latency).
MAC Address: 74:40:BB:C7:CA:75 (Unknown)

Nmap scan report for client4.net (192.168.1.97)
Host is up (0.47s latency).
MAC Address: 9C:EF:D5:FE:8F:20 (Panda Wireless)

Nmap scan report for server2.net (192.168.1.91)
Host is up.

Nmap done: 256 IP addresses (6 hosts up) scanned in 15.19 seconds
```

現在偵測你網路上的主機，看有哪些通訊埠開放：

```
$ sudo nmap -sS 192.168.1.*
Starting Nmap 7.70 ( https://nmap.org ) at 2021-03-31 19:36 PDT
Nmap scan report for client2.net (192.168.1.15)
Host is up (0.027s latency).
Not shown: 997 closed ports
PORT     STATE   SERVICE
53/tcp   open    domain
80/tcp   open    http
MAC Address: 44:A5:6E:D7:8F:B9 (Unknown)

Nmap scan report for 192.168.1.39
Host is up (0.074s latency).
Not shown: 994 closed ports
PORT      STATE SERVICE
25/tcp    open  smtp
80/tcp    open  http
443/tcp   open  https
515/tcp   open  printer
631/tcp   open  ipp
9100/tcp  open  jetdirect
MAC Address: 74:40:BB:C7:CA:75 (Unknown)
[...]
```

client2.net 正在執行 DNS 和網頁伺服器。你可以試著從防火牆外部進行同樣的偵測，看是否從外部網路看得到相同的資訊。

第二段資料相當有意思，因為它是一部網路印表機，執行了一大票的服務。該印表機的文件指出，這些服務都各有用途。印表機還支援網頁控制面板式的遠端管理功能，因此必要時還可將其關閉。

現在擷取出主機和其 IP 位址的清單：

```
$ nmap -sn 192.168.43.0/24 | grep 'Nmap scan report for' |cut -d' ' -f5,6
server2 (192.168.43.15)
dns-server (192.168.43.74)
client4 (192.168.43.14)
```

探討

nmap 具備大量的網路偵測選項。但若未得允許，請勿任意偵測他人的網路，因為這個動作會像是在惡意地刺探弱點一樣。

執行通訊埠掃描會需要一點時間，但定期執行它是有意義的，因為你可以觀察自己網路上的動態。最基本的安全觀念，就是只執行必要的服務、但停用其他一切服務。

參閱

- *man 1 nmap*

- *https://nmap.org*

- *man 8 fping*

- *https://fping.org*

21.3 用 arping 找出重複的 IP 位址

問題

你想搜尋網路、找出重複的 IP 位址。

解法

下例會搜尋你的網路上的 192.168.1.91、並送出四個 ping：

```
$ sudo arping -I wlan2 -c 4 192.168.1.91
ARPING 192.168.1.91
42 bytes from 9c:ef:d5:fe:01:7c (192.168.1.91): index=0 time=49.463 msec
42 bytes from 9c:ef:d5:fe:01:7c (192.168.1.91): index=1 time=458.306 msec
```

```
42 bytes from 9c:ef:d5:fe:01:7c (192.168.1.91): index=2 time=73.938 msec
42 bytes from 9c:ef:d5:fe:01:7c (192.168.1.91): index=3 time=504.482 msec

--- 192.168.1.91 statistics ---
4 packets transmitted, 4 packets received,    0% unanswered (0 extra)
rtt min/avg/max/std-dev = 49.463/271.547/504.482/210.659 ms
```

所有的四個 MAC 位址都一致，因此沒有找到重複的位址。以下是一個 *arping* 找到重複 IP
位址的例子：

```
$ sudo arping -I wlan2 -c 4 192.168.1.91
ARPING 192.168.1.91
42 bytes from 9c:ef:d5:fe:01:7c (192.168.1.91): index=0 time=49.463 msec
42 bytes from 2F:EF:D5:FE:8F:20 (192.168.1.91): index=1 time=458.306 msec
42 bytes from 9c:ef:d5:fe:01:7c (192.168.1.91): index=2 time=73.938 msec
42 bytes from 2F:EF:D5:FE:8F:20 (192.168.1.91): index=3 time=504.482 msec
[...]

--- 192.168.1.91 statistics ---
4 packets transmitted, 4 packets received,    0% unanswered (0 extra)
rtt min/avg/max/std-dev = 49.463/271.547/504.482/210.659 ms
```

請用 *nmap* 來分辨具備相同 IP 位址的兩部機器：

```
$ nmap -sn 192.168.1.0/24 | grep 'Nmap scan report for' |cut -d' ' -f5,6
```

探討

arp 是位址解析協定（Address Resolution Protocol）的簡寫，其功用在於對應 IP 位址與
MAC 位址。

利用 DHCP 動態分配 IP 位址的好處，就是沒有重複分發 IP 的風險，手動設定靜態 IP 就
不見得了。但你也可以用 DHCP 分配靜態 IP 位址；這一點請參閱第十六章。

arping 的好處在於，當 *ping* 找不到某部主機的時候，可以靠它來判斷該主機是否在線上。
有些人會阻擋 *ping* 的運作，但筆者不太認同這一點，因為 *ping* 是網路功能運作的基礎。
arping 則是無法阻擋的，除非你把網路主機彼此通訊的基本動作（亦即 arp）都關掉。*arp*
是位址解析協定（Address Resolution Protocol）的簡寫，它會維護一個 MAC 位址清單。當
某網路主機送出封包給另一部主機時，*arp* 會把目標物的 IP 位址拿來跟清單比對以便找出
對應的 MAC 位址，然後就能把封包送往目的地。

如果你用 *tcpdump* 之類的封包偵測工具來檢查，就可以看到 *arp* 是如何偵測你的網路來更
新位址清單的：

```
$ sudo tcpdump -pi eth1 arp
listening on eth1, link-type EN1000MB (Ethernet), capture size 262144 bytes
21:19:36.921293 ARP, Request who-has client4.net tell m1login.net, length 28
21:19:36.921309 ARP, Reply client4.net is-at 9c:ef:d5:fe:8f:20
```

參閱

- 第十六章

- *man 8 arping*

21.4　用 httping 偵測 HTTP 吞吐量和遲滯

問題

你想測試自己管理的某網站，看看它是否可以在合理時間內完成載入。

解法

httping 會測量 HTTP 伺服器的吞吐量和遲滯。最簡單的呼叫方式就是測試遲滯：

```
$ httping -c4 -l -g www.oreilly.com
PING www.oreilly.com:443 (/):
connected to 184.86.29.153:443 (453 bytes), seq=0 time=292.25 ms
connected to 184.86.29.153:443 (453 bytes), seq=1 time=726.35 ms
connected to 184.86.29.153:443 (452 bytes), seq=2 time=629.11 ms
connected to 184.86.29.153:443 (453 bytes), seq=3 time=529.95 ms
--- https://www.oreilly.com/ ping statistics ---
4 connects, 4 ok, 0.00% failed, time 6179ms
round-trip min/avg/max = 292.2/544.4/726.3 ms
```

這不會告訴你要花多久才能載入頁面，而是伺服器會花多久才回應 HEAD 請求，時間則以毫秒為單位，這個請求只會取得頁面標頭（page headers）、而不管內容為何。只有 GET（*-G*）請求才會取得整個頁面：

```
$ httping -c4 -l -Gg www.oreilly.com
PING www.oreilly.com:443 (/):
connected to 104.112.183.230:443 (453 bytes), seq=0 time=2125.72 ms
connected to 104.112.183.230:443 (453 bytes), seq=1 time=701.94 ms
connected to 104.112.183.230:443 (453 bytes), seq=2 time=470.66 ms
connected to 104.112.183.230:443 (453 bytes), seq=3 time=433.11 ms
--- https://www.oreilly.com/ ping statistics ---
4 connects, 4 ok, 0.00% failed, time 7733ms
round-trip min/avg/max = 433.1/932.9/2125.7 ms
```

若加上 *-r* 參數，就可以省下因為 DNS 造成的遲滯，因為它只會解析主機名稱一次：

```
$ httping -c4 -l -rGg www.oreilly.com
PING www.oreilly.com:443 (/):
connected to 23.10.2.218:443 (452 bytes), seq=0 time=961.29 ms
connected to 23.10.2.218:443 (452 bytes), seq=1 time=1091.16 ms
connected to 23.10.2.218:443 (452 bytes), seq=2 time=925.46 ms
connected to 23.10.2.218:443 (452 bytes), seq=3 time=913.26 ms
--- https://www.oreilly.com/ ping statistics ---
4 connects, 4 ok, 0.00% failed, time 7894ms
round-trip min/avg/max = 913.3/972.8/1091.2 ms
```

如果省下 DNS 的遲滯時間後會產生明顯的差異，那麼你就該檢查一下你的名稱解析
伺服器。

只需在網址後面加上不同的通訊埠，例如 8080，就可以檢測在該通訊埠的效果：

```
$ httping -c4 -l -rGg www.oreilly.com:8080
```

利用 *-s* 選項來開啟 200 OK 之類的網頁回傳代碼，這個代碼的意思就是網頁載入成功：

```
$ httping -c4 -l -srGg www.oreilly.com
PING www.oreilly.com:443 (/):
connected to 23.10.2.218:443 (452 bytes), seq=0 time=920.88 ms 200 OK
connected to 23.10.2.218:443 (452 bytes), seq=1 time=857.60 ms 200 OK
connected to 23.10.2.218:443 (452 bytes), seq=2 time=1246.69 ms 200 OK
connected to 23.10.2.218:443 (452 bytes), seq=3 time=1134.91 ms 200 OK
--- https://www.oreilly.com/ ping statistics ---
4 connects, 4 ok, 0.00% failed, time 8249ms
round-trip min/avg/max = 857.6/1040.0/1246.7 ms
```

探討

在一天當中的不同時段執行多次檢測，以便蒐集你的使用者所感受到的現象。

httping 不是什麼能深入網站辨識瓶頸所在的萬能測試工具。它只是一個讓你可以約略了解
整體網站效能的快速簡單工具，它可以讓你判斷是否需要繼續深入診斷效能問題。

參閱

- HTTP 的回傳碼（*https://oreil.ly/pMvFV*）
- *man 1 httping*
- httping（*https://oreil.ly/2ts3n*）

21.5 利用 mtr 找出有問題的路由器

問題

你嘗試存取某個網站，但它慢得要命、甚至根本上不去。

解法

利用 *mtr*（My Traceroute）來檢查你的封包究竟在何處走岔了路。如果整體網路都在你的管轄範圍內，這個命令的效果會更好，因為網際網路太過龐大、而且路由又不斷變換，但是當你無法抵達某個網站時，它可以提供有用的資訊。

我們來看看要經過怎樣的跋山涉水才能抵達 *carlaschroder.com*：

```
$ mtr -wo LSRABW carlaschroder.com
Start: 2021-03-31T09:54:17-0700
HOST: client4                          Loss%  Snt  Rcv   Avg  Best  Wrst
  1.|-- m1login.net                     0.0%   10   10  55.5   1.2 199.6
  2.|-- 172.26.96.169                   0.0%   10   10  92.3  29.0 243.6
  3.|-- 172.18.84.60                    0.0%   10   10  84.5  29.3 220.3
  4.|-- 12.249.2.25                     0.0%   10   10  80.7  36.4 215.5
  5.|-- 12.122.146.97                   0.0%   10   10  65.6  34.8 156.6
  6.|-- 12.122.111.33                   0.0%   10   10  49.3  35.5  97.6
  7.|-- cr2.st6wa.ip.att.net            0.0%   10   10  46.7  35.9  64.0
  8.|-- 12.122.111.109                  0.0%   10   10  57.9  31.4 215.4
  9.|-- 12.122.111.81                   0.0%   10   10  72.3  27.6 231.4
 10.|-- 12.249.133.242                  0.0%   10   10 101.2  31.7 263.1
 11.|-- ae6.cbs01.wb01.sea02.networklayer.com 0.0% 10 10 93.7 31.6 202.7
 12.|-- fc.11.6132.ip4.static.sl-reverse.com  0.0% 10 10 106.0 86.1 171.2
 13.|-- ae1.cbs02.eq01.dal03.networklayer.com 60.0% 10  4 102.0 86.5 115.8
 14.|-- ae0.dar01.dal13.networklayer.com 0.0% 10  10 103.7 80.3 230.8
 15.|-- 85.76.30a9.ip4.static.sl-reverse.com  0.0% 10 10 114.8 82.8 305.7
 16.|-- a1.76.30a9.ip4.static.sl-reverse.com  0.0% 10 10 122.7 83.7 278.4
 17.|-- hs17.name.tools                 0.0%   10   10 145.9  74.9 277.2
```

m1login.net 是筆者家中的網際網路閘道器。通過這一點後便是廣大的網際網路。第 13 個點顯然是個瓶頸，因為該點損失了 60% 的封包。第 13 個點可能還是某個負載平衡叢集的一部份；因為你該注意第 11 和 14 個點都有相同的網域名稱。如果它是某個叢集的一部份，那麼封包的漏失就可忽略。

請 ping 最後一個點 hs17.name.tools。以下結果看似一切正常：

```
$ ping -c 3 hs17.name.tools
PING hs17.name.tools (169.61.1.230) 56(84) bytes of data.
```

```
64 bytes from hs17.name.tools (169.61.1.230): icmp_seq=1 ttl=46 time=319 ms
64 bytes from hs17.name.tools (169.61.1.230): icmp_seq=2 ttl=46 time=168 ms
64 bytes from hs17.name.tools (169.61.1.230): icmp_seq=3 ttl=46 time=166 ms
[...]
```

如果 *mtr* 發掘出任何問題，請利用 *whois* 找出網域所有者、以及其連絡資訊：

```
$ whois -H networklayer.com
```

whois 也可以接受以 IP 位址查詢。參數 *-H* 會把惱人的法律術語去掉。

請把 *mtr* 的輸出導向檔案，並在每次紀錄後加上日期和時間：

```
$ mtr -r -c25 oreilly.com >> mtr.txt && date >> mtr.txt
```

用一個 cron job 每小時執行以上的 *mtr* 命令，藉以定期蒐集這類資料一兩天（參閱招式 3.7）。用完記得關掉。

探討

mtr -wo LSRABW 會限制欄位數目，讓上例顯示時更容易放在一頁中顯示。*mtr -w* 是橫排報表格式。

將你的紀錄儲存起來，以備你需要回報問題時使用；上例的 *whois* 則可以讓你知道該向誰提出問題。

mtr 會產生大量流量，因此執行時要避免太過頻繁。

參閱

- *man 8 mtr*

軟體管理速記表

Linux 裡的軟體都是以**套件**（*packages*）的形式提供的。這些套件中含有屬於特定程式的全部檔案，這類程式可以是一個網頁瀏覽器、一個文書處理器、或是遊戲等等。Linux 系統使用共享程式庫，亦即多個應用程式會共用這些程式庫。Linux 上大部份的套件都無法自給自足，而是需要仰賴共享程式庫來運作。

在大部份 Linux 發行版上，圖形化軟體管理工具均以 GNOME-Software 為大宗，有時也簡稱為 Software（圖 A-1）^{譯註}。Software 整理得井井有條，不但分門別類、也具備優越的搜尋功能。

圖 A-1　GNOME-Software

譯註　在譯者的 Ubuntu 21.04 上，這個工具在選單裡的名稱是 Ubuntu Software。

套件管理命令

每種 Linux 發行版都使用三種類型的軟體管理命令：

- 套件管理工具（package manager），負責管理單一套件。Fedora 和 openSUSE 都採用 *rpm* 套件管理工具，Ubuntu 則是採用 *dpkg*。

- 依存關係解析套件管理工具（dependency-resolving package manager）。Fedora 採用 *dnf*、openSUSE 採用 *zypper*、Ubuntu 則採用 *apt*。依存關係解析套件管理工具會確保特定套件的任何依存關係都會自動加以處理。例如文字編輯器 gedit 就有一長串的依存關係清單，正如以下 *apt* 示範的一樣：

```
$ apt depends gedit
gedit
  Depends: gedit-common (<< 3.37)
  Depends: gedit-common (>= 3.36)
  Depends: gir1.2-glib-2.0
  Depends: gir1.2-gtk-3.0 (>= 3.21.3)
  Depends: gir1.2-gtksource-4
  Depends: gir1.2-pango-1.0
  Depends: gir1.2-peas-1.0
  Depends: gsettings-desktop-schemas
  Depends: iso-codes
[...]
```

手動管理依存關係幾乎是不可能的任務；依存關係解析套件管理工具會讓 Linux 使用者的日子好過得多。

- 管理相關套件群組的命令，像是圖形桌面、音效和影片，或是伺服器堆疊均為群組形式的軟體。openSUSE 稱之為 *patterns*。Fedora 則稱為套件群組（package groups）。Ubuntu 稱為 *tasks*。下例顯示的便是一部份的 openSUSE patterns：

```
$ zypper search --type pattern
S  | Name                       | Summary                         | Type
---+----------------------------+---------------------------------+--
[...]
   | mail_server                | Mail and News Server            | pattern
   | mate                       | MATE Desktop Environment        | pattern
i+ | multimedia                 | Multimedia                      | pattern
   | network_admin              | Network Administration          | pattern
   | non_oss                    | Misc. Proprietary Packages      | pattern
   | office                     | Office Software                 | pattern
   | print_server               | Print Server                    | pattern
[...]
```

軟體套件常透過**儲存庫**（*repositories*）來發佈，亦即我們可以從中下載套件的公開伺服器。你可以上線瀏覽：

- Fedora Repositories（*https://oreil.ly/nLDaM*）
- openSUSE Repositories（*https://oreil.ly/H8clz*）
- Ubuntu Packages Search（*https://oreil.ly/BZw5d*）

每一種 Linux 發行版都有官方的儲存庫，以及一狗票的第三方儲存庫。本附錄涵蓋了在你的 Linux 系統上管理軟體和儲存庫管理用的基本命令。

在 Ubuntu 上管理軟體

在本書當中，我們以 Ubuntu Linux 作為整個 Debian 體系發行版的代表。Debian 是源頭，然後才是數百款變種。Debian 的主流衍生版本均使用相同的套件管理系統，因此本附錄中所介紹的命令，在這些版本中應該都一體適用。

本附錄將介紹三套軟體管理命令，亦即 *dpkg*、*apt*、以及 *tasksel*。

使用 add-apt 來安裝和移除儲存庫

當你新增軟體儲存庫時，你必須知道自己的 Ubuntu 發行名稱。請用以下命令取得該名稱：

```
$ lsb_release -sc
focal
```

你還需要儲存庫的完整 URL，這應該由維護儲存庫的一方提供：

```
$ sudo add-apt-repository "deb http://us.archive.ubuntu.com/ubuntu/ focal |
universe multiverse"
```

若要移除儲存庫：

```
$ sudo add-apt-repository -r "deb http://us.archive.ubuntu.com/ubuntu/ focal |
universe multiverse"
```

當你安裝或移除儲存庫時，請更新套件快取：

```
$ sudo apt update
```

請經常執行此一命令，以便下載儲存庫的更新內容，然後安裝更新：

```
$ sudo apt upgrade
```

使用 dpkg 來安裝、移除和檢查套件

我們先前在第 536 頁的「套件管理命令」一節中提過，*dpkg* 命令只處理單一套件，它無法解析依存關係。

安裝套件：

```
$ sudo dpkg -i packagename
```

移除套件（但不移除組態檔）：

```
$ sudo dpkg -r packagename
```

移除套件及其組態檔：

```
$ sudo dpkg --purge packagename
```

列出套件內容：

```
$ dpkg -L packagename
```

列出所有已安裝的套件：

```
$ dpkg-query --listdpkg 譯註
```

使用 apt 來搜尋、查詢、安裝和移除套件

apt 是依存關係解析套件管理工具，這是你每天都會用到的軟體管理工具。

要搜尋套件：

```
$ apt search packagename
```

要限制只搜尋含有你指定字串的套件名稱：

```
$ apt search packagename --names-only
```

若要取得套件詳情：

```
$ apt show packagename
```

若要安裝套件：

```
$ sudo apt install packagename
```

譯註 譯者自己在 Ubuntu 21.04 上測試，發現 dpkg-query 1.20.9 版的此一功能，參數只有 -l 或 --list 可以用。

移除套件（但不移除組態檔）：

```
$ sudo apt remove packagename
```

移除套件與相關組態檔：

```
$ sudo apt remove purge packagename
```

使用 tasksel

tasksel 管理的是 *tasks*，亦即以套件構成的群組。

列出可用的 tasks：

```
$ tasksel --list-tasks
```

安裝一個 task：

```
$ sudo tasksel install task
```

移除一個 task：

```
$ sudo tasksel remove task
```

在 Fedora 上管理軟體

在本書當中，我們以 Fedora Linux 作為整個 Red Hat Linux 體系發行版的代表。Red Hat、CentOS、Scientific Linux、Oracle Linux 和許多其他分支，都使用一樣的套件管理系統，而且這些命令應該全都適用。

本章會介紹兩種軟體管理命令──*rpm* 和 *dnf*。

使用 dnf 來管理儲存庫

列出所有已安裝的儲存庫，包括已啟用和停用的：

```
$ dnf repolist --all
```

列出已啟用的儲存庫：

```
$ dnf repolist --enabled
```

顯示已啟用儲存庫的詳情：

```
$ dnf repolist --enabled
```

新增儲存庫：

```
$ sudo dnf config-manager --add-repo /etc/yum.repos.d/fedora_extras.repo
```

啟用一個儲存庫：

```
$ sudo dnf config-manager --set-enabled fedora-extras
```

停用一個儲存庫：

```
$ sudo dnf config-manager --set-disabled fedora-extras
```

使用 dnf 來管理軟體[譯註]

搜尋套件：

```
$ dnf search packagename
```

安裝套件：

```
$ sudo dnf install packagename
```

移除套件：

```
$ sudo dnf remove packagename
```

取得套件資訊：

```
$ dnf info packagename
```

安裝更新：

```
$ sudo dnf upgrade
```

取得套件群組清單：

```
$ dnf group list
```

安裝套件群組：

```
$ sudo dnf group install "package-group"
```

移除套件群組：

```
$ sudo dnf group remove "package-group"
```

[譯註] 以下 dnf 的各項參數，都可參閱 Fedora 文件網頁：*https://docs.fedoraproject.org/en-US/fedora/f34/system-administrators-guide/package-management/DNF/*。

使用 rpm 來安裝和移除套件[譯註]

安裝套件：

```
$ sudo rpm -i package
```

升級套件：

```
$ sudo rpm -U package
```

移除套件：

```
$ sudo rpm -e package
```

使用 rpm 取得套件相關資訊

列出某個已安裝 *rpm* 中的所有檔案：

```
$ rpm -ql package
```

取得某個已安裝套件的完整資訊：

```
$ rpm -qi package
```

觀看某套件的變更紀錄：

```
$ rpm -q --changes package
```

在 openSUSE 上管理軟體

openSUSE 採用的是 RPM 格式的套件，但它擁有不同的依存性解析套件管理工具，亦即 *zypper*。

以 zypper 管理儲存庫

列出所有已安裝的儲存庫：

```
$ zypper repos
```

列出已安裝的儲存庫、並列出其網址：

```
$ zypper repos -d
```

[譯註] 以下 rpm 的相關命令參數，都可以參閱 Fedora 文件網頁：*https://docs.fedoraproject.org/ro/Fedora_Draft_Documentation/0.1/html/RPM_Guide/ch02s03.html*。

啟用一個儲存庫：

```
$ sudo zypper modifyrepo -e repo
```

停用一個儲存庫：

```
$ sudo zypper modifyrepo -d repo
```

新增一個新的儲存庫：

```
$ sudo zypper adderepo -name "MyNewRepoName" \
http://download.opensuse.org/distribution/leap/15.3/repo/oss/
```

移除一個儲存庫：

```
$ sudo zypper removerepo MyNewRepoName
```

下載儲存庫更新內容：

```
$ sudo zypper refresh
```

以 zypper 管理軟體

更新系統（先執行 *sudo zypper refresh*）：

```
$ sudo zypper update
```

搜尋套件（模糊搜尋）：

```
$ zypper search packagename
```

搜尋一個套件（精確搜尋）；

```
$ zypper search -x packagename
```

安裝一個套件：

```
$ sudo zypper install packagename
```

移除一個套件：

```
$ sudo zypper remove packagename
```

列出所有的軟體 patterns：

```
$ sudo zypper -t patterns
```

安裝一套 pattern：

```
$ sudo zypper -t pattern pattern-name
```

索引

※ 提醒你：由於翻譯書排版的關係，部份索引名詞的對應頁碼會和實際頁碼有一頁之差。

M

關於作者

自從在 90 年代中期初次接觸 PC 以來，**Carla Schroder** 便為之著迷，她的職涯多采多姿，曾經是系統與網路管理員，負責運作各種 Linux/ 微軟 / 蘋果系統組成的網路，也曾擔任技術新聞記者和技術專題作家。Carla 曾為各家出版媒體撰寫過超過 1,000 篇的 Linux how-to 文章，目前則是為一間 Linux 企業軟體公司撰寫及維護產品手冊。她同時也是《*Linux Cookbook*》（O'Reilly 出版）、《*Linux Networking Cookbook*》（也是 O'Reilly 出版），以及《*The Book of Audacity*》（No Starch Press 出版）等書的作者。擅長將艱澀的科技宅題材轉換成一般人淺顯易懂的文字，並解答眾多「我該怎麼做？」的疑難雜症，因而受到粉絲們的歡迎。

出版記事

本書的封面動物是花尾榛雞（hazel grouse，學名 *Tetrastes bonasia*），又叫做 hazel hen。這種安靜不愛動的鳥類是松雞中體型較小的品種，普遍分布在東歐到北亞的茂密林地。

這種常被當成狩獵對象的鳥類，胸腹部的毛色花紋偏灰、翅膀與背部則偏棕色。雄榛雞頭頂有雞冠、喉部羽毛呈現黑色鑲白邊，而雌榛雞雞冠較小、喉部羽毛則呈棕色。牠們在地面覓食，繁殖季節時常以植物與昆蟲為主食。雌鳥會自行孵卵並照顧幼鳥。

花尾榛雞當前的保育狀態為「無危」（Least Concern）。O'Reilly 書籍封面上的許多動物都面臨瀕臨絕種的危機；牠們都是這個世界重要的一份子。

封面圖片由 Karen Montgomery 繪製，題材源於《*Meyers Kleines Lexicon*》一書中的黑白版畫。

Linux 錦囊妙計第二版｜基礎操作 x 系統與網路管理

作　　者：Carla Schroder
譯　　者：林班侯
企劃編輯：莊吳行世
文字編輯：王雅雯
設計裝幀：陶相騰
發 行 人：廖文良

發 行 所：碁峰資訊股份有限公司
地　　址：台北市南港區三重路 66 號 7 樓之 6
電　　話：(02)2788-2408
傳　　真：(02)8192-4433
網　　站：www.gotop.com.tw
書　　號：A685
版　　次：2022 年 06 月初版
建議售價：NT$780

商標聲明：本書所引用之國內外公司各商標、商品名稱、網站畫面，其權利分屬合法註冊公司所有，絕無侵權之意，特此聲明。

版權聲明：本著作物內容僅授權合法持有本書之讀者學習所用，非經本書作者或碁峰資訊股份有限公司正式授權，不得以任何形式複製、抄襲、轉載或透過網路散佈其內容。
版權所有 ● 翻印必究

國家圖書館出版品預行編目資料

Linux 錦囊妙計：基礎操作 x 系統與網路管理 / Carla Schroder
原著；林班侯譯. -- 初版. -- 臺北市：碁峰資訊, 2022.06
　　面；　公分
譯自：Linux Cookbook, 2nd Edition
ISBN 978-626-324-201-2(平裝)
1.CST：作業系統

312.54　　　　　　　　　　　　　　　111007154